Springer-Lehrbuch

Springer
*Berlin
Heidelberg
New York
Hongkong
London
Mailand
Paris
Tokio*

Ingo Wegener

Komplexitäts-theorie

Grenzen der Effizienz von Algorithmen

Mit 18 Abbildungen

Springer

Prof. Dr. Ingo Wegener
Universität Dortmund
Lehrstuhl Informatik II
44221 Dortmund
wegener@ls2.cs.uni-dortmund.de

Bibliografische Information Der Deutschen Bibliothek

Die Deutsche Bibliothek verzeichnet diese Publikation
in der Deutschen Nationalbibliografie; detaillierte bibliografische
Daten sind im Internet über <http://nb.ddb.de> abrufbar.

ISBN 3-540-00161-1 Springer-Verlag Berlin Heidelberg NewYork

Dieses Werk ist urheberrechtlich geschützt. Die dadurch begründeten Rechte, insbesondere die der Übersetzung, des Nachdrucks, des Vortrags, der Entnahme von Abbildungen und Tabellen, der Funksendung, der Mikroverfilmung oder der Vervielfältigung auf anderen Wegen und der Speicherung in Datenverarbeitungsanlagen bleiben, auch bei nur auszugsweiser Verwertung, vorbehalten. Eine Vervielfältigung dieses Werkes oder von Teilen dieses Werkes ist auch im Einzelfall nur in den Grenzen der gesetzlichen Bestimmungen des Urheberrechtsgesetzes der Bundesrepublik Deutschland vom 9. September 1965 in der jeweils geltenden Fassung zulässig. Sie ist grundsätzlich vergütungspflichtig. Zuwiderhandlungen unterliegen den Strafbestimmungen des Urheberrechtsgesetzes.

Springer-Verlag Berlin Heidelberg New York
ein Unternehmen der BertelsmannSpringer Science+Business Media GmbH

http://www.springer.de

© Springer-Verlag Berlin Heidelberg 2003
Printed in Germany

Die Wiedergabe von Gebrauchsnamen, Handelsnamen, Warenbezeichnungen usw. in diesem Werk berechtigt auch ohne besondere Kennzeichnung nicht zu der Annahme, dass solche Namen im Sinne der Warenzeichen- und Markenschutzgesetzgebung als frei zu betrachten wären und daher von jedermann benutzt werden dürften. Text und Abbildungen wurden mit größter Sorgfalt erarbeitet. Verlag und Autor können jedoch für eventuell verbliebene fehlerhafte Angaben und deren Folgen weder eine juristische Verantwortung noch irgendeine Haftung übernehmen.

Satz: Druckreife Aufsichtsvorlagen des Autors
Druck und Bindearbeiten: Strauss Offsetdruck, Mörlenbach
Umschlaggestaltung: design & production GmbH, Heidelberg
Gedruckt auf säurefreiem Papier   33/3142PS - 5 4 3 2 1 0

Vorwort

Spätestens seit der Entwicklung der NP-Vollständigkeitstheorie ist die Komplexitätstheorie ein zentrales Lehr- und Forschungsgebiet der Informatik. Mit dem NP≠P-Problem beinhaltet sie eine der großen intellektuellen Herausforderungen der Gegenwart. Im Gegensatz zu anderen Gebieten der Informatik, in denen oft suggeriert wird, dass mit Rechnerhilfe nahezu alle Probleme lösbar sind, werden in der Komplexitätstheorie Ergebnisse erzielt, die zeigen, was Rechner nicht können. Die Grenze zwischen effizient und nur mit unvertretbarem Aufwand lösbaren Problemen zu markieren, ist eine praktisch relevante Frage, aber auch die strukturelle Frage, was die Komplexität oder vielleicht sogar deutlicher Kompliziertheit von Problemen ausmacht.

Die Entwicklung der Komplexitätstheorie wird in diesem Buch im Wesentlichen als Reaktion auf algorithmische Entwicklungen dargestellt. Daher steht die Untersuchung praktisch wichtiger Optimierungsprobleme im Vordergrund. Aus dieser algorithmisch geprägten Sichtweise stellen sich Reduktionskonzepte als Methoden dar, um Probleme mit Hilfe von Algorithmen für andere Probleme zu lösen. Daraus ergibt sich im Umkehrschluss, dass wir die Schwierigkeit von Problemen aus der Schwierigkeit anderer Probleme ableiten können.

In diesem Buch wird ein unüblicher Zugang zum zentralen Konzept des Nichtdeterminismus gewählt. Die für Studierende eher verwirrende Beschreibung durch Rechner, die den richtigen Rechenweg raten oder für die ein passender Rechenweg existiert, wird durch eine Einführung in randomisierte Algorithmen ersetzt. Nichtdeterminismus erweist sich als der Spezialfall einseitiger Fehler, bei dem die Fehlerwahrscheinlichkeit größer sein darf, als es in den Anwendungen tolerabel ist. Damit sind nichtdeterministische Algorithmen auf normalen Rechnern ausführbar, ohne aber ein befriedigendes Verhalten für die Problemlösung zu haben. Es besteht die auf Erfahrungen basierende Hoffnung, dass dieser algorithmische Einstieg es Studierenden erleichtert, das Konzept des Nichtdeterminismus zu begreifen.

Da hier keine Forschungsmonographie vorgelegt wird, wurde der Stoff auf Ergebnisse eingeschränkt, die für alle Studierenden der Informatik nützlich und wichtig sind. Das Lehrbuch richtet sich explizit auch an die Studierenden, die sich Grundlagen der Komplexitätstheorie aneignen wollen, ohne sich in diesem Gebiet zu spezialisieren. Daher wurde ein besonderer Wert auf informelle Beschreibungen der Beweisideen gelegt, auf die natürlich vollständige Beweise folgen. Moderne Themen wie das PCP-Theorem, Approximationsprobleme, Randomisierung und Kommunikationskomplexität wurden auf Kosten der strukturellen und abstrakten Komplexitätstheorie in den Mittelpunkt gestellt.

Die ersten neun Kapitel beschreiben das Fundament der Komplexitätstheorie. Darauf aufbauend können Lehrende Schwerpunkte auswählen:

– Kapitel 10, 13 und 14 beschreiben einen eher klassisch orientierten Einstieg in die Komplexitätstheorie,
– Kapitel 11 und 12 beschäftigen sich mit der Komplexität von Approximationsproblemen und
– Kapitel 14, 15 und 16 mit der Komplexität boolescher Funktionen.

In dieses Lehrbuch sind viele Ideen eingeflossen, die sich aus Gesprächen ergeben haben. Da oft nicht mehr nachvollziehbar ist, wo, wann und mit wem diese Gespräche geführt wurden, möchte ich mich bei allen bedanken, die mit mir über Wissenschaft im Allgemeinen und Komplexitätstheorie im Besonderen diskutiert haben. Beate Bollig, Stefan Droste, Oliver Giel, Thomas Hofmeister, Martin Sauerhoff und Carsten Witt haben mein Manuskript gelesen und mit kritischen Anmerkungen zu Verbesserungen beigetragen. Dafür möchte ich mich bei ihnen ebenso herzlich bedanken wie bei Alice Czerniejewski, Danny Rozynski, Marion Scheel, Nicole Skaradzinski und Dirk Sudholt für die sorgfältige Erstellung der Druckvorlage. Die hoffentlich kurze Liste der erst nach Erscheinen des Buches entdeckten Fehler ist unter

ls2-www.cs.uni-dortmund.de/monographs/kt

zu finden.

Schließlich danke ich Christa dafür, dass sie mir keine Grenzen für die Zeit, die ich an dem Buch arbeiten konnte, gesetzt hat.

Dortmund/Bielefeld, Januar 2003   *Ingo Wegener*

Inhaltsverzeichnis

1. **Einleitung** 1
   1.1 Was ist Komplexitätstheorie? 1
   1.2 Zum didaktischen Hintergrund 6
   1.3 Überblick 7
   1.4 Weiterführende Literatur 10

2. **Algorithmische Probleme und ihre Komplexität** 13
   2.1 Was sind algorithmische Probleme? 13
   2.2 Einige wichtige algorithmische Probleme 15
   2.3 Wie wird die Rechenzeit eines Algorithmus gemessen? 20
   2.4 Die Komplexität algorithmischer Probleme 25

3. **Die grundlegenden Komplexitätsklassen** 29
   3.1 Die Sonderrolle polynomieller Rechenzeiten 29
   3.2 Randomisierte Algorithmen 31
   3.3 Die grundlegenden Komplexitätsklassen für algorithmische Probleme 35
   3.4 Die grundlegenden Komplexitätsklassen für Entscheidungsprobleme 40
   3.5 Nichtdeterminismus als Spezialfall von Randomisierung .. 44

4. **Reduktionen – algorithmische Beziehungen zwischen Problemen** 47
   4.1 Wann sind sich Probleme algorithmisch ähnlich? 47
   4.2 Reduktionen zwischen den verschiedenen Varianten eines Problems 50
   4.3 Reduktionen zwischen verwandten Problemen 53
   4.4 Reduktionen zwischen nicht verwandten Problemen 58
   4.5 Die Sonderrolle polynomieller Reduktionen 65

5. **Die NP-Vollständigkeitstheorie** 69
   5.1 Grundlegende Überlegungen 69
   5.2 Probleme in NP 73
   5.3 Alternative Charakterisierungen von NP 75

5.4 Das Theorem von Cook 77

6. **NP-vollständige und NP-äquivalente Probleme** 83
   6.1 Grundlegende Überlegungen 83
   6.2 Rundreiseprobleme 83
   6.3 Rucksackprobleme 84
   6.4 Aufteilungsprobleme und Lastverteilungsprobleme 87
   6.5 Cliquenprobleme 87
   6.6 Teambildungsprobleme 89
   6.7 Meisterschaftsprobleme................................. 91

7. **Die Komplexitätsanalyse von Problemen** 95
   7.1 Die Trennlinie zwischen einfachen und schwierigen Varianten eines Problems 95
   7.2 Pseudopolynomielle Algorithmen und starke NP-Vollständigkeit 99
   7.3 Ein Überblick über die betrachteten NP-Vollständigkeitsbeweise 102

8. **Die Komplexität von Approximationsproblemen – klassische Resultate** 105
   8.1 Komplexitätsklassen 105
   8.2 Approximationsalgorithmen............................. 109
   8.3 Die Lückentechnik 113
   8.4 Approximationserhaltende Reduktionen 116
   8.5 Vollständige Approximationsprobleme.................... 119

9. **Die Komplexität von Black-Box-Problemen**............... 123
   9.1 Black-Box-Optimierung 123
   9.2 Das Minimax-Prinzip von Yao 126
   9.3 Untere Schranken für die Black-Box-Komplexität 129

10. **Weitere Komplexitätsklassen und Beziehungen zwischen den Komplexitätsklassen** 135
    10.1 Grundlegende Überlegungen 135
    10.2 Die Komplexitätsklassen innerhalb von NP und co-NP 136
    10.3 Orakelklassen 138
    10.4 Die polynomielle Hierarchie 140
    10.5 BPP, NP und die polynomielle Hierarchie 147

11. **Interaktive Beweise**.................................... 153
    11.1 Grundlegende Überlegungen 153
    11.2 Interaktive Beweissysteme 154
    11.3 Zur Komplexität des Graphenisomorphieproblems 156
    11.4 Beweissysteme, die kein Wissen preisgeben................ 163

12. Das PCP-Theorem und die Komplexität von Approximationsproblemen 169
12.1 Randomisierte Verifikation von Beweisen 169
12.2 Das PCP-Theorem 172
12.3 Das PCP-Theorem und Nichtapproximierbarkeitsresultate ... 182
12.4 Das PCP-Theorem und APX-Vollständigkeit 186

13. Weitere klassische Themen der Komplexitätstheorie 195
13.1 Überblick 195
13.2 Speicherplatzbasierte Komplexitätsklassen 196
13.3 PSPACE-vollständige Probleme 199
13.4 Nichtdeterminismus und Determinismus bei Platzschranken .. 202
13.5 Nichtdeterminismus und Komplementbildung bei präzisen Platzschranken 203
13.6 Komplexitätsklassen innerhalb von P 206
13.7 Die Komplexität von Anzahlproblemen 209

14. Die Komplexität von nichtuniformen Problemen 213
14.1 Grundlegende Überlegungen 213
14.2 Simulationen von Turingmaschinen durch Schaltkreise 216
14.3 Simulationen von Schaltkreisen durch nichtuniforme Turingmaschinen 218
14.4 Branchingprogramme und Platzbedarf 222
14.5 Polynomielle Schaltkreise für Probleme in BPP 224
14.6 Komplexitätsklassen für Berechnungen mit Hilfsinformationen 226
14.7 Gibt es polynomielle Schaltkreise für alle Probleme in NP? .. 227

15. Kommunikationskomplexität 231
15.1 Das Kommunikationsspiel 231
15.2 Untere Schranken für die Kommunikationskomplexität 236
15.3 Nichtdeterministische Kommunikationsprotokolle 245
15.4 Randomisierte Kommunikationsprotokolle 251
15.5 Kommunikationskomplexität und VLSI-Schaltkreise 260
15.6 Kommunikationskomplexität und die Rechenzeit von Turingmaschinen 261

16. Die Komplexität boolescher Funktionen 265
16.1 Grundlegende Überlegungen 265
16.2 Die Größe von Schaltkreisen 266
16.3 Die Tiefe von Schaltkreisen 269
16.4 Die Größe von tiefenbeschränkten Schaltkreisen 274
16.5 Die Größe von tiefenbeschränkten Thresholdschaltkreisen 279
16.6 Die Größe von Branchingprogrammen 282
16.7 Reduktionskonzepte 286

Schlussbemerkungen 293

A. Anhang 295
    A.1 Größenordnungen und die O-Notation 295
    A.2 Ergebnisse aus der Wahrscheinlichkeitstheorie 299

Literaturverzeichnis 311

Sachverzeichnis 315

1. Einleitung

1.1 Was ist Komplexitätstheorie?

Komplexitätstheorie – ist das eine Disziplin für der Welt entrückte Theoretiker oder ein Kerngebiet der modernen Informatik?

In diesem einführenden Lehrbuch wird die Komplexitätstheorie als aktuelles Gebiet der Informatik vorgestellt, dessen Ergebnisse Auswirkungen auf die Entwicklung und den Einsatz von Algorithmen haben. Dabei ergeben sich Erkenntnisse über die Struktur wichtiger Optimierungsprobleme und es werden die Grenzen des algorithmisch mit realistischen Ressourcen „Machbaren" ausgelotet. Da sich dieses Lehrbuch auch besonders an diejenigen richtet, die die Komplexitätstheorie nicht zu ihrem Schwerpunkt machen wollen, werden Ergebnisse, die (noch) keinen Bezug zu algorithmischen Anwendungen haben, ausgeblendet.

Die Gebiete Komplexitätstheorie einerseits und Entwurf und Analyse effizienter Algorithmen andererseits betrachten algorithmische Probleme von zwei entgegengesetzten Seiten. Ein effizienter Algorithmus lässt sich direkt zur Problemlösung einsetzen und ist ein Nachweis für die effiziente Lösbarkeit des Problems. In der Komplexitätstheorie ist es dagegen das Ziel, für schwierige Probleme nachzuweisen, dass sie nicht mit geringem Ressourcenbedarf zu lösen sind. Überbringer von schlechten Nachrichten sind selten willkommen und so sind die Ergebnisse der Komplexitätstheorie schwerer vermittelbar als ein besserer Algorithmus für ein wichtiges Problem. Häufig gestellte Fragen an diejenigen, die Komplexitätstheorie betreiben, sind:

– „Wieso freust du dich über den Beweis, dass ein Problem algorithmisch schwierig ist? Es wäre doch schön, wenn es effizient zu lösen wäre."
– „Was nützt dieses Ergebnis? Ich brauche für mein konkretes Anwendungsproblem eine algorithmische Lösung. Was mache ich jetzt?"

Natürlich ist es für uns angenehmer, wenn sich ein Problem als algorithmisch effizient lösbar erweist. Nur, ob dies der Fall ist, liegt nicht in unserer Hand. Nachdem wir uns auf die Spielregeln (grob gesagt: Computer, aber dazu später mehr) geeinigt haben, hat jedes Problem eine wohldefinierte algorithmische Komplexität. Komplexitätstheorie und Algorithmentheorie bemühen sich um die Abschätzung dieser algorithmischen Komplexität und damit um die „Entdeckung der Wahrheit". Somit ist die Freude über den Nachweis, dass ein Problem nicht effizient lösbar ist, genauso wie die Freude über den Entwurf eines effizienten Algorithmus die Freude, etwas mehr über die wahre algorithmische Komplexität herausgefunden zu haben.

Dennoch ist unsere Reaktion auf die Entdeckung von Wahrheiten davon abhängig, ob Hoffnungen erfüllt werden oder sich Befürchtungen bestätigen. Was hat es für Konsequenzen, wenn wir herausfinden, dass das von uns untersuchte Problem nicht effizient lösbar ist? Zunächst die unmittelbare und ganz praktische Konsequenz, dass wir die Suche nach einem effizienten Algorithmus mit gutem Grund einstellen können. Immerhin verschwenden wir unsere Zeit nicht mehr mit dem Versuch, unerreichbare Ziele anzustreben. Dies kennen wir auch aus anderen Wissenschaften. Vernünftige Leute bauen nicht mehr am „Perpetuum mobile" und versuchen nicht mehr, aus einem Kreis mit Hilfe von Zirkel und Lineal ein Quadrat mit gleicher Fläche zu konstruieren (die sprichwörtlich gewordene Quadratur des Kreises). Allgemein tun sich Menschen aber mit Unmöglichkeitsergebnissen schwer. Dies lässt sich an den vielen Konstruktionsvorschlägen für ein Perpetuum mobile und den vielen Lösungsversuchen für die Quadratur des Kreises feststellen, die immer noch unternommen werden.

Nachdem wir eingesehen haben, dass wir auch negative Resultate akzeptieren müssen und sie uns unnütze Arbeit ersparen, bleibt die Frage, was dann zu tun ist. Schließlich haben wir es mit einem algorithmischen Problem zu tun, dessen Lösung für eine bestimmte Anwendung wichtig ist. Glücklicherweise sind Probleme in den meisten Anwendungen nicht unabänderlich festgelegt. Es ist oft nahe liegend, ein Problem in sehr allgemeiner Form zu formulieren und starke Anforderungen an die Qualität der Lösung zu stellen. Wenn dann eine effiziente Lösung möglich ist – prima. Im negativen Fall lässt sich das Problem oft spezialisieren (Graphen, die Straßensysteme modellieren, haben nur einen kleinen Grad, da die Anzahl der Straßen, die an einer Kreuzung zusammentreffen, beschränkt ist) oder es genügen schwächere Anforderungen an die Lösung (fast optimal ist gut genug). Uns stellen sich also neue algorithmische Probleme, die vielleicht effizient lösbar sind. Ein effizienter Algorithmus für ein eingeschränktes Problem lässt sich sogar besser „verkaufen", wenn wir wissen, dass das allgemeinere Problem nicht effizient lösbar ist. So finden wir auch mit Hilfe von Unmöglichkeitsbeweisen, also negativen Resultaten, die algorithmisch gerade noch effizient lösbaren Probleme.

Komplexitätstheorie und Entwurf und Analyse effizienter Algorithmen sind also die zwei Gebiete der Informatik, die die Grenze zwischen dem mit realistischem Ressourcenbedarf Machbaren und dem nicht effizient Machbaren ausloten. Dabei befruchten sich die Gebiete gegenseitig. So hat mancher Versuch, die Unmöglichkeit der effizienten Lösbarkeit eines Problems zu zeigen, die Problemstruktur so erhellt, dass sich ein effizienter Algorithmus ergab. Andererseits zeigen die Beispiele, an denen Versuche des Entwurfs effizienter Algorithmen scheitern, was die Schwierigkeit des betrachteten Problems ausmacht. Daraus ergeben sich Beweisideen, um die Schwierigkeit des Problems zu beweisen. Es kommt durchaus häufig vor, dass man mit einer falschen Vermutung über den Schwierigkeitsgrad des Problems startet. Wir dürfen bei der Untersuchung der Komplexität von Problemen also mit überraschenden Ergebnissen rechnen.

Als Ergebnis der einleitenden Diskussion halten wir fest:

Das Ziel der Komplexitätstheorie ist es, für wichtige Probleme nachzuweisen, dass zu ihrer Lösung bestimmte Mindestressourcen nötig sind. Die Ergebnisse der Komplexitätstheorie haben konkrete Auswirkungen auf die Entwicklung von Algorithmen für praktische Anwendungen.

Nachdem wir bisher die Beziehungen zwischen den Gebieten Komplexitätstheorie und Algorithmenentwurf betont haben, wollen wir nun die Unterschiede herausarbeiten. Beim Algorithmenentwurf müssen wir „nur" einen Algorithmus entwickeln und analysieren. Dies führt zu einer *oberen Schranke* für die zur Lösung des betrachteten Problems minimal benötigten Ressourcen. Die Komplexitätstheorie soll *untere Schranken* für den minimal benötigten Ressourcenbedarf liefern, also Mindestressourcen angeben, die *jeder* Algorithmus zur Lösung des Problems verbrauchen muss. Für den Beweis einer oberen Schranke genügt es also, *einen* Algorithmus zu entwerfen und zu analysieren (wobei der Algorithmenentwurf die spätere Analyse unterstützen kann). Jede untere Schranke ist aber eine Aussage über *alle* Algorithmen, die das betrachtete Problem lösen. Die Menge aller Algorithmen für ein Problem ist eine wenig strukturierte Menge. Ihr einziges Strukturmerkmal ist, dass das Problem gelöst wird. Wie können wir dieses Strukturmerkmal einsetzen? Es ist nahe liegend, aus der Struktur des Problems Aussagen abzuleiten, die die Menge zu betrachtender Algorithmen einschränken. Ein konkretes Beispiel: Es scheint klar zu sein, dass die besten Algorithmen zur Matrixmultiplikation nicht damit beginnen, Matrixelemente voneinander zu subtrahieren. Wie beweist man dies? Oder ist ein Beweis überflüssig, weil die Aussage so offensichtlich ist? Ganz im Gegenteil: Die besten bekannten Algorithmen zur Matrixmultiplikation beginnen damit, Matrixelemente voneinander zu subtrahieren (siehe z. B. Wegener (1996)). Dies zeigt deutlich die Gefahr, sehr anschaulichen, aber falschen Schlussfolgerungen zu erliegen. Also:

Um nachzuweisen, dass zur Lösung eines Problems bestimmte Mindestressourcen nötig sind, müssen alle Algorithmen für das Problem beachtet werden. Darin liegt die Hauptschwierigkeit auf dem Weg zu den Zielen der Komplexitätstheorie.

Wir wissen jetzt, welche Ergebnisse wir anstreben, und wir haben erläutert, dass es schwierig ist, diese Ergebnisse tatsächlich zu erreichen. Dies klingt, als wollten wir im Voraus ausbleibende Erfolge erklären. Und so ist es auch gemeint.

Von den wichtigsten Problemen der Komplexitätstheorie ist keines gelöst, aber auf dem Weg zur Lösung der zentralen Fragen sind beachtliche Ergebnisse erzielt worden.

Wie haben wir uns das vorzustellen? In dem klassischen Buch von Hopcroft und Ullman (1979), das auch eine Einführung in die Komplexitätstheorie enthält, zeigt das Titelbild, wie mit Hilfe der Ergebnisse der Vorhang vor der Sammlung der Wahrheiten der Komplexitätstheorie hochgezogen wird und den Blick auf die Ergebnisse freigibt. Aus meiner Sicht der Komplexitätstheorie wurde der Vorhang bisher nur am Rande etwas beiseite geschoben, so dass wir einige „kleinere Wahrheiten" ganz sehen. Ansonsten wurde der blickdichte Vorhang durch einen dünneren Vorhang ersetzt, durch den wir einen Großteil der Wahrheit schemenhaft erkennen können, ohne uns ganz sicher zu sein, nicht einer optischen Täuschung zu erliegen.

Was heißt dies konkret? Für Probleme, die als schwierig angesehen werden, wurde zwar nicht bewiesen, dass sie schwierig sind, aber es wurde gezeigt, dass tausende von Problemen im Wesentlichen (dies wird später genauer spezifiziert) gleich schwierig sind. Ein effizienter Algorithmus für eines dieser Probleme impliziert effiziente Algorithmen für alle anderen Probleme. Oder anders ausgedrückt: Der Nachweis, dass eines dieser Probleme nicht effizient lösbar ist, impliziert, dass keines effizient lösbar ist. Aus tausenden von Geheimnissen wurde ein großes Mysterium, dessen Enttarnung alle Geheimnisse aufdeckt. Damit ist jedes kleine dieser Geheimnisse genauso zentral wie jedes andere und so wichtig wie das große Mysterium, das wir später als NP$\neq$P-Problem bezeichnen. Im Gegensatz zu vielen anderen Gebieten der Informatik gilt:

Die Komplexitätstheorie hat mit dem NP$\neq$P-Problem eine zentrale Herausforderung.

Der Vorteil eines derartig wichtigen und zentralen Problems besteht darin, dass auf dem Weg zur Lösung des Problems viele wichtige Ergebnisse, Methoden und sogar Forschungsgebiete entdeckt werden. Der Nachteil ist, dass es lange bis zur Lösung des zentralen Problems dauern kann. Dies können wir aus der 350 Jahre dauernden Suche nach einem Beweis der fermatschen Vermutung (dazu sei Singh (1998) empfohlen) lernen. Auf dem Weg zur Lösung wurden tief liegende mathematische Theorien entwickelt, aber auch etliche Irrwege beschritten. Nur wegen der Berühmtheit von Fermats letztem Satz wurden so viele Kräfte auf die Lösung des Problems gebündelt. Das NP$\neq$P-Problem hat in der Informatik eine ähnliche Rolle eingenommen – mit einem bedauernswerten Unterschied. Die fermatsche Vermutung (zur Erinnerung:

es gibt keine natürlichen Zahlen x, y, z und $n \geq 3$ mit $x^n + y^n = z^n$) ist für einen Großteil der Bevölkerung verständlich. Es ist faszinierend, dass eine so einfach zu formulierende Behauptung die Welt der Mathematik für Jahrhunderte beschäftigt hat. Für die Rolle der Informatik wäre es schön, wenn es ebenso einfach wäre, die Komplexitätsklassen P und insbesondere NP und die Bedeutung des NP≠P-Problems einem großen Teil der Bevölkerung erklären zu können.

Es wird sich zeigen, dass im Umfeld des NP≠P-Problems wichtige und schöne Ergebnisse erzielt worden sind. Aber wir müssen auch befürchten, dass noch viel Zeit vergeht, bis das NP≠P-Problem gelöst wird. Daher ist es nicht unbedingt die beste Strategie, die Lösung des Problems direkt anzusteuern. Yao (2001) hat unsere Ausgangsposition mit der Situation derjenigen verglichen, die vor 200 Jahren davon träumten, auf den Mond zu gelangen. Die Strategie, auf den nächsten Baum oder höchsten Berg zu steigen, bringt uns zwar dem Mond näher, aber nicht dem Ziel, auf den Mond zu gelangen. Die bessere Strategie war es, immer bessere Fortbewegungsmittel (Fahrrad, Auto, Flugzeug, Rakete) zu entwickeln. Jeder dieser Zwischenschritte stellte im Wortsinn eine weltbewegende Entdeckung dar. Für die Komplexitätstheorie am Beginn des dritten Jahrtausends heißt dies ebenfalls, geeignete (Um)wege zu finden, wobei wir nie sicher sein können, dass sie zum Ziel führen.

So wie diejenigen, die an der fermatschen Vermutung arbeiteten, „sicher" waren, dass die Vermutung korrekt ist, so glauben heute die Expertinnen und Experten, dass NP ≠ P ist und damit alle der oben betrachteten im Wesentlichen gleich schwierigen Probleme nicht effizient lösbar sind. Warum ist dies so? Aus der gegenteiligen Annahme NP = P wurden Folgerungen abgeleitet, die im Widerspruch zu all unseren Überzeugungen stehen, die aber nicht beweisbar falsch sind. Strassen (1986) ist deshalb so weit gegangen, den Status der NP≠P-Vermutung über den Status einer mathematischen Vermutung zu stellen und sie mit physikalischen Gesetzen (wie $E = mc^2$) zu vergleichen. Dies lässt übrigens auch die Möglichkeit offen, dass die Hypothese NP ≠ P wahr, aber im Rahmen unserer Beweistechniken nicht beweisbar ist. Wir sind an dieser Stelle allerdings weit davon entfernt, diesen Hintergrund ernsthaft zu diskutieren. Unsere Schlussfolgerung ist, dass es sinnvoll ist, eine Theorie unter der Hypothese NP ≠ P aufzubauen.

Viele Ergebnisse der Komplexitätstheorie setzen solide begründete, aber unbewiesene Hypothesen wie NP ≠ P voraus.

Und was ist, wenn doch NP = P ist? Ja, dann müssen wir viele unserer Vorstellungen grundlegend revidieren. Viele der hier diskutierten Ergebnisse erhalten dann eine neue Interpretation, aber die meisten werden nicht wertlos. Insgesamt bildet die Komplexitätstheorie eine intellektuelle Herausforderung, die sich von den Anforderungen anderer Gebiete der Informatik unterscheidet. Sie ordnet sich in der Wissenschaftslandschaft in die Reihe der

Disziplinen ein, in denen die

Grenzen des mit den vorhandenen Ressourcen Machbaren

ausgelotet werden. Hier sind es Ressourcen wie Rechenzeit und Speicherplatz. Wer also an den Grenzen dessen, was mit Rechnern praktisch machbar ist, interessiert ist, für den gibt die Komplexitätstheorie wichtige Antworten. Aber auch wer nur pragmatisch wissen will, ob ein sie oder ihn interessierendes Problem effizient lösbar ist, ist bei der Komplexitätstheorie an der richtigen Adresse.

1.2 Zum didaktischen Hintergrund

Das Hauptziel dieses Lehrbuches ist es, möglichst vielen einen komfortablen Zugang zur modernen Komplexitätstheorie zu ermöglichen. Dazu wurden einige Entscheidungen getroffen, so dass sich dieses Lehrbuch von anderen unterscheidet.

Da die Komplexitätstheorie eine ausgefeilte und weit verzweigte Theorie ist, war es unausweichlich, eine Themenauswahl vorzunehmen. Es wurde darauf Wert gelegt, Ergebnisse auszuwählen, die einen konkreten Bezug zu algorithmischen Problemen haben. Am Ende soll die Bedeutung der Komplexitätstheorie für eine moderne Informatik deutlich geworden sein. Dies geht auf Kosten der strukturellen und der abstrakten Zweige der Komplexitätstheorie. In Kapitel 1.3 werden die behandelten Themen näher erläutert.

Wir haben die Schwierigkeiten im Umgang mit negativen Resultaten bereits ebenso diskutiert wie die Bezüge zum Gebiet Entwurf von Algorithmen. Mit einer konsequent algorithmisch geprägten Sichtweise wollen wir, wo immer es möglich und sinnvoll ist, Ergebnisse von der positiven Seite darstellen und erst dann Konsequenzen für Negativresultate ableiten. Dazu werden wir viele oft nur qualitativ dargestellte Resultate quantifizieren.

Schließlich ist es der Begriff des Nichtdeterminismus, der eine große Hürde darstellt, um in die Komplexitätstheorie einzusteigen. Zunächst wird meistens von nichtdeterministischen Rechnern gesprochen, die den richtigen Rechenweg „raten", um dann zu ergänzen, dass derartige Rechner nicht konstruierbar sind. Stattdessen wählen wir den Weg, Randomisierung als Schlüsselkonzept zu präsentieren. Randomisierte Algorithmen können auf normalen Rechnern realisiert werden und die moderne Algorithmenentwicklung hat den Vorteil randomisierter Algorithmen deutlich nachgewiesen (siehe Motwani und Raghavan (1995)). Nichtdeterminismus erweist sich als Spezialfall von Randomisierung und damit als algorithmisch realisierbares Konzept, wenn auch eines mit inakzeptabler Fehlerwahrscheinlichkeit (siehe dazu auch Wegener (2002)). Hieraus lassen sich die üblichen Charakterisierungen des Nichtdeterminismus später leicht ableiten.

Natürlich werden wir die Ergebnisse vollständig und formal beweisen, aber oft sind es hässliche Details, die die Beweise lang und unanschaulich machen. Dagegen sind die wesentlichen Ideen meistens kurz zu beschreiben und anschaulicher. Wir werden daher neben den Beweisen auch die Ideen, Methoden und Konzepte diskutieren und haben die Hoffnung, dass das Zusammenspiel aller Komponenten den Einstieg in die Komplexitätstheorie erleichtert.

1.3 Überblick

In Kapitel 1.1 haben wir es uns sehr leicht gemacht, indem wir einfach davon ausgegangen sind, dass ein Problem algorithmisch schwierig oder effizient lösbar ist. Alle nicht formal definierten Begriffe müssen eindeutig spezifiziert werden. Dies beginnt schon mit dem Begriff eines algorithmischen Problems. Hängt die Schwierigkeit eines Problems nicht auch davon ab, wie man es formuliert und wie man die benötigten Daten bereitstellt? Daher klären wir in Kapitel 2 wesentliche Begriffe wie algorithmisches Problem, Rechner, Rechenzeit und algorithmische Komplexität. Damit wir über Beispielprobleme reden können, werden wichtige algorithmische Probleme mit ihren Problemvarianten vorgestellt und motiviert. Um den Lesefluss nicht zu stören, wird eine ausführliche Einführung in die O-Notation in einen Anhang verlagert.

In Kapitel 3 stellen wir das Schlüsselkonzept Randomisierung vor. Wir diskutieren, warum randomisierte Algorithmen eine in den Anwendungen äußerst nützliche Verallgemeinerung deterministischer Algorithmen darstellen – solange die Wahrscheinlichkeit unerwünschter Ereignisse (zu lange Rechenzeit, falsches Ergebnis) verschwindend klein ist. Die hierfür benötigten Ergebnisse aus der Wahrscheinlichkeitstheorie werden in einem Anhang vorgestellt, bewiesen und erklärt. Am Ende erhalten wir Klassen von Problemen, die wir als effizient lösbar bezeichnen.

Die Anzahl praktisch relevanter algorithmischer Probleme geht in die Tausende und wir müssten verzweifeln, wenn wir die Probleme unabhängig voneinander behandeln müssten. Neben algorithmischen Techniken wie der dynamischen Programmierung, die auf viele Probleme anwendbar sind, gibt es viel engere Beziehungen zwischen verschiedenen Problemen. Dies erstaunt nicht, wenn wir verschiedene Varianten eines Problems betrachten, aber selbst Probleme, die sehr verschieden aussehen, können in folgendem Sinne eng verwandt sein. Das Problem A lässt sich mit Hilfe eines Algorithmus für Problem B lösen, wobei der Algorithmus für Problem B nicht sehr oft aufgerufen wird und der zusätzliche Aufwand erträglich ist. Dies impliziert, dass A recht effizient lösbar ist, wenn B effizient lösbar ist. Anders ausgedrückt: B kann nicht effizient lösbar sein, wenn A algorithmisch schwierig ist. Damit haben wir ein algorithmisches Konzept, später Reduktion genannt, benutzt, um die algorithmische Schwierigkeit eines Problems aus der Schwierigkeit eines anderen Problems abzuleiten. In Kapitel 4 wird dieser Ansatz formalisiert und an verschiedenen Beispielen eingeübt. Von besonderem Interesse sind Klassen von Problemen, von denen in der obigen Beschreibung jedes die Rolle von A und jedes die Rolle von B übernehmen kann. Dann sind entweder all diese Probleme effizient lösbar oder keines von ihnen. Die in Kapitel 5 vorgestellte NP-Vollständigkeitstheorie führt zu der bereits in Kapitel 1.1 diskutierten Klasse von Problemen, zu der tausende von praktisch relevanten Problemen gehören und die alle effizient lösbar sind oder alle nicht effizient lösbar sind. Die erste Möglichkeit ist äquivalent zu der Eigenschaft NP = P und die zweite zu NP $\neq$ P. Damit wird deutlich, warum das NP$\neq$P-Problem die angekündigte zentrale Rolle spielt. Einige der in Kapitel 4 bereits vorgestellten Reduktionen bekommen jetzt ihre wahre Bedeutung, da sie implizieren, dass die betrachteten Probleme zu der genannten Klasse von Problemen gehören. In Kapitel 6 wird der Entwurf derartiger Reduktionen systematischer behandelt.

Kapitel 7 und 8 widmen sich der Komplexitätsanalyse schwieriger Probleme. Es wird untersucht, wie man in der Menge der Problemvarianten die Grenze zwischen effizient lösbaren und schwierigen Problemvarianten finden kann. Für den wichtigen Spezialfall der Approximationsprobleme haben wir Kapitel 8 reserviert. Bei Optimierungsproblemen lässt sich die Forderung der Berechnung einer optimalen Lösung dahin gehend abschwächen, dass wir mit fast optimalen Lösungen zufrieden sind, wobei wir „fast" quantifizieren müssen. Für einige wenige Probleme erhalten wir aus den früheren Kapiteln relativ leicht auch Ergebnisse für Approximationsprobleme. Um weitere Ergebnisse über Reduktionen zu erhalten, muss ein erweiterter Begriff approximationserhaltender Reduktionen eingeführt werden. Auf diese Weise lassen sich schon recht viele Approximationsprobleme behandeln – allerdings entziehen sich auch wichtige, als schwierig vermutete Approximationsprobleme all diesen Methoden. Die klassische Komplexitätstheorie ist an dieser Stelle an ein lange Zeit unüberwindliches Hindernis gestoßen. Die neueren Entwicklungen werden in Kapitel 11 und 12 dargestellt.

Die Komplexitätstheorie muss auf alle Entwicklungen beim Entwurf effizienter Algorithmen reagieren, so auch auf den vermehrten Einsatz nicht problemspezifischer randomisierter Suchheuristiken wie Simulated Annealing und evolutionärer Algorithmen. Wenn Algorithmen nicht problemspezifisch arbeiten, ist unser ansonsten angemessenes problemspezifisches Szenario nicht mehr angemessen. Das zugehörige Black-Box-Szenario wird in Kapitel 9 eingeführt. In diesem Szenario haben wir die Möglichkeit, die Schwierigkeit von Problemen direkt, also ohne eine komplexitätstheoretische Hypothese nachzuweisen.

Erst nach gewaltigen Anstrengungen sehr vieler Wissenschaftlerinnen und Wissenschaftler ist es Anfang der 90er Jahre des vorigen Jahrhunderts gelungen, das oben diskutierte Hindernis bei der Behandlung von Approximationsproblemen mit dem so genannten PCP-Theorem (probabilistically checkable proofs) zu überwinden. Aber selbst mehr als 10 Jahre nach der Entdeckung dieses grundlegenden Theorems sind noch nicht alle Konsequenzen daraus gezogen worden und wird das Resultat noch verschärft. Auf der anderen Seite gibt es noch keinen Beweis selbst der Basisvariante des PCP-Theorems, der sich in einem Lehrbuch darstellen lässt (eine Behandlung in einer Spezialvorlesung hat 12 Doppelstunden in Anspruch genommen). Hier werden der Weg zum PCP-Theorem und die auf diesem Weg erzielten zentralen Ergebnisse beschrieben.

Zunächst wird in Kapitel 10 ein kurzer Blick in die strukturelle Komplexitätstheorie geworfen. Dabei untersuchen wir die innere Struktur der Komplexitätsklasse NP und entwickeln eine logikorientierte Sicht auf NP. Daraus lassen sich Erweiterungen von NP ableiten, die die polynomielle Hierarchie bilden. Wir können dann die Stellung der Komplexitätsklassen, die auf randomisierten Algorithmen beruhen, besser einordnen und erhalten neue Hypothesen, die gut, aber nicht so gut fundiert sind wie die NP$\neq$P-Hypothese. Später (Kapitel 11 und 14) werden wir Aussagen über praktisch wichtige Probleme auf diese Hypothesen stützen.

Beweise haben die Eigenschaft, viel einfacher verifizierbar als konstruierbar zu sein. So lässt sich ein ganzes Lehrbuch in angemessener Zeit verstehen, wobei für die Entdeckung der Ergebnisse viele Personen viele Jahre gearbeitet haben. Beweise werden nicht formal und logisch korrekt präsentiert (nur abgestützt auf Axiome und wenige erlaubte Schlussfolgerungen), sondern der Autor versucht die Leserinnen und Leser mit Argumenten zu überzeugen. Eine interaktive Kommunikation (der eine Vorlesung wesentlich näher kommen kann als ein Lehrbuch oder e-learning) würde diese Überzeugungsarbeit erleichtern. Schon Sokrates hat mit seinen Schülern Beweise durch Dialoge geführt. Kapitel 11 enthält eine Einführung in interaktive Beweissysteme. Was hat dies mit der Komplexität von Problemen zu tun? Wir messen die Komplexität daran, wie viel Kommunikation (gemessen in Bits und Kommunikationsrunden, in denen die Rolle zwischen Zuhörer und Rednerin wechselt) und Randomisierung ausreichen, so dass jemand, der unbeschränkte Ressourcen hat und den Beweis einer Eigenschaft (wie zum Beispiel eine billige Tour im Traveling Salesperson Problem) kennt, jemanden mit realistisch beschränkten Ressourcen von der Eigenschaft überzeugen kann. Dieses zunächst originell, aber nutzlos klingende Spiel hat enge Bezüge zu der von uns untersuchten Komplexität von Problemen. Es gibt sogar Beweisdialoge, bei denen die zweite Person von der betrachteten Eigenschaft überzeugt werden kann, ohne irgendetwas Neues über den Beweis zu erfahren (Zero-Knowledge-Beweis). Eine Anwendung liegt dann nahe. Der Beweis kann als Kennwort (password) benutzt werden. Das Kennwort lässt sich effizient überprüfen, ohne dass es seinen geheimen Charakter verliert.

Nach diesen Vorbereitungen wird in Kapitel 12 das PCP-Theorem erläutert und es werden zentrale Beweisideen diskutiert. Insbesondere wird das PCP-Theorem benutzt, um bessere Ergebnisse über die Komplexität zentraler Approximationsprobleme abzuleiten.

Kapitel 13 bietet einen Einblick in weitere Themen der klassischen Komplexitätstheorie: speicherplatzbasierte Komplexitätsklassen, die komplexitätstheoretische Klassifikation kontextsensitiver Sprachen, die Sätze von Savitch sowie Immerman und Szelepcsényi, PSPACE-Vollständigkeit, P-Vollständigkeit, also Probleme, die effizient lösbar, aber inhärent sequenziell sind, und #P-Vollständigkeit, bei der es um die Komplexität von Problemen geht, bei denen wir an der Anzahl der Lösungen interessiert sind.

Kapitel 14 behandelt den komplexitätstheoretischen Unterschied zwischen Software und Hardware. Ein Algorithmus (Software) arbeitet auf Eingaben beliebiger Länge, während ein Schaltkreis (Hardware) nur Eingaben einer bestimmten Länge verarbeiten kann. Insbesondere gibt es für jede boolesche Funktion mit der disjunktiven Normalform (DNF) eine Schaltkreislösung, während es nicht lösbare algorithmische Probleme gibt (Halteproblem, Softwareverifikation). Hier stellt sich die Frage, ob es für algorithmisch schwierige Probleme kleine Schaltkreise geben kann.

Kapitel 15 enthält eine Einführung in das Gebiet der Kommunikationskomplexität. Früher wurde Informatik als Wissenschaft der Informationsverarbeitung definiert, aber heute ist die zentrale Rolle der Kommunikation unbestritten. Mit der Theorie der Kommunikationskomplexität ist es gelungen, viele sehr verschiedene Probleme auf ihren gemeinsamen Kommunikationskern zu reduzieren. Wir werden die grundlegenden Methoden dieser Theorie vorstellen und exemplarisch anwenden.

Boolesche (oder allgemeiner) endliche Funktionen spielen in der Informatik offensichtlich eine zentrale Rolle. Zu ihrer Berechnung oder Darstellung gibt es wichtige Modelle (Schaltkreise, Formeln, Branchingprogramme (auch binary decision diagrams oder kurz BDDs genannt)). Ihr Vorteil ist, dass sie von kurzfristigen Technologieänderungen unabhängig sind und wir daher klar spezifizierte Referenzmodelle haben. Dies macht konkrete Schranken für die Komplexität bestimmter Funktionen interessant. Auch hier sind untere Schranken nur schwer zu erzielen. In Kapitel 16 werden zentrale Beweismethoden vorgestellt und zusammen mit den Methoden aus der Kommunikationskomplexität auf konkrete Funktionen angewendet.

1.4 Weiterführende Literatur

Da wir uns in diesem Lehrbuch auf eine Einführung in die Komplexitätstheorie beschränken und dabei insbesondere die strukturelle Komplexitätstheorie nur knapp behandeln, soll hier auf eine Auswahl ergänzender Lehrbücher hingewiesen werden. Am Beginn sollen zwei klassische Monographien genannt werden, die großen Einfluss gehabt haben. Dazu gehört die Einführung in alle Bereiche der theoretischen Informatik von Hopcroft und Ullman (1979) mit dem berühmt gewordenen Titelbild (eine aktualisierte Fassung stellt das Buch von Hopcroft, Motwani und Ullman (2001) dar). Das Buch von Garey und Johnson (1979) war lange Zeit *das* NP-Vollständigkeitsbuch und es ist heute noch wegen der großen Zahl behandelter Probleme ein sehr gut geeignetes Nachschlagewerk. Das von van Leeuwen (1990) herausgegebene Handbuch bietet vor allem auch eine gute Einordnung der Komplexitätstheorie in die theoretische Informatik und behandelt ebenso wie Papadimitriou (1994), Reischuk (1999) und Sipser (1997) viele Aspekte der Komplexitätstheorie. Wer Lehrbücher mit einem Schwerpunkt in der strukturellen Komplexitätstheorie und den zugehörigen Spezialgebieten sucht, sei auf Balcázar, Diaz und Gabarró (1988), Hemaspaandra und Ogihara (2002), Homer (2001), Wagner (1994), Wagner und Wechsung (1986) und Wechsung (2000) verwiesen. Weitergehende Informationen zum PCP-Theorem finden sich in der von Mayr, Prömel und Steger (1998) herausgegebenen Aufsatzsammlung. Auf die Behandlung von Approximationsproblemen ist das Buch von Ausiello, Crescenzi, Gambosi, Kann, Marchetti-Spaccamela und Protasi (1999) spezialisiert. Hromkovič (1997) und Reischuk (1999) behandeln die Aspekte von Parallelrechnern und Multiprozessorsystemen besonders ausführlich. Die Komplexität boolescher Funktionen bezüglich Schaltkreisen und Formeln wird von Wegener (1987) und Clote und Kranakis (2002) und bezüglich Branchingprogrammen und BDDs von Wegener (2000) dargestellt. Die Standardwerke zur Kommunikationskomplexität sind Hromkovič (1997) und Kushilevitz und Nisan (1997).

2. Algorithmische Probleme und ihre Komplexität

2.1 Was sind algorithmische Probleme?

Es ist sicherlich unmöglich, den Begriff „Problem" abzugrenzen oder gar zu formalisieren. Unter einem „algorithmischen Problem" wollen wir ein Problem verstehen, das für eine Bearbeitung mit Rechnern geeignet ist und für das die Menge korrekter Ergebnisse wohldefiniert ist. Das Problem, ein gerechtes Urteil für einen Angeklagten zu finden, ist schon deshalb nicht algorithmisch, weil es aus rechtsphilosophischen Gründen nicht für die Bearbeitung mit einem Rechner geeignet ist. Dagegen ist das Problem, einen deutschen Text in eine andere Sprache zu übersetzen, für eine Bearbeitung mit Rechnern geeignet, allerdings ist nicht klar abgegrenzt, welche Ergebnisse korrekt sind. Im Sinne der Komplexitätstheorie ist also auch das Übersetzungsproblem kein algorithmisches Problem. Ein Musterbeispiel eines algorithmischen Problems ist die Berechnung eines kürzesten Weges von s nach t in einem Graphen, in dem s und t zu den Knoten gehören und die Kanten mit positiven Kosten (Distanzen oder Reisezeiten) bewertet sind.

Ein *algorithmisches Problem* ist definiert durch

- die Beschreibung der Menge zulässiger Eingaben, die sich als endliche Folgen über einem endlichen Alphabet (dem Zeichensatz unseres Rechners) darstellen lassen, und
- die Beschreibung der Funktion, die jeder zulässigen Eingabe die nicht leere Menge korrekter Ausgaben (Antworten, Ergebnisse) zuweist, wobei Ausgaben ebenfalls endliche Folgen über einem endlichen Alphabet sind.

Mit der Einschränkung auf endliche Folgen und endliche Alphabete haben wir uns den Möglichkeiten digitaler Rechner angepasst. Bei jeder Behandlung beliebiger reeller Zahlen müssen diese auf die eine oder andere Weise approximiert werden. Algorithmische Probleme haben oft, wie das Kürzester-Weg-Problem, eine kurze informale Beschreibung, die aber das Eingabeformat nicht festlegt. So können Graphen durch Adjazenzmatrizen oder Adjazenzlisten und Distanzwerte in Dezimal- oder Binärdarstellung dargestellt werden. Der Entwurf guter Algorithmen kann stark vom Eingabeformat abhängen. Dies gilt insbesondere, wenn wir die Rechenzeit sehr genau messen wollen. Es lässt sich aber feststellen, dass oft alle „vernünftigen" Eingabeformate „eines" Problems zu algorithmisch ähnlichen Problemen führen (so lässt sich die Adjazenzmatrix eines Graphen recht effizient aus den Adjazenzlisten berechnen und umgekehrt). Wir werden daher die Eingabeformate stets nur so exakt wie nötig beschreiben. Insbesondere werden wir angeben, von welchen Parametern wir die Rechenzeit abhängig machen (Anzahl der Knoten eines Graphen beim Eingabeformat Adjazenzmatrix oder Anzahl der Knoten und Anzahl der Kanten beim Eingabeformat Adjazenzlisten). Künstliche Verlängerungen der Eingaben wie die Verwendung der Unärdarstellung von Zahlen (n wird als Folge von n Einsen dargestellt) werden ausgeschlossen, solange nicht explizit etwas Gegenteiliges gesagt wird. Genau genommen muss für jede Eingabe überprüft werden, ob sie zulässig (syntaktisch korrekt) ist. Da dies bei allen betrachteten Problemen effizient möglich ist, diskutieren wir auch diesen Aspekt nicht weiter. Wir werden versuchen, uns auf den Problemkern zu konzentrieren.

Diskussionswürdig ist, dass nur zwischen korrekten und nicht korrekten Ausgaben unterschieden wird. Damit sind alle korrekten Ausgaben „gleich gut". Dies spiegelt unser Ziel wider, die benötigten Ressourcen, insbesondere die benötigte Rechenzeit, in den Mittelpunkt unserer Betrachtungen zu stellen. Natürlich können zulässige Ausgaben (Wege von s nach t) eine unterschiedliche Qualität (Länge) haben. Dann ist es nahe liegend, nur zulässige Ausgaben mit optimaler Qualität (kürzeste Wege) als korrekt zu bezeichnen. Bei schwierigen Problemen können wir alle Ausgaben, deren Qualität nur um einen bestimmten Prozentsatz vom Optimum abweicht, als korrekt bezeichnen (Approximationsprobleme).

Obwohl algorithmische Probleme mehrere korrekte Antworten haben können, geben wir uns stets mit der Ausgabe *einer* korrekten Antwort zufrieden. Wenn es zu viele korrekte Antworten gibt, kann die Auflistung aller korrekten Antworten zu aufwändig sein. So lassen sich Stadtteile wie Manhattan als Zahlengitter $\{0, \ldots, n\} \times \{0, \ldots, m\}$ beschreiben, wobei (i,j) Kreuzungspunkte sind und die Straßen horizontal und vertikal verlaufen. Wenn $n \leq m$ ist, gibt es mindestens 2^n kürzeste Wege von $(0,0)$ nach (n,m) und ihre Auflistung ist schon für kleines n zu aufwändig. In den meisten Anwendungen sind wir mit der Beschreibung eines kürzesten Weges gut bedient. Wir können das Problem aber auch so abändern, dass wir nur die Beschreibung aller kürzesten Wege als korrekte Ausgabe ansehen oder dass wir die Beschreibung von $\min\{a,b\}$ (a die Anzahl kürzester Wege, b eine vorgegebene Schranke) verschiedenen kürzesten Wegen als Ausgabe verlangen. In jedem Fall suchen wir aus formaler Sicht nach einer von eventuell vielen korrekten Antworten und sprechen daher von einem *Suchproblem* (search problem). Falls wie bei der Berechnung eines kürzesten Weges eine Lösung mit größter Qualität gesucht wird, bezeichnen wir das Problem als *Optimierungsproblem* (optimization problem). Oft genügt es, den Wert einer optimalen Lösung (z.B. die Länge eines kürzesten Weges) zu berechnen. Diese Variante wird *Wertproblem* oder *Auswertungsproblem* (evaluation problem) genannt. Auswertungsprobleme sind eindeutig lösbar. Der Sonderfall, dass nur die Antworten 0

(„nein") oder 1 („ja") in Frage kommen und wir entscheiden müssen, welche der beiden Antwortmöglichkeiten korrekt ist, wird als *Entscheidungsproblem* (decision problem) bezeichnet. Entscheidungsprobleme ergeben sich auf ganz natürliche Weise: Hat Weiß bei einer gegebenen Situation beim Schach eine Gewinnstrategie? Ist die gegebene Zahl eine Primzahl? Sind vorgegebene Bedingungen erfüllbar? Der wichtige Spezialfall der syntaktischen Korrektheit eines Programms bezüglich einer Programmiersprache (das Wortproblem) hat zu der alternativen Bezeichnung (formale) *Sprache* ((formal) language) für Entscheidungsprobleme geführt. Optimierungsprobleme haben auf nahe liegende Weise Varianten, die Entscheidungsprobleme sind: Ist die Länge eines kürzesten Weges von s nach t durch l beschränkt?

Algorithmische Probleme (oder Suchprobleme) decken also alle Probleme ab, die wir mit Rechnern bearbeiten können und bei denen eindeutig zwischen korrekten und nicht korrekten Ausgaben unterschieden werden kann. Dazu gehören Optimierungsprobleme und eindeutig lösbare Probleme wie Auswertungsprobleme und Entscheidungsprobleme. Verschiedene Eingabeformate für dieselbe Problemstellung führen zu verschiedenen algorithmischen Problemen, aber typischerweise sind sich diese Probleme algorithmisch sehr ähnlich.

2.2 Einige wichtige algorithmische Probleme

Um genügend Beispiele zur Verfügung zu haben, wollen wir nun zehn wichtige Problemfamilien vorstellen:

- Rundreiseprobleme (Problem des Handlungsreisenden),
- Rucksackprobleme (beste Auswahl von Objekten),
- Aufteilungsprobleme (Verpackungsprobleme, Stundenplanprobleme, Lastverteilungsprobleme),
- Überwachungsprobleme,
- Cliquenprobleme,
- Teambildungsprobleme,
- Optimierung von Flüssen in Netzwerken,
- Meisterschaftsprobleme in Sportligen,
- Verifikationsprobleme und
- zahlentheoretische Probleme (Test auf Primzahleigenschaft, Faktorisierung).

In dieser Liste sind die am besten bekannten algorithmischen Probleme enthalten. Sie haben eine einfache und anschauliche Beschreibung und zum überwiegenden Teil große praktische Bedeutung. Einige Probleme tauchen in ihrer „reinen Form" eher selten auf, aber man stößt auf sie als Kernproblem, wenn man Probleme aus den Anwendungen bearbeiten will.

Das *Rundreiseproblem* (Problem des Handlungsreisenden, früher traveling salesman problem, heute traveling salesperson problem, TSP) ist das

Problem, eine kürzeste Rundreise, die n vorgegebene Orte erreicht und zum Startpunkt zurück führt, zu berechnen. Die Orte werden mit $1,\ldots,n$ und die Distanzen zwischen zwei Orten mit $d_{i,j}$, $1 \leq i,j \leq n$, $i \neq j$, bezeichnet. Die Distanzen stammen aus $\mathbb{N} \cup \{\infty\}$, wobei der Wert ∞ andeutet, dass es keine direkte Verbindung zwischen den betrachteten Orten gibt. Eine Rundreise ist eine Permutation π auf $\{1,\ldots,n\}$, so dass die Orte in der Reihenfolge $\pi(1), \pi(2), \ldots, \pi(n), \pi(1)$ besucht werden. Die Kosten einer Rundreise π betragen

$$d_{\pi(1),\pi(2)} + d_{\pi(2),\pi(3)} + \cdots + d_{\pi(n-1),\pi(n)} + d_{\pi(n),\pi(1)}$$

und es soll eine Rundreise mit minimalen Kosten berechnet werden. Hier zeigt sich schon die Vielfalt möglicher Problemvarianten. Als TSP (oder TSP_{opt}) bezeichnen wir das allgemeine Optimierungsproblem, TSP_{eval} und TSP_{dec} sind die zugehörigen Auswertungs- und Entscheidungsprobleme. Bei Letzterem enthält die Eingabe eine Schranke D und es ist zu entscheiden, ob es eine Rundreise gibt, deren Kosten nicht größer als D sind. Wir werden folgende eingeschränkte TSP-Varianten betrachten:

- TSP^{sym}: die Distanzen sind symmetrisch, also es ist $d_{i,j} = d_{j,i}$,
- $\text{TSP}^{\triangle}$: die Distanzen erfüllen die Dreiecksungleichung, also es gilt $d_{i,j} \leq d_{i,k} + d_{k,j}$,
- $\text{TSP}^{d\text{-Euklid}}$: die Orte sind Punkte im euklidischen Raum $\mathbb{R}^d$ und die Distanzen entsprechen dem euklidischen Abstand (L_2-Norm),
- TSP^N: die Distanzwerte stammen aus $\{1,\ldots,N\}$,
- DHC (gerichteter hamiltonscher Kreis, directed hamiltonian circuit): die Distanzwerte stammen aus $\{1, \infty\}$, das übliche Eingabeformat ist dann ein gerichteter Graph, der nur die Kanten mit Kosten 1 enthält,
- HC = DHC^{sym}: die symmetrische Variante von DHC, bei der das übliche Eingabeformat ein ungerichteter Graph mit den Kanten $\{i,j\}$ ist, deren Kosten 1 betragen.

Weitere Varianten werden in der Monographie von Lawler, Lenstra, Rinnooy Kan und Shmoys (1985), die sich nur mit dem TSP beschäftigt, vorgestellt. Für alle Versionen gibt es eine Optimierungsvariante, eine Auswertungsvariante und eine Entscheidungsvariante, wobei wir für DHC und HC nur die Entscheidungsvariante, ob der Graph einen hamiltonschen Kreis enthält, betrachten. Die Eingaben bestehen aus der Zahl n und den $n(n-1)$ Distanzen. Üblich ist es, die Rechenzeit dennoch auf n zu beziehen. Bei den Problemen DHC und HC ist auch die Anzahl m der Kanten relevant. Zu beachten ist, dass sowohl n als auch m nicht die Länge der Eingabe über einem endlichen Alphabet messen. Diese hängt von der Größe der Distanzen $d_{i,j}$ ab, bei einer Binärdarstellung natürlicher Zahlen hat $d_{i,j}$ die Länge $\lceil \log(d_{i,j} + 1) \rceil$.

Für das TSP haben wir exemplarisch viele, wenn auch längst nicht alle Varianten aufgelistet und wir haben auch die relevanten Parameter näher diskutiert (n oder (n,m) oder im Wesentlichen die Bitlänge der Eingabe). Bei den weiteren Problemen werden wir nur die wichtigsten Varianten vorstellen und die relevanten Parameter nur nennen, wenn sie sich nicht auf ähnliche Weise wie beim TSP ergeben.

Reisende, die die Gewichtsgrenze von 20 kg im Flugzeug einhalten wollen, haben es mit dem *Rucksackproblem* (knapsack problem, KP) zu tun. Die Gewichtsgrenze $G \in \mathbb{N}$ ist einzuhalten und es gibt n Objekte, die man gerne mitnehmen würde. Das i-te Objekt hat ein Gewicht von $g_i \in \mathbb{N}$ und einen Nutzen von $a_i \in \mathbb{N}$. Es ist unzulässig, Objekte mit einem größeren Gesamtgewicht als G auszuwählen. Ansonsten besteht das Ziel darin, den Gesamtnutzen der ausgewählten Objekte zu maximieren. Auch hier gibt es die Varianten, bei denen die Größe der Nutzenwerte und/oder Gewichte beschränkt ist. Im allgemeinen Fall unterscheiden sich die Nutzen-pro-Gewichtseinheit-Werte der Objekte. Mit KP* bezeichnen wir den Spezialfall $a_i = g_i$ für alle Objekte. Dann besteht das Ziel nur noch darin, die Gewichtsgrenze möglichst gut von unten anzunähern. Wenn dann noch $G = (g_1 + \cdots + g_n)/2$ ist und wir die Entscheidungsvariante, ob wir die Gewichtsgrenze voll ausnutzen können, betrachten, ist dies äquivalent zur Frage, ob wir die Menge der Objekte in zwei Gruppen mit demselben Gesamtgewicht einteilen können. Daher heißt dieser Spezialfall *Partitionsproblem* (PARTITION). Auch dem Rucksackproblem ist eine Monographie gewidmet, siehe Martello und Toth (1990).

Das Partitionsproblem ist auch ein Spezialfall des *Aufteilungsproblems* (bin packing, BP), bei dem Kisten der Größe b bereitstehen und wir n Objekte der Größen $a_1, \ldots, a_n$ in möglichst wenige Kisten verpacken wollen. Wir können BP aber auch als sehr spezielles Lastverteilungsproblem (Stundenplanproblem, scheduling problem) auffassen. Die Klasse der Lastverteilungsprobleme ist nahezu unüberschaubar (Lawler, Lenstra, Rinnooy Kan und Shmoys (1993), Pinedo (1995)). Stets geht es darum, Aufgaben auf Personen oder Maschinen zu verteilen, wobei verschiedene Nebenbedingungen zu erfüllen sind. Nicht alle Personen sind für alle Aufgaben geeignet, sie können eventuell zur Bearbeitung einer Aufgabe verschieden lange brauchen, es kann zwischen bestimmten Aufgaben eine vorgegebene Reihenfolge geben, in der sie bearbeitet werden müssen, es kann früheste Anfangszeiten und späteste Beendigungszeiten (deadlines) geben und dazu verschiedene Optimierungskriterien. Im weiteren Verlauf des Buches werden einige spezielle Probleme eingeführt.

Ein *Überwachungsproblem* kann darin bestehen, mit möglichst wenigen Kameras ein Haus vollständig zu überwachen. Wir beschränken uns auf Überwachungsprobleme auf ungerichteten Graphen. Beim *Knotenüberdeckungsproblem* (vertex cover, VC) überwacht jeder Knoten alle Kanten, die ihn berühren, und es sollen alle Kanten mit möglichst wenigen Knoten überwacht werden. Beim *Kantenüberdeckungsproblem* (edge cover, EC) sind die Rollen vertauscht. Jede Kante überwacht die beiden anliegenden Knoten und es sollen alle Knoten mit möglichst wenigen Kanten überwacht werden.

Graphen können mit ihren Knoten Personen repräsentieren und mit ihren Kanten freundschaftliche Beziehungen ausdrücken. Eine Clique ist definiert als Gruppe, in der sich alle paarweise mögen. Die folgenden Probleme machen nicht den Eindruck, wirklich anwendungsbezogen zu sein, sie ergeben sich aber häufiger als Teilprobleme. Beim *Cliquenüberdeckungsproblem* (clique cover, CC) soll die Knotenmenge in möglichst wenige Mengen eingeteilt werden, die alle Cliquen sind. Beim mit CLIQUE bezeichneten *Cliquenproblem* soll eine möglichst große Clique berechnet werden. Eine Anticlique („keiner mag keinen", zwischen den Knoten gibt es keine einzige Kante) wird als unabhängige Menge (independent set) bezeichnet und das Problem der Berechnung einer größten Anticlique wird IS (independent set problem) genannt.

Teambildung kann bedeuten, Personen mit unterschiedlichen Fähigkeiten in kooperative Teams einzuteilen, wobei die Mitglieder eines Teams harmonieren müssen. Beim k-DM (Bildung von Teams der Größe k, k-dimensional matching) haben wir k Personengruppen gegeben, die k verschiedene Fähigkeiten repräsentieren, und eine Liste möglicher Teams mit je einer Person aus jeder Gruppe. Das Ziel besteht in der Bildung möglichst vieler Teams, wobei jede Person nur einem Team zugeordnet wird. 2-DM wird auch als Heiratsproblem bezeichnet, wobei die beiden „Fähigkeiten" durch die beiden Geschlechter ersetzt werden, mögliche Teams „potenziell glückliche" Ehepaare sind und die Anzahl potenziell glücklicher, heterosexueller Ehen maximiert werden soll. Diese Beschreibung des Problems erfasst natürlich nicht den konkreten Anwendungshintergrund.

Die Bezeichnung *Flussproblem* (network flow, NF) steht für die Maximierung von Flüssen in Netzwerken, ebenfalls eine große Klasse von Problemen, siehe Ahuja, Magnanti und Orlin (1993). Uns interessiert nur das Basisproblem, in dem in einem gerichteten Graphen der Fluss von s nach t maximiert werden soll. Der Fluss $f(e)$ auf der Kante e muss ganzzahlig, nicht negativ und nach oben durch die Kapazität $c(e)$ der Kante beschränkt sein. Aller Fluss, der einen Knoten $v \notin \{s,t\}$ erreicht, also die Summe aller $f(e)$ mit $e = (\cdot, v)$, muss gleich dem Fluss sein, der v verlässt, also gleich der Summe aller $f(e)$ mit $e = (v, \cdot)$ (Kirchhoff-Regel). Der Startknoten (source) s wird von keiner Kante erreicht, während der Zielknoten (terminal) t von keiner Kante verlassen wird. Unter diesen Nebenbedingungen soll der Fluss von s nach t, also die Summe aller $f(e)$ mit $e = (s, \cdot)$, maximiert werden. Man kann leicht argumentieren, dass diese Modellierung zur Maximierung des Verkehrsflusses ungeeignet ist. Wir werden sehen, dass Flussprobleme in ganz anderen Zusammenhängen auftauchen.

Die bisher betrachteten Probleme haben die Eigenschaft, dass die Optimierungsvarianten als die natürlichen Varianten erscheinen, während die Auswertungs- und Entscheidungsvarianten eingeschränkte Probleme sind, deren Lösungen nur Teilaspekte abdecken. Das *Meisterschaftsproblem* (championship problem, CP) ist vom Grunde her ein Entscheidungsproblem. Ein Fan fragt sich zu einem Zeitpunkt der Saison, ob sein Lieblingsverein wenigstens noch theoretisch Meister werden kann. Es gibt also einen Punktestand für jeden Verein und die Liste noch ausstehender Spiele. Der ausgewählte Verein kann noch Meister werden, wenn es Spielausgänge gibt, so dass am Ende kein anderer Verein mehr Punkte als er hat (notfalls hat der Lieblingsverein das beste Torverhältnis). Zusätzlich gibt es eine Regel, wie die Punkte in einem Spiel vergeben werden:

- Die a-Aufteilungsregel: In jedem Spiel werden a Punkte ($a \in \mathbb{N}$) vergeben und jede Aufteilung in b Punkte für Team 1 und $a - b$ Punkte für Team 2 mit $0 \leq b \leq a$, $b \in \mathbb{N}$, ist möglich.
- Die $(0, a, b)$-Aufteilungsregel: Die Aufteilungen b:0 (Heimsieg), a:a (Unentschieden) und 0:b sind möglich.

Tatsächlich werden in den verschiedenen Sportarten verschiedene Punkteregeln verwendet, die 1-Aufteilungsregel in Sportarten ohne Unentschieden (Basketball, Volleyball, Baseball, Football, ...), die 2-Aufteilungsregel, die äquivalent zur (0,1,2)-Aufteilungsregel ist, als klassische Regel in Sportarten mit Unentschieden (Handball, Hockey, Fußball, aber in Deutschland nur bis zum Ende der Saison 1994/95), die 3-Aufteilungsregel im Eishockey (DEL-Regel mit 3:0 Punkten für einen Sieg in der regulären Spielzeit und 2:1 Punkten für einen Sieg in der Verlängerung oder im Penalty-Schießen) und die (0,1,3)-Aufteilungsregel im heutigen Fußball. Weitere Varianten ergeben sich, wenn wir fordern, dass sich die noch ausstehenden Spiele in Spieltage einteilen lassen, oder gar, dass sie sich in einen Spielplan nach DFB-Regeln einteilen lassen (siehe Bernholt, Gülich, Hofmeister, Schmitt und Wegener (2002)). Dieses auch an Stammtischen diskutierte Problem wird zu überraschenden Einsichten führen.

Mit der Klasse der Verifikationsprobleme (siehe Wegener (2000)) wechseln wir in den Bereich der Hardware. Basis ist die Frage, ob Spezifikation S und Realisierung R eines Chips dieselbe boolesche Funktion beschreiben. Wir haben also Beschreibungen S und R boolescher Funktionen f und g und fragen uns, ob $f(a) = g(a)$ für alle Eingaben a ist. Da wir die Verifikation bitweise durchführen, können wir $f, g \colon \{0,1\}^n \to \{0,1\}$ annehmen. Die Eigenschaft $f \neq g$ ist äquivalent zur Existenz eines a mit $(f \oplus g)(a) = 1$ ($\oplus$=EXOR). Wir fragen uns, ob $h = f \oplus g$ *erfüllbar* (satisfiable) ist, also den Ausgabewert 1 liefern kann. Dieses Entscheidungsproblem wird als *Erfüllbarkeitsproblem* (satisfiability problem) bezeichnet. Hier ist das Eingabeformat für h relevant:

- SAT$_{\text{CIR}}$ geht von der Eingabe als Schaltkreis (circuit) aus,
- SAT = SAT$_{\text{CF}}$ von einer Konjunktion (AND-Verknüpfung) von Klauseln (OR-Verknüpfung von Literalen, das sind Variablen und negierte Variablen), also einer konjunktiven Form (CF),
- SAT$_{\text{DF}}$ dagegen von einer Disjunktion (OR-Verknüpfung) von Monomen (AND-Verknüpfung von Literalen), also einer disjunktiven Form (DF).

Andere Darstellungsformen werden später vorgestellt. Mit k-SAT wird der Spezialfall bezeichnet, in dem alle Klauseln genau k Literale enthalten. Für

SAT und k-SAT gibt es die Optimierungsvarianten MAX-SAT und MAX-k-SAT, bei denen es das Ziel ist, mit einer Belegung der Variablen möglichst viele Klauseln gleichzeitig zu erfüllen, also möglichst viele Klauseln zu erhalten, bei denen mindestens ein Literal den Wert 1 hat. Diese Optimierungsvarianten sind durch Verifikationsprobleme nicht mehr motivierbar. Sie werden aber bei der Behandlung der Komplexität von Approximationsproblemen die zentrale Rolle übernehmen. Allgemein werden wir sehen, dass neue Teilbereiche der Komplexitätstheorie historisch stets damit begonnen haben, geeignete Erfüllbarkeitsprobleme zu untersuchen. Somit sind Erfüllbarkeitsprobleme durch ein wichtiges Anwendungsproblem motiviert und stehen zusätzlich als „Problem an sich" im Mittelpunkt.

Die moderne Kryptographie (siehe Stinson (1995)) ist eng mit zahlentheoretischen Problemen verknüpft, wobei mit sehr großen Zahlen gearbeitet wird. Hier ist zu beachten, dass die Eingabe n in der Binärdarstellung nur eine Länge von $\lceil \log(n+1) \rceil$ hat. Schon in der Schule haben wir bei der Addition von Brüchen Hauptnenner berechnet und dabei die Nenner in ihre Primfaktoren zerlegt. Dies ist das Problem der *Faktorisierung* (factoring, FACT). Oft genügt ein *Primzahltest* (primality testing, PRIMES), also die Lösung des Entscheidungsproblems, ob n prim ist.

Mit diesem bunten Strauß zentraler und praktischer algorithmischer Probleme können wir die meisten komplexitätstheoretischen Fragen diskutieren.

2.3 Wie wird die Rechenzeit eines Algorithmus gemessen?

Ein erster Versuch zur Definition der Komplexität eines algorithmischen Problems könnte folgendermaßen aussehen:

Die Komplexität eines algorithmischen Problems ist die von einem optimalen Algorithmus benötigte Rechenzeit.

Nach etwas Nachdenken erweist sich dieser Definitionsversuch als unausgereift:

– Gibt es immer einen optimalen Algorithmus?
– Was ist eigentlich die von einem Algorithmus benötigte Rechenzeit?
– Ist überhaupt klar, was ein Algorithmus ist?

Diesen Fragen müssen wir nachgehen, bevor wir eine Komplexitätstheorie algorithmischer Probleme entwickeln können. Uns genügt ein weitgehend intuitiver Begriff von einem *Algorithmus* (algorithm) als eindeutige Handlungsvorschrift, die in Abhängigkeit von der Eingabe für das betrachtete algorithmische Problem die Schritte festlegt, die ausgeführt werden sollen, um eine korrekte Ausgabe zu erzeugen. Der Algorithmus heißt *deterministisch* (determiniert, deterministic), wenn zu jedem Zeitpunkt der nächste Rechenschritt eindeutig festgelegt ist. In Kapitel 3 werden wir den Algorithmusbegriff auf randomisierte Algorithmen erweitern, die den nächsten Rechenschritt von Zufallsbits abhängig machen können. Die gewählte Beschreibung des Algorithmusbegriffs erlaubt die Freiheiten, die sich diejenigen, die neue Algorithmen entwickeln und der Öffentlichkeit vorstellen, auch herausnehmen.

Die zu beobachtende Rechenzeit t eines Algorithmus A für ein algorithmisches Problem hängt noch mindestens von folgenden Parametern ab:

- der Eingabe x,
- dem gewählten Rechner R,
- der gewählten Programmiersprache S,
- der Implementierung I des Algorithmus.

Dass die Rechenzeit stark von der konkreten Eingabe x abhängt, ist unvermeidlich und sinnvoll. Es ist unmittelbar klar, dass „größere Probleme" (etwa 10^6 Orte beim TSP) wesentlich mehr Rechenzeit benötigen als „kleinere Probleme" (nur 10 Orte). Wenn aber die Rechenzeit auch essenziell von R, S, I und eventuell weiteren Parametern abhängt, lassen sich Algorithmen nicht mehr sinnvoll vergleichen. Wir könnten dann bestenfalls Aussagen über die Rechenzeit eines Algorithmus in Bezug auf einen konkreten Rechner und eine konkrete Programmiersprache und Implementierung machen. Derartige Aussagen sind aber ziemlich uninteressant. Schon nach sehr kurzer Zeit ist der betrachtete Rechner veraltet und auch Programmiersprachen haben heutzutage oft nur eine kurze Blütezeit und werden zudem ständig verändert. Zwar hängt die Rechenzeit zweifellos von diesen Parametern ab, aber wir werden sehen, dass diese Abhängigkeit beschränkt und kontrollierbar ist. Die Komplexitätstheorie und die Algorithmentheorie haben folgenden Ausweg aus dem beschriebenen Dilemma gewählt:

Der Begriff der Rechenzeit wird so vergröbert, dass er nur noch vom Algorithmus und der Eingabe abhängt.

Konkret bedeutet dies, dass wir die Rechenzeit eines Algorithmus angeben können, unabhängig davon, ob ein 50 Jahre alter Rechner oder ein heutiger Rechner betrachtet wird. Darüber hinaus sollen unsere Betrachtungen auch für die in 50 Jahren benutzten Rechner gültig sein. Ziel dieses Unterkapitels ist es nachzuweisen, dass es einen abstrakten Begriff von Rechenzeit gibt, der die gewünschten Eigenschaften hat.

Aufgrund der bisherigen und auch noch zu erwartenden Fortschritte auf dem Gebiet der Hardware werden wir die Rechen„zeit" nicht in Zeiteinheiten messen, sondern in der Anzahl der durchgeführten Rechenschritte. Wir einigen uns dazu auf eine Menge zulässiger, elementarer Operationen, darunter die arithmetischen Operationen, Zuweisungen, Speicherzugriffe sowie auch die Erkennung des als nächsten auszuführenden Befehls. Formal lässt sich als Referenzmodell das Modell der *Registermaschine* (random access machine) definieren (siehe Wegener (1999)). Wir begnügen uns damit festzuhalten, dass sich jedes Programm in jeder bekannten Programmiersprache für jeden bekannten Rechner (strukturell einfach, aber praktisch mühselig) in ein Programm für Registermaschinen übersetzen lässt, wobei der Rechenzeitverlust „gering" ist.

Der Begriff „gering" lässt sich sogar quantifizieren. Für die bekannten Programmiersprachen und Rechner gibt es jeweils eine Konstante c, so dass sich die Anzahl der Rechenschritte bei der Übersetzung in Programme für Registermaschinen nur um maximal den Faktor c vergrößert. Was aber gilt für zukünftige Rechner? Sichere Aussagen sind unmöglich, aber man ist überzeugt, dass die möglichen Auswirkungen beschränkt sind. Diese Überzeugung lässt sich als erweiterte churchsche These zusammenfassen. Die klassische *churchsche These* (Church's hypothesis) besagt, dass sich alle Rechnermodelle gegenseitig simulieren können und daher die Menge der algorithmisch lösbaren Probleme vom Rechnermodell (dies schließt Rechner und Programmiersprache ein) unabhängig ist. Die *erweiterte churchsche These* geht einen Schritt weiter:

Für je zwei Rechnermodelle R_1 und R_2 gibt es ein Polynom p, so dass t Rechenschritte auf R_1 durch $p(t)$ Rechenschritte auf R_2 simuliert werden können.

Es ist allerdings nicht fair, alle arithmetischen Operationen als gleich teure Rechenschritte zu bewerten. Wir halten Divisionen (gerundet auf eine bestimmte Anzahl von Stellen) für aufwändiger als Additionen. Zudem hängt der tatsächlich benötigte Aufwand von der Länge der beteiligten Zahlen ab. Wenn wir auf die Bitebene absteigen, braucht jede arithmetische Operation auf Zahlen der Bitlänge l sicher $\Omega(l)$ Operationen. Für Additionen und Subtraktionen genügen auch $O(l)$ Operationen, während die besten bekannten Algorithmen für Multiplikation und Division $\Theta(l \log l \log \log l)$ Operationen benötigen. (Die Notationen O, Ω und Θ werden im Anhang A.1 definiert.) Daher ist es fair, wenn auch nicht exakt, arithmetischen Operationen auf Zahlen der Länge l die Kosten l zuzuweisen. Diese Betrachtungsweise führt uns auf das *logarithmische Kostenmaß* (logarithmic cost model), das seine Bezeichnung erhalten hat, weil die Zahl n eine Bitlänge von $\lceil \log(n+1) \rceil$ hat. Dieses faire, aber unhandliche Kostenmaß lohnt den Aufwand nur, wenn tatsächlich sehr große Zahlen betrachtet werden. Werden bei Eingabelänge l nur Zahlen bis zur Größe $s(l)$ betrachtet, übertreffen die logarithmischen Kosten die Anzahl der Rechenschritte höchstens um einen Faktor von $O(\log s(l))$. Selbst für exponentiell große Zahlen ist dieser Faktor linear. Da wir keine Algorithmen betrachten, die arithmetische Operationen auf größeren Zahlen durchführen, können wir uns auf die Anzahl der Rechenschritte und damit auf das *einheitliche Kostenmaß* (uniform cost model) zurückziehen.

Nach dieser Diskussion und Abstraktion können wir von der Rechenzeit $t_A(x)$ des Algorithmus A auf der Eingabe x sprechen. Wir akzeptieren, dass wir dabei implizit ein Referenzmodell verwenden. Dennoch beziehen sich Rechenzeiten wie $O(n \log n)$ für Sortieralgorithmen oder $O((n+m) \log n)$ für den Algorithmus von Dijkstra auf alle bekannten Rechner und Programmiersprachen.

Die erweiterte churchsche These muss im Licht neuer Rechnertypen überprüft werden. Es gibt keinen Zweifel, dass sie im Bereich digitaler Rechner korrekt ist. Auch so genannte DNA-Rechner führen „nur" zu kleineren Chips oder zu einem größeren Grad an Parallelismus. Dies kann in der Praxis einen gewaltigen Fortschritt bedeuten, wirkt sich aber auf die Anzahl elementarer Operationen nicht aus. Lediglich so genannte Quantenrechner, die Quanteneffekte ausnutzen sollen (es gibt zahlreiche Machbarkeitsstudien, aber noch keinen einsatzfähigen Quantenrechner), erlauben einen neuen Typ von Algorithmen, der sich als unvergleichlich mit üblichen Algorithmen erweisen kann. Für Quantenrechner ist die Komplexitätstheorie der Konstruktion der Rechner weit voraus. Dieser Zweig der Komplexitätstheorie muss jedoch weiterführenden Monographien vorbehalten bleiben (siehe Nielsen und Chuang (2000)).

Im Bereich digitaler Rechner implizieren also (untere oder obere) Schranken für die Rechenzeit von Registermaschinen ähnliche Schranken für alle konkreten Rechner. Später werden wir ein weiteres Referenzmodell benötigen. Registermaschinen haben den freien Zugriff (random access) auf ihren Speicher, bei Eingabe i kann der Inhalt der i-ten Speicherzelle, früher auch Register genannt, gelesen werden. Dieser globale Zugriff auf den Speicher wird uns Probleme bereiten. Daher wird ein sehr eingeschränktes Rechnermodell als Zwischenmodell eingeführt. Bei ihm haben einzelne Rechenschritte nur lokale Auswirkungen und genau dies wird es sein, was uns die Arbeit erleichtert.

Das Modell der *Turingmaschine* (Turing machine) geht auf den englischen Logiker Alan Turing zurück. Er legte mit seinen Arbeiten nicht nur die Basis für den Bau von Rechnern, sondern leitete im Zweiten Weltkrieg auch die Gruppe, die die deutsche Geheimchiffre „Enigma" knackte. Wie bei allen Rechnermodellen haben wir es mit einem unbeschränkten Speicher zur Speicherung von Daten zu tun. Die Speicherzellen sind linear angeordnet und mit $i \in \mathbb{Z}$ fortlaufend nummeriert. Der Rechner hat zusätzlich einen Speicher endlicher Größe, auf dessen Inhalt er stets zugreifen kann (sein „Gedächtnis"), und zu jedem Zeitpunkt Zugriff auf eine Speicherzelle des unbeschränkten Speichers. Die nächste Aktion kann also nur von der im Gedächtnis und der in der betrachteten Speicherzelle enthaltenen Information abhängen. Die Turingmaschine kann in einem Schritt den Inhalt ihres Gedächtnisses und der betrachteten Speicherzelle verändern und zur linken oder rechten Nachbarzelle wandern. Formal besteht eine Turingmaschine aus den folgenden Komponenten:

- der endlichen Zustandsmenge (state space) Q, wobei jedes $q \in Q$ einen Zustand des Gedächtnisses widerspiegelt, und somit kann ein Gedächtnis, das k Bits speichern soll, durch $Q = \{0,1\}^k$ beschrieben werden,
- dem Anfangszustand (initial state) $q_0 \in Q$,
- dem endlichen *Eingabealphabet* Σ,
- dem endlichen *Arbeitsalphabet* oder *Bandalphabet* Γ, das mindestens Σ und zusätzlich ein *Leerzeichen* (blank) b enthält,
- der *Arbeitsvorschrift* (dem Programm) $\delta: Q \times \Gamma \to Q \times \Gamma \times \{-1,0,+1\}$ und
- der *Menge der Haltezustände* (stopping states) $Q' \subseteq Q$, wobei $\delta(q,a) = (q,a,0)$ für $q \in Q'$ und alle $a \in \Gamma$ ist, während $\delta(q,a) \neq (q,a,0)$ für $q \in Q - Q'$ und alle $a \in \Gamma$ ist.

Die Arbeitsweise einer Turingmaschine ist die folgende. Zu Beginn steht die Eingabe $x = (x_1, \ldots, x_n) \in \Sigma^n$ in den Speicherzellen $0, \ldots, n-1$, alle anderen Speicherzellen enthalten das Leerzeichen. Das Gedächtnis ist im Zustand q_0. Im ersten Schritt wird Speicherzelle 0 betrachtet. Wird im Zustand q der Buchstabe a in Speicherzelle i gelesen und ist $\delta(q,a) = (q',a',j)$, dann wird der Buchstabe a in Speicherzelle i durch a' ersetzt, der Gedächtnisinhalt q durch q' ersetzt und als Nächstes Speicherzelle $i+j$ betrachtet. Obwohl die Turingmaschine in Haltezuständen formal weiterarbeitet, wird als Rechenzeit der erste Zeitpunkt definiert, zu dem ein Haltezustand erreicht wird. Bei Suchproblemen findet sich die Ausgabe in den Speicherzellen $1, \ldots, m$, wenn Speicherzelle $m+1$ die erste mit positiver Nummer ist, die das Leerzeichen enthält. Bei Entscheidungsproblemen können wir die Ausgabe in den Haltezustand integrieren. Es ist dann $Q' = Q^+ \cup Q^-$. Die Eingabe wird akzeptiert, wenn in einem Zustand $q \in Q^+$ angehalten wird, und abgelehnt, wenn in einem Zustand $q \in Q^-$ angehalten wird.

Turingmaschinen haben die Eigenschaft, dass an einem Rechenschritt nur das Gedächtnis, die Leseposition und die betrachtete Speicherzelle beteiligt sind. Es kann danach nur eine benachbarte Speicherzelle aufgesucht werden. Für einen praktischen Einsatz als Rechner ist dies ein gravierender Nachteil, für eine Analyse der Auswirkungen eines Rechenschritts aber ein entscheidender Vorteil.

Die von uns eingeführte (Standard)turingmaschine arbeitet mit einem linear angeordneten Speicher, auch Band genannt. Eine Erweiterung auf k Bänder, wobei zu jedem Zeitpunkt je eine Speicherzelle jedes Bandes gelesen wird und die Bewegungen auf den Bändern auch in verschiedene Richtungen verlaufen können, kann durch Programme $\delta: Q \times \Gamma^k \to Q \times \Gamma^k \times \{-1,0,+1\}^k$ beschrieben werden. Erstaunlicherweise können Registermaschinen mit nur sehr geringem Rechenzeitverlust durch Turingmaschinen mit einer kleinen Anzahl von Bändern simuliert werden (dazu siehe Schönhage, Grotefeld und Vetter (1994)). Diese Turingmaschinen können dann leicht mit quadratischem Rechenzeitverlust durch Turingmaschinen mit einem Band simuliert werden (siehe z. B. Wegener (1999)). Damit gilt:

Für jeden realen Rechnertyp gibt es ein Polynom p, so dass t Rechenschritte bezüglich des logarithmischen Kostenmaßes in p(t) Rechenschritten von einer Turingmaschine simuliert werden können.

Wenn wir auf der Basis der erweiterten churchschen These arbeiten, gilt dies auch für alle zukünftigen digitalen Rechner.

2.4 Die Komplexität algorithmischer Probleme

Mit $t_A(x)$ bezeichnen wir die Rechenzeit des Algorithmus A für Eingabe x im einheitlichen Kostenmaß für ein ausgewähltes Referenzmodell (wie eine Registermaschine). Wir können nun versuchen, Algorithmen A und A' für dasselbe Problem auf folgende Weise zu vergleichen: A ist mindestens so schnell wie A', wenn $t_A(x) \leq t_{A'}(x)$ für alle x ist.

Dieser nahe liegende Definitionsversuch ist aus mehreren Gründen problematisch:

- der exakte Wert von $t_A(x)$ und damit der Vergleich von A und A' hängt vom Referenzmodell ab,
- nur für sehr einfache Algorithmen können wir hoffen, $t_A(x)$ für alle x berechnen und die Beziehung $t_A(x) \leq t_{A'}(x)$ für alle x überprüfen zu können,
- einfache Algorithmen A haben im Vergleich zu komplizierten, aber gut auf das Problem zugeschnittenen Algorithmen A' oft die Eigenschaft, dass $t_A(x) < t_{A'}(x)$ für „kleine" Probleme x und $t_A(x) > t_{A'}(x)$ für „große" Probleme x ist.

Dem ersten und dritten Problem begegnen wir mit der Vergröberung, dass wir die Rechenzeiten nur bezüglich der Größenordnung oder asymptotischen Wachstumsordnung vergleichen. Um mit dem zweiten Problem fertig zu werden, betrachten wir nicht die Rechenzeit für jedes x, sondern fassen Eingaben mit derselben Kenngröße (Bitlänge, Anzahl der Knoten in einem Graphen, Anzahl der Orte beim TSP, ...) zusammen. Obwohl verschiedene Eingaben für das TSP, die sich auf dieselbe Anzahl von Orten beziehen, eine sehr verschiedene Länge (gemessen in Bits) haben können, spricht man nach Wahl der Kenngröße stets von der Eingabe„länge" und bezeichnet sie mit $|x|$. Das am häufigsten benutzte Rechenzeitmaß ist die *maximale Rechenzeit* (worst-case runtime)

$$t_A(n) := \sup\{t_A(x) \mid |x| \leq n\}.$$

Häufig wird $t_A^*(n) = \sup\{t_A(x) \mid |x| = n\}$ betrachtet. Es ist $t_A^*(n) = t_A(n)$, wenn $t_A^*(n)$ monoton wachsend ist. Dies gilt für die meisten Algorithmen. Mit der Betrachtung von $t_A(n)$ erreichen wir, dass die maximale Rechenzeit stets eine monoton wachsende Funktion ist und dies ist später hilfreich. Jetzt können wir beschreiben, wie wir die Algorithmen A und A' für dasselbe Problem vergleichen.

Der Algorithmus A ist asymptotisch mindestens so schnell wie A', wenn $t_A(n) = O(t_{A'}(n))$ ist.

Wir haben nun die sich als angemessen erweisende Vergröberung vorgenommen. In Extremfällen ist die Vergröberung zu stark. So würden wir in den Anwendungen $n \log n$ für „praktisch kleiner" als $10^6 \cdot n$ halten. Die maximale Rechenzeit geht mit Algorithmen wie Quicksort, die für die „meisten" Eingaben viel schneller als für die „schlechtesten" Eingaben arbeiten, sehr kritisch um. Ein Ausweg besteht in der Betrachtung der *durchschnittlichen Rechenzeit* (average-case runtime). Für eine Wahrscheinlichkeitsverteilung q_n auf den Eingaben der Länge n ist

$$t_A^q(n) := \sum_{x \mid |x|=n} q_n(x) t_A(x).$$

Der Begriff der durchschnittlichen Rechenzeit ist aus zweierlei Gründen nicht gut geeignet. Der Hauptgrund ist, dass wir für die meisten Probleme nicht wissen, welche Verteilung q_n auf den Eingaben „die Realität" gut modelliert. Bevor wir mit einer schlechten Schätzung von q_n zu unbrauchbaren Resultaten gelangen, ist es vernünftiger, wenn auch pessimistischer, die maximale Rechenzeit als Maß zu verwenden. Aus pragmatischer Sicht ist festzustellen, dass uns die Bestimmung der asymptotischen maximalen Rechenzeit für viel mehr Algorithmen gelingt, als dies für die durchschnittliche Rechenzeit der Fall ist.

Schließlich können wir sagen, dass die *algorithmische Komplexität* (algorithmic complexity) eines Problems $f(n)$ beträgt, wenn das Problem durch einen Algorithmus A mit maximaler Rechenzeit $O(f(n))$ gelöst werden kann und jeder Algorithmus für das Problem eine maximale Rechenzeit von $\Omega(f(n))$ hat. In diesem Fall hat A die asymptotisch minimale Rechenzeit. Wir sprechen aber nicht von der Definition der algorithmischen Komplexität, denn Probleme müssen nicht eine asymptotisch minimale Rechenzeit haben. Es könnte zwei Algorithmen A und A' geben, so dass weder $t_A(n) = O(t_{A'}(n))$ noch $t_{A'}(n) = O(t_A(n))$ gilt (für derartige Rechenzeiten siehe Anhang A.1). Selbst wenn die Rechenzeiten von Algorithmen asymptotisch vergleichbar sind, muss es keine beste asymptotische Rechenzeit geben. Der Algorithmus A_ε, $\varepsilon > 0$, möge eine Rechenzeit von $\Theta(n^{2+\varepsilon})$ haben. Dann ist A_ε asymptotisch besser als $A_{\varepsilon'}$, wenn $\varepsilon < \varepsilon'$ ist. Es folgt aber nicht, dass es einen Algorithmus A geben muss, der mindestens so gut wie alle A_ε ist. Wenn die Rechenzeit von A_ε beispielsweise $3^{1/\varepsilon} n^{2+\varepsilon} + O(n^2)$ beträgt, können wir einen besseren Algorithmus A nicht aus der Familie A_ε durch Kombination gewinnen. Im allgemeinen Fall müssen wir uns mit der Angabe von unteren und oberen Schranken zufrieden geben. Im obigen Fall ist die algorithmische Komplexität durch $O(n^{2+\varepsilon})$ für jedes $\varepsilon > 0$ nach oben beschränkt. Gleichzeitig kann sie durch $\Omega(n^2 \log^k n)$ für jedes $k \in \mathbb{N}$ nach unten beschränkt sein.

Die algorithmische Komplexität eines Problems wird durch die asymptotische maximale Rechenzeit jedes Algorithmus, der das Problem löst, nach oben beschränkt. Wenn alle Algorithmen zur Lösung eines Problems eine bestimmte asymptotische maximale Rechenzeit erfordern, ergibt dies eine untere Schranke für die algorithmische Komplexität des Problems. Fallen obere und untere Schranke asymptotisch zusammen, erhalten wir die algorithmische Komplexität des Problems.

3. Die grundlegenden Komplexitätsklassen

3.1 Die Sonderrolle polynomieller Rechenzeiten

Im letzten Kapitel haben wir die Schwierigkeiten diskutiert, die sich bei der Definition der algorithmischen Komplexität von Problemen ergeben. Im allgemeinen Fall gibt es für die minimale asymptotische maximale Rechenzeit nur untere und obere Schranken. Dann liegen die möglichen unteren und oberen Schranken aber so eng beieinander, dass der Unterschied bei der Frage, ob ein Problem effizient lösbar ist, keine Rolle spielt. Wir werden daher in Zukunft bei allen algorithmischen Problemen von ihrer algorithmischen Komplexität sprechen. Wenn diese im oben genannten Sinne nicht definiert ist, benutzen wir bei positiven Aussagen über die effiziente Lösbarkeit des Problems die oberen Schranken und bei negativen Aussagen die unteren Schranken.

Ein Problem mit algorithmischer Komplexität $\Theta(n^2)$ ist effizienter lösbar als ein Problem mit algorithmischer Komplexität $\Theta(n^3)$ – allerdings nur bezogen auf das von uns gewählte Referenzmodell. Wenn wir als Referenzmodell Registermaschinen oder die damit eng verknüpften heutigen digitalen Rechner wählen, ist die obige Aussage zumindest für große n richtig. Beim Übergang zu Turingmaschinen könnte das erste Problem nur noch in $\Theta(n^4)$ Schritten lösbar sein, während das zweite Problem weiterhin in $\Theta(n^3)$ Schritten lösbar ist. Aus der Sicht konkreter Anwendungen ist dies irrelevant, da wir nicht gezwungen sind, ineffizientere Rechner, wie es Turingmaschinen sind, zu verwenden. Anders sieht es bei „besseren" Rechnermodellen aus. Sie könnten bei den beiden betrachteten Problemen zu verschieden großen Fortschritten führen. Wenn wir nur die erweiterte churchsche These als Basis nehmen, können wir nicht ausschließen, dass es Rechner geben wird, die für das erste Problem eine Rechenzeit von $\Theta(n^2)$ benötigen, aber das zweite Problem in Zeit $\Theta(n \log n)$ lösen können. Für die gegenwärtige Situation (und vermutlich auch für die Zukunft) ist dagegen der Unterschied zwischen Rechenzeiten wie $\Theta(n^2)$ und $\Theta(n^3)$ gravierend, wenn diese sich auf Registermaschinen beziehen. Allerdings gehört dieses Argument in das Gebiet des Entwurfs und der Analyse effizienter Algorithmen und hat nichts mit der algorithmischen Komplexität des Problems zu tun. Aus der Sicht der Komplexitätstheorie wird nur die erweiterte churchsche These vorausgesetzt und dann sind für Polynome $p(n)$ die Rechenzeiten $t(n)$ und $p(t(n))$ nicht unterscheidbar. Da es sich mit Ausnahme von sehr einfachen Problemen (z. B. Suche in einem sortierten Array) nicht vermeiden lässt, zumindest einen großen Teil der Eingabe zu lesen und zu bearbeiten, ist die algorithmische Komplexität für die uns interessierenden Fälle mindestens linear. Dann sind polynomielle Rechenzeiten erstens nicht unterscheidbar und zweitens die besten erreichbaren Rechenzeiten. Als Ergebnis dieser Diskussion halten wir fest:

Beim praktischen Einsatz von Algorithmen steht die Minimierung der (maximalen) Rechenzeit im Vordergrund und Verbesserungen um polynomielle oder auch nur logarithmische oder gar konstante Faktoren können große Auswirkungen haben. Bei der Untersuchung der algorithmischen Komplexität von Problemen sind durch Polynome verknüpfte Rechenzeiten ununterscheidbar und die in polynomieller Zeit lösbaren Probleme sind die am effizientesten zu lösenden Probleme.

Definition 3.1.1. Ein algorithmisches Problem gehört zur Komplexitätsklasse P der polynomiell lösbaren Probleme, wenn es durch einen Algorithmus mit polynomieller maximaler Rechenzeit gelöst werden kann.

Probleme in P werden als effizient lösbar bezeichnet, obwohl Rechenzeiten wie n^{100} nicht zu praktisch einsetzbaren Algorithmen gehören. Wir haben aber gesehen, dass die erweiterte churchsche These keine kleinere Klasse effizient lösbarer Probleme erlaubt. Für uns interessanter ist auch die Umkehrung, dass die nicht in P enthaltenen Probleme, bezogen auf die maximale Rechenzeit, nicht effizient lösbar sind. Dies erscheint sinnvoll, da dann jeder Algorithmus für eines dieser Probleme eine Rechenzeit von $\omega(n^k)$ für jedes konstante k hat.

Es gibt eine weitere Eigenschaft, die polynomielle Rechenzeiten auszeichnet. Wenn neue Rechner um einen konstanten Faktor c schneller als die alten Rechner sind, sinkt die Zeit für jede Rechnung um den Faktor c. Wir können uns aber auch fragen, wie stark wir die Eingabelänge vergrößern können, wenn die zur Verfügung stehende Rechenzeit t gleich bleibt. Sei die Rechenzeit eines Algorithmus n^k und $t = N^k$, dann kann der neue Rechner $cN^k = (c^{1/k}N)^k$ Rechenschritte ausführen und daher die Eingabelänge $\lfloor c^{1/k}N \rfloor$ in Zeit t verarbeiten. Die zu bearbeitende Eingabelänge ist also um einen konstanten Faktor $c^{1/k} > 1$ gewachsen, der mit dem Grad des Rechenzeitpolynoms abnimmt und sich für wachsendes k dem Wert 1 annähert. Bei Rechenzeiten wie $n^2 \log n$ oder Summen wie $2n^3 + 8n^2 + 4$ werden die Betrachtungen etwas komplizierter. Für polynomielle Rechenzeiten gibt es aber stets eine Konstante $d > 1$, die von c und der Rechenzeit abhängt, so dass die zu verarbeitende Eingabelänge mindestens um den Faktor d wächst. Dies gilt für keine stärker als polynomiell wachsende Rechenzeit und für echt exponentielle Rechenzeiten wie $2^{\varepsilon n}$ kann die zu verarbeitende Eingabelänge nur um den additiven Term $a = \varepsilon^{-1} \cdot \log c$ vergrößert werden, da $2^{\varepsilon(n+a)} = c \cdot 2^{\varepsilon n}$ ist. Auch diese Überlegungen unterstreichen den qualitativen Unterschied zwischen polynomiellen und stärker wachsenden Rechenzeiten.

3.2 Randomisierte Algorithmen

Im Alltag sind wir es gewohnt, dass Entscheidungen, bei denen es entgegengesetzte Interessen gibt, durch Zufall und damit durch Randomisierung entschieden werden. Dies gilt im Sport bei der Aufstellung von Turnierplänen (auch wenn Setzlisten den Zufall einschränken), bei der Seitenwahl oder der Vergabe von Startbahnen, aber selbst Bürgermeisterwahlen wurden bei Stimmengleichheit schon durch Losverfahren entschieden. Was wir im Alltag als Entscheidungshilfe akzeptieren, sollten wir bei der Lösung algorithmischer Probleme nicht verschmähen. Wenn ein Algorithmus n Objekte nacheinander bearbeiten soll, die gewählte Reihenfolge große Auswirkungen auf die Rechenzeit hat, viele der $n!$ Reihenfolgen günstig sind und wir nicht wissen, wie wir eine dieser guten Reihenfolgen effizient auswählen können, dann ist es nützlich, eine zufällige Reihenfolge zu wählen. Wir werden daher diskutieren, welche Eigenschaften randomisierte Algorithmen haben müssen, um als effizient zu gelten.

Wir stellen unserem Rechner eine Quelle von Zufallsbits zur Verfügung, die in jedem Rechenschritt ein Zufallsbit erzeugt. Für jedes t sind die ersten t Zufallsbits vollständig unabhängige Zufallsvariablen $X_1, \ldots, X_t$ mit $\text{Prob}(X_i = 0) = \text{Prob}(X_i = 1) = 1/2$ (für Grundbegriffe der Wahrscheinlichkeitstheorie siehe Anhang A.2). Dies lässt sich durch unabhängige Münzwürfe realisieren, was aber nicht effizient ist. Moderne Rechner stellen Pseudozufallsbits zur Verfügung, die nicht ganz die geforderten Bedingungen erfüllen. Wir werden dieses Thema nicht vertiefen (siehe dazu Goldreich (1998)) und gehen von einer idealen Zufallsquelle aus. Ein *randomisierter Algorithmus* (randomized algorithm) kann im i-ten Schritt das i-te Zufallsbit lesen und seine Aktion von diesem Zufallsbit abhängig machen. Formal wollen wir eine *randomisierte Turingmaschine* beschreiben. Die deterministische Arbeitsvorschrift δ wird durch ein Paar (δ_0, δ_1) von Arbeitsvorschriften ersetzt. Im i-ten Rechenschritt wird die Arbeitsvorschrift mit Index X_i angewendet. Der Verlauf der Rechnung wird also durch die Eingabe und die Zufallsbits gesteuert.

Wenn randomisierte Algorithmen in geringer maximaler Rechenzeit stets das richtige Resultat berechnen sollen, können wir sie leicht durch deterministische Algorithmen, die die Zufallsbits ignorieren, simulieren. Aus formaler Sicht kann der deterministische den randomisierten Algorithmus zum Beispiel für den Fall, dass $X_i = 0$ für alle i ist, simulieren. Wir können also nur etwas gewinnen, wenn wir entweder auf die Forderung einer geringen maximalen Rechenzeit oder auf die Forderung, stets das richtige Ergebnis zu erhalten, verzichten.

Für jede Eingabe x ist die Rechenzeit $t_A(x)$ eines randomisierten Algorithmus A eine Zufallsvariable und wir können zufrieden sein, wenn die *maximale* (bezogen auf alle Eingaben kleiner Länge) *durchschnittliche* (bezogen auf die Zufallsbits) *Rechenzeit* (worst-case expected runtime)

$$\sup\{E(t_A(x)) \mid |x| \le n\}$$

klein ist. Hierzu passt unser einführendes Beispiel, bei dem es wenige schlechte und viele gute Reihenfolgen gibt, in denen die Objekte betrachtet werden können. Ein konkretes Beispiel ist die Variante von Quicksort, bei der das Zerlegungsobjekt zufällig gewählt wird. Unsere Kritik in Kapitel 2.4 an dem Maß der durchschnittlichen Rechenzeit trifft hier nicht zu. Dort wurde der Erwartungswert bezüglich einer Wahrscheinlichkeitsverteilung auf allen Eingaben der Länge n gebildet, wobei diese Verteilung in Wirklichkeit unbekannt ist. Hier wird der Erwartungswert bezüglich der Zufallsbits gebildet, deren Qualität wir kontrollieren können. Puristen könnten an dem betrachteten Beispiel, also Quicksort, aussetzen, dass unsere Zufallsbits nur für Zweierpotenzen $n = 2^k$ die zufällige Wahl eines von n Objekten zulassen. Dies ist aber kein Problem. Wir können in Phasen arbeiten, in denen wir $\lceil \log n \rceil$ Zufallsbits lesen. Die $\lceil \log n \rceil$ Zufallsbits werden als zufällige Zahl $z \in \{0, \ldots, 2^{\lceil \log n \rceil} - 1\}$ interpretiert. Falls $0 \leq z \leq n-1$ ist, wählen wir das Objekt $z+1$, ansonsten gehen wir zur nächsten Phase über. Da jede Phase mit einer Wahrscheinlichkeit von mehr als $1/2$ erfolgreich ist, brauchen wir nach Theorem A.2.12 im Durchschnitt weniger als zwei Phasen und die durchschnittliche Rechenzeit ist höchstens um den Faktor 2 größer als in dem Fall, dass wir $z \in \{1, \ldots, n\}$ zufällig wählen können. Mit EP (expected polynomial time) bezeichnen wir die Klasse der algorithmischen Probleme, für die es einen randomisierten Algorithmus mit polynomieller maximaler durchschnittlicher Rechenzeit gibt. Die zugehörigen Algorithmen heißen *Las-Vegas-Algorithmen*.

Wir können das Quicksortbeispiel verallgemeinern, um die Optionen von Las-Vegas-Algorithmen zu erläutern. Wenn die maximale Rechenzeit für alle Eingaben der Länge n und alle Zufallsentscheidungen beschränkt ist, erhalten wir endlich viele deterministische Algorithmen, indem wir alle Möglichkeiten, die Zufallsbits durch Konstanten zu ersetzen, betrachten. Wie kann der Las-Vegas-Algorithmus besser als jeder dieser deterministischen Algorithmen sein? Jeder deterministische Algorithmus kann auf vielen Eingaben effizient, aber auf einigen Eingaben ineffizient sein, wobei für jede Eingabe wesentlich mehr deterministische Algorithmen effizient als ineffizient sind, was zu einer guten durchschnittlichen Rechenzeit für *jede* Eingabe führt. Dennoch wissen wir nicht, wie wir effizient entscheiden können, welcher Algorithmus gut für die betrachtete Eingabe ist. Eine zufallsgesteuerte Wahl hilft uns aus diesem Dilemma.

Wir betrachten nun die Option, nicht immer korrekte Ergebnisse zu berechnen, wobei die maximale Rechenzeit (bezogen auf alle Eingaben bis zu einer bestimmten Länge und alle Realisierungen der Zufallsbits) polynomiell beschränkt sein soll. Im ersten Modell ist es dem Algorithmus verboten, falsche Ergebnisse zu liefern, er kann aber versagen und dann mit dem Ergebnis „weiß nicht" oder kurz „?" die Rechnung beenden. Mit ZPP($\varepsilon(n)$) (zero-error probabilistic polynomial time) bezeichnen wir die Klasse der algorithmischen Probleme, für die es einen randomisierten Algorithmus mit polynomieller maximaler Rechenzeit gibt, der für jede Eingabe der Länge n

eine durch $\varepsilon(n) < 1$ beschränkte *Versagenswahrscheinlichkeit* (failure probability) hat. Der Algorithmus liefert entweder ein korrektes Ergebnis oder versagt, indem er das Ergebnis „?" liefert. Im zweiten Modell darf der Algorithmus sogar falsche Ergebnisse liefern. Ein derartiger Algorithmus heißt *Monte-Carlo-Algorithmus*. Mit BPP($\varepsilon(n)$) (bounded-error probabilistic polynomial time) bezeichnen wir die Klasse der algorithmischen Probleme, für die es einen randomisierten Algorithmus mit polynomieller maximaler Rechenzeit gibt, der für jede Eingabe der Länge n eine durch $\varepsilon(n) < 1/2$ beschränkte *Fehlerwahrscheinlichkeit* (Irrtumswahrscheinlichkeit, error probability) hat. Im Fehlerfall kann der Algorithmus ein beliebiges Ergebnis liefern. Die Nebenbedingung $\varepsilon(n) < 1/2$ ist notwendig, um sinnlose Algorithmen auszuschließen. Bei Entscheidungsproblemen hat ein Algorithmus, der, ohne die Eingabe zu betrachten, diese mit Wahrscheinlichkeit 1/2 akzeptiert und mit Wahrscheinlichkeit 1/2 ablehnt, eine Fehlerwahrscheinlichkeit von 1/2. (Für Leserinnen und Leser mit Vorkenntnissen sei hier darauf hingewiesen, dass wir später die bekannten Komplexitätsklassen ZPP und BPP als spezielle ZPP($\varepsilon(n)$)- bzw. BPP($\varepsilon(n)$)-Klasse identifizieren.)

In dem wichtigen Spezialfall der Entscheidungsprobleme gibt es zwei Fehlertypen. Eingaben können fälschlicherweise akzeptiert oder fälschlicherweise abgelehnt werden. Bei einigen Problemen wie dem Verifikationsproblem sind die Fehlerarten nicht gleichberechtigt. Einen fehlerhaften Prozessor als korrekt zu akzeptieren, hat ganz andere Folgen als die Klassifikation eines korrekten Prozessors als fehlerhaft. Wenn wir das Wort Verifikation ernst nehmen, muss der erste Fehlertyp ausgeschlossen sein. Mit RP($\varepsilon(n)$) (random polynomial time) bezeichnen wir die Klasse der Entscheidungsprobleme, für die es einen randomisierten Algorithmus mit polynomieller maximaler Rechenzeit gibt, der jede nicht zu akzeptierende Eingabe ablehnt und für jede zu akzeptierende Eingabe der Länge n eine durch $\varepsilon(n) < 1$ beschränkte Fehlerwahrscheinlichkeit hat. Dieser Fehlertyp wird als *einseitiger Fehler* (one-sided error) bezeichnet im Gegensatz zum *zweiseitigen Fehler* (two-sided error), der bei BPP($\varepsilon(n)$)-Algorithmen für Entscheidungsprobleme erlaubt ist. Natürlich können wir beim Fehlertyp einseitiger Fehler die Rollen von zu akzeptierenden und abzulehnenden Eingaben vertauschen. Aus der Sicht der Sprachen, die den Entscheidungsproblemen entsprechen (siehe Kapitel 2.1), gehen wir von der Sprache L zum Komplement, mit $\overline{L}$ oder auch co-L bezeichnet, über. Daher bezeichnen wir mit co-RP($\varepsilon(n)$) die Klasse der Sprachen L, für die $\overline{L} \in$ RP($\varepsilon(n)$) ist. Ausführlicher ist dies die Klasse der Entscheidungsprobleme, für die es einen randomisierten Algorithmus mit polynomieller maximaler Rechenzeit gibt, der jede zu akzeptierende Eingabe akzeptiert und für jede abzulehnende Eingabe der Länge n eine durch $\varepsilon(n) < 1$ beschränkte Fehlerwahrscheinlichkeit hat. Natürlich dürfen wir randomisierte Algorithmen, die versagen oder irren können, nur dann einsetzen, wenn die Versagensoder Fehlerwahrscheinlichkeit klein genug ist. Bei zeitkritischen Anwendungen können wir darauf angewiesen sein, dass die maximale Rechenzeit klein ist. Dann ist eine Schranke für die erwartete Rechenzeit nicht ausreichend.

Randomisierte Algorithmen bilden dann eine Alternative, wenn es ausreicht, die durchschnittliche Rechenzeit zu beschränken, oder wenn bestimmte Versagens- oder Fehlerwahrscheinlichkeiten tolerabel sind.

Dies bedeutet, dass für die meisten Anwendungen randomisierte Algorithmen eine sinnvolle Alternative bilden. Versagens- oder Fehlerwahrscheinlichkeiten von beispielsweise 2^{-100} liegen weit unter den Wahrscheinlichkeiten von Rechnerausfällen und -fehlern. Exponentiell kleine Fehlerwahrscheinlichkeiten wie $\varepsilon(n) = 2^{-n}$ sind für wachsendes n noch besser. Wenn überhaupt ein Versagen oder ein Fehler tolerabel ist, dann sollten wir die Versagens- oder Fehlerschranke von $\min\{2^{-100}, 2^{-n}\}$ als tolerabel ansehen.

Obwohl randomisierte Algorithmen formal keine Probleme bereiten, gibt es doch immer wieder Probleme bei der Interpretation der Ergebnisse randomisierter Algorithmen. Wir diskutieren dies am Primzahltest von Solovay und Strassen (1977), der ein co-RP(2^{-100})-Algorithmus ist. Er ist sehr effizient und hat folgendes Verhalten. Ist die Eingabe n eine Primzahl, wird sie akzeptiert. Ist die Eingabe n keine Primzahl, wird sie mit einer Wahrscheinlichkeit von höchstens 2^{-100} dennoch akzeptiert und ansonsten abgelehnt. Wenn also der Algorithmus n ablehnt, ist n keine Primzahl, eine Primzahl wäre ja akzeptiert worden. Wenn der Algorithmus n akzeptiert, gibt es keine eindeutige Schlussfolgerung. Die Zahl n kann eine Primzahl sein oder nicht. Im zweiten Fall wäre dies aber mit einer an 100 % grenzenden Wahrscheinlichkeit, genauer mit einer Wahrscheinlichkeit von mindestens $1 - 2^{-100}$, entdeckt worden. Da in der Kryptographie zufällige Primzahlen mit vielen Bits gebraucht werden, werden zufällige Zahlen der gewünschten Bitlänge mit dem Primzahltest überprüft. Zahlen, die diesen Test bestehen, sind dann „vermutlich" Primzahlen. Diese Ausdrucksweise hatte zunächst zur Ablehnung der Arbeit von Solovay und Strassen geführt. Der Gutachter hatte richtigerweise bemerkt, dass eine Zahl Primzahl oder nicht Primzahl und niemals mit einer bestimmten Wahrscheinlichkeit Primzahl ist. Diese Kritik trifft aber nicht den Kern des betrachteten Primzahltests. Die Bezeichnung „vermutlich" ist dabei nicht als Wahrscheinlichkeit, ob n Primzahl ist, zu interpretieren. Wir haben nämlich einen Test durchgeführt, den Primzahlen stets bestehen, während andere Zahlen mit einer Wahrscheinlichkeit von mindestens $1 - 2^{-100}$ den Test nicht bestehen. Wenn wir also den Primzahltest verwenden, wird durchschnittlich höchstens jeder 2^{100}-te Test einer Zahl, die nicht prim ist, zur Akzeptanz der Zahl als Primzahl führen.

3.3 Die grundlegenden Komplexitätsklassen für algorithmische Probleme

Wir wollen nun Ordnung in die in Kapitel 3.1 und 3.2 definierten Komplexitätsklassen P, EP, ZPP($\varepsilon(n)$), BPP($\varepsilon(n)$), RP($\varepsilon(n)$) und co-RP($\varepsilon(n)$) bringen. Insbesondere stehen wir vor der Schwierigkeit, durch die freie Wahl von $\varepsilon(n)$ eine Vielzahl von Komplexitätsklassen zu haben. Wenn der eine mit einer Fehlerschranke von 1/100 zufrieden ist und die andere auf der Schranke 1/1000 besteht, fragt sich, ob diese beiden andere Klassen von effizient lösbaren Problemen erhalten. Wir werden zeigen, dass alle nicht abstrus großen Fehlerwahrscheinlichkeiten zu denselben Komplexitätsklassen führen. Zuvor zeigen wir, dass es egal ist, ob wir korrekte Resultate bei polynomieller maximaler durchschnittlicher Rechenzeit oder polynomielle maximale Rechenzeit bei kleiner Versagenswahrscheinlichkeit fordern.

Theorem 3.3.1. EP = ZPP(1/2).

Beweis. EP $\subseteq$ ZPP(1/2): Wenn ein Problem zu EP gehört, gibt es einen randomisierten Algorithmus, der dieses Problem korrekt löst und der für jede Eingabe der Länge n eine durchschnittliche Rechenzeit hat, die durch ein Polynom $p(n)$ beschränkt ist. Die markoffsche Ungleichung (Theorem A.2.9) besagt, dass die Wahrscheinlichkeit einer durch $2 \cdot p(n)$ beschränkten Rechenzeit mindestens 1/2 beträgt. Daher stoppen wir den Algorithmus, wenn er nach $2 \cdot p(n)$ Schritten nicht von sich aus gestoppt hat. Hat der Algorithmus von sich aus gestoppt (also mit einer Wahrscheinlichkeit von mindestens 1/2), hat er das korrekte Ergebnis berechnet. Ansonsten stoppen wir den Algorithmus während seiner Arbeit, interpretieren dies als Versagen des Algorithmus und beenden die Rechnung mit dem Ergebnis „?". Nach Definition ist dieser abgeänderte Algorithmus ein ZPP(1/2)-Algorithmus.

ZPP(1/2) $\subseteq$ EP: Wenn ein Problem zu ZPP(1/2) gehört, gibt es einen randomisierten Algorithmus, dessen maximale Rechenzeit durch ein Polynom $p(n)$ beschränkt ist, der niemals falsche Ergebnisse liefert und der mit einer Wahrscheinlichkeit von mindestens 1/2 das richtige Ergebnis liefert. Wir können diesen Algorithmus so oft wiederholen, bis er ein Ergebnis liefert, das dann zwangsläufig korrekt ist. Die erwartete Anzahl von Wiederholungen ist nach Theorem A.2.12 durch 2 beschränkt. Also erhalten wir einen Algorithmus, der stets korrekte Ergebnisse liefert und dessen maximale durchschnittliche Rechenzeit durch $2 \cdot p(n)$ beschränkt ist. Dies ist ein EP-Algorithmus.
□

Aufgrund dieses Theorems werden wir nur maximale Rechenzeiten und verschiedene Fehlertypen und -wahrscheinlichkeiten betrachten. Auch die Bezeichnung EP ist unüblich. Wir haben sie hier nur vorübergehend benutzt und betrachten in Zukunft stattdessen nur ZPP-Klassen.

Ein ZPP(1/2)-Algorithmus ist wie ein Münzwurf, bei dem wir bei Zahl, also mit einer Wahrscheinlichkeit von (höchstens) 1/2, verlieren. Wenn wir den Münzwurf einige Male wiederholen können, sollten wir kaum jedes Mal verlieren. Bei ZPP-Algorithmen genügt ein Lauf ohne Versagen, um das korrekte Ergebnis zu kennen. Diese Betrachtung können wir verallgemeinern, um die Versagenswahrscheinlichkeit drastisch zu senken, was auch *probability amplification* genannt wird.

Theorem 3.3.2. *Es seien $p(n)$ und $q(n)$ Polynome, dann ist*

$$ZPP(1 - 1/p(n)) = ZPP(2^{-q(n)}).$$

Beweis. Wir werden einen randomisierten Algorithmus, dessen Versagenswahrscheinlichkeit $1 - 1/p(n)$ beträgt, $t(n)$-mal wiederholen, wobei die einzelnen Läufe vollständig unabhängig sind, also jeder neue Lauf neue Zufallsbits verwendet. Wenn alle Läufe versagen, versagt der neue Algorithmus. Ansonsten liefert jeder Lauf, in dem der Algorithmus nicht versagt, ein korrektes Resultat, was wir daran erkennen, dass das Resultat von „?" verschieden ist. Der neue Algorithmus kann eines der korrekten Resultate als sein Ergebnis ausgeben. Die Versagenswahrscheinlichkeit des neuen Algorithmus beträgt

$$(1 - 1/p(n))^{t(n)}.$$

Wir setzen $t(n) := \lceil (\ln 2) \cdot p(n) \cdot q(n) \rceil$. Dann ist $t(n)$ ein Polynom und die Rechenzeit des neuen Algorithmus polynomiell beschränkt. Darüber hinaus gilt, da $(1 - \frac{1}{m})^m \leq e^{-1}$ ist,

$$(1 - 1/p(n))^{(\ln 2) \cdot p(n) \cdot q(n)} \leq e^{-(\ln 2) \cdot q(n)} = 2^{-q(n)}.$$

□

Zur Verringerung der Versagenswahrscheinlichkeit von $1 - 1/n$ auf 2^{-n} genügen also weniger als n^2 Wiederholungen des Algorithmus. Kleinere Versagenswahrscheinlichkeiten als $2^{-q(n)}$ sind bei polynomiellen Rechenzeiten unmöglich. Wenn die Rechenzeit durch ein Polynom $t(n)$ beschränkt ist, gibt es höchstens $t(n)$ Zufallsbits, also $2^{t(n)}$ verschiedene Zufallsfolgen. Versagt der Algorithmus überhaupt, dann mit einer Wahrscheinlichkeit von mindestens $2^{-t(n)}$. Durch das Zulassen von polynomiellen Rechenzeiten fallen die ZPP($\varepsilon(n)$)-Klassen für alle nicht schnell gegen 1 wachsenden $\varepsilon(n)$ und alle $\varepsilon(n)$, die nicht gleichbedeutend mit $\varepsilon(n) = 0$ sind, zusammen. Wir erhalten folgende Komplexitätsklassen.

Definition 3.3.3. Ein algorithmisches Problem gehört zur Komplexitätsklasse ZPP, wenn es zu ZPP(1/2) gehört, es also einen randomisierten Algorithmus mit polynomieller maximaler Rechenzeit gibt, der niemals falsche Ergebnisse liefert und für jede Eingabe eine durch 1/2 beschränkte Versagenswahrscheinlichkeit hat. Es gehört zu ZPP*, wenn es für eine Funktion $\varepsilon(n) < 1$ zu ZPP($\varepsilon(n)$) gehört.

3.3 Die grundlegenden Komplexitätsklassen für algorithmische Probleme 37

ZPP-Algorithmen sind von praktischer Bedeutung, da wir die Versagenswahrscheinlichkeit echt exponentiell klein machen können. Dagegen haben ZPP*-Algorithmen, die keine ZPP-Algorithmen sind, keine direkte praktische Bedeutung. Dennoch werden wir der Komplexitätsklasse ZPP* später wieder begegnen und ihr dann auch einen anderen Namen geben.

Unsere Betrachtungen aus dem Beweis von Theorem 3.3.2 können auf RP-Algorithmen übertragen werden. Wenn wir RP($\varepsilon(n)$)-Algorithmen $t(n)$-mal wiederholen, wird jede abzulehnende Eingabe in jedem Lauf abgelehnt. Die Wahrscheinlichkeit, dass wir uns für eine zu akzeptierende Eingabe $t(n)$-mal irren, ist durch $\varepsilon(n)^{t(n)}$ beschränkt. Wir werden uns also wie folgt entscheiden. Hat mindestens ein Lauf des RP-Algorithmus die Eingabe akzeptiert, wird sie akzeptiert und ansonsten abgelehnt. Der Beweis von Theorem 3.3.2 liefert uns folgendes Ergebnis.

Theorem 3.3.4. *Es seien $p(n)$ und $q(n)$ Polynome, dann ist*

$$RP(1 - 1/p(n)) = RP(2^{-q(n)}).$$

Auch die Anzahl der benötigten Wiederholungen ist dieselbe wie bei den ZPP-Algorithmen.

Definition 3.3.5. Ein Entscheidungsproblem gehört zur Komplexitätsklasse RP, wenn es zu RP(1/2) gehört, es also einen randomisierten Algorithmus mit polynomieller maximaler Rechenzeit gibt, der jede abzulehnende Eingabe mit Wahrscheinlichkeit 1 ablehnt und auf zu akzeptierenden Eingaben eine durch 1/2 beschränkte Fehlerwahrscheinlichkeit hat. Es gehört zu RP*, wenn es für eine Funktion $\varepsilon(n) < 1$ zu RP($\varepsilon(n)$) gehört.

Wiederum sind RP-Algorithmen und co-RP-Algorithmen wie der diskutierte Primzahltest von praktischer Bedeutung. Die Komplexitätsklasse RP* wird sich als zentral für die Komplexitätstheorie erweisen und später einen anderen Namen bekommen.

Das Konzept, die Fehlerwahrscheinlichkeit durch unabhängige Wiederholungen zu senken, lässt sich nicht ganz so leicht auf BPP($\varepsilon(n)$)-Algorithmen übertragen, da wir nun bei keinem Resultat sicher sein können, dass es korrekt ist. Betrachten wir eine Eingabe x der Länge n, dann erhalten wir mit einer Wahrscheinlichkeit von $s := s(x) \geq 1 - \varepsilon(n) > 1/2$ ein richtiges Ergebnis. Bei $t(n)$ unabhängigen Läufen erwarten wir in $s \cdot t(n) > t(n)/2$ Versuchen ein richtiges Ergebnis. Im allgemeinen Fall von Suchproblemen können wir jedoch dennoch $t(n)$ verschiedene Ergebnisse erhalten und haben keine Idee, welches Ergebnis wir auswählen sollen. Bei Problemen mit eindeutigem richtigen Ergebnis ist die Situation besser. Wir treffen eine Majoritätsentscheidung, wählen also ein Ergebnis, das am häufigsten in den $t(n)$ Läufen Ergebnis des betreffenden Laufes ist. Der Algorithmus macht nur dann einen Fehler, wenn in höchstens $t(n)/2$ Läufen das richtige Ergebnis berechnet wurde. Hier bietet sich die chernoffsche Ungleichung (Theorem A.2.11) zur Analyse an. Es sei $X_i = 1$, wenn der i-te Lauf das richtige Ergebnis liefert, und

$X_i = 0$ sonst. Dann ist $\text{Prob}(X_i = 1) = s$, die Zufallsvariablen $X_1, \ldots, X_{t(n)}$ sind vollständig unabhängig und $E(X) = s \cdot t(n)$ für $X = X_1 + \cdots + X_{t(n)}$. Also ist

$$\text{Prob}(X \leq t(n)/2) = \text{Prob}(X \leq (1 - (1 - 1/(2s))) \cdot E(X)).$$

Bei Anwendung der chernoffschen Ungleichung ist $\delta = 1 - 1/(2s)$ und

$$\text{Prob}(X \leq t(n)/2) \leq e^{-t(n) \cdot s \cdot \delta^2/2}.$$

Da $s \geq 1 - \varepsilon(n)$ gilt, ist diese Schranke für $s = 1 - \varepsilon(n)$ am größten. Es sei $\varepsilon(n) = 1/2 - 1/p(n)$ für ein Polynom $p(n) \geq 2$. Dann ist

$$\delta = 1 - \frac{1}{1 + 2/p(n)} = \frac{2}{p(n) + 2}$$

und

$$s \cdot \delta^2 / 2 = \left(\frac{1}{2} + \frac{1}{p(n)}\right) \cdot \frac{2}{(p(n) + 2)^2} \geq \frac{1}{2 \cdot p(n)^2}.$$

Für $t(n) := \lceil (2 \cdot \ln 2) \cdot q(n) \cdot p(n)^2 \rceil$, also ein Polynom, erhalten wir eine durch $2^{-q(n)}$ beschränkte Fehlerwahrscheinlichkeit. Bei den meisten Optimierungsproblemen können wir in polynomieller Zeit für zwei Ergebnisse feststellen, ob sie dieselbe Qualität haben. Da der Wert optimaler Lösungen eindeutig ist, können wir dann auf analoge Weise die Fehlerwahrscheinlichkeit senken.

Theorem 3.3.6. *Es seien $p(n)$ und $q(n)$ Polynome. Eingeschränkt auf die Klasse der eindeutig lösbaren Probleme und auf die Klasse der Optimierungsprobleme, bei denen der Wert einer Lösung in polynomieller Zeit berechenbar ist, gilt*

$$BPP(1/2 - 1/p(n)) = BPP(2^{-q(n)}).$$

Theorem 3.3.6 deckt die uns interessierenden Fälle ab. Daher ist folgende Definition gerechtfertigt.

Definition 3.3.7. Ein algorithmisches Problem gehört zur Komplexitätsklasse BPP, wenn es zu BPP(1/3) gehört, es also einen randomisierten Algorithmus mit polynomieller maximaler Rechenzeit gibt, dessen Fehlerwahrscheinlichkeit für jede Eingabe durch 1/3 beschränkt ist, und es gehört zu PP, wenn es für eine Funktion $\varepsilon(n) < 1/2$ zu BPP($\varepsilon(n)$) gehört.

Die Bezeichnung „bounded-error" bezieht sich darauf, dass die Fehlerwahrscheinlichkeit einen konstanten Abstand von dem Wert 1/2 hat. Die

Klasse BPP(1/2) ist ebenso sinnlos wie ZPP(1), da sie *alle* Entscheidungsprobleme, auch nicht rekursive, enthält.

Wir wiederholen die Definitionen unserer Komplexitätsklassen P, ZPP, ZPP*, RP, RP*, co-RP, co-RP*, BPP und PP informell. Alle setzen polynomielle maximale Rechenzeiten der betreffenden Algorithmen voraus. Für die Klasse P muss das Ergebnis stets stimmen, so dass auf Zufallsbits verzichtet werden kann. Für die Klassen ZPP und ZPP* sind Fehler verboten, aber die Algorithmen dürfen versagen. Dagegen ist für die Klassen RP, RP*, co-RP und co-RP* ein einseitiger Fehler erlaubt, der bei RP und RP* bei Eingaben $x \in L$ und bei co-RP und co-RP* bei Eingaben $x \notin L$ auftreten kann. Schließlich sind bei BPP und PP bei allen Eingaben Fehler erlaubt. ZPP, RP, co-RP und BPP sind Komplexitätsklassen mit beschränkter Versagens- oder Fehlerwahrscheinlichkeit, während die Klassen ZPP*, RP*, co-RP* und PP Komplexitätsklassen mit im Rahmen der sinnvollen Werte unbeschränkten Versagens- oder Fehlerwahrscheinlichkeiten sind.

Algorithmen mit beschränkter Versagens- oder Fehlerwahrscheinlichkeit führen zu Algorithmen, die praktisch sinnvoll einsetzbar sind. Also enthalten die Komplexitätsklassen P, ZPP, RP, co-RP und BPP Probleme, die als unter verschiedenen Anforderungen effizient lösbar bezeichnet werden können.

Wir erhalten folgende „Komplexitätslandschaft" für algorithmische Probleme, bei der gerichtete Pfeile Teilmengenbeziehungen ausdrücken sollen.

Theorem 3.3.8.

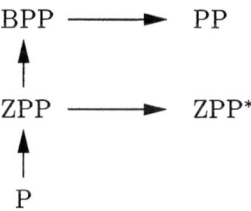

Beweis. Die Beziehungen $P \subseteq ZPP$, $ZPP \subseteq ZPP^*$ und $BPP \subseteq PP$ folgen direkt aus den Definitionen. Es ist nach Theorem 3.3.2

$$ZPP = ZPP(1/2) = ZPP(1/3) \subseteq BPP(1/3) = BPP,$$

da „?" in einem BPP-Algorithmus ein Fehler ist. □

Man würde auch gerne die entsprechende Beziehung $ZPP^* \subseteq PP$ zeigen. Sie ist aber vermutlich nicht wahr. Ein ZPP*-Algorithmus mit Versagenswahrscheinlichkeit $1 - 2^{-2n}$ wird selbst bei 2^n unabhängigen Wiederholungen mit großer Wahrscheinlichkeit stets das Ergebnis „?" liefern. Wir können nicht mit einer Fehlerwahrscheinlichkeit von weniger als 1/2 ein richtiges Ergebnis liefern.

Wenn es sehr viele mögliche Ergebnisse gibt, hilft uns auch ein „Raten des Ergebnisses" nicht weiter. Dies legt es nahe, Komplexitätsklassen für Entscheidungsprobleme gesondert zu betrachten. In Kapitel 2.1 haben wir bereits gesehen, dass Optimierungs- und Auswertungsprobleme auf nahe liegende Weise Varianten haben, die Entscheidungsprobleme sind. In Kapitel 4 wird es sich erweisen, dass diese Entscheidungsvarianten den zugrunde liegenden Optimierungs- und Auswertungsproblemen komplexitätstheoretisch sehr ähnlich sind. Daher konzentrieren wir uns im nächsten Abschnitt auf Entscheidungsprobleme.

3.4 Die grundlegenden Komplexitätsklassen für Entscheidungsprobleme

Die Komplexitätsklassen P, ZPP, ZPP*, BPP und PP wurden für algorithmische Probleme definiert. Da einseitiger Fehler nur für Entscheidungsprobleme ein sinnvoller Begriff ist, wurden RP und RP* nur für Entscheidungsprobleme definiert. Wenn wir uns nun auf die Klasse E der Entscheidungsprobleme konzentrieren, müssen wir P ∩ E anstelle von P betrachten, analog für ZPP, ZPP*, BPP und PP. Natürlich ist P ∩ E ⊆ RP, aber P ⊄ RP, da P auch Probleme enthält, die keine Entscheidungsprobleme sind. Zur Verwirrung aller, die in die Komplexitätstheorie einsteigen, werden aber die Bezeichnungen P, ZPP, ZPP*, BPP und PP doppeldeutig verwendet – in der Hoffnung, dass aus dem Zusammenhang klar ist, ob die Klasse auf Entscheidungsprobleme eingeschränkt ist. Um nicht mit unüblichen Bezeichnungen zu arbeiten, werden wir auch die doppeldeutige Bezeichnungsweise verwenden und uns bemühen, alle möglichen Verwirrungen aufzuklären. In Kapitel 3.4 werden jedenfalls nur die auf Entscheidungsprobleme eingeschränkten Komplexitätsklassen betrachtet.

Zu jedem Entscheidungsproblem, also zu jeder Sprache L gehört das Komplement, das mit co-L oder $\overline{L}$ bezeichnet wird. Für Komplexitätsklassen $\mathcal{C}$ bezeichnen wir mit co-$\mathcal{C}$ die Komplexitätsklasse aller co-L mit $L \in \mathcal{C}$. Da nur einseitiger Fehler verschiedene Anforderungen an zu akzeptierende und abzulehnende Eingaben stellt, gilt

Bemerkung 3.4.1. Die Komplexitätsklassen P, ZPP, ZPP*, BPP und PP sind gegen Komplementbildung abgeschlossen, also gilt P = co-P, ZPP = co-ZPP, ZPP* = co-ZPP*, BPP = co-BPP und PP = co-PP.

Bei der Betrachtung von Entscheidungsproblemen gibt es eine vollständigere Komplexitätslandschaft als bei der Betrachtung aller algorithmischen Probleme.

3.4 Die grundlegenden Komplexitätsklassen für Entscheidungsprobleme 41

Theorem 3.4.2.

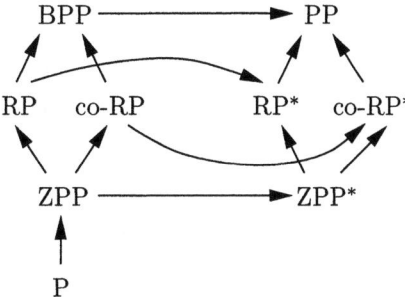

Beweis. Sowohl P ⊆ ZPP wie auch die „Querbeziehungen" zwischen den Klassen von praktisch effizient lösbaren Problemen (bounded error) und den entsprechenden Klassen, die keine praktisch nutzbaren Algorithmen erfordern, nämlich ZPP ⊆ ZPP*, RP ⊆ RP*, co-RP ⊆ co-RP* und BPP ⊆ PP, sind nach den Definitionen offensichtlich.

Es ist ZPP ⊆ RP und ZPP* ⊆ RP*, da die Antwort „?" für ein Versagen durch ein Ablehnen mit möglichem Fehler ersetzt werden kann. Analog ist co-ZPP ⊆ co-RP und, da ZPP = co-ZPP ist, auch ZPP ⊆ co-RP. Auf gleiche Weise folgt ZPP* ⊆ co-RP*.

Es ist nach Theorem 3.3.4

$$\text{RP} = \text{RP}(1/2) = \text{RP}(1/3) \subseteq \text{BPP}(1/3) = \text{BPP}.$$

Dies überrascht nicht, da einseitiger Fehler eine stärkere Forderung als zweiseitiger Fehler ist. Analog folgt co-RP ⊆ co-BPP = BPP.

Es bleibt die Beziehung RP* ⊆ PP zu zeigen, da daraus auch co-RP* ⊆ co-PP = PP folgt. Für ein Entscheidungsproblem $L \in$ RP* untersuchen wir einen RP*-Algorithmus A und betrachten seine maximale Rechenzeit $p(n)$, ein Polynom in der Eingabelänge n. Der Algorithmus hat für eine Eingabe x der Länge n nur $p(n)$ Zufallsbits zur Verfügung. Für jede der $2^{p(n)}$ Belegungen der Zufallsbits arbeitet der Algorithmus deterministisch. Wir erhalten also einen 0-1-Vektor $A(x)$ der Länge $2^{p(n)}$, der für jede Belegung der Zufallsbits die Entscheidung beschreibt (1≙ akzeptieren, 0 ≙ ablehnen). Für den RP*-Algorithmus A gilt:

- für $x \in L$ enthält $A(x)$ mindestens eine Eins,
- für $x \notin L$ enthält $A(x)$ nur Nullen.

Wir suchen nun einen PP-Algorithmus A' für L, also einen Algorithmus mit folgenden Eigenschaften:

- für $x \in L$ enthält $A'(x)$ mehr Einsen als Nullen,
- für $x \notin L$ enthält $A'(x)$ mehr Nullen als Einsen.

Die Idee besteht darin, mit einer passend gewählten Wahrscheinlichkeit jede Eingabe zu akzeptieren und ansonsten den Algorithmus A anzuwenden. Damit wird die Akzeptanzwahrscheinlichkeit von 0 bzw. mindestens $2^{-p(n)}$ „nach rechts verschoben", so dass sie kleiner als $1/2$ bzw. größer als $1/2$ ist. Dieses „Verschieben von Akzeptanzwahrscheinlichkeiten" lässt sich folgendermaßen realisieren. Der Algorithmus A' verwendet $2p(n) + 1$ Zufallsbits. Die ersten $p(n) + 1$ Zufallsbits interpretiert er als Binärzahl z.

- Falls $0 \leq z \leq 2^{p(n)}$ ist, also in $2^{p(n)} + 1$ von $2^{p(n)+1}$ Fällen, wird A simuliert, wofür die $p(n)$ weiteren Zufallsbits benötigt werden.
- Falls $2^{p(n)} < z \leq 2^{p(n)+1} - 1$ ist, also in $2^{p(n)} - 1$ Fällen, wird die Eingabe ohne weitere Rechnung akzeptiert, dies geschieht also für $(2^{p(n)} - 1) \cdot 2^{p(n)}$ aller $2^{2p(n)+1}$ Belegungen der $2p(n) + 1$ Zufallsbits.

Die Analyse des Algorithmus ist einfach.

- Falls $x \notin L$ ist, akzeptiert A in keinem Fall. Also enthält $A'(x)$ nur

$$(2^{p(n)} - 1) \cdot 2^{p(n)} = 2^{2p(n)} - 2^{p(n)} < 2^{2p(n)+1}/2$$

Einsen und damit mehr Nullen als Einsen.
- Falls $x \in L$ ist, wird in $2^{p(n)} + 1$ Fällen A simuliert, wobei in jedem Fall für höchstens $2^{p(n)} - 1$ der $2^{p(n)}$ Belegungen der restlichen Zufallsbits die Eingabe abgelehnt wird. Also enthält $A'(x)$ höchstens

$$(2^{p(n)} + 1) \cdot (2^{p(n)} - 1) = 2^{2p(n)} - 1 < 2^{2p(n)+1}/2$$

Nullen und damit mehr Einsen als Nullen.

□

Der Beweis der Beziehung $\mathrm{RP}^* \subseteq \mathrm{PP}$ ist nur vordergründig technisch. Wir haben ein Experiment, das abhängig von einer Eigenschaft, nämlich $x \notin L$ oder $x \in L$, mit Wahrscheinlichkeit $\varepsilon_0 < 1/2$ bzw. $\varepsilon_1 > \varepsilon_0$ ein Ergebnis E, nämlich x zu akzeptieren, liefert. Wenn wir uns mit Wahrscheinlichkeit $p < 1$ entscheiden, das Ergebnis E auf jeden Fall auszugeben, und nur mit Wahrscheinlichkeit $1 - p$ das Experiment durchführen, erhalten wir nach dem Satz von der totalen Wahrscheinlichkeit (Theorem A.2.2) die neuen Wahrscheinlichkeiten

$$\varepsilon_0' = p + (1-p)\varepsilon_0 = \varepsilon_0 + p(1-\varepsilon_0)$$

und

$$\varepsilon_1' = p + (1-p)\varepsilon_1 = \varepsilon_1 + p(1-\varepsilon_1) > \varepsilon_0 + p(1-\varepsilon_0)$$

für das Ergebnis E. Nun muss nur noch p so gewählt werden, dass

$$\varepsilon_0 + p(1-\varepsilon_0) < 1/2 < \varepsilon_1 + p(1-\varepsilon_1)$$

3.4 Die grundlegenden Komplexitätsklassen für Entscheidungsprobleme 43

ist. Etwas erschwerend kommt für uns hinzu, dass p von der Form $t/2^{q(n)}$ für ein Polynom $q(n)$ sein muss, damit wir das neue Experiment in polynomieller Zeit realisieren können.

Um eine Beziehung zwischen ZPP, RP und co-RP herzuleiten, stellen wir uns die zugehörigen Algorithmen als Ratgeber bei Investitionen vor. Der ZPP-Ratgeber gibt in mindestens der Hälfte der Fälle einen Rat und dieser Rat ist stets korrekt, ansonsten zuckt der Ratgeber mit den Schultern. Der RP-Ratgeber ist sehr vorsichtig. Bei schlechten Anlagemöglichkeiten rät er von einer Investition ab und bei guten Anlagemöglichkeiten befürwortet er in der Hälfte der Fälle eine Investition. Wenn dieser Ratgeber von einer Investition abrät, können wir nicht wissen, ob er dies tut, weil er weiß, dass die Anlage schlecht ist, oder ob er nur vorsichtig ist. Dagegen wissen wir beim ZPP-Ratgeber stets, ob er den richtigen Tipp hat oder nur vorsichtig ist. Bei einem co-RP-Ratgeber ist die Situation wie bei einem RP-Ratgeber – nur mit umgekehrtem Vorzeichen. Seine Hinweise sind riskant. Wir verpassen keine gute Investition, werden aber nur in mindestens der Hälfte der Fälle vor Fehlinvestitionen bewahrt. Wenn wir einen vorsichtigen und einen risikofreudigen, also einen RP- und einen co-RP-Ratgeber haben, sollten wir Irrtümer vermeiden können. Dies wird im folgenden Theorem formalisiert.

Theorem 3.4.3. *ZPP $=$ RP $\cap$ co-RP und ZPP* $=$ RP* $\cap$ co-RP*.*

Beweis. Wir zeigen nur die erste Gleichung. Der Beweis ist jedoch für alle Schranken $\varepsilon(n)$ korrekt und somit folgt auch die zweite Gleichung. Die Beziehung ZPP $\subseteq$ RP $\cap$ co-RP ist schon aus Theorem 3.4.2 bekannt und wir müssen nur noch nachweisen, dass RP $\cap$ co-RP $\subseteq$ ZPP ist.

Wenn $L \in$ RP $\cap$ co-RP ist, gibt es polynomielle RP-Algorithmen A und $\overline{A}$ für L bzw. $\overline{L}$. Wir benutzen beide Algorithmen nacheinander, was natürlich zu einem polynomiellen randomisierten Algorithmus führt. Bevor wir beschreiben, wie wir unsere Entscheidung, ob $x \in L$ ist, treffen, untersuchen wir das Verhalten des Algorithmenpaares $(A, \overline{A})$:

- $x \in L$. Da $x \notin \overline{L}$ ist, lehnt $\overline{A}$ die Eingabe ab, was wir mit $\overline{A}(x) = 0$ bezeichnen. Da $x \in L$ ist, akzeptiert A die Eingabe mit einer Wahrscheinlichkeit von mindestens $1/2$, was wir mit $A(x) = 1/0$ bezeichnen. Also ist $\bigl(A(x), \overline{A}(x)\bigr) = (1/0, 0)$.
- $x \notin L$. Analog folgt $\bigl(A(x), \overline{A}(x)\bigr) = (0, 1/0)$.

Der kombinierte Algorithmus $(A, \overline{A})$ hat also drei mögliche Ergebnisse, die wir folgendermaßen bewerten:

- $(1, 0)$: Da $A(x) = 1$ ist, muss $x \in L$ sein. (Falls $x \notin L$, ist $A(x) = 0$.) Also wird x akzeptiert.
- $(0, 1)$: Da $\overline{A}(x) = 1$ ist, muss $x \notin L$ sein. Also wird x abgelehnt.
- $(0, 0)$: Einer der Algorithmen muss einen Fehler gemacht haben, aber wir wissen nicht, welcher. Also wird „?" als Antwort ausgegeben.

Der neue Algorithmus ist somit irrtumsfrei. Wenn $x \in L$ ist, gilt $\overline{A}(x) = 0$ mit Sicherheit und $A(x) = 1$ mit einer Wahrscheinlichkeit von mindestens $1/2$. Also akzeptiert der neue Algorithmus x mindestens mit Wahrscheinlichkeit $1/2$. Wenn $x \notin L$ ist, folgt auf analoge Weise, dass der neue Algorithmus x mit einer Wahrscheinlichkeit von mindestens $1/2$ ablehnt. Insgesamt ist der neue Algorithmus ein ZPP-Algorithmus für L. □

3.5 Nichtdeterminismus als Spezialfall von Randomisierung

Nachdem wir wichtige Komplexitätsklassen mit dem von uns als Schlüsselkonzept betrachteten Konzept der Randomisierung eingeführt haben, wollen wir den Bezug zum klassischen Ansatz des Nichtdeterminismus herstellen. Auch in diesem Unterkapitel betrachten wir nur Entscheidungsprobleme.

Bei einem deterministischen Algorithmus hängen die Auswirkungen des nächsten Rechenschritts nur von den gegenwärtig gelesenen Informationen und der auszuführenden Programmzeile ab. Ein randomisierter Algorithmus kann abhängig von dem für diesen Schritt zur Verfügung gestellten Zufallsbit zwischen zwei Aktionen wählen, wobei jede der Aktionen mit Wahrscheinlichkeit $1/2$ durchgeführt wird. Ein *nichtdeterministischer Algorithmus* (nondeterministic algorithm) kann stets zwischen zwei Aktionen wählen, wobei es keine Vorschrift gibt, wie diese Aktion ausgewählt wird. Formal können wir bei einer *nichtdeterministischen Turingmaschine* wie bei einer randomisierten Turingmaschine ein Paar (δ_0, δ_1) von Arbeitsvorschriften zur Verfügung stellen. Üblicher, aber äquivalent ist die Betrachtung einer Arbeitsvorschrift $\delta \colon Q \times \Gamma \to (Q \times \Gamma \times \{-1, 0, +1\})^2$, die die beiden möglichen Aktionen beinhaltet. Eine Eingabe wird genau dann akzeptiert, wenn es einen erlaubten Rechenweg, also eine Folge von Aktionen, die der Arbeitsvorschrift entsprechen, gibt, bei dem die Eingabe akzeptiert wird.

Definition 3.5.1. Ein Entscheidungsproblem L gehört zur Komplexitätsklasse NP (nondeterministic polynomial time), wenn es einen nichtdeterministischen Algorithmus mit polynomieller maximaler Rechenzeit gibt, der jedes $x \in L$ auf mindestens einem erlaubten Rechenweg akzeptiert und jedes $x \notin L$ auf allen erlaubten Rechenwegen ablehnt.

Dies ist also die Komplexitätsklasse, die zu der in Kapitel 1 andiskutierten NP$\neq$P-Hypothese gehört. Es ist allerdings schwer, sich die Arbeitsweise eines nichtdeterministischen Algorithmus vorzustellen. Es werden häufig die folgenden Sichtweisen verwendet:

- Algorithmisch werden alle Rechenwege ausprobiert, dies sind aber bei maximaler Rechenzeit $p(n)$ bis zu $2^{p(n)}$ Rechenwege.
- Der Algorithmus erhält die Fähigkeit, die richtigen Rechenschritte zu „erraten".

3.5 Nichtdeterminismus als Spezialfall von Randomisierung   45

Entweder haben wir es also mit einer exponentiell langen Rechnung zu tun oder mit einem nicht realisierbaren Konzept. Daher werden nichtdeterministische Rechner als theoretisch wichtiges, aber praktisch nicht realisierbares Konzept betrachtet. Randomisierung bietet einen einfacheren Zugang zu der Klasse NP.

Theorem 3.5.2. $NP = RP^*$.

Beweis. Die Definitionen von NP und RP^* erwarten Algorithmen mit polynomieller maximaler Rechenzeit $p(n)$ und zwei möglichen Aktionen in jeder Situation. Für $x \notin L$ wird bei NP gefordert, dass x auf allen erlaubten Rechenwegen abgelehnt wird, und bei RP^*, dass dies mit Wahrscheinlichkeit 1 geschieht. Da jeder Rechenweg eine Wahrscheinlichkeit von mindestens $2^{-p(n)}$ hat, sind beide Forderungen äquivalent. Für $x \in L$ wird bei NP gefordert, dass x auf mindestens einem Rechenweg akzeptiert wird, und bei RP^*, dass die Wahrscheinlichkeit, x abzulehnen, kleiner als 1 ist. Diese Forderungen sind wiederum äquivalent. □

Ein RP^*-Algorithmus und damit ein NP-Algorithmus kann also auf einem randomisierten Rechner in polynomieller maximaler Rechenzeit durchgeführt werden und ist somit ein realisierbares Algorithmenkonzept. Es ist nur wegen der möglicherweise zu großen Fehlerwahrscheinlichkeit nicht praktisch nützlich.

Nichtdeterminismus ist dasselbe wie Randomisierung, bei der einseitige Fehler mit einer Wahrscheinlichkeit kleiner als 1 erlaubt sind.

Wir können nun die Ergebnisse aus Theorem 3.4.3 in Theorem 3.4.2 einsetzen und Theorem 3.4.2 mit den gängigen Bezeichnungen neu formulieren.

Theorem 3.5.3.

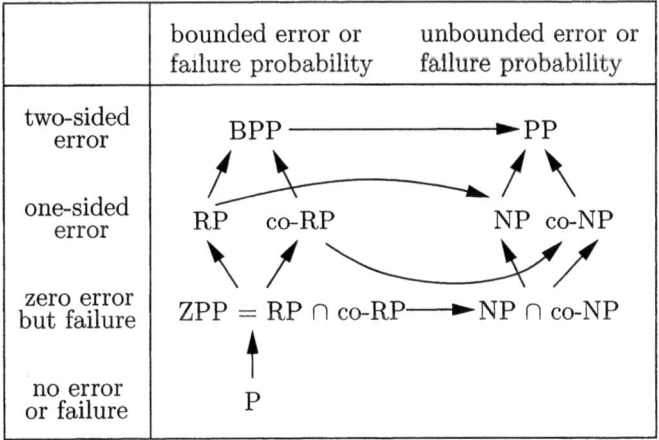

Die hier für die Zeilen und Spalten gewählten Bezeichnungen spiegeln die aus heutiger Sicht mit dem Fokus auf Randomisierung zu wählende Charakterisierung wider. Die Bezeichnungen der Komplexitätsklassen sind historisch entstanden, aber sicher nicht glücklich gewählt. So ist die Fehlerwahrscheinlichkeit nicht nur für BPP-Algorithmen (B $\stackrel{\frown}{=}$ bounded) durch einen konstanten Abstand von der trivialen Grenze entfernt. Gleiches gilt auch für RP-Algorithmen und für die Wahrscheinlichkeit des Versagens bei ZPP-Algorithmen. Bei ZPP und BPP bedeutet das zweite P probabilistic, bei RP das R random, obwohl es in allen Fällen um Randomisierung geht. Die Klassen PP und NP beziehen sich auf randomisierte Algorithmen mit inakzeptabler Fehlerwahrscheinlichkeit, aber nur PP weist im Namen auf Randomisierung hin. Schließlich gibt es für NP $\cap$ co-NP im Gegensatz zu ZPP = RP $\cap$ co-RP keinen eigenen Namen, der außerhalb der strukturellen Komplexitätstheorie „gängig" ist.

Als die Komplexitätsklasse NP „erfunden" wurde (in den 60er Jahren des vorigen Jahrhunderts), waren randomisierte Algorithmen exotische Außenseiter, während formale Sprachen als Basis von Programmiersprachen weit entwickelt waren. Ein Wort gehört zu einer von einer Grammatik erzeugten Sprache, wenn es eine Ableitung des Wortes aus dem Startsymbol gemäß den Ableitungsregeln der Grammatik gibt. In diesem Zusammenhang ist Nichtdeterminismus angemessener als Randomisierung. Typischerweise sind wir nicht daran interessiert, mit welcher Wahrscheinlichkeit wir ein Wort erzeugen, wenn wir bei Linksableitungen und kontextfreier Grammatik zufällig eine der passenden Ableitungsregeln wählen. Bei Algorithmen ist es dagegen wichtig, mit welcher Wahrscheinlichkeit wir ein richtiges Ergebnis berechnen.

4. Reduktionen – algorithmische Beziehungen zwischen Problemen

4.1 Wann sind sich Probleme algorithmisch ähnlich?

In der Komplexitätstheorie wollen wir Probleme bezüglich ihrer Komplexität klassifizieren. Wir sind also zufrieden, wenn wir für jede der in Kapitel 3 eingeführten Komplexitätsklassen wissen, ob das betrachtete Problem in ihr enthalten ist oder nicht. Später kommen noch weitere Komplexitätsklassen hinzu und wir erweitern unsere Fragestellung auf alle betrachteten Komplexitätsklassen. Zwei Probleme nennen wir *komplexitätstheoretisch ähnlich*, wenn sie in genau denselben der betrachteten Komplexitätsklassen enthalten sind. Von vielen Problemen wissen wir, dass sie in polynomieller Zeit lösbar und sich damit komplexitätstheoretisch ähnlich sind. Ebenso ist von vielen Problemen bekannt, dass sie nicht rekursiv, also insbesondere nicht mit Rechnerhilfe lösbar sind. Von einigen anderen Problemen ist bekannt, dass sie zwar rekursiv, aber so schwierig sind, dass sie in keiner der betrachteten Komplexitätsklassen enthalten sind. Auch diese Probleme sind sich aus der Sicht der bisher eingeführten Komplexitätsklassen ähnlich. (Natürlich ist es sinnvoll, rekursive von nicht rekursiven Problemen zu unterscheiden.) Momentan sind wir nicht in der Lage, für ein Problem zu zeigen, dass es in PP, aber nicht in P enthalten ist. Dies liegt an unserer schon in Kapitel 1 beschriebenen Unfähigkeit, für (nicht ganz schwierige) Probleme zu beweisen, dass sie nicht polynomiell lösbar sind.

Glücklicherweise können wir von vielen Problemen dennoch zeigen, dass sie sich komplexitätstheoretisch ähnlich sind, also in denselben Komplexitätsklassen enthalten sind. Der Weg zu diesen auf den ersten Blick erstaunlichen Ergebnissen besteht darin, festzustellen, dass sich die Probleme sogar *algorithmisch ähnlich* sind. Wenn wir aus einem polynomiellen Algorithmus für das eine Problem einen polynomiellen Algorithmus für das andere Problem erhalten und umgekehrt, dann wissen wir, dass beide Probleme zu P gehören oder nicht.

Wir wollen definieren, wann ein Problem A algorithmisch nicht schwieriger zu lösen ist als ein Problem B. Die Probleme A und B sind sich dann algorithmisch ähnlich, wenn A algorithmisch nicht schwieriger als B und B algorithmisch nicht schwieriger als A ist. Die Definition von „algorithmisch nicht schwieriger" ergibt sich nun direkt aus unseren Zielen.

Definition 4.1.1. Das Problem A ist algorithmisch nicht schwieriger als das Problem B, wenn es einen Algorithmus zur Lösung von Problem A gibt, der auf einen Algorithmus zur Lösung von Problem B zurückgreifen darf und folgende Eigenschaften hat:

- Die Rechenzeit ohne die Aufrufe des Algorithmus zur Lösung von B ist durch ein Polynom $p(n)$ beschränkt.
- Die Anzahl der Aufrufe des Algorithmus zur Lösung von B ist durch ein Polynom $q(n)$ beschränkt.
- Die Eingabelänge für jeden Aufruf des Algorithmus zur Lösung von B ist durch ein Polynom $r(n)$ beschränkt.

Wenn es einen Algorithmus zur Lösung von B mit Rechenzeit $t_B(n)$ gibt, erhalten wir einen Algorithmus zur Lösung von A, dessen Rechenzeit $t_A(n)$ sich folgendermaßen abschätzen lässt:

$$t_A(n) \leq p(n) + q(n) \cdot t_B(r(n)).$$

Diese Abschätzung kann entsprechend verbessert werden, wenn wir wissen, dass einige Aufrufe des Algorithmus zur Lösung von B eine kleinere Eingabelänge haben. Wenn $t_B(n)$ polynomiell beschränkt ist, dann ist auch $t_A(n)$ polynomiell beschränkt und wir können die polynomielle Rechenzeitschranke für $t_A(n)$ leicht ausrechnen. Hierbei benötigen wir die folgenden drei einfachen, aber zentralen Eigenschaften von Polynomen p_1 von Grad d_1 und p_2 von Grad d_2:

- Die Summe $p_1 + p_2$ ist ein Polynom, dessen Grad höchstens $\max\{d_1, d_2\}$ ist.
- Das Produkt $p_1 \cdot p_2$ ist ein Polynom, dessen Grad $d_1 + d_2$ ist.
- Die Komposition (oder Verknüpfung) $p_1 \circ p_2$ (oder $p_1(p_2(n))$) ist ein Polynom, dessen Grad $d_1 \cdot d_2$ ist.

Interessant ist für uns die Kontraposition der obigen Aussage, nämlich: Wenn A nicht in P enthalten ist, ist auch B nicht in P enthalten. Aus einer unteren Schranke $s_A(n)$ für die Komplexität von A lässt sich eine untere Schranke $s_B(n)$ für die Komplexität von B ausrechnen. Der Einfachheit halber nehmen wir an, dass die Polynome p, q und r monoton wachsend sind und setzen $r^{-1}(n) := \min\{m \mid r(m) \geq n\}$. Dann ist

$$s_A(n) \leq p(n) + q(n) \cdot s_B(r(n)),$$
$$s_A\left(r^{-1}(n)\right) \leq p\left(r^{-1}(n)\right) + q\left(r^{-1}(n)\right) \cdot s_B(n)$$

und

$$s_B(n) \geq \left(s_A\left(r^{-1}(n)\right) - p\left(r^{-1}(n)\right)\right) / q\left(r^{-1}(n)\right).$$

Für den Zweck der komplexitätstheoretischen Klassifikation ist es ausreichend, dass p, q und r Polynome sind. Konkret erhalten wir jedoch bessere

4.1 Wann sind sich Probleme algorithmisch ähnlich?

Schranken, wenn p, q und r „möglichst klein" sind. Das beschriebene Konzept kann auch für randomisierte Algorithmen für B mit beschränkter Versagens- oder Fehlerwahrscheinlichkeit verwendet werden. Mit unabhängigen Wiederholungen wird die Fehlerrate des Algorithmus für B so gesenkt, dass die Gesamtfehlerrate bei $q(n)$ Aufrufen klein genug ist.

In der Komplexitätstheorie ist der anschauliche Begriff „algorithmisch nicht schwieriger" nicht etabliert. Basierend auf ähnlichen Begriffen in der Entscheidbarkeitstheorie und Logik wird von einer Reduktion gesprochen. Wir haben das Problem, einen effizienten Algorithmus für A zu finden, auf das Problem reduziert, einen effizienten Algorithmus für B zu finden. Da sich Effizienz auf polynomielle Zeit bezieht und wir nach der erweiterten churchschen These Turingmaschinen als Referenzmodell heranziehen können, wird die Aussage „A ist algorithmisch nicht schwieriger als B" durch $A \leq_T B$ abgekürzt. Ausführlicher: A wurde auf B turingreduziert. Das Zeichen „$\leq_T$" drückt aus, dass die Komplexität von A nicht größer als die Komplexität von B ist. Es sind sich nun A und B algorithmisch ähnlich, wenn $A \leq_T B$ und $B \leq_T A$ gelten. Dies schreiben wir auch als $A =_T B$ oder A und B sind turingäquivalent.

Turingreduktionen sind algorithmische Konzepte, wobei wir wie in der Top-down-Programmierung mit noch nicht realisierten Unterprogrammen arbeiten. Allerdings haben wir hier nicht immer die Hoffnung, dass wir das Unterprogramm für B effizient realisieren können. Daher wird der Algorithmus für A, der sich aus der Turingreduktion auf B ergibt, oft Algorithmus mit *Orakel* (oracle) B genannt. Wir befragen ein Orakel, das uns zuverlässig (im Gegensatz zum Orakel von Delphi) Antworten für das Problem B liefert.

Mit Turingreduktionen lassen sich algorithmische Ähnlichkeiten zwischen Problemen mit unbekannter Komplexität feststellen.

Bevor wir zu konkreten Turingreduktionen kommen, wollen wir äußerst nützliche Eigenschaften dieses Reduktionskonzeptes festhalten. Trivialerweise gilt $A \leq_T A$ (Reflexivität) für alle Probleme A, da wir A lösen können, indem wir ein Orakel für A befragen. Darüber hinaus ist „$\leq_T$" transitiv, also gilt

$$A \leq_T B \text{ und } B \leq_T C \Rightarrow A \leq_T C.$$

Der Beweis dieser Eigenschaft ist einfach. Wir benutzen die Turingreduktion von A auf B und ersetzen dabei jeden Aufruf für B durch die gegebene Turingreduktion von B auf C. Da Polynome stets durch monotone Polynome nach oben beschränkt sind, gehen wir in den Turingreduktionen von monotonen Polynomen p_1, q_1 und r_1 für $A \leq_T B$ und p_2, q_2 und r_2 für $B \leq_T C$ aus. Die Rechenzeit unseres C-Orakelalgorithmus für A ohne die Aufrufe von C ist durch $p_3(n) := p_1(n) + q_1(n) \cdot p_2(r_1(n))$ beschränkt, das Orakel für C wird höchstens $q_3(n) := q_1(n) \cdot q_2(r_1(n))$-mal für Eingaben der Maximallänge $r_3(n) := r_2(r_1(n))$ aufgerufen und p_3, q_3 und r_3 sind Polynome. Turingäquivalenz ist eine Äquivalenzrelation, denn offensichtlich gelten die Beziehungen

„$A =_T A$" und „$A =_T B \Leftrightarrow B =_T A$".

Schließlich folgt die Transitivität von „$=_T$" direkt aus der Transitivität von „$\leq_T$" und „$\geq_T$". Dies wird uns den Entwurf vieler Reduktionen ersparen.

Wir werden nun beispielhaft die algorithmische Ähnlichkeit von Problemen untersuchen. In Kapitel 4.2 zeigen wir, dass für die uns interessierenden Probleme alle Problemvarianten komplexitätstheoretisch äquivalent sind. In Kapitel 4.3 werden Beziehungen zwischen Problemen hergeleitet, die sich entweder sehr ähnlich sehen oder sich als sehr ähnlich erweisen. Die wahre Mächtigkeit des Konzepts der Turingreduktion wird erst in Kapitel 4.4 deutlich, wo wir exemplarisch zeigen, wie wir Beziehungen zwischen „ganz verschiedenen" Problemen herstellen können. Da wir in diesen Abschnitten feststellen, dass viele Turingreduktionen von einem sehr speziellen Typ sind, werden wir die Sonderrolle dieser speziellen Reduktionen in Kapitel 4.5 diskutieren. Die für den Entwurf von Turingreduktionen benutzten Techniken gehen auf die einflussreiche Arbeit von Karp (1972) zurück.

4.2 Reduktionen zwischen den verschiedenen Varianten eines Problems

Wir haben in Kapitel 2.2 algorithmische Probleme vorgestellt, darunter große Gruppen von Problemen wie das TSP mit vielen Spezialfällen. Dass sich spezielle Probleme wie TSP^2 auf allgemeinere Probleme wie das TSP turingreduzieren lassen, also $TSP^2 \leq_T TSP$ gilt, ist trivial (Algorithmen für allgemeine Probleme lösen automatisch die speziellen Probleme), aber auch wenig aussagekräftig. Interessanter ist die Untersuchung, ob auch $TSP \leq_T TSP^2$ gilt, also ob der Spezialfall schon so schwierig wie das allgemeine Problem ist. Derartige Ergebnisse werden in Kapitel 4.3 und in den späteren Kapiteln gezeigt. Erstaunlicherweise wird sich erweisen, dass $TSP =_T TSP^2$ ist.

Hier wollen wir für Optimierungsprobleme die Komplexität des Problems mit der Komplexität des zugehörigen Auswertungs- und des zugehörigen Entscheidungsproblems vergleichen. Es seien A_{opt}, A_{eval} und A_{dec} die Optimierungs-, Auswertungs- und Entscheidungsvariante des Problems A. Wir wollen zeigen, dass für viele natürliche Probleme A

$$A_{\text{dec}} =_T A_{\text{eval}} =_T A_{\text{opt}}$$

gilt. Dabei werden wir den Begriff eines degenerierten Problems nicht formalisieren, sondern Bedingungen angeben, unter denen die entsprechenden Turingreduktionen möglich sind. Stets gilt

$$A_{\text{dec}} \leq_T A_{\text{eval}},$$

da wir den Wert der optimalen Lösung effizient mit der im Entscheidungsproblem angegebenen Schranke vergleichen können. Bei Optimierungsproblemen

4.2 Reduktionen zwischen den verschiedenen Varianten eines Problems

haben Lösungen eine bestimmte Qualität, die durch ihren Wert gemessen wird. Wenn die Berechnung dieses Wertes in polynomieller Zeit möglich ist, gilt

$A_{\text{eval}} \leq_T A_{\text{opt}}$.

Durch einen Aufruf der Optimierungsvariante des Problems erhalten wir eine optimale Lösung des Problems und können dann den Wert dieser optimalen Lösung berechnen. Alle in Kapitel 2.2 vorgestellten Probleme erfüllen diese Bedingung, was sich sehr leicht überprüfen lässt. Beispielsweise können die Kosten einer Rundreise in linearer Zeit berechnet werden.

Für die Beziehung $A_{\text{eval}} \leq_T A_{\text{dec}}$ benutzen wir folgende Eigenschaft. Der Wert aller Lösungen ist ganzzahlig und wir können effizient eine obere Schranke (upper bound) $U \geq 0$ und eine untere Schranke (lower bound) $L \leq 0$ für den Wert einer optimalen Lösung berechnen, wobei die Länge der Binärdarstellung von $U - L$ polynomiell in der Bitlänge der Eingabe beschränkt ist. Bei den Problemen in Kapitel 2.2 kann stets $L = 0$ gewählt werden. Obere Schranken ergeben sich meistens sehr leicht, so

- n für Aufteilungsprobleme (BP), da es ausreicht, für jedes Objekt eine Kiste vorzusehen,
- n für VC, CC, CLIQUE oder IS, da Lösungswerte die Größe von Teilmengen der Knotenmenge eines Graphen oder die Anzahl der Mengen in einer Partition der Knotenmenge beschreiben,
- m für das Kantenüberdeckungsproblem EC, da hier der Lösungswert die Größe einer Kantenmenge ist,
- m für die Optimierungsvarianten von SAT, da der Lösungswert die Anzahl erfüllter Klauseln ist,
- $a_1 + \cdots + a_n$ für KP.

Beim TSP ist allerdings der Distanzwert ∞ erlaubt. Es sei $d_{\max}$ der maximale endliche Distanzwert. Dann ist $n \cdot d_{\max}$ eine obere Schranke für die Kosten von Rundreisen, die endliche Kosten haben. Die Kosten jeder Rundreise liegen in $\{0, \ldots, n \cdot d_{\max}, \infty\}$.

In jedem Fall haben wir eine Aufzählung von möglichen Lösungswerten, entweder von der Form $L, \ldots, U$ oder von der Form $L, \ldots, U, \infty$. Auf diesen Werten können wir mit Algorithmen für die Entscheidungsvarianten eine binäre Suche starten, wobei ∞ gegebenenfalls wie $U+1$ behandelt wird. Die Anzahl der Aufrufe der Entscheidungsvarianten ist durch $\lceil \log(U - L + 2) \rceil$ und somit polynomiell beschränkt. In vielen Fällen genügen ungefähr $\log n$ Aufrufe des Algorithmus für das Entscheidungsproblem. Bei Problemen, die große Zahlen in der Eingabe enthalten können (TSP, KP), kann die Anzahl der Aufrufe von der Größe dieser Zahlen abhängen.

Abschließend wollen wir untersuchen, wann auch $A_{\text{opt}} \leq_T A_{\text{eval}}$ gilt. Unsere Vorgehensweise ist dabei die folgende. Zunächst benutzen wir den Algorithmus für A_{eval} zur Berechnung des Wertes w_{opt} einer optimalen Lösung.

Dann versuchen wir Teile der Lösung festzulegen. Wir probieren dabei mögliche Entscheidungen aus. Wenn der Lösungswert wieder w_{opt} ist, können wir bei unserer Entscheidung bleiben, ansonsten war sie falsch und wir müssen neue Entscheidungen ausprobieren. Indem wir exemplarisch fünf Probleme behandeln, zeigen wir, dass dieser Ansatz routinemäßig angewendet werden kann.

Wir beginnen mit MAX-SAT. Es sei w_{opt} die maximale Anzahl gleichzeitig zu erfüllender Klauseln. Wir setzen $x_1 = 1$. Klauseln mit x_1 sind erfüllt und werden durch Klauseln mit Wert 1 ersetzt, während in Klauseln mit $\overline{x}_1$ dieses Literal als nicht erfüllt gestrichen wird. Falls für die neue Klauselmenge der optimale Wert w_{opt} ist, gehört $x_1 = 1$ zu einer optimalen Lösung und wir suchen eine passende Belegung von $x_2, \ldots, x_n$ auf der neu gebildeten Klauselmenge. Falls für die neue Klauselmenge der optimale Wert kleiner als w_{opt} ist (größer ist unmöglich), gehört $x_1 = 1$ zu keiner optimalen Lösung. Also muss $x_1 = 0$ zu einer optimalen Lösung gehören und wir suchen eine passende Belegung von $x_2, \ldots, x_n$ auf der Klauselmenge, die aus der ursprünglichen Klauselmenge durch die Festlegung $x_1 = 0$ entsteht. Die Anzahl der Aufrufe des Algorithmus für die Auswertungsvariante ist durch $n+1$ beschränkt, alle Aufrufe beziehen sich auf Probleme, die nicht länger als das Ursprungsproblem sind und der zusätzliche Aufwand ist gering.

Beim Cliquenproblem CLIQUE bestimmen wir zunächst die Größe w_{opt} der größten Clique. Um zu entscheiden, ob ein Knoten v zu einer größten Clique gehören *muss*, können wir ihn mit den anliegenden Kanten aus dem Graphen entfernen und testen, ob der Restgraph eine Clique der Größe w_{opt} enthält. Wenn dies der Fall ist, suchen wir eine Clique der Größe w_{opt} im Restgraphen. Ansonsten muss v an jeder maximalen Clique beteiligt sein und wir entfernen alle Knoten, die nicht mit v verbunden sind, aus dem Graphen. Nachdem wir auch noch v entfernt haben, genügt es, auf dem Restgraphen eine Clique der Größe $w_{\text{opt}} - 1$ zu finden, zu der wir dann v hinzufügen können. Wieder genügen $n+1$ Anfragen für Graphen, die nicht größer als die Eingabe sind.

Beim TSP können wir eine beliebige Rundreise ausgeben, wenn $w_{\text{opt}} = \infty$ ist. Ansonsten können wir endliche Distanzwerte $d_{i,j}$ versuchsweise auf ∞ setzen, um festzustellen, ob die Strecke von i nach j zu einer optimalen Rundreise gehören muss. Wenn sie für eine optimale Rundreise nötig ist, setzen wir den $d_{i,j}$-Wert auf den alten Wert zurück, ansonsten belassen wir den Wert auf ∞. Nachdem wir dies sequenziell für alle Distanzwerte gemacht haben, erhalten wir eine Distanzmatrix, in der genau die Strecken einer optimalen Rundreise einen endlichen Wert haben. Hier ist die Anzahl der Anfragen an den Algorithmus für das Auswertungsproblem $N+1$, wenn N die Anzahl der endlichen Distanzwerte bezeichnet.

Etwas komplizierter wird die Situation beim Aufteilungsproblem BP. Wenn wir entscheiden, dass Objekte in eine bestimmte Kiste gehören, ist die Restkapazität der Kiste nicht mehr b und wir erhalten ein Problem mit verschieden großen Kisten, das nach Definition kein BP-Problem ist und für das wir keine Anfrage für das Auswertungsproblem stellen dürfen. Für ein verallgemeinertes BP-Problem mit möglicherweise verschieden großen Kisten würde der Ansatz funktionieren. Aber wir können uns hier mit einem kleinen Trick helfen. Wir können zwei Objekte „verkleben", indem wir sie durch ein Objekt ersetzen, dessen Größe die Summe der Größen der beiden alten Objekte ist. Wenn dies die Anzahl benötigter Kisten nicht vergrößert, können wir sie verklebt lassen und das neue Problem mit einem Objekt weniger bearbeiten. Wenn Objekt i nicht mit Objekt j verklebt werden kann, dann gilt das später für alle Paare von Objekten, von denen eines i und das andere j enthält. Es genügen also $\binom{n}{2}$ Tests. Am Ende haben wir w_{opt} Superobjekte, die jeweils eine Menge von Objekten verklebt haben, die in eine Kiste passen.

Schließlich wollen wir das Flussproblem NF erwähnen. Es ist in polynomieller Zeit lösbar (siehe z. B. Ahuja, Magnanti und Orlin (1993)) und somit können wir das Optimierungsproblem sogar polynomiell lösen, ohne den Algorithmus für die Auswertungsvariante zu bemühen.

Für die uns interessierenden Optimierungsprobleme sind die Optimierungs-, Auswertungs- und Entscheidungsvariante turingäquivalent. Aus komplexitätstheoretischer Sicht ist es daher gerechtfertigt, sich auf die Entscheidungsvarianten zu beschränken.

4.3 Reduktionen zwischen verwandten Problemen

In diesem und dem folgenden Teilkapitel wollen wir an Beispielen Methoden zum Entwurf von Turingreduktionen vorstellen und einüben. Die Beispiele sind so gewählt, dass wir die Ergebnisse später auch benötigen. Auf Grund der Resultate aus Kapitel 4.2 betrachten wir hier stets die Entscheidungsvarianten der Optimierungsprobleme. Alle Probleme wurden in Kapitel 2.2 definiert.

Wir beginnen mit der Gruppe der TSP-Varianten. Da wir später nachweisen, dass DHC ein schwieriges Problem ist, können wir mit dem folgenden Satz diese Aussage auf HC, $TSP^\triangle$, TSP^{sym}, TSP^2 (also auch TSP^N für $N \geq 2$) und TSP übertragen. Eine ähnliche Aussage für $TSP^{d-\text{Euklid}}$ werden wir nicht zeigen (dazu siehe Lawler, Lenstra, Rinnooy Kan und Shmoys (1985)). Mit $TSP^{2,\triangle,\text{sym}}$ bezeichnen wir die Menge der TSP-Eingaben, die sowohl zu TSP^2 als auch zu $TSP^\triangle$ und TSP^{sym} gehören.

Theorem 4.3.1. $DHC =_T HC \leq_T TSP^{2,\triangle,sym}$.

Beweis. $HC \leq_T DHC$: Diese Aussage ist einfach zu zeigen. Ungerichtete Kanten können in beiden Richtungen durchlaufen werden. Aus dem gegebenen ungerichteten Graphen $G = (V, E)$ erzeugen wir also den gerichteten Graphen $G' = (V, E')$ auf derselben Knotenmenge, bei dem Kanten $\{v, w\}$

zwischen v und w in G durch die zwei Kanten (v,w) und (w,v) von v nach w und von w nach v ersetzt werden. Es ist offensichtlich, dass G genau dann einen ungerichteten hamiltonschen Kreis enthält, wenn G' einen gerichteten hamiltonschen Kreis enthält. Wir können also den Algorithmus für DHC mit der Eingabe G' aufrufen und die Antwort (ja oder nein) als Antwort für HC und G übernehmen. Gerichtete Graphen ermöglichen mehr Freiheiten und daher ist es nicht überraschend, wenn sich ein Problem für ungerichtete Graphen auf das analoge Problem für gerichtete Graphen turingreduzieren lässt.

DHC $\leq_T$ HC: Nach unserer letzten Bemerkung ist es schwieriger, diese Turingreduktion zu entwerfen. Unser Ziel ist es, ungerichtete Kanten zu benutzen und dennoch zu erzwingen, dass sie alle „praktisch" nur in einer Richtung benutzt werden. Dazu genügt es, Knoten durch kleine Graphen zu ersetzen. Wir werden aus einem gerichteten Graphen $G = (V, E)$ in polynomieller Zeit einen ungerichteten Graphen $G' = (V', E')$ konstruieren, der genau dann einen hamiltonschen Kreis enthält, wenn G diese Eigenschaft hat. Dann genügt es, den HC-Algorithmus für G' aufzurufen und die Antwort für DHC und G zu übernehmen. Es sei $V = \{v_1, \ldots, v_n\}$. Dann ist $V' := \{v_{i,j} \mid 1 \leq i \leq n, 1 \leq j \leq 3\}$, wobei die Knoten $v_{i,1}$, $v_{i,2}$ und $v_{i,3}$ den Knoten $v_i \in V$ „repräsentieren" sollen. Es gibt stets die Kanten $\{v_{i,1}, v_{i,2}\}$ und $\{v_{i,2}, v_{i,3}\}$. Die Kante $(v_i, v_j) \in E$ wird nun durch die Kante $\{v_{i,3}, v_{j,1}\}$ und die Kante $(v_k, v_i) \in E$ durch die Kante $\{v_{k,3}, v_{i,1}\}$ repräsentiert. Die Richtung der Kanten aus E, die v_i berühren, spiegelt sich also dadurch wider, wo die Kante das Knotentripel $(v_{i,1}, v_{i,2}, v_{i,3})$ erreicht. Zumindest geht die Information über die Kantenrichtung nicht verloren. Abbildung 4.3.1 zeigt als Beispiel den Ausschnitt eines Graphen G, der den Knoten v_{10} betrifft.

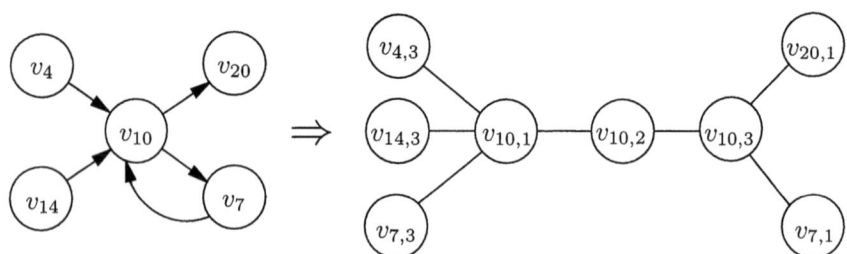

Abb. 4.3.1. Illustration der Turingreduktion DHC $\leq_T$ HC.

Wenn G einen hamiltonschen Kreis enthält, nach Umnummerierung der Knoten sei dies die Knotenfolge $(v_1, v_2, \ldots, v_n, v_1)$, dann enthält G' den „entsprechenden" hamiltonschen Kreis, bei dem die Kante (v_i, v_j) durch den Weg $(v_{i,3}, v_{j,1}, v_{j,2}, v_{j,3})$ ersetzt wird. (Dies gilt nur für $n > 1$, aber für $n = 1$ benötigen wir keine Orakelfrage für HC.)

Wir nehmen nun an, dass G' einen hamiltonschen Kreis H' enthält. In ihm hat jeder Knoten $v_{i,2}$ einen Knotengrad von 2. Also muss H' für jedes $i \in$

$\{1, \ldots, n\}$ die Kanten $\{v_{i,1}, v_{i,2}\}$ und $\{v_{i,2}, v_{i,3}\}$ enthalten. Im ungerichteten Graphen G' ist mit H' stets auch der hamiltonsche Kreis H'', in dem H' in der entgegengesetzten Richtung durchlaufen wird, in G' enthalten. Für den Knoten v_1 können wir uns also in G' für den Teilpfad $(v_{1,1}, v_{1,2}, v_{1,3})$ entscheiden. Von $v_{1,3}$ muss H' eine Kante zu einem Knoten $v_{j,1}$, $j \neq 1$, enthalten. Um $v_{j,2}$ auf einem Kreis zu erreichen, muss sich dann der Teilpfad $(v_{j,1}, v_{j,2}, v_{j,3})$ anschließen. Diese Argumentation lässt sich fortsetzen und H' verbindet die Tripel $(v_{i,1}, v_{i,2}, v_{i,3})$ in geeigneter Weise. Wenn das v_k-Tripel auf das v_i-Tripel folgt, können wir dafür in G die Kante (v_i, v_k) wählen. Auf diese Weise erhalten wir in G einen hamiltonschen Kreis H.

HC $\leq_T$ TSP$^{2,\triangle,\mathrm{sym}}$: Es sei $G = (V, E)$ ein ungerichteter Graph, für den wir entscheiden wollen, ob er einen hamiltonschen Kreis enthält. Dann stellen wir folgende Anfrage an ein TSP-Orakel. Wenn $V = \{1, \ldots, n\}$ ist, gibt es n Orte. Es sei

$$d_{i,j} = \begin{cases} 1, & \text{falls } \{i,j\} \in E \\ 2 & \text{sonst.} \end{cases}$$

Wir repräsentieren also Kanten durch kurze Distanzen. Ein hamiltonscher Kreis in G hat im TSP-Problem Kosten n. Jede Rundreise, die keinen hamiltonschen Kreis in G simuliert, hat Mindestkosten von $n+1$. Also erhalten wir bei der Frage, ob es eine Rundreise mit durch n beschränkten Kosten gibt, auch eine Antwort auf die Frage, ob G einen hamiltonschen Kreis enthält. Die TSP-Eingabe hat nur Distanzwerte aus $\{1, 2\}$ und ist symmetrisch. Bei Distanzwerten aus $\{1, 2\}$ ist die Dreiecksungleichung $d_{i,j} \leq d_{i,k} + d_{k,j}$ stets erfüllt.

Wir wollen bei unseren Reduktionen auch stets die benötigten Ressourcen angeben. Bei HC $\leq_T$ DHC beziehen wir die Problemgröße auf die Knotenanzahl n und die Kantenanzahl m. Dann ist $p(n,m) = O(n+m)$, $q(n,m) = 1$ und der neue Graph hat n Knoten und $2m$ Kanten. Bei DHC $\leq_T$ HC ist $p(n,m) = O(n+m)$, $q(n,m) = 1$ und der neue Graph hat $3n$ Knoten und $2n + m$ Kanten. Bei HC $\leq_T$ TSP$^{2,\triangle,\mathrm{sym}}$ ist $p(n,m) = O(n^2)$, $q(n,m) = 1$ und wir erhalten eine TSP-Eingabe mit n Orten. □

Wir haben schon in diesem Beispiel gesehen, dass es wichtig ist, die Eigenschaften des zu lösenden Problems in das Problem, für das angenommen wird, dass ein Algorithmus bereitsteht, „hineinzucodieren". Bei eng verwandten Problemen kann dies wie im Beweis von Theorem 4.3.1 durch *lokale Ersetzung* (local replacement) geschehen. Insbesondere ist dies nötig, wenn wir ein Problem wie DHC auf ein „augenscheinlich spezielleres" Problem wie HC turingreduzieren wollen. 3-SAT ist nicht nur augenscheinlich, sondern tatsächlich eine Spezialisierung von SAT. Die folgende Turingreduktion ist ein Musterbeispiel für eine lokale Ersetzung.

Theorem 4.3.2. *SAT $\leq_T$ 3-SAT.*

Beweis. Unser Vorgehen ist es, einzelne Klauseln der SAT-Eingabe durch Klauselmengen mit Klauseln, die je drei Literale enthalten, so zu ersetzen, dass die gegebene Klauselmenge genau dann erfüllbar ist, wenn dies die neue Klauselmenge ist. Dann können wir unser Problem durch eine Anfrage an einen 3-SAT-Algorithmus lösen.

Klauseln mit höchstens drei Literalen werden durch Wiederholung von Literalen auf Klauseln mit genau drei Literalen verlängert. Dies ist nur eine syntaktische Änderung.

Wir betrachten nun eine Klausel $c = z_1 + \cdots + z_k$ (+ entspricht OR) mit $k > 3$ und $z_i \in \{x_1, \overline{x}_1, \ldots, x_n, \overline{x}_n\}$. Wir wollen Klauseln der Länge 3 mit „denselben Erfüllbarkeitseigenschaften" konstruieren. Wir dürfen nicht $z_1 + z_2 + z_3$ wählen, da wir $z_1 + \cdots + z_k$ erfüllen können, ohne $z_1 + z_2 + z_3$ zu erfüllen. Wir wählen daher eine neue Variable y_1 und bilden die Klausel $z_1 + z_2 + y_1$. Die neue Variable kann die neue Klausel erfüllen, wenn c durch eines der Literale $z_3, \ldots, z_n$ erfüllt wird. Es ist nun auch nicht sinnvoll, als nächste Klausel $z_3 + z_4 + y_2$ zu wählen. Dann können wir ja die neuen Klauseln erfüllen, ohne c zu erfüllen. Der Trick besteht darin, die neuen Klauseln zu verbinden, indem die neuen Variablen, einmal positiv und einmal negiert, in zwei Klauseln vorkommen und so zwei Klauseln verbinden. Insgesamt werden alle neuen Klauseln durch eine Kette verbunden. Wir beschreiben die neuen Klauseln für $k = 7$, daraus wird die Konstruktion für jedes $k > 3$ unmittelbar klar:

$$z_1 + z_2 + y_1, \; \overline{y}_1 + z_3 + y_2, \; \overline{y}_2 + z_4 + y_3, \; \overline{y}_3 + z_5 + y_4, \; \overline{y}_4 + z_6 + z_7.$$

Dies führen wir für alle Klauseln durch, wobei wir jeweils andere neue Variablen wählen.

Wenn die gegebene Klauselmenge durch eine Belegung erfüllt wird, dann können wir die neuen Variablen so belegen, dass auch die neue Klauselmenge erfüllt ist. Wenn c erfüllt ist, ist ein $z_i = 1$. Damit ist in der zu c gehörenden Menge von Klauseln der Länge 3 genau eine Klausel schon erfüllt. Alle Klauseln in der Aufzählung links von dieser Klausel erfüllen wir, indem wir die positiven y-Literale auf 1 setzen, und die Klauseln rechts von der ausgezeichneten Klausel, indem wir die $\overline{y}$-Literale auf 1 setzen. Falls im Beispiel $z_3 = 1$ ist, setzen wir $y_1 = 1$ und $y_2 = y_3 = y_4 = 0$.

Wenn andererseits die neue Klauselmenge erfüllt ist, können nicht alle die Klausel c ersetzende Klauseln durch y-Literale erfüllt sein. Wenn i der kleinste Index mit $y_i = 0$ ist, ist die i-te Klausel nicht durch y-Literale erfüllt ($z_1 + z_2 + y_1$ für $i = 1$ und $\overline{y}_{i-1} + z_{i+1} + y_i$ sonst). Wenn alle $y_i = 1$ sind, ist die letzte Klausel nicht durch y-Literale erfüllt. Daher muss ein $z_i = 1$ und damit c erfüllt sein.

Wenn wir die Eingabelänge l durch die Anzahl der Literale in den Klauseln beschreiben, ist hier $p(l) = O(l)$, $q(l) = 1$ und $r(l) \leq 3l$. □

Einfacher ist stets der Fall, wenn ein Problem auf ein verallgemeinertes Problem turingreduziert werden soll. So ist 3-SAT $\leq_T$ SAT ebenso trivial wie $A \leq_T A$ für ein beliebiges Problem A. Auch HC $\leq_T$ DHC und HC $\leq_T$ TSP$^{2,\triangle,\text{sym}}$ waren Turingreduktionen von HC auf verallgemeinerte Probleme. Derartige Turingreduktionen werden auch *Restriktion* (restriction) genannt, da für $A \leq_T B$ das Problem A eine Einschränkung des Problems B darstellt. Ein weiteres Beispiel dieser Art ist die folgende Turingreduktion von PARTITION auf BP.

Theorem 4.3.3. *PARTITION $\leq_T$ BP.*

Beweis. PARTITION ist der Spezialfall von BP, in dem es zwei Kisten gibt und die Objekte den Raum in den Kisten voll ausfüllen. Formal sind für PARTITION die Zahlen $g_1, \ldots, g_n$ gegeben und es stellt sich die Frage, ob es eine Indexmenge $I \subseteq \{1, \ldots, n\}$ gibt, für die die Summe aller $g_i, i \in I$, die Hälfte der Summe aller g_i, $1 \leq i \leq n$, ist. Wenn wir nun BP auf die Zahlen $g_1, \ldots, g_n$ und zwei Kisten der Größe $b := \lfloor (g_1 + \cdots + g_n)/2 \rfloor$ anwenden, erhalten wir auch die richtige Antwort für PARTITION. Falls $g_1 + \cdots + g_n$ ungerade ist, wird in beiden Fällen die Eingabe abgelehnt. Ansonsten sind die Probleme äquivalent, weil mit der Summe aller $g_i, i \in I$, auch die Summe aller $g_i, i \notin I$, die Hälfte der Summe aller g_i ist. Wenn wir als Eingabelänge die Anzahl der g-Werte nehmen, ist $p(n) = O(n)$, $q(n) = 1$ und $r(n) = O(n)$.
□

Restriktionen scheinen ein einfaches, aber wenig interessantes Werkzeug zu sein, da wir bisher direkt „gesehen" haben, dass wir es mit einem Problem und seiner Verallgemeinerung zu tun haben. Manche Probleme „verstecken" ihre Gemeinsamkeiten jedoch so gut, dass wir ihnen ihre Ähnlichkeit nicht sofort ansehen. So sind CLIQUE, IS und VC im Wesentlichen dieselben Entscheidungsprobleme. Während dies bei CLIQUE und IS noch recht offensichtlich ist, müssen wir schon genauer hinschauen, um die Ähnlichkeit zwischen diesen beiden Problemen und VC zu entdecken.

Theorem 4.3.4. *CLIQUE $=_T$ IS $=_T$ VC.*

Beweis. CLIQUE $=_T$ IS: Beim Cliquenproblem suchen wir Cliquen und bei IS Anticliquen. Wenn wir $G' = (V, E')$ aus $G = (V, E)$ konstruieren, indem G' genau die Kanten enthält, die G nicht enthält, dann werden Cliquen in Anticliquen transformiert und umgekehrt. Hier ist $p(n) = O(n^2)$, da wir alle $\binom{n}{2}$ möglichen Kanten betrachten, $q(n) = 1$ und $r(n) = n$.
IS $\leq_T$ VC: Für das IS-Problem seien der Graph $G = (V, E)$ und die Schranke k gegeben. Dann lassen wir den VC-Algorithmus denselben Graphen $G = (V, E)$ mit der Schranke $n-k$ bearbeiten. Eine unabhängige Menge mit k Knoten impliziert, dass die übrigen $n - k$ Knoten alle Kanten überwachen. Wenn andererseits $n - k$ Knoten alle Kanten überwachen, müssen die k übrigen Knoten eine unabhängige Menge bilden. Daher gibt der VC-Algorithmus auf $(G, n-k)$ die richtige Antwort für das IS-Problem auf (G, k). Hier ist $p(n, m) = O(n+m)$, da wir G kopieren müssen, $q(n, m) = 1$ und der neue Graph hat dieselbe Größe wie der gegebene Graph.

VC $\leq_T$ IS: Dies zeigen wir durch die gleiche Reduktion wie für IS $\leq_T$ VC.
□

Es fällt auf, dass unsere Turingreduktionen sehr effizient sind.

4.4 Reduktionen zwischen nicht verwandten Problemen

Hier wollen wir Probleme aufeinander turingreduzieren, die sich erst nach dem Entwurf einer Turingreduktion als algorithmisch ähnlich erweisen. So können wir zeigen, dass das Heiratsproblem 2-DM und das Meisterschaftsproblem CP mit der a-Aufteilungsregel spezielle Flussprobleme, also turingreduzierbar auf NF sind. Da NF polynomiell lösbar ist, sind auch 2-DM und CP in P enthalten. Aus den bekannten effizienten Algorithmen für NF erhalten wir direkt effiziente Algorithmen für 2-DM und CP. Tatsächlich wurden diese Reduktionen auch erst entworfen, als polynomielle Algorithmen für NF bereits bekannt waren. Prinzipiell hätte man die Reduktionen auch entwerfen können, ohne zu wissen, ob NF einfach oder schwierig ist. Da hier Reduktionen dazu dienen, effiziente Algorithmen zu entwickeln, betrachten wir die Optimierungsvarianten von 2-DM und NF.

Theorem 4.4.1. *2-DM $\leq_T$ NF.*

Beweis. Das Heiratsproblem 2-DM können wir als Graphenproblem modellieren. Die Knotenmenge V besteht aus der Knotenmenge U, die die Frauen repräsentiert, und der Knotenmenge W, die die Männer repräsentiert. Eine Kante (u, w), $u \in U$, $w \in W$, beschreibt, dass u und w ein potenziell glückliches Ehepaar sind. Kanten zwischen zwei Knoten aus U oder zwei Knoten aus W existieren nicht. Die Aufgabe besteht in der Berechnung einer größtmöglichen Kantenmenge, in der kein Knoten mehr als einmal berührt wird.

Hieraus konstruieren wir folgende Eingabe für einen NF-Algorithmus. Die Kanten werden von U nach W gerichtet. Es werden die beiden Knoten s und t hinzugefügt, wobei von s zu jedem Knoten aus U eine Kante führt und von jedem Knoten aus W eine Kante zu t führt. Alle Kanten erhalten die Kapazität 1. Ein Beispiel zeigt Abbildung 4.4.1.

Der NF-Algorithmus liefert uns einen maximalen Fluss. Da Flüsse ganzzahlig sind, liegt auf jeder Kante Fluss 0 (kein Fluss) oder Fluss 1 (kurz Fluss). Wir behaupten nun, dass die Menge der Kanten zwischen U und W, die Fluss tragen, in ungerichteter Form ein maximales Matching bilden.

Dies lässt sich folgendermaßen zeigen. Es sei ein Matching mit k Kanten, nach Umnummerierung die Kanten $(u_1, w_1), \ldots, (u_k, w_k)$, gegeben. Dann gibt es einen Fluss mit Wert k, der Fluss auf diese Kanten und $(s, u_1), \ldots, (s, u_k)$, $(w_1, t), \ldots, (w_k, t)$ legt. Andererseits muss jeder Fluss mit Wert k Fluss auf k Kanten, die von s ausgehen, und k Kanten, die t erreichen, legen. Also werden k U-Knoten $u_1, \ldots, u_k$ vom Fluss erreicht und k W-Knoten $w_1, \ldots, w_k$

4.4 Reduktionen zwischen nicht verwandten Problemen 59

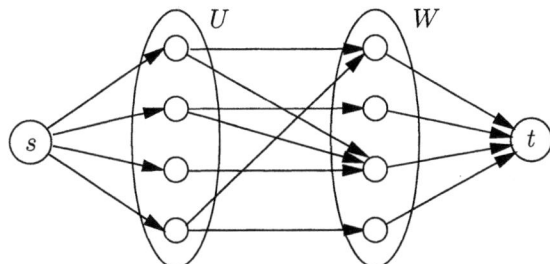

Abb. 4.4.1. Illustration der Turingreduktion 2-DM $\leq_T$ NF.

müssen Fluss an t weitergeben. Jeder Knoten u_i, $1 \leq i \leq k$, muss seinen Fluss an einen Knoten w_j, $1 \leq j \leq k$, weitergeben. Da alle Knoten $w_1, \ldots, w_k$ erreicht werden, enthalten die k Kanten mit Fluss zwischen U und W keinen Knoten doppelt und bilden ein Matching.

Hier ist $p(n,m) = O(n+m)$, $q(n,m) = 1$ und die Eingabe für NF hat $n+2$ Knoten und $n+m$ Kanten, wenn das Matchingproblem n Knoten und m Kanten hat. □

Die Arbeit zur Lösung von 2-DM entspricht neben linearem Extraaufwand der Arbeit zur Lösung eines Flussproblems mit $n+2$ Knoten und $n+m$ Kanten. Zudem hat das Flussproblem einige spezielle Eigenschaften. Auch das Meisterschaftsproblem CP mit a-Aufteilungsregel, kurz a-CP, lässt sich als spezielles Flussproblem codieren.

Theorem 4.4.2. *Für das Meisterschaftsproblem a-CP mit a-Aufteilungsregel gilt a-CP $\leq_T$ NF.*

Beweis. Zunächst können wir annehmen, dass der ausgewählte Verein alle seine ausstehenden Spiele gewinnt und damit insgesamt A Punkte erreicht. Für die anderen n Vereine und die noch ausstehenden m Spiele ist zu entscheiden, ob es Spielausgänge gibt, bei denen alle Vereine höchstens A Punkte erhalten. Wie im Beweis von Theorem 4.4.1 werden wir ein Netzwerk mit vier Schichten entwerfen, bei dem die Kanten nur von Schicht i zu Schicht $i+1$ laufen. Schicht 0 enthält den Knoten s und Schicht 3 den Knoten t. Schicht 1 enthält m Knoten, die die noch auszutragenden Spiele repräsentieren, und Schicht 2 die n Knoten, die die Vereine darstellen, die noch Spiele auszutragen haben. Also gibt es keinen Knoten für den ausgewählten Verein. Von s führt zu jedem Spielknoten eine Kante mit Kapazität a. Damit ist der Wert jedes Flusses durch $a \cdot m$ beschränkt. Unsere Idee besteht darin, das Flussproblem so zu entwerfen, dass ein Fluss mit Wert $a \cdot m$ Spielausgänge simulieren muss, die den ausgewählten Verein zum Meister machen. Zusätzlich soll der ausgewählte Verein nicht Meister werden können, wenn der Wert eines maximalen Flusses kleiner als $a \cdot m$ ist.

Wir nehmen also an, dass ein Spielknoten den Fluss a von s erhält und weiterleiten muss. Daher ist es nahe liegend, vom Spielknoten aus zwei Kanten zu den am Spiel beteiligten Vereinen zum Graphen hinzuzufügen. Die Kanten zwischen Schicht 1 und Schicht 2 haben Kapazität a, so dass die a-Aufteilungsregel simuliert wird. Die Vereinsknoten erhalten auf diese Weise Fluss (oder Punkte) von den Spielknoten, vielleicht so viele Punkte, dass sie den ausgewählten Verein in der Tabelle überflügeln. Wenn Verein j bisher a_j Punkte hat, darf er nur noch $A - a_j$ Punkte in den ausstehenden Spielen erreichen. Daher erhält die Kante vom j-ten Vereinsknoten zu t die Kapazität $A - a_j$ (für ein Beispiel siehe Abbildung 4.4.2).

Wenn der ausgewählte Verein Meister werden kann, ergibt sich mit den zugehörigen Spielausgängen ein Fluss von $a \cdot m$. Der Knoten s schickt Fluss a zu jedem Spielknoten, der den Wert a gemäß dem vorgegebenen Spielausgang auf die beteiligten Vereine aufteilt. Da der j-te Verein den ausgewählten Verein nicht überflügelt, erhält er höchstens einen Fluss von $A - a_j$ und kann diesen an t weiterleiten.

Andererseits „realisiert" jeder Fluss mit Wert $a \cdot m$ Spielausgänge, bei denen der ausgewählte Verein Meister wird. Knoten s muss Fluss a an jeden Spielknoten schicken, um Fluss $a \cdot m$ abzugeben. Jede ganzzahlige Aufteilung an jedem Spielknoten symbolisiert bei der a-Aufteilungsregel einen zulässigen Spielausgang. Um den Fluss $a \cdot m$ zu realisieren, müssen alle Vereinsknoten allen erhaltenen Fluss an Knoten t weiterleiten. Also hat der j-te Vereinsknoten höchstens Fluss $A - a_j$ ($A - a_j$ Punkte) erhalten.

Das Netzwerk hat $n + m + 2$ Knoten, $n + 3m$ Kanten und kann in Zeit $O(n + m)$ konstruiert werden. □

Obwohl das Meisterschaftsproblem eigentlich nur ein Entscheidungsproblem ist, liefert uns die Lösung mit Hilfe des Flussproblems, falls der ausgewählte Verein Meister werden kann, nicht nur die richtige Antwort, sondern auch Spielausgänge, bei denen der ausgewählte Verein Meister wird. Als Beispiel betrachten wir eine reale Situation aus der Bundesligasaison 1964/65, als noch zwei Spieltage vor Schluss die Situation nicht ganz trivial war. Damals wurde die (0,1,2)-Aufteilungsregel, die äquivalent zur 2-Aufteilungsregel ist, verwendet. Interessant sind nur die folgenden Mannschaften mit Tabellenplatz, Punktzahl und restlichen Gegnern:

1.	SV Werder Bremen (SVW)	37 Punkte	BVB, FCN.
2.	1. FC Köln (1. FC)	36 Punkte	FCN, BVB.
3.	Borussia Dortmund (BVB)	35 Punkte	SVW, 1. FC.
4.	1860 München (1860)	33 Punkte	MSV, HSV.
5.	1. FC Nürnberg (FCN)	31 Punkte	1. FC, SVW.

Wenn 1860 seine letzten beiden Spiele gewinnt, erreicht dieser Verein 37 Punkte und könnte den SVW mit dem besseren Torverhältnis überflügeln. Aber dann müsste der SVW beide Spiele verlieren ... Vervollständigt man diese Argumentationskette kommt man zu dem Ergebnis, dass 1860 nicht mehr Meister werden kann. Wir wollen das zugehörige Flussproblem beschreiben, wobei wir uns auf die Mannschaften SVW, 1. FC, BVB und FCN beschränken können. Das zugehörige Flussproblem ist in Abbildung 4.4.2 zu sehen. Nur nebenbei: Damals wurde der SVW durch zwei Siege Meister.

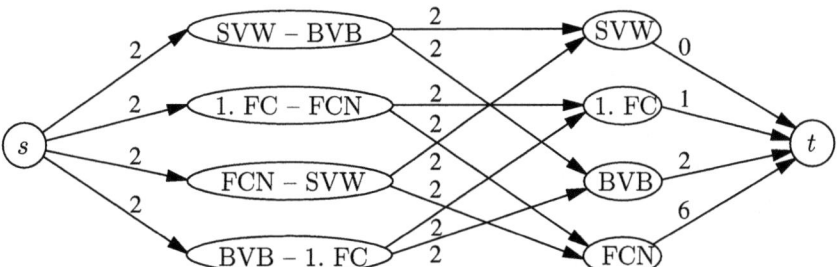

Abb. 4.4.2. Flussproblem zur Entscheidung eines Meisterschaftsproblems.

Nun kommen wir zu Reduktionen zwischen Problemen, die sich später als schwierig erweisen werden. Da wir als Erstes das Erfüllbarkeitsproblem SAT als schwierig identifizieren werden und bereits SAT auf 3-SAT turingreduziert haben, werden wir 3-SAT auf zwei weitere Probleme turingreduzieren, nämlich das Cliquenproblem CLIQUE und das Problem DHC, ob ein gerichteter Graph einen hamiltonschen Kreis enthält. (Wie sehr viele Reduktionen, ist die Turingreduktion von 3-SAT auf CLIQUE schon in der Monographie von Garey und Johnson (1979) enthalten. Sipser (1997) hat für einige Reduktionen, so auch 3-SAT $\leq_T$ DHC, einfachere und anschaulichere Beweise vorgestellt.)

Für so unterschiedlich aussehende Probleme wie 3-SAT und CLIQUE oder DHC reichen die Methoden Restriktion und lokale Ersetzung nicht für den Entwurf einer Turingreduktion aus. Oft kann dann die Methode der *Transformation mit verbundenen Komponenten* (component design) angewendet werden. Bei ihr werden Komponenten des Ausgangsproblems, hier Variablen und Klauseln von 3-SAT, in Komponenten des Zielproblems, hier CLIQUE und DHC und somit Graphen, transformiert. Um die gesamte Information des Ausgangsproblems in das Zielproblem zu codieren, werden die Basiskomponenten geeignet verbunden. Diese Methode werden wir mit den folgenden beiden Turingreduktionen veranschaulichen.

Theorem 4.4.3. *3-SAT $\leq_T$ CLIQUE.*

Beweis. Eine Eingabe von 3-SAT ist durch die Variablen $x_1, \ldots, x_n$ und die Klauseln $c_1, \ldots, c_m$ spezifiziert. Wir benutzen hier nur Komponenten für die Klauseln, und zwar jeweils einen Graphen auf drei Knoten, der keine Kante enthält. Insgesamt erhalten wir also $3m$ Knoten $v_{i,j}, 1 \leq i \leq m, 1 \leq j \leq 3$, wobei $v_{i,j}$ für uns das j-te Literal in der i-ten Klausel repräsentiert. Die Klauselkomponenten sollen nun so mit Kanten verbunden werden, dass diese Verbindungen die Erfüllbarkeitsstruktur widerspiegeln. Wir verbinden also zwei Knoten $v_{i,j}$ und $v_{i',j'}$ verschiedener Komponenten ($i \neq i'$) genau dann durch eine Kante, wenn diese beiden Literale gemeinsam erfüllbar sind, sich also nicht widersprechen. Zwei Literale widersprechen sich dabei genau dann, wenn das eine die Negation des anderen ist. Da die Erfüllbarkeit bei 3-SAT die gemeinsame Erfüllbarkeit aller m Klauseln bedeutet, interessieren wir uns für Cliquen der Größe m. Unsere Behauptung ist, dass $c_1, \ldots, c_m$ genau dann erfüllbar ist, wenn der konstruierte Graph $G = (V, E)$ eine m-Clique enthält. Wir können also einen Cliquenalgorithmus für (G, m) aufrufen und die Antwort für die Erfüllbarkeit von $c_1, \ldots, c_m$ verwenden.

Sei $a \in \{0,1\}^n$ eine Belegung von $x_1, \ldots, x_n$, die alle Klauseln erfüllt. Dann gibt es in jeder Klausel mindestens ein erfülltes Literal. Wir wählen jeweils einen Knoten aus, der ein erfülltes Literal repräsentiert. Der Graph G enthält auf den ausgewählten Knoten eine Clique der Größe m, da die ausgewählten Knoten zu verschiedenen Klauselkomponenten gehören und sich, da die zugehörigen Literale durch a erfüllt sind, nicht widersprechen können.

Sei andererseits V' eine Clique mit m Knoten in G. Da Knoten in derselben Klauselkomponente nicht durch Kanten verbunden sind und es m Klauselkomponenten gibt, enthält V' genau einen Knoten aus jeder Klauselkomponente. Wir definieren nun eine erfüllende Belegung $a = (a_1, \ldots, a_n)$. Die Knoten aus V' repräsentieren Literale. Es können in V' nicht x_i und $\overline{x}_i$ repräsentiert sein, da die entsprechenden Knoten nicht durch eine Kante verbunden sind. Wenn das Literal x_i in V' repräsentiert wird, setzen wir $a_i = 1$, und ansonsten $a_i = 0$. Damit sind alle Literale, die durch V' repräsentiert werden, und somit alle Klauseln erfüllt.

Der entstandene Graph hat $3m$ Knoten und $O(m^2)$ Kanten. Außerdem ist $p(n,m) = O(m^2)$ und $q(n,m) = 1$. □

Für spätere Zwecke ist interessant, dass die im Beweis von Theorem 4.4.3 angegebene Turingreduktion auch eine Verbindung zwischen den Optimierungsvarianten der Probleme herstellt. Die gleichen Argumente wie im Beweis von Theorem 4.4.3 führen zu dem Schluss, dass wir maximal k der m Klauseln gleichzeitig erfüllen können, wenn die größte Clique in G genau k Knoten enthält. Aus jeder Belegung, die l Klauseln erfüllt, lässt sich effizient eine Clique der Größe l konstruieren und umgekehrt.

In Abbildung 4.4.3 ist die Turingreduktion an einem Beispiel illustriert, wobei aus Gründen der Übersichtlichkeit nicht die Kanten, sondern die nicht vorhandenen Kanten gestrichelt eingezeichnet sind. Das Beispiel enthält drei Klauseln, die auf vier Variablen definiert sind.

Theorem 4.4.4. *3-SAT $\leq_T$ DHC.*

Beweis. Diese Turingreduktion benutzt Variablenkomponenten und Klauselkomponenten (siehe Abbildung 4.4.4). Die Klauselkomponente für c_j besteht aus nur einem Knoten, der auch mit c_j bezeichnet wird, während die Variablenkomponenten komplexer sind. Wenn x_i und $\overline{x}_i$ insgesamt b_i-mal in Klauseln vorkommen, hat die Komponente für x_i genau $3 + 2b_i$ Knoten. Die

4.4 Reduktionen zwischen nicht verwandten Problemen 63

$x_1 + \overline{x}_2 + x_3$

$\overline{x}_1 + x_2 + \overline{x}_4 \quad \Rightarrow$

$\overline{x}_1 + \overline{x}_2 + \overline{x}_3$

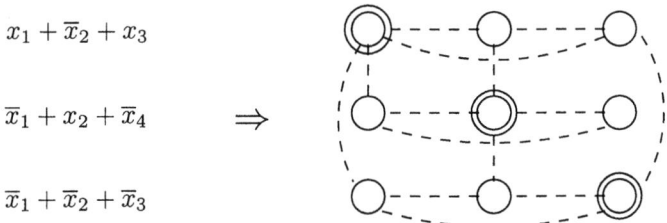

Abb. 4.4.3. Ein Beispiel zur Turingreduktion 3-SAT $\leq_T$ CLIQUE, bei der gestrichelte Kanten die nicht vorhandenen Kanten repräsentieren. Eine 3-Clique zur erfüllenden Belegung (1,1,0,0) ist durch Doppelkreise gekennzeichnet.

drei Knoten $v_{i,1}$, $v_{i,2}$ und $v_{i,3}$ bilden den Rahmen der Komponente. Es gibt die Kanten $(v_{i,1}, v_{i,2})$, $(v_{i,1}, v_{i,3})$, $(v_{i,2}, v_{i+1,1})$ und $(v_{i,3}, v_{i+1,1})$, wobei wir $n+1$ mit 1 identifizieren. Die Knoten $v_{i,2}$ und $v_{i,3}$ sind durch eine doppelt verkettete Liste von $2b_i$ Knoten verbunden.

In Abbildung 4.4.4 soll $u \leftrightarrow w$ die Kanten (u, w) und (w, u) bezeichnen. Auf die beschriebene Weise sind die Variablenkomponenten ringförmig verbunden. Wenn wir die Klauselkomponenten ignorieren und hamiltonsche Kreise immer an $v_{1,1}$ starten lassen, erhalten wir genau 2^n hamiltonsche Kreise, da wir uns in jedem Knoten $v_{i,1}$ entscheiden können, nach $v_{i,2}$ und dann durch die Liste nach $v_{i,3}$ und schließlich zu $v_{i+1,1}$ zu gehen oder die Rollen von $v_{i,2}$ und $v_{i,3}$ zu vertauschen. Die Idee dieser Konstruktion besteht darin, die 2^n hamiltonschen Kreise mit den 2^n Belegungen der Variablen zu identifizieren. Der Schritt von $v_{i,1}$ zu $v_{i,2}$ soll die Wahl von $a_i = 1$ und der Schritt von $v_{i,1}$ zu $v_{i,3}$ die Wahl von $a_i = 0$ symbolisieren.

Nun sollen die Komponenten so verbunden werden, dass erfüllende Belegungen und hamiltonsche Kreise auf dem ganzen Graphen miteinander korrespondieren. Die lineare Liste zwischen $v_{i,2}$ und $v_{i,3}$ wird in b_i Gruppen von je zwei benachbarten Knoten zerlegt, diese Gruppen korrespondieren zu den Vorkommen von x_i oder $\overline{x}_i$ in den Klauseln. Die Variable x_i in c_j wird durch eine Kante „$\rightarrow j$" von dem linken Knoten des Paares zu c_j und eine Kante „$j \rightarrow$" von c_j zum rechten Knoten des Paares dargestellt, während das Literal $\overline{x}_i$ in c_j durch eine Kante „$j \rightarrow$" von c_j zum linken Knoten des Paares und eine Kante „$\rightarrow j$" vom rechten Knoten des Paares zu c_j dargestellt wird. Wenn unser oben angesprochenes Ziel erreicht wurde, können wir einen DHC-Algorithmus auf den konstruierten Graphen ansetzen, um die Frage zu beantworten, ob alle Klauseln gemeinsam erfüllbar sind. Aus einer erfüllenden Belegung a erhalten wir auf folgende Weise einen hamiltonschen Kreis. Wir wählen in jeder Klausel ein erfülltes Literal und damit ein Paar in einer der linearen Listen aus. Von $v_{i,1}$ wählen wir die Kante zu $v_{i,2}$, falls $a_i = 1$, oder zu $v_{i,3}$, falls $a_i = 0$ ist. Dann durchlaufen wir die zugehörige Liste. Wenn wir von $v_{i,2}$ kommen, erreichen wir alle Paare im linken Knoten. Ist das zugehörige Literal x_i für die Klausel c_j, in der es enthalten ist, ausgewählt worden, dann gibt es vom linken Knoten des Paares die Kante „$\rightarrow j$"

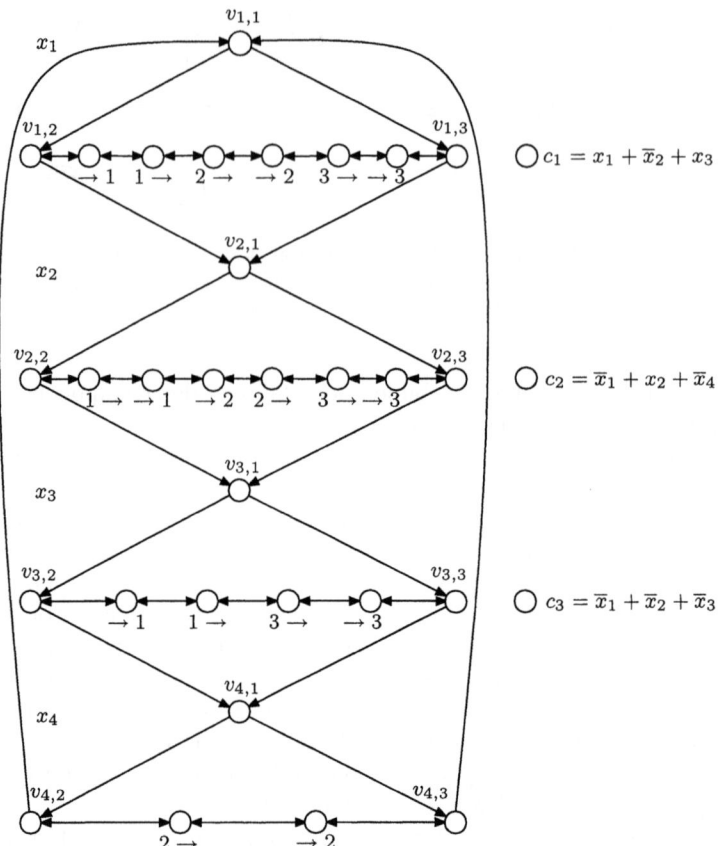

Abb. 4.4.4. Ein Beispiel zur Turingreduktion 3-SAT $\leq_T$ DHC. Die Bezeichnung „$\rightarrow i$" steht für eine Kante zum Knoten, der c_i repräsentiert, und die Bezeichnung „$i \rightarrow$" für eine Kante vom Knoten, der c_i repräsentiert.

und wir können auf dem Weg einen Abstecher zu c_j machen, von dem wir zum rechten Knoten des Paares zurückkehren. Analog kann für Literale $\overline{x}_i$ argumentiert werden, wenn wir die Liste von $v_{i,3}$ aus durchlaufen. Insgesamt wird jeder Klauselknoten in den zur Belegung a gehörenden hamiltonschen Kreis integriert und wir erhalten einen hamiltonschen Kreis auf dem ganzen Graphen.

Nun nehmen wir an, dass es einen hamiltonschen Kreis auf dem ganzen Graphen gibt. Auf ihm liegt jede Klauselkomponente. Der Knoten c_j wird von einem Knoten u_j mit Kante „$\rightarrow j$" erreicht und in Richtung auf einen Knoten w_j mit Kante „$j \rightarrow$" verlassen. Unsere Konstruktion stellt sicher, dass die beiden c_j benachbarten Knoten ein Paar bilden: Der Knoten w_j^*, der mit u_j ein Paar bildet, wird von zwei Kanten erreicht, nämlich von u_j und von c_j aus. Wenn der hamiltonsche Kreis von u_j zu c_j geht, kann w_j^* nur noch von c_j erreicht werden und es muss $w_j = w_j^*$ sein. Hieraus folgt, dass der hamiltonsche Kreis auf dem ganzen Graphen aus einem hamiltonschen Kreis auf den Variablenkomponenten entstanden ist, in den die Klauselkomponenten an geeigneten Stellen eingefügt worden sind. Damit können wir die zu dem hamiltonschen Kreis auf den Variablenkomponenten gehörende Belegung betrachten. Wurde c_j auf dem Weg durch die x_i-Liste eingefügt und wird diese Liste von links, also von $v_{i,2}$ aus, durchlaufen, dann ist $a_i = 1$ und Klausel c_j enthält x_i als positives Literal, da wir einen Abstecher zu c_j machen. Gleiches gilt bei Start in $v_{i,3}$ mit $a_i = 0$ und dem negativen Literal $\overline{x}_i$.

Für jede Variable haben wir drei Knoten im Rahmen der zugehörigen Komponente und für jede Klausel einen Knoten und sechs Knoten in drei Paaren in den Variablenknoten. Also haben wir $3n + 7m$ Knoten, von denen jeweils nur höchstens drei Kanten ausgehen. Außerdem ist $p(n,m) = O(n+m)$ und $q(n,m) = 1$. □

4.5 Die Sonderrolle polynomieller Reduktionen

Nachdem wir eine Reihe von Turingreduktionen entworfen haben und dabei überraschende Beziehungen zwischen sehr unterschiedlich aussehenden Problemen entdeckt haben, fällt uns auf, dass wir die Optionen von Turingreduktionen nur in Kapitel 4.2 voll ausgenutzt haben. In Kapitel 4.3 und 4.4 wurde beim Nachweis von $A \leq_T B$ der Algorithmus für B stets nur einmal aufgerufen. Bei allen Reduktionen zwischen Entscheidungsproblemen konnte die Antwort des Algorithmus zur Lösung von B als Antwort für die gegebene Eingabe des Problems A verwendet werden. Bei so vielen Beispielen kann dies kein Zufall sein und wir wollen diesen speziellen Reduktionen einen Namen geben und sie gesondert definieren.

Definition 4.5.1. Das Entscheidungsproblem A ist auf das Entscheidungsproblem B *polynomiell reduzierbar* (polynomial-time reducible, many-one reducible), Notation $A \leq_p B$, wenn es eine in polynomieller Zeit berechenbare Funktion f gibt, die Eingaben für A auf Eingaben für B so abbildet, dass für die zugehörigen Sprachen L_A und L_B gilt:

$$\forall x : x \in L_A \Leftrightarrow f(x) \in L_B.$$

Da wir den Algorithmus für B nur einmal aufrufen und die Antwort für B nicht mehr bearbeiten dürfen, kann die restliche Arbeit als Berechnung von $f(x)$ aus x aufgefasst werden. Die Bedingung „$x \in L_A \Leftrightarrow f(x) \in L_B$" sichert, dass die Entscheidung, ob $f(x) \in L_B$ ist, mit der Entscheidung, ob $x \in L_A$ ist, übereinstimmt.

Die Bezeichnung „many-one reducible" deutet darauf hin, dass f nicht injektiv sein muss. Reduktionen mit injektiven Transformationen f spielen eine Sonderrolle, auf die wir nicht näher eingehen. Es sei nur darauf hingewiesen, dass bijektive Transformationen f eine Isomorphie zwischen A und B widerspiegeln.

Wir nennen zwei Entscheidungsprobleme A und B polynomiell äquivalent, Notation $A =_p B$, wenn $A \leq_p B$ und $B \leq_p A$ gelten. Natürlich ist auch „$=_p$" eine Äquivalenzrelation. Zunächst einmal gilt offensichtlich $A =_p A$ und die Aussagen $A =_p B$ und $B =_p A$ sind definitionsgemäß äquivalent. Es bleibt die Transitivität von „$\leq_p$" zu zeigen, woraus die Transitivität von „$=_p$" sofort folgt. Es sei $A \leq_p B$ und $B \leq_p C$, wobei f und g zugehörige in polynomieller Zeit berechenbare Transformationen sind. Die Abbildung $g \circ f$ bildet dann Eingaben für A über Eingaben für B in Eingaben für C ab und ist in polynomieller Zeit berechenbar. Letzteres folgt aus den Überlegungen zu Turingreduktionen in Kapitel 4.1. Schließlich folgt aus

$$x \in L_A \Leftrightarrow f(x) \in L_B \text{ und } y \in L_B \Leftrightarrow g(y) \in L_C$$

die Beziehung

$$x \in L_A \Leftrightarrow g \circ f(x) \in L_C,$$

wobei $f(x)$ die Rolle von y übernimmt.

Stärker eingeschränkte Reduktionsbegriffe wie „$\leq_p$" im Vergleich zu „$\leq_T$" erlauben feinere Unterscheidungen zwischen Komplexitätsklassen. Es wird sich zeigen, dass polynomielle Reduktionen noch genügend viele Probleme als komplexitätstheoretisch ähnlich klassifizieren. Andererseits erlauben sie eventuell, die beiden Arten von einseitigen Fehlern zu unterscheiden.

Es gilt offensichtlich für jede Sprache L die Beziehung $L \leq_T \overline{L}$. Um $x \in L$ zu entscheiden, verwenden wir einen Algorithmus für $\overline{L}$ und lassen ihn entscheiden, ob $x \in \overline{L}$ ist. Indem wir die Antwort negieren, erhalten wir die korrekte Antwort auf die Frage, ob $x \in L$ ist. Diese Negierung der Antwort ist bei polynomiellen Reduktionen nicht erlaubt und so ist es möglich, dass die Beziehung $L \leq_p \overline{L}$ für viele Sprachen L nicht gilt. Später werden wir sehen, dass wir für viele wichtige Probleme glauben, dass $L \leq_p \overline{L}$ nicht gilt und sich die beiden Varianten von einseitigen Fehlern komplexitätstheoretisch nicht ähnlich sind.

Wir haben gesehen, dass die von uns entworfenen Turingreduktionen zwischen Entscheidungsproblemen mit Ausnahme von $L \leq_T \overline{L}$ stets polynomielle Reduktionen waren. Allerdings sind polynomielle Reduktionen auf Entscheidungsprobleme beschränkt, da im Allgemeinen die optimale Lösung für ein Optimierungsproblem B gar keine Lösung für das Optimierungsproblem A ist.

Turingreduktionen dienen zur Feststellung der algorithmischen Ähnlichkeit von Problemen. Bei Entscheidungsproblemen liefern polynomielle Reduktionen eine feinere Klassifikation und bieten die Möglichkeit, die zwei Varianten des Konzepts „einseitiger Fehler" zu unterscheiden. Sehr unterschiedlich

4.5 Die Sonderrolle polynomieller Reduktionen

formulierte Probleme können sich als algorithmisch ähnlich erweisen. Zudem sind sich die Entscheidungs-, Auswertungs- und Optimierungsvariante vieler Optimierungsprobleme algorithmisch ähnlich.

Wir fassen die in Kapitel 4 erzielten Ergebnisse für Entscheidungsprobleme zusammen, wobei wir Turingreduktionen, die polynomielle Reduktionen sind, als solche identifizieren. Zudem ziehen wir die Konsequenzen aus der Tatsache, dass $NF \in P$ ist:

- 2-DM, a-CP, $NF \in P$.

- PARTITION $\leq_p$ BP.

- SAT $\leq_p$ 3-SAT $\begin{aligned}&\leq_p \text{CLIQUE} =_p \text{IS} =_p \text{VC}\\ &\leq_p \text{DHC} =_p \text{HC} \leq_p \text{TSP}^{2,\triangle,\text{sym}}.\end{aligned}$

5. Die NP-Vollständigkeitstheorie

5.1 Grundlegende Überlegungen

Es ist uns mit Hilfe von Reduktionskonzepten wie „$\leq_T$" und „$\leq_p$" gelungen, die algorithmische Ähnlichkeit einiger Probleme nachzuweisen. Bisher sind wir aber unsystematisch vorgegangen und haben nur den Umgang mit Reduktionskonzepten eingeübt. Nun wollen wir untersuchen, was wir mit weiteren Reduktionen zwischen wichtigen Problemen erreichen können.

Turingäquivalenz „$=_T$" ist eine Äquivalenzrelation auf der Menge aller algorithmischen Probleme und damit zerfällt diese Menge bezüglich „$=_T$" in Äquivalenzklassen. Auf der Menge der Äquivalenzklassen führt „$\leq_T$" zu einer partiellen Ordnung, wobei $\mathcal{C}_1 \leq_T \mathcal{C}_2$ für zwei Äquivalenzklassen $\mathcal{C}_1$ und $\mathcal{C}_2$ dadurch definiert ist, dass $A \leq_T B$ für alle $A \in \mathcal{C}_1$ und alle $B \in \mathcal{C}_2$ gilt. Dies ist äquivalent zu $A \leq_T B$ für ein $A \in \mathcal{C}_1$ und ein $B \in \mathcal{C}_2$. Offensichtlich bildet P eine dieser Äquivalenzklassen. Für $A, B \in$ P gilt $A \leq_T B$, wobei wir den Algorithmus für B gar nicht brauchen, um A in polynomieller Zeit zu lösen. Andererseits folgt nach Definition $A \in$ P, falls $A \leq_T B$ und $B \in$ P ist. Wenn wir also alle Äquivalenzklassen und die durch „$\leq_T$" beschriebene partielle Ordnung auf diesen Klassen kennen, haben wir viel über die Komplexität aller Probleme gelernt. Allerdings sind wir von einem derartig vollständigen Bild weit entfernt. Auf der Basis der Ergebnisse des Kapitels 4 können wir hoffen, für viele Probleme zu zeigen, dass sie bezüglich „$=_T$" zu derselben Äquivalenzklasse gehören. Dann folgt, dass sie entweder alle polynomiell lösbar oder alle nicht polynomiell lösbar sind. Dies ist eine Formalisierung der in Kapitel 1 gemachten Andeutung, dass aus tausend Geheimnissen ein übergreifendes Geheimnis wird. Die eben getroffene Aussage kann auf die Komplexitätsklasse ZPP und die Klasse der in BPP enthaltenen Probleme, die eindeutig lösbar oder Optimierungsprobleme sind, bei denen der Wert einer Lösung in polynomieller Zeit berechenbar ist, übertragen werden. Dies liegt an den in Kapitel 3 erzielten Ergebnissen, dass wir in diesen Fällen die Fehler- oder Versagenswahrscheinlichkeit so senken können, dass auch polynomiell viele Aufrufe eine genügend kleine Fehler- oder Versagenswahrscheinlichkeit haben. Wenn wir die eingeschränkte BPP-Klasse mit BPP bezeichnen, erhalten wir folgende Aussage:

Für eine Menge turingäquivalenter Probleme und jede der Komplexitätsklassen P, ZPP und BPP gilt, dass entweder alle betrachteten Probleme in der Komplexitätsklasse enthalten sind oder keines.

Wenn wir unsere Betrachtungen auf Entscheidungsprobleme einschränken, haben wir mit „$\leq_p$" ein Reduktionskonzept zur Verfügung, bei dem für die Beziehung $A \leq_p B$ der Algorithmus für B nur einmal aufgerufen werden darf, aber sogar einmal aufgerufen werden muss. Zusätzlich muss die Antwort des Aufrufs für B auch die richtige Antwort für das Problem A sein. Die erste Bedingung erleichtert die Betrachtungen, da es nun nicht mehr nötig ist, die Fehler- oder Versagenswahrscheinlichkeit zu senken.

Für eine Menge polynomiell äquivalenter Entscheidungsprobleme und jede der Komplexitätsklassen P, ZPP, NP ∩ co-NP, RP, NP, co-RP, co-NP, BPP und PP gilt, dass entweder alle betrachteten Probleme in der Komplexitätsklasse enthalten sind oder keines.

Die zweite Bedingung für polynomielle Reduktionen führt dazu, dass nicht alle Probleme in P polynomiell äquivalent sind. Die Klasse der in polynomieller Zeit lösbaren Entscheidungsprobleme zerfällt in drei Äquivalenzklassen:

- alle Probleme, bei denen keine Eingabe akzeptiert wird,
- alle Probleme, bei denen jede Eingabe akzeptiert wird,
- alle weiteren Probleme.

Die ersten beiden Äquivalenzklassen bilden als Orakel keine große Hilfe, da sie auf jede Frage dieselbe Antwort geben und bei „$\leq_p$" diese Antwort nicht geändert werden darf. Für alle anderen Probleme A gibt es eine Eingabe x, die akzeptiert werden muss, und eine Eingabe y, die abgelehnt werden muss. Für ein Entscheidungsproblem $B \in$ P lässt sich nun $B \leq_p A$ zeigen, indem wir für eine Eingabe z für das Problem B in polynomieller Zeit entscheiden, ob z akzeptiert werden muss. Im positiven Fall wird das Orakel A für die Eingabe x und ansonsten für die Eingabe y befragt.

Wir kehren zu unserem Hauptthema zurück. Wir haben eine Menge von Problemen, darunter einige wichtige Probleme, von denen wir wissen, dass sie turingäquivalent oder sogar polynomiell äquivalent sind, und wir kennen für keines dieser Probleme einen polynomiellen Algorithmus. Unsere bisherigen Betrachtungen führen zu dem Argument: Wir haben so viele verschiedene Probleme, an denen Algorithmikerinnen und Algorithmiker lange hart gearbeitet haben. Niemand hat für irgendeines dieser Probleme einen polynomiellen Algorithmus gefunden. Auf Grund der ausgefeilten Methoden beim Entwurf und bei der Analyse von Algorithmen leiten wir daraus die Vermutung ab, dass keines der betrachteten Probleme polynomiell lösbar ist. Diese Vermutung basiert für jedes Problem auch auf den algorithmischen Fehlschlägen bei den anderen betrachteten Problemen.

Die NP-Vollständigkeitstheorie ist der gelungene Versuch, die Vermutung über die algorithmische Schwierigkeit einer Klasse von Problemen strukturell mit Blick auf die in Kapitel 3 betrachteten Komplexitätsklassen besser abzustützen. Wir haben in Kapitel 4 gesehen, dass es ausreicht, Entscheidungsprobleme zu betrachten. Die wichtigen Optimierungsprobleme sind ja turingäquivalent zu ihren Entscheidungsvarianten. Wir haben es daher mit der in Theorem 3.5.3 beschriebenen Landschaft von Komplexitätsklassen zu tun. Mit den folgenden Definitionen vergleichen wir die Komplexität eines Problems A mit der Komplexität der schwierigsten Probleme einer Komplexitätsklasse $\mathcal{C}$.

Definition 5.1.1. Es sei A ein Entscheidungsproblem und $\mathcal{C}$ eine Klasse von Entscheidungsproblemen.

i) A heißt $\mathcal{C}$-*schwierig* ($\mathcal{C}$-hart, $\mathcal{C}$-hard) bezüglich „$\leq_p$", wenn $C \leq_p A$ für jedes $C \in \mathcal{C}$ ist.
ii) A heißt $\mathcal{C}$-*einfach* ($\mathcal{C}$-leicht, $\mathcal{C}$-simple) bezüglich „$\leq_p$", wenn $A \leq_p C$ für ein $C \in \mathcal{C}$ ist.
iii) A heißt $\mathcal{C}$-*äquivalent* ($\mathcal{C}$-equivalent) bezüglich „$\leq_p$", wenn A sowohl $\mathcal{C}$-schwierig bezüglich „$\leq_p$" als auch $\mathcal{C}$-einfach bezüglich „$\leq_p$" ist.
iv) A heißt $\mathcal{C}$-*vollständig* ($\mathcal{C}$-complete) bezüglich „$\leq_p$", wenn A sowohl $\mathcal{C}$-schwierig bezüglich „$\leq_p$" ist als auch zu $\mathcal{C}$ gehört.

Der Begriff „$\mathcal{C}$-schwierig" signalisiert, dass A mindestens so schwierig ist wie jedes Problem in $\mathcal{C}$. Insbesondere gehört A nicht zu P, wenn $\mathcal{C}$ ein nicht zu P gehörendes Problem enthält. Hier ist zu erwähnen, dass der Begriff „$\mathcal{C}$-hart" als schlechte Übersetzung von „$\mathcal{C}$-hard" weiter verbreitet ist als der passendere Begriff „$\mathcal{C}$-schwierig". Zu $\mathcal{C}$-schwierig passt als Gegenpol $\mathcal{C}$-einfach. Enthält $\mathcal{C}$ nur effizient zu lösende Probleme, ist auch A einfach zu lösen. Durch die Betrachtung aller $C \in \mathcal{C}$ beim Begriff „$\mathcal{C}$-schwierig" und nur eines $C \in \mathcal{C}$ beim Begriff „$\mathcal{C}$-einfach" vergleichen wir A stets implizit mit einem schwersten Problem in $\mathcal{C}$. Die Komplexitätsklasse $\mathcal{C}$ wird bezüglich ihrer algorithmischen Berechnungskraft durch ihre schwersten Probleme repräsentiert. Wenn A sogar $\mathcal{C}$-äquivalent ist, gehört A genau dann zu P, wenn $\mathcal{C}$ eine Teilmenge von P ist.

Da „$\leq_p$" nur eine partielle Ordnung auf der Menge der Entscheidungsprobleme ist, können Klassen $\mathcal{C}$ viele schwierigste Probleme enthalten, die durch „$\leq_p$" nicht vergleichbar sind. Wenn $\mathcal{C}$ jedoch ein $\mathcal{C}$-vollständiges Problem A enthält, bildet die Klasse aller $\mathcal{C}$-vollständigen Probleme eine Äquivalenzklasse bezüglich „$=_p$" innerhalb von $\mathcal{C}$. Dies bedeutet, dass die $\mathcal{C}$-vollständigen Probleme gleich schwierig und innerhalb von $\mathcal{C}$ die schwierigsten Probleme sind. Wenn wir vermuten, dass $\mathcal{C}$ eine Komplexitätsklasse ist, die nicht ganz in P enthalten ist, ist dies äquivalent zu der Vermutung, dass alle $\mathcal{C}$-vollständigen Probleme nicht in P enthalten sind. Der Nachweis der $\mathcal{C}$-Vollständigkeit eines Problems für eine Komplexitätsklasse $\mathcal{C}$, die vermutlich nicht in P enthalten ist, ist also ein starkes Indiz dafür, dass das Problem nicht in P enthalten ist.

Jedes $\mathcal{C}$-vollständige Problem A ist auch $\mathcal{C}$-äquivalent. Es ist nach Definition $\mathcal{C}$-schwer. Da $A \leq_p A$ und $A \in \mathcal{C}$ ist, ist A auch $\mathcal{C}$-einfach.

Um Optimierungsprobleme und sogar alle algorithmischen Probleme in unsere Überlegungen einzubeziehen, werden wir unsere Definitionen auf diese Problemklassen erweitern. Dazu müssen polynomielle Reduktionen durch Turingreduktionen ersetzt werden.

Definition 5.1.2. Es sei A ein algorithmisches Problem und $\mathcal{C}$ eine Klasse von algorithmischen Problemen. Dann werden die Begriffe $\mathcal{C}$-*schwierig bezüglich* „$\leq_T$", $\mathcal{C}$-*einfach bezüglich* „$\leq_T$" und $\mathcal{C}$-*äquivalent bezüglich* „$\leq_T$" analog zu Definition 5.1.1 definiert, wobei „$\leq_p$" durch „$\leq_T$" ersetzt wird.

Da wir typischerweise Komplexitätsklassen $\mathcal{C}$ betrachten, die nur Entscheidungsprobleme enthalten, ist die prinzipiell mögliche Übertragung des Begriffs „$\mathcal{C}$-vollständig" nicht sinnvoll. Ein Problem, das kein Entscheidungsproblem ist, kann für eine Klasse $\mathcal{C}$ von Entscheidungsproblemen nicht $\mathcal{C}$-vollständig sein. Wir folgen der Konvention, die Begriffe „$\mathcal{C}$-schwierig", „$\mathcal{C}$-einfach" und „$\mathcal{C}$-äquivalent" ohne Zusatz zu verwenden, wenn wir sie bezüglich „$\leq_T$" verstehen wollen. Dagegen bezieht sich $\mathcal{C}$-vollständig auf „$\leq_p$". Ein wesentlicher Grund hierfür ist die Untersuchung von Entscheidungsproblemen L und ihrer Komplemente $\overline{L}$. Es ist möglich, dass L zwar $\mathcal{C}$-vollständig, aber $\overline{L} \notin \mathcal{C}$ ist. Da jedoch $L \leq_T \overline{L}$ und $\overline{L} \leq_T L$ ist, ist dann $\overline{L}$ zumindest $\mathcal{C}$-äquivalent.

Unser Ziel ist es also, für eine Komplexitätsklasse $\mathcal{C}$, die vermutlich nicht in P enthalten ist, und viele unserer Probleme nachzuweisen, dass ihre Entscheidungsvarianten $\mathcal{C}$-vollständig sind. Wenn die Entscheidungsvariante eines Problems zu ihrer Optimierungsvariante turingäquivalent ist, folgt dann sofort, dass die Optimierungsvariante $\mathcal{C}$-äquivalent ist.

Es gibt nur wenige Entscheidungsprobleme, von denen wir zwar wissen, dass sie in ZPP, RP, co-RP oder auch nur BPP enthalten sind, von denen wir aber nicht wissen, dass sie in P enthalten sind. Schon dies macht die Untersuchung zum Beispiel BPP-vollständiger Probleme wenig attraktiv. Darüber hinaus sind wir heutzutage keinesfalls sicher, dass P $\neq$ BPP ist. Die Fehlerwahrscheinlichkeit bei BPP-Algorithmen kann exponentiell klein gemacht werden und es ist in manchen Fällen gelungen, randomisierte Algorithmen zu *derandomisieren*, also den randomisierten Algorithmus durch einen deterministischen Algorithmus zu ersetzen, dessen Laufzeit nur polynomiell größer als die des gegebenen randomisierten Algorithmus ist (siehe Miltersen (2001)). So gilt BPP heute als „höchstens etwas größer als P". Ganz anders sieht das bei den Klassen NP $\cap$ co-NP, NP, co-NP und PP aus. Niemand glaubt, dass derartig große Fehler- oder Versagenswahrscheinlichkeiten derandomisiert werden können. Von den Entscheidungsvarianten der wichtigen Optimierungsprobleme werden wir in Kapitel 5.2 zeigen, dass sie auch in NP enthalten sind. Da wir nicht glauben, dass sie auch in NP $\cap$ co-NP liegen, bietet sich die Komplexitätsklasse NP für unsere Untersuchungen an.

Die Komplexitätsklassen NP ∩ co-NP, NP, co-NP und PP haben, wie schon diskutiert, keine direkte algorithmische Relevanz, sie bilden aber die Basis zur komplexitätstheoretischen Klassifikation von Problemen. Die Entscheidungsvarianten von tausenden von Problemen sind als NP-vollständig und ihre Optimierungsvarianten als NP-äquivalent nachgewiesen worden. Damit sind wir in folgender Situation.

Tausende von wichtigen Problemen sind NP-vollständig oder NP-äquivalent. Entweder sind all diese Probleme in polynomieller Zeit lösbar und es ist $NP = P$ oder all diese Probleme sind nicht in polynomieller Zeit lösbar und es ist $NP \neq P$.

Mit dem NP≠P-Problem hat die Komplexitätstheorie und die ganze theoretische Informatik eine zentrale Herausforderung. Das Clay Mathematical Institute hat es in die Liste der sieben wichtigsten mit der Mathematik verbundenen Probleme aufgenommen und für seine Lösung ein Preisgeld von 1.000.000 $ ausgesetzt.

Wir wissen nicht, ob $NP = P$ oder $NP \neq P$ ist. Da alle Expertinnen und Experten aus guten Gründen auf die Hypothese $NP \neq P$ setzen, ist der Nachweis, dass ein Problem NP-vollständig, NP-äquivalent oder auch nur NP-schwierig ist, ein starkes Indiz, dass das Problem nicht in polynomieller Zeit lösbar ist.

5.2 Probleme in NP

Wir wollen nachweisen, dass die Entscheidungsvarianten aller in Kapitel 2.2 vorgestellten Probleme in NP enthalten sind. Dazu entwerfen wir NP-Algorithmen, also randomisierte Algorithmen mit einseitigem Fehler, wobei die Fehlerwahrscheinlichkeit nur kleiner als 1 sein muss. Anders ausgedrückt: Die Wahrscheinlichkeit, x zu akzeptieren, ist genau dann positiv, wenn $x \in L$ ist. Diese Algorithmen haben keinerlei praktische Relevanz, sie dienen nur dem Nachweis, dass die betrachteten Probleme in NP enthalten sind.

Theorem 5.2.1. *Die Entscheidungsvarianten aller in Kapitel 2.2 vorgestellten Probleme sind in NP enthalten.*

Beweis. In diesem Beweis werden wir sehen, dass NP-Algorithmen für viele Probleme demselben Schema folgen. Bei Eingabegröße n sei $l(n)$ die Bitlänge möglicher Lösungen. Dann werden die folgenden Schritte durchgeführt:

- Die ersten $l(n)$ Zufallsbits werden als Bitfolge abgespeichert.
- Es wird überprüft, ob die $l(n)$ Bits eine mögliche Lösung beschreiben. Im negativen Fall wird die Eingabe abgelehnt.

– Im positiven Fall wird überprüft, ob die Lösung die geforderte Qualität hat, und gegebenenfalls wird die Eingabe akzeptiert.

Offensichtlich wird jede Eingabe, die nicht akzeptiert werden soll, mit Wahrscheinlichkeit 1 abgelehnt. Gibt es eine Lösung mit der geforderten Qualität, wird diese Lösung mit einer Wahrscheinlichkeit von mindestens $2^{-l(n)} > 0$ ausgewürfelt und in diesem Fall wird die Eingabe akzeptiert. Die Rechenzeit ist polynomiell beschränkt, wenn $l(n)$ polynomiell beschränkt ist und die Überprüfung, ob eine Bitfolge eine mögliche Lösung darstellt, und die Berechnung der Qualität einer Lösung in polynomieller Zeit möglich sind. Dies lässt sich für die betrachteten (und viele weitere) Probleme leicht zeigen.

Rundreiseprobleme (TSP): Eine Rundreise ist eine Folge von n Städten $i_1, \ldots, i_n \in \{1, \ldots, n\}$ und kann mit $n \lceil \log(n+1) \rceil$ Bits dargestellt werden. Es ist in polynomieller Zeit möglich zu überprüfen, ob $\{i_1, \ldots, i_n\} = \{1, \ldots, n\}$ ist, also eine Rundreise vorliegt, und gegebenenfalls in polynomieller Zeit möglich, die Kosten dieser Rundreise auszurechnen.

Rucksackprobleme (KP): Jedes $a \in \{0,1\}^n$ repräsentiert eine Auswahl von Objekten. Es kann in linearer Zeit entschieden werden, ob diese Auswahl die Gewichtsgrenze einhält, und im positiven Fall kann ihr Nutzen in linearer Zeit berechnet werden.

Aufteilungsprobleme (BP): Es ist $l(n) = n \lceil \log n \rceil$ und wir interpretieren den i-ten Block der Länge $\lceil \log n \rceil$ als Nummer der Kiste, in die wir das i-te Objekt packen. Es wird dann überprüft, ob keine Kiste überladen ist, und abschließend wird die Anzahl benutzter Kisten berechnet.

Überwachungsprobleme (VC, EC): Jedes $a \in \{0,1\}^n$ bzw. $a \in \{0,1\}^m$ repräsentiert eine Auswahl von Knoten bzw. Kanten. Es wird dann überprüft, ob so alle Kanten bzw. Knoten überwacht werden, und es wird die Anzahl gewählter Knoten bzw. Kanten berechnet.

Cliquenprobleme (CLIQUE, IS, CC): Für CLIQUE und IS ist das Vorgehen analog zu VC mit dem Test, ob die ausgewählte Knotenmenge eine Clique bzw. Anticlique ist. Für CC wird wie für BP eine Aufteilung in Mengen vorgenommen. Für jede Menge ist zu überprüfen, ob sie eine Clique ist.

Teambildungsprobleme (k-DM): Wieder wird wie bei BP eine Aufteilung in Teams vorgenommen. Es muss für jedes Team überprüft werden, ob es genau ein Mitglied aus jeder der k Personengruppen enthält.

Optimierung von Flüssen in Netzwerken (NF): Die Entscheidungsvariante ist in P, also auch in NP enthalten.

Meisterschaftsprobleme (CP): Bei m ausstehenden Spielen und r möglichen Punktaufteilungen pro Spiel genügen $m \lceil \log r \rceil$ Bits zur Beschreibung aller Kombinationen von Spielausgängen. Bei gegebenen Spielausgängen ist es leicht zu entscheiden, ob der ausgewählte Verein Meister geworden ist.

Verifikationsprobleme (SAT): Jedes $a \in \{0,1\}^n$ beschreibt eine Variablenbelegung. Selbst bei Schaltkreisen ist es einfach, die Ausgabe bei gegebener Eingabe zu berechnen.

Zahlentheoretische Probleme (PRIMES): Es ist einfach zu zeigen, dass PRIMES ∈ co-NP ist. Jeder mögliche Teiler $j \in \{2,\ldots,n-1\}$ hat eine Binärdarstellung, deren Länge durch $\lceil \log n \rceil$ beschränkt ist. Es kann effizient entschieden werden, ob n/j ganzzahlig ist. Der randomisierte Primzahltest von Solovay und Strassen zeigt sogar PRIMES ∈ co-RP. Zusätzlich gibt es seit langem einen Nachweis für PRIMES ∈ NP. Inzwischen ist Agrawal, Kayal und Saxena (2002) der Nachweis gelungen, dass PRIMES ∈ P ist. □

Die Entscheidungsvarianten der von uns untersuchten (und vieler anderer) Probleme sind in NP enthalten. Die NP-Algorithmen sind sehr effizient, aber wegen der hohen Fehlerwahrscheinlichkeit algorithmisch wertlos.

5.3 Alternative Charakterisierungen von NP

Wir wollen bei randomisierten Algorithmen A mit einer durch ein Polynom $p(n)$ beschränkten Rechenzeit die Erzeugung der Zufallsbits von der eigentlichen Arbeit trennen. Zunächst werden $p(n)$ Zufallsbits erzeugt und abgespeichert. Danach wird A „deterministisch simuliert", indem keine Zufallsbits erzeugt werden, sondern die abgespeicherten Zufallsbits verwendet werden. Bis auf die Berechnung von $p(n)$ ergibt sich bei Registermaschinen eine Verdoppelung der maximalen Rechenzeit. Also gilt:

Wir können uns bei der Betrachtung randomisierter Algorithmen mit polynomieller Rechenzeit auf Algorithmen beschränken, die in zwei Phasen arbeiten:

– *Bestimmung der Eingabelänge n, Berechnung von $p(n)$ für ein Polynom p und Erzeugung und Abspeicherung von $p(n)$ Zufallsbits,*
– *eine deterministische Rechnung, die höchstens $p(n)$ Schritte benötigt und pro Schritt ein abgespeichertes Zufallsbit verwendet.*

In der Vorstellungswelt nichtdeterministischer Algorithmen werden in der ersten Phase genügend viele Bits „geraten" (nichtdeterministisch erzeugt) und dann wird überprüft, ob mit den geratenen Bits „verifiziert" werden kann, dass die Eingabe akzeptiert werden muss. Man spricht vom Modus „*rate und verifiziere*" (guess and verify). Diese Überlegungen führen nicht zu besseren Algorithmen, sie erleichtern aber die strukturelle Untersuchung von Problemen in NP. Wir zeigen dies an zwei Beispielen.

Theorem 5.3.1. *Jedes Entscheidungsproblem in NP kann von einem deterministischen Algorithmus gelöst werden, dessen Rechenzeit für ein Polynom $q(n)$ durch $2^{q(n)}$ beschränkt ist.*

Beweis. Es sei $p(n)$ ein Polynom, das die Rechenzeit eines NP-Algorithmus A für das betrachtete Problem beschränkt. Als Zufallsvektoren stehen also Folgen aus $\{0,1\}^{p(n)}$ zur Auswahl. Der deterministische Algorithmus simuliert A

nacheinander für alle $2^{p(n)}$ dieser Vektoren, wobei es leicht ist, diese Vektoren lexikographisch aufzuzählen. Die Gesamtrechenzeit ist durch $O(p(n)2^{p(n)})$ beschränkt und kann durch $2^{q(n)}$ für ein Polynom $q(n) = O(p(n))$ beschränkt werden. Der deterministische Algorithmus akzeptiert die Eingabe genau dann, wenn A auf mindestens einer Zufallsfolge akzeptiert. Nach Definition von NP wird so stets die richtige Entscheidung getroffen. □

Wir können den in zwei Phasen arbeitenden NP-Algorithmus auch folgendermaßen interpretieren. Die Eingabe x der Länge n wird um einen 0-1-Vektor der Länge $p(n)$, also eine mögliche Realisierung des Zufallsvektors z verlängert. Danach arbeitet der deterministische Algorithmus A' der Phase 2 auf der Eingabe (x,z). Dies führt zu folgender Charakterisierung von NP.

Theorem 5.3.2. *Ein Entscheidungsproblem L ist genau dann in NP enthalten, wenn es ein Entscheidungsproblem L' in P und ein Polynom p gibt, so dass sich L darstellen lässt als*

$$L = \{x \mid \exists z \in \{0,1\}^{p(|x|)} : (x,z) \in L'\}.$$

Beweis. Wenn L in NP enthalten ist, können wir die obigen Überlegungen anstellen. Wir gehen von einem in zwei Phasen arbeitenden NP-Algorithmus aus. Die Anzahl der Zufallsbits bei Eingabelänge n ist durch ein Polynom $p(n)$ beschränkt und der deterministische Algorithmus der zweiten Phase akzeptiert eine Sprache L'. Die Eingabe x gehört genau dann zu L, wenn eine Belegung z der Zufallsbits dazu führt, dass der deterministische Algorithmus der zweiten Phase die Eingabe (x,z) akzeptiert. Dies ist genau die gewünschte Charakterisierung.

Wenn sich L wie angegeben charakterisieren lässt, kann ein randomisierter Algorithmus bei Eingabe x einen Zufallsvektor z der Länge $p(|x|)$ erzeugen und danach deterministisch überprüfen, ob $(x,z) \in L'$ ist. Dann wird $x \in L$ mit positiver Wahrscheinlichkeit, aber $x \notin L$ nie akzeptiert. □

Die NP$\neq$P-Hypothese erscheint nun in einem neuen Licht. Entscheidungsprobleme sind genau dann in NP enthalten, wenn sich die zugehörige Sprache L durch einen polynomiell längenbeschränkten Existenzquantor $(\exists z \in \{0,1\}^{p(|x|)})$ und ein polynomiell entscheidbares Prädikat $((x,z) \in L')$ darstellen lässt. Die NP$\neq$P-Hypothese ist gleichbedeutend damit, dass der Existenzquantor die Menge der darstellbaren Probleme vergrößert. Diese Charakterisierung von NP wird auch als *logikorientierte Charakterisierung* bezeichnet. Mit Hilfe der De-Morgan-Regeln ergibt sich sofort die logikorientierte Charakterisierung von co-NP als Klasse aller L mit

$$L = \{x \mid \forall z \in \{0,1\}^{p(|x|)} : (x,z) \in L'\}$$

für ein Polynom p und ein $L' \in$ P. Die Vermutung, dass wir Existenzquantoren bei diesen Charakterisierungen nicht durch Allquantoren ersetzen können, ist gleichbedeutend mit der Vermutung NP ≠ co-NP. Schließlich lassen sich die Ergebnisse aus Kapitel 5.2 neu interpretieren. Die Entscheidungsvarianten der Optimierungsprobleme sind durch Existenzquantoren (es gibt eine Rundreise) mit polynomiellen Prädikaten (die Kosten der Rundreise sind durch D beschränkt) definiert. Dagegen ist die Menge der Primzahlen n durch einen Allquantor definiert: Für alle k mit $2 \leq k \leq n-1$ gilt, dass k kein Teiler von n ist.

5.4 Das Theorem von Cook

Wir kommen zu dem bahnbrechenden Ergebnis, das eine NP-Vollständigkeitstheorie für konkrete Probleme erst ermöglicht. Wir haben exemplarisch gesehen, dass wir in der Lage sind, recht unterschiedlich aussehende Probleme polynomiell aufeinander zu reduzieren. Viele Entscheidungsvarianten der wichtigen Optimierungsprobleme sind in NP enthalten und die Komplexitätsklasse NP lässt sich nicht nur aus algorithmischer Sicht, sondern auch logikorientiert charakterisieren. All dies bringt uns aber dem Nachweis, dass ein Problem NP-vollständig ist, oder auch nur dem Nachweis, dass es ein NP-vollständiges Problem gibt, nicht näher. Die Hürde liegt in der Definition der NP-Vollständigkeit. Damit ein Problem NP-vollständig ist, müssen wir *jedes* Problem aus NP auf das gewählte Problem polynomiell reduzieren. Wir müssen also über Probleme argumentieren, von denen nichts außer der Tatsache, dass sie in NP enthalten sind, bekannt ist. Cook (1971) und unabhängig davon Levin (1973) haben diese Hürde überwunden.

Wir wollen auch hier algorithmisch vorgehen und die bei der Reduktion benötigten Ressourcen möglichst klein halten. Es sei also ein Entscheidungsproblem $L \in$ NP gegeben, für das es einen NP-Algorithmus mit maximaler polynomieller Rechenzeit $p(n)$ gibt. Wir haben gesehen, dass diese Rechenzeit für die meisten uns wichtigen Probleme bezogen auf Registermaschinen linear oder wenigstens quasilinear ist. Wenn wir zu Turingmaschinen übergehen, wird die Rechenzeit ungefähr quadriert (bei Turingmaschinen mit konstant vielen Bändern lässt sich der Mehraufwand oft drastisch einschränken). Turingmaschinen erweisen sich hier als hilfreich, da jeder Rechenschritt nur lokale Auswirkungen hat. Für jeden Zeitpunkt t einer $q(n)$-zeitbeschränkten Turingmaschine können wir eine Momentaufnahme der Turingmaschine machen, genannt *Konfiguration* zum Zeitpunkt t. Sie besteht aus dem aktuellen Zustand, der aktuellen Leseposition und den aktuellen Inhalten der Speicherzellen. Damit lassen sich Eingaben $x \in L$ folgendermaßen charakterisieren: Es gibt Konfigurationen $K_0, K_1, \ldots, K_{q(n)}$, so dass K_0 die Anfangskonfiguration bei Eingabe x, $K_{q(n)}$ eine akzeptierende Konfiguration (der aktuelle Zustand ist ein akzeptierender Haltezustand $q \in Q^+$) und K_i, $1 \leq i \leq q(n)$, eine legale Nachfolgekonfiguration von K_{i-1} ist. Der Begriff „legale Nachfolgekonfiguration" bedeutet, dass die Turingmaschine für einen der beiden Werte des im i-ten Schritt benutzten Zufallsbits aus K_{i-1} in K_i wechselt.

Welches der uns bekannten Probleme hat Eigenschaften, von denen wir hoffen, dass sie uns bei der Transformation der oben beschriebenen Bedingungen in das Problem die Arbeit erleichtern? Ob zu einem Zeitpunkt t der aktuelle Zustand q ist, lässt sich gut durch boolesche Variablen beschreiben und wir interessieren uns dafür, ob bestimmte Abhängigkeiten zwischen diesen Variablen *erfüllt* sind. Damit sind wir bei den Verifikationsproblemen gelandet und wählen SAT als Zielproblem.

Obwohl Turingmaschinen lokal arbeiten, gibt es für die i-te Konfiguration $2i+1$ mögliche Lesepositionen. Um die spätere Argumentation zu vereinfachen, werden wir erst Turingmaschinen durch „noch lokaler" arbeitende Turingmaschinen simulieren.

Definition 5.4.1. Eine Turingmaschine arbeitet *stereotyp* (oblivious), wenn die Leseposition bis zum Zeitpunkt des Haltens der Turingmaschine nur vom Zeitpunkt t, aber nicht von der Eingabe x abhängt.

Lemma 5.4.2. Jede (deterministische oder randomisierte) Turingmaschine M kann durch eine (ebenfalls deterministische oder randomisierte) stereotype Turingmaschine M' so simuliert werden, dass t Rechenschritte von M in $O(t^2)$ Rechenschritten von M' simuliert werden.

Beweis. Wir geben die Folge der Lesepositionen unabhängig von der gegebenen Turingmaschine vor:

$0, 1, 0, -1,$
$-1, 0, 1, 2, 1, 0, -1, -2,$
$-2, -1, 0, 1, 2, 3, 2, 1, 0, -1, -2, -3, \ldots,$
$-(j-1), \ldots, 0, \ldots, j, \ldots, 0, \ldots, -j, \ldots$

Die j-te Phase besteht also aus $4j$ Rechenschritten und soll den j-ten Rechenschritt der gegebenen Turingmaschine M simulieren. Für t Rechenschritte werden

$$4 \cdot (1 + 2 + \cdots + t) = 2t(t+1) = O(t^2)$$

Rechenschritte aufgewendet.

Wie arbeitet die simulierende Turingmaschine M'? Wie zählt sie die Positionen? All dies wird mit einfachen Tricks und einer Vergrößerung des Arbeitsalphabets und des Gedächtnisses gelöst. Vor dem t-ten Rechenschritt sollen in den Speicherzellen $-(t-1)$ und $t-1$ zusätzlich Markierungen stehen, die das linke und rechte Ende des betrachteten Speicherbereiches markieren. Für $t=1$ ist dies nicht möglich, aber die Turingmaschine kann im ersten Schritt auf ihr Gedächtnis zurückgreifen und sich die beiden Markierungen in Speicherzelle 0 „vorstellen". Außerdem soll eine weitere Markierung die Position bezeichnen, die von der gegebenen Turingmaschine M im t-ten Schritt gelesen wird, für $t=1$ wiederum Speicherzelle 0, was im Gedächtnis gespeichert ist. Das Gedächtnis speichert zusätzlich den Zustand von M im

t-ten Rechenschritt, für $t = 1$ ist dies der Anfangszustand. Nun lässt sich die Simulation des t-ten Rechenschrittes einfach beschreiben.

Von Position $-(t-1)$ wird nach rechts nach der Speicherzelle gesucht, die von M im t-ten Rechenschritt gelesen wird. Sie lässt sich mit Hilfe der Markierung leicht finden. Dann weiß M' alles, was M im t-ten Rechenschritt an Informationen hat. Der Zustand q ist im Gedächtnis von M' gespeichert und die von M gelesene Information a liest M' ebenfalls (in derselben Speicherzelle, in der die Markierung steht). Gegebenenfalls verwendet M' wie M ein Zufallsbit. Nun kann sich M' den neuen Zustand q' im Gedächtnis merken und die neue Information a' in die betrachtete Speicherzelle schreiben. Außerdem weiß M', ob die Markierung für die aktuelle Leseposition verschoben werden muss und im positiven Fall, in welche Richtung. Bei einer Rechtsverschiebung wird diese im nächsten Schritt durchgeführt. Bei einer Linksverschiebung merkt sich M', dass diese noch durchzuführen ist. Es wird dann die Markierung für das rechte Ende des Speicherbereiches gesucht. Diese Markierung kann gleichzeitig mit der Markierung für die Leseposition gefunden werden. In jedem Fall wird sie nach rechts verschoben. Dann wechselt die Leserichtung nach links. Gegebenenfalls wird die Markierung für die Leseposition nach links verschoben und auf jeden Fall wird die Markierung für das linke Ende des Speicherbereiches nach links verschoben. Damit ist die Ausgangssituation für die Realisierung des $(t+1)$-ten Rechenschritts hergestellt. Wenn M gestoppt hat, stoppt M' ebenfalls und trifft dieselbe Entscheidung wie M. □

Für unsere Zwecke reicht diese Simulation völlig aus. Wenn wir Turingmaschinen mit k Bändern verwenden, können wir diese mit derselben Idee durch eine stereotype Turingmaschine mit einem Band simulieren (siehe z. B. Wegener (1999)). Andererseits gibt es eine kompliziertere Simulation für Turingmaschinen mit einem Band, die mit Zeit $O(t(n) \log t(n))$, also mit einem sehr moderaten Rechenzeitzuwachs, auskommt (siehe z. B. Wegener (1987)). Nun sind wir auf den Beweis des Theorems von Cook vorbereitet.

Theorem 5.4.3. (*Theorem von Cook*)
SAT ist NP-vollständig.
Anders ausgedrückt: Es ist $NP = P$ genau dann, wenn $SAT \in P$ ist.

Beweis. Da SAT $\in$ NP ist, genügt es, jedes Entscheidungsproblem $L \in$ NP polynomiell auf SAT zu reduzieren. Nach Lemma 5.4.2 können wir annehmen, dass der NP-Algorithmus für L mit polynomieller maximaler Rechenzeit $p(n)$ auskommt und eine stereotype Turingmaschine M mit einem Band benutzt. Die Reduktion ist eine Transformation mit verbundenen Komponenten. Die Komponenten der Turingmaschine M für Eingabe x mit $|x| = n$ bestehen aus den Zuständen, den Zufallsbits und den Inhalten der Speicherzellen. Hier geht ein, dass die Lesepositionen von x unabhängig sind. Die Komponenten werden durch boolesche Variablen repräsentiert, wobei wir zur Vereinfachung die Zustände mit $q_0, \ldots, q_{k-1}$ und die Buchstaben des Arbeitsalphabets mit $a_1, \ldots, a_m$ bezeichnen und a_m das Leerzeichen ist:

- $Q(i,t)$, $0 \leq i \leq k-1$, $0 \leq t \leq p(n)$: $Q(i,t) = 1$ soll repräsentieren, dass der Zustand nach dem t-ten Rechenschritt q_i ist (der 0-te Rechenschritt entspricht der Initialisierung),
- $Z(t)$, $1 \leq t \leq p(n)$, repräsentiert den Wert des im t-ten Rechenschritt verwendeten Zufallsbits,
- $S(i,t)$, $1 \leq i \leq m$, $0 \leq t \leq p(n)$: $S(i,t) = 1$ soll repräsentieren, dass im t-ten Rechenschritt in der betrachteten Speicherzelle a_i gelesen wird.

Wir benutzen also $(p(n)+1) \cdot (|Q|+1+|\Gamma|) - 1 = O(p(n))$ boolesche Variablen.

Mit den Klauseln soll die Arbeitsweise von M so ausgedrückt werden, dass es genau dann Werte für die Zufallsbits $Z(1), \ldots, Z(p(n))$ gibt, für die M die Eingabe x akzeptiert, wenn die Klauseln gemeinsam erfüllbar sind. Außerdem muss gewährleistet sein, dass die Variablen auch das repräsentieren, was wir uns vorstellen. Wir stellen die Bedingungen zusammen:

(1) Die Variablen für $t = 0$ korrespondieren zur Anfangskonfiguration der Rechnung.
(2) Die letzte Konfiguration ist akzeptierend.
(3) Die Variablen stellen Konfigurationen dar.
(4) Die t-te Konfiguration ist gemäß den Vorschriften von M Nachfolgekonfiguration der $(t-1)$-ten Konfiguration.

Wir codieren diese Bedingungen durch eine Konjunktion von Klauseln. Dies kann für jede Bedingung einzeln geschehen, da die Bedingungen (1)–(4) konjunktiv verknüpft sind.

(1) Da M in q_0 startet, muss $Q(0,0) = 1$ und $Q(i,0) = 0$ für $i \neq 0$ gelten. Für die Position j sei $t(j)$ der erste Zeitpunkt, zu dem diese Position gelesen wird. Für $0 \leq j \leq n-1$ muss genau $S(i,t(j))$ den Wert 1 haben, wenn $x_{j+1} = a_i$ ist. (Nur hier beeinflusst die Eingabe x das Ergebnis der Transformation.) Für alle anderen j muss genau $S(m,t(j))$ den Wert 1 haben, da dort zu Beginn das Leerzeichen a_m steht. Wir bilden also keine Klauseln, sondern ersetzen boolesche Variablen durch geeignete boolesche Konstanten.

(2) Dies ist eine Klausel über alle $Q(i,p(n))$, für die q_i ein akzeptierender Haltezustand ist.

(3) Die Turingmaschine ist zu jedem Zeitpunkt t in genau einem Zustand und liest genau einen Buchstaben. Dies sind syntaktisch die einzigen Bedingungen an Konfigurationen. Formal bedeutet dies, dass für jedes $t \in \{0, \ldots, p(n)\}$ genau eine der Variablen $Q(i,t)$ und genau eine der Variablen $S(i,t)$ den Wert 1 hat. Wir haben es also mit $2p(n)+2$ Bedingungen zu tun, von denen einige schon durch die Maßnahmen zu (1) erfüllt sind. Da die Anzahl der Variablen in jeder Bedingung $|Q|$ oder $|\Gamma|$ und damit $O(1)$ ist, können wir uns das Leben einfach machen. Jede boolesche Funktion ist in konjunktiver Normalform, also als Konjunktion von Klauseln darstellbar.

Die Anzahl der Klauseln bei r Variablen ist durch 2^r beschränkt, in unserem Fall $O(1)$, da die Anzahl der Variablen $O(1)$ ist. (Für die Funktion „genau eine Eingabevariable hat den Wert 1" genügen, wie man sich überlegen kann, $O(r^2)$ Klauseln.)

(4) Hier soll die Semantik der Turingmaschine M codiert werden. Der t-te Rechenschritt von M hängt vom Zustand nach dem $(t-1)$-ten Rechenschritt, also den Variablen $Q(i, t-1)$, $0 \leq i \leq k-1$, vom verwendeten Zufallsbit $Z(t)$ und von dem im t-ten Rechenschritt gelesenen Buchstaben, also den Variablen $S(i,t)$, $1 \leq i \leq m$, ab. Dies sind $|Q|+|\Gamma|+1 = O(1)$ Variablen. Das Ergebnis wird ausgedrückt im Zustand nach dem t-ten Rechenschritt, also den Variablen $Q(i,t)$, $0 \leq i \leq k-1$, und dem neu in die betrachtete Speicherzelle geschriebenen Buchstaben, also den Variablen $S(i, N(t))$, $1 \leq i \leq m$, wobei $N(t)$ der nächste Zeitpunkt nach t ist, zu dem M wieder diese Speicherzelle betrachtet. Falls $N(t) > p(n)$ ist, ist die geschriebene Information für die Rechnung irrelevant und muss nicht berechnet werden. Es müssen also die $|Q|+|\Gamma| = O(1)$ Gleichungen

$$Q(i,t) = f_i\left(Q(0,t-1), \ldots, Q(k-1, t-1), Z(t), S(1,t), \ldots S(m,t)\right)$$

und

$$S(j, N(t)) = g_j\left(Q(0, t-1), \ldots, Q(k-1, t-1), Z(t), S(1,t), \ldots, S(m,t)\right)$$

für $0 \leq i \leq k-1$ und $1 \leq j \leq m$ erfüllt sein, um zu garantieren, dass die Arbeitsweise von M simuliert wird. Diese $|Q|+|\Gamma|$ Gleichungen beschreiben δ in der hier verwendeten Codierung der Zustände, Zufallsbits und Speicherzelleninhalte. Daher hängen die Funktionen auch nicht von t ab. Jede Gleichung ist genau für bestimmte Belegungen der betroffenen Variablen wahr und kann daher als Konjunktion von $O(1)$ Klauseln ausgedrückt werden. (Eine explizite Beschreibung der Klauseln findet sich z. B. bei Wegener (1999), sie ist aber für unsere Betrachtungen nicht nötig.)

Insgesamt erhalten wir $O(p(n))$ Klauseln der Länge $O(1)$, also eine Eingabe für SAT mit einer Gesamtlänge von $O(p(n))$. Die Klauseln lassen sich in Zeit $O(p(n))$ berechnen. Indem wir einmal die Bewegungen der Turingmaschine M für $p(n)$ Schritte durchführen, können wir in Zeit $O(p(n))$ alle $t(j)$ und $N(t)$ berechnen. Da die einzelnen Funktionen und Gleichungen nur je $O(1)$ Variablen betreffen, ist eine Umformung in Klauseln jeweils in Zeit $O(1)$ möglich.

Wenn M die Eingabe x für die Zufallsbits $z_1, \ldots, z_{p(n)}$ akzeptiert, können wir die Variablen der SAT-Eingabe durch die Werte, die sie in der Rechnung in M repräsentieren, ersetzen und erfüllen somit alle Klauseln. Wenn es andererseits eine Belegung der Variablen gibt, die alle Klauseln erfüllt, dann erhalten wir eine akzeptierende Berechnung von M für die Belegung der Zufallsbits mit den zur erfüllenden Belegung gehörenden Werten. Die Bedingungen (1) sichern, dass M richtig initialisiert wird. Die Bedingungen (3) sichern, dass die Variablen zu jedem Zeitpunkt einen aktuellen Zustand und einen gelesenen Buchstaben repräsentieren. Die Bedingungen (4) sichern induktiv, dass die weiteren Zustände und gelesenen Buchstaben dem Rechenweg von M folgen. Schließlich folgt aus Bedingung (2), dass der Rechenweg akzeptierend ist. □

Nach diesem bahnbrechenden Ergebnis ist es wesentlich einfacher, die NP-Vollständigkeit weiterer Entscheidungsprobleme zu beweisen. Dies liegt an der Transitivität des Reduktionskonzepts „$\leq_p$". Ist $L \in$ NP und können wir ein NP-vollständiges Problem L' polynomiell auf L reduzieren, ist auch L NP-vollständig. Für alle $L'' \in$ NP gilt ja $L'' \leq_p L'$ und aus $L' \leq_p L$ folgt $L'' \leq_p L$. Der Nachweis der NP-Vollständigkeit wird tendenziell immer einfacher, da die Anzahl der als NP-vollständig bekannten Probleme ständig wächst und wir daher eine wachsende Auswahl an Problemen haben, für die es genügt, sie polynomiell auf ein neues NP-Problem zu reduzieren, um dessen NP-Vollständigkeit zu beweisen.

Zum Beweis der NP-Vollständigkeit eines Problems A aus NP ist es ausreichend, ein NP-vollständiges Problem polynomiell auf A zu reduzieren.

Mit den Ergebnissen aus Kapitel 4 wissen wir, dass die folgenden Probleme NP-vollständig sind: SAT, 3-SAT, CLIQUE, IS, VC, DHC, HC und $\text{TSP}^{2,\triangle,\text{sym}}$. Ihre Optimierungsvarianten sind NP-äquivalent.

6. NP-vollständige und NP-äquivalente Probleme

6.1 Grundlegende Überlegungen

Wir haben jetzt das Werkzeug bereitgestellt, um die NP-Vollständigkeit von Entscheidungsproblemen zu beweisen und wollen die zehn in Kapitel 2.2 vorgestellten Problemkreise behandeln. In diesem Kapitel interessieren uns die Grundvarianten der Probleme und einige verwandte Problemstellungen. In Kapitel 7 werden wir dann spezielle Problemvarianten diskutieren und untersuchen, wo die Grenze zwischen schwierigen, also NP-vollständigen, und einfachen, also polynomiell lösbaren Varianten verläuft. Mit den Ergebnissen aus Kapitel 4.2 folgt für die Auswertungs- und Optimierungsvarianten der Entscheidungsprobleme, die wir hier als NP-vollständig nachweisen, dass sie NP-äquivalent sind. Außerdem wissen wir aus Kapitel 5.2, dass alle betrachteten Entscheidungsprobleme in NP enthalten sind. Zum Beweis der NP-Vollständigkeit genügt es jeweils, ein NP-vollständiges Problem auf das betrachtete Problem polynomiell zu reduzieren. Einerseits wollen wir eine große Problemvielfalt betrachten und andererseits wollen wir nicht zu viele Reduktionen ausführlich diskutieren. Daher werden wir nur die Beweise, die neue Ideen enthalten, ausführlich vorstellen und uns bei anderen Beweisen auf die wesentlichen Ideen beschränken.

Drei der zehn Problembereiche sind für die Zwecke dieses Kapitels bereits abschließend behandelt. Flussprobleme sind polynomiell lösbar, von den Erfüllbarkeitsproblemen wurden SAT und 3-SAT und damit auch Verallgemeinerungen wie SAT_{CIR} als NP-vollständig bewiesen und auch das Knotenüberdeckungsproblem VC ist bereits als NP-vollständig bekannt.

6.2 Rundreiseprobleme

Auch Rundreiseprobleme haben wir umfassend behandelt und gezeigt, dass selbst die speziellen Varianten HC, DHC und $TSP^{2,\triangle,sym}$ und damit auch alle Verallgemeinerungen NP-vollständig sind. Wir wollen hier die Betrachtung von drei Problemen anschließen. Wir beginnen mit dem Problem zu entscheiden, ob ein gerichteter Graph einen *hamiltonschen Pfad* enthält (directed hamiltonian path, DHP). Ein hamiltonscher Pfad ist ein Weg, der jeden Knoten des Graphen genau einmal berührt. Das entsprechende Problem für ungerichtete Graphen heißt HP.

Theorem 6.2.1. *DHP und HP sind NP-vollständig.*

Beweis. Der Beweis von Theorem 4.4.4 hat gezeigt, dass 3-SAT $\leq_p$ DHC ist. Aus der dort beschriebenen polynomiellen Reduktion wird eine polynomielle Reduktion, die 3-SAT $\leq_p$ DHP zeigt, wenn wir die beiden $v_{1,1}$ erreichenden Kanten weglassen. Analog zum Beweis von DHC $\leq_p$ HC (Theorem 4.3.1) lässt sich DHP $\leq_p$ HP zeigen. □

Aus dem Beweis von Theorem 6.2.1 folgt sogar, dass es NP-vollständig ist zu entscheiden, ob es einen hamiltonschen Pfad von einem ausgewählten Knoten s zu einem ausgewählten Knoten t gibt (s-t-DHP). Diese Ergebnisse sind wenig überraschend, aber wir benötigen sie für das folgende Ergebnis. In einem ungerichteten zusammenhängenden Graphen, dessen Kanten nichtnegative Kosten haben, ist ein minimaler Spannbaum ein Baum, der alle Knoten so verbindet, dass die Gesamtkosten der gewählten Kanten minimal sind. Es ist bekannt, dass minimale Spannbäume in polynomieller Zeit $O(n^2)$ berechnet werden können. Minimale Spannbäume haben die Tendenz, „sternförmig" zu sein, insbesondere haben oft einige Knoten einen hohen Grad. Wenn dies in den Anwendungen nicht erwünscht ist, kann man als Nebenbedingung eine Gradschranke k für die Knoten hinzufügen und kommt zum Problem der Berechnung *gradbeschränkter minimaler Spannbäume* (BMST, bounded-degree minimum-cost spanning tree).

Theorem 6.2.2. *BMST ist NP-vollständig.*

Beweis. Natürlich ist die Entscheidungsvariante von BMST in NP enthalten. In der polynomiellen Reduktion HC $\leq_p$ TSP$^{2,\triangle,\text{sym}}$ haben wir $d_{i,j} = 1$ gesetzt, falls $\{i,j\} \in E$ ist, und ansonsten $d_{i,j} = 2$. Ebenso gehen wir bei der polynomiellen Reduktion HP $\leq_p$ BMST vor, wobei wir zusätzlich die Gradschranke k auf 2 setzen. Ein Spannbaum mit Maximalgrad 2 muss aber ein hamiltonscher Pfad sein. Also enthält der gegebene Graph genau dann einen hamiltonschen Pfad, wenn wir in dem zugehörigen bewerteten Graphen einen Spannbaum mit Maximalgrad 2 und Kosten von höchstens $n-1$ haben. □

6.3 Rucksackprobleme

Es ist immer gut, eine möglichst spezielle Variante eines Problems als NP-vollständig nachzuweisen, da daraus die NP-Vollständigkeit aller allgemeineren Varianten sofort folgt, wenn sie in NP enthalten sind. Ein sehr spezielles Rucksackproblem ist KP*, bei dem $a_i = g_i$ für alle Objekte ist. Die Entscheidungsvariante, ob die Gewichtsgrenze G voll ausgelastet werden kann, ist die Frage, ob es eine Teilmenge der Objekte gibt, deren Gesamtgewicht

G ist. Dies ist die Frage, ob es eine Indexmenge $I \subseteq \{1,\ldots,n\}$ gibt, so dass die Summe aller g_i, $i \in I$, genau G ist. In dieser Form wird das Problem auch *Teilsummenproblem* (subset sum problem, SSS) genannt. Die bisher behandelten Probleme haben alle Strukturen, die Beziehungen zwischen den betrachteten Objekten beinhalten. So verbinden in Graphen Kanten je zwei Knoten, beim Meisterschaftsproblem sind Teams durch Spiele verbunden und bei Erfüllbarkeitsproblemen kommen Literale in mehreren Klauseln vor. Dies macht es möglich, Strukturen anderer Probleme in diese Probleme „hineinzucodieren". Beim Teilsummenproblem haben wir nur Zahlen und wir müssen die Strukturen eines Problems „in Zahlen ausdrücken". Die Hauptidee bei derartigen Reduktionen besteht darin, in den Zahlen Blöcke von Positionen zu reservieren. Die Strukturen anderer Probleme werden nun in verschiedenen Zahlen an denselben Positionen codiert. Da wir Summen von Zahlen bilden, werden die Verbindungsstrukturen hergestellt. Zu beachten ist, dass es bei den Additionen nicht zu Überträgen zwischen den Blöcken kommen darf. Dies kann durch „Auffangblöcke" gewährleistet werden, genauer Blöcke von Positionen, an denen alle Zahlen Nullen haben. Im folgenden Beweis verwenden wir Dezimalzahlen und die Blocklänge 1. Auffangblöcke sind nicht nötig, da die Summe aller Ziffern an derselben Position durch die Konstruktion durch 5 beschränkt ist und Überträge ausgeschlossen sind.

Theorem 6.3.1. *SSS ist NP-vollständig.*

Beweis. Wir beschreiben eine polynomielle Reduktion von 3-SAT auf SSS. Wenn die 3-SAT-Eingabe m Klauseln $c_1,\ldots,c_m$ enthält und n Variablen $x_1,\ldots,x_n$ verwendet, bilden wir $2n+2m$ Zahlen a_i, b_i, $1 \leq i \leq n$, d_j, e_j, $1 \leq j \leq m$, mit je $m+n$ Dezimalstellen. Wir beschreiben zunächst die hinteren n Stellen, die nur Nullen und Einsen enthalten. Die Zahlen a_i und b_i haben genau eine Eins an Position i und d_j und e_j bestehen an diesen Positionen aus lauter Nullen. Der gewünschte Summenwert S hat an diesen Stellen nur Einsen (siehe Abbildung 6.3.1). Damit ist sofort klar, dass wir gezwungen sind, für jedes i genau eine der Zahlen a_i oder b_i auszuwählen, während bei den Zahlen d_j und e_j noch freie Auswahl besteht. Die Interpretation ist nun nahe liegend. Die Wahl von a_i soll den Wert $x_i = 1$ repräsentieren und die Wahl von b_i den Wert $x_i = 0$.

Wir codieren die Klauseln $c_1,\ldots,c_m$ an den vorderen m Positionen der a- und b-Zahlen, für jede Klausel ist eine Position reserviert. Die Klausel c_j enthält drei Literale und weist für ein Vorkommen von x_i der Zahl a_i eine 1 zu, für $\overline{x}_i$ bekommt b_i an der entsprechenden Position eine 1. Wenn wir nun eine Variablenbelegung wählen und die zugehörige Auswahl zwischen a_i und b_i treffen, erhalten wir an der Position für c_j die Summe s_j, wenn die Klausel s_j erfüllte Literale enthält. Also sind die Klauseln genau dann gemeinsam erfüllbar, wenn wir aus den a- und b-Zahlen eine Auswahl treffen können, so dass die Summe an den ersten m Stellen Werte aus $\{1,2,3\}$ und an den hinteren n Stellen Einsen hat. Wir sind also noch nicht bei einer passenden SSS-Eingabe gelandet, da noch viele Summenwerte zur Erfüllbarkeit der

Klauseln äquivalent sind. Dies lässt sich durch Füllelemente, nämlich die d- und e-Zahlen, beheben. Es ist $d_j = e_j$ und beide Zahlen haben an der j-ten Position von vorn eine 1 und sonst lauter Nullen. Schließlich startet S mit m Dreien. Hat also die Auswahl von a- und b-Zahlen an Position j einen Wert aus $\{1, 2, 3\}$, können wir durch Wahl von d_j und e_j oder d_j oder keiner dieser Zahlen dort eine 3 erzeugen. Dies geht nicht, falls die Variablenbelegung c_j nicht erfüllt. Dann ist die Summe der a- und b-Zahlen an Position j genau 0 und dies kann mit d_j und e_j nur auf 2, aber nicht auf 3 erhöht werden. Da alle Zahlen in polynomieller Zeit $O((n+m)^2)$ konstruiert werden können, haben wir 3-SAT $\leq_p$ SSS bewiesen. □

	c_1	c_2	c_3	x_1	x_2	x_3	x_4
a_1	1	0	0	1	0	0	0
a_2	0	1	0	0	1	0	0
a_3	1	0	0	0	0	1	0
a_4	0	0	0	0	0	0	1
b_1	0	1	1	1	0	0	0
b_2	1	0	1	0	1	0	0
b_3	0	0	1	0	0	1	0
b_4	0	1	0	0	0	0	1
d_1	1	0	0	0	0	0	0
d_2	0	1	0	0	0	0	0
d_3	0	0	1	0	0	0	0
e_1	1	0	0	0	0	0	0
e_2	0	1	0	0	0	0	0
e_3	0	0	1	0	0	0	0
S	3	3	3	1	1	1	1

Abb. 6.3.1. Ein Beispiel zur Reduktion 3-SAT $\leq_p$ SSS, wobei $c_1 = x_1 + \overline{x}_2 + x_3$, $c_2 = \overline{x}_1 + x_2 + \overline{x}_4$ und $c_3 = \overline{x}_1 + \overline{x}_2 + \overline{x}_3$ ist.

Korollar 6.3.2. *KP und PARTITION sind NP-vollständig.*

Beweis. KP ist offensichtlich eine Verallgemeinerung von SSS. PARTITION ist dagegen der Spezialfall von SSS, bei dem der geforderte Summenwert S gleich der Hälfte aller gegebenen Zahlen s_i ist. Die Beziehung SSS $\leq_p$ PARTITION ist dennoch leicht zu zeigen. Sei $(s_1, \ldots, s_n, S)$ eine Eingabe für SSS, wobei wir $0 \leq S \leq S^* := s_1 + \cdots + s_n$ annehmen können. Wir fügen den Zahlen $s_1, \ldots, s_n$ die so genannten *erzwingenden Komponenten* $2S^* - S$ und $S^* + S$ hinzu. Dann ist die Gesamtsumme aller Zahlen $4S^*$ und wir müssen entscheiden, ob es darunter eine Zahlenmenge mit Summe $2S^*$ gibt. Da $(2S^* - S) + (S^* + S) = 3S^*$ ist, müssen wir dabei genau eine der Zahlen $2S^* - S$ oder $S^* + S$ verwenden. Genau dann, wenn es ein $I \subseteq \{1, \ldots, n\}$ gibt, so dass die Summe aller s_i, $i \in I$, genau S ist, erhalten wir zusammen mit $2S^* - S$ den Summenwert $2S^*$, wobei dann automatisch alle anderen Zahlen zusammen mit $S^* + S$ auch den Summenwert $2S^*$ haben. □

6.4 Aufteilungsprobleme und Lastverteilungsprobleme

Da das sehr spezielle Problem PARTITION NP-vollständig ist, folgt sofort die NP-Vollständigkeit aller allgemeineren Varianten, die in NP enthalten sind. Dazu gehört das Aufteilungsproblem BP. Dieses Ergebnis halten wir fest.

Korollar 6.4.1. *BP ist NP-vollständig.*

Wir betrachten hier noch ein Lastverteilungsproblem, genannt SWI (sequencing with intervals), um eine weitere Reduktion mit einer erzwingenden Komponente vorzustellen. Gegeben ist eine endliche Menge A von Aufgaben, jede Aufgabe a hat eine Bearbeitungsdauer $l(a)$, einen frühesten Zeitpunkt $r(a)$ (release time) für den Start ihrer Bearbeitung, einen spätesten Zeitpunkt $d(a)$ (deadline) für die Beendigung der Arbeit und die Bearbeitung einer Aufgabe darf nicht unterbrochen werden. Das Problem SWI besteht darin zu entscheiden, ob die Aufgaben auf einem Prozessor so bearbeitet werden können, dass alle Nebenbedingungen eingehalten werden. Die Bearbeitungsintervalle der Länge $l(a)$ müssen also in eine passende Reihenfolge gebracht werden.

Theorem 6.4.2. *SWI ist NP-vollständig.*

Beweis. Offensichtlich ist SWI in NP enthalten. Wir beschreiben eine polynomielle Reduktion von PARTITION auf SWI. Es sei $(s_1, \ldots, s_n)$ eine Eingabe für PARTITION und $S := s_1 + \cdots + s_n$. Wir erzeugen $n+1$ Aufgaben $a_1, \ldots, a_{n+1}$. Dabei repräsentieren $a_1, \ldots, a_n$ die Zahlen $s_1, \ldots, s_n$. Genauer: Es ist $l(a_i) = s_i$, $r(a_i) = 0$ und $d(a_i) = S + 1$. Die weitere Aufgabe a_{n+1} wird als erzwingende Komponente definiert: $l(a_{n+1}) = 1$, $r(a_{n+1}) = S/2$ und $d(a_{n+1}) = S/2 + 1$. Da $d(a_{n+1}) - r(a_{n+1}) = l(a_{n+1})$ ist, muss diese Aufgabe im Zeitintervall $[S/2, S/2+1]$ ausgeführt werden. Die restlichen Aufgaben mit einer Gesamtdauer von S müssen auf die Intervalle $[0, S/2]$ und $[S/2+1, S+1]$ verteilt werden. Dies ist genau dann möglich, wenn die Zahlen $s_1, \ldots, s_n$ in zwei Teile mit jeweiliger Summe $S/2$ eingeteilt werden können. □

6.5 Cliquenprobleme

Von den Problemen CLIQUE und IS wissen wir bereits, dass sie NP-vollständig sind. Im Hinblick auf Kapitel 10 soll hier eine Verallgemeinerung des Cliquenproblems vorgestellt werden. Zwei Graphen $G_1 = (V_1, E_1)$ und $G_2 = (V_2, E_2)$ heißen *isomorph*, wenn sie bis auf die Benennung der Knoten identisch sind. Formal gesprochen muss $|V_1| = |V_2|$ sein und es eine bijektive Abbildung $f : V_1 \to V_2$, die Umnummerierung der Knoten, geben, so dass genau dann $\{u, v\} \in E_1$ ist, wenn $\{f(u), f(v)\} \in E_2$ ist. In Kapitel 10 werden wir das *Graphenisomorphieproblem* (graph isomorphism, GI) untersuchen, bei dem entschieden werden soll, ob zwei Graphen G_1 und G_2 isomorph sind. Hier betrachten wir das *Teilgraphenisomorphieproblem* (subgraph isomorphism, SI), bei dem getestet werden soll, ob es einen Teilgraphen $G_1' = (V_1', E_1')$ von G_1 gibt, der isomorph zu G_2 ist. Ein Teilgraph G_1' von G_1 wird durch die Wahl der Knotenmenge $V_1' \subseteq V_1$ bestimmt, die Menge E_1' enthält dann alle Kanten aus E_1, die zwischen Knoten aus V_1' verlaufen. Nun gilt offensichtlich GI $\leq_p$ SI (falls $|V_1| = |V_2|$, kann nur G_1 selbst zu G_2 isomorph sein) und CLIQUE $\leq_p$ SI (wähle G_2 als Clique auf k Knoten).

Theorem 6.5.1. *SI ist NP-vollständig.*

Zu untersuchen bleibt das Cliquenüberdeckungsproblem CC. Dieses Problem werden wir zunächst in eine üblichere Form transformieren. Wenn $G = (V, E)$ eine Cliquenüberdeckung $V_1, \ldots, V_k$ hat, hat der Komplementgraph $\overline{G}$ eine Überdeckung durch Anticliquen auf $V_1, \ldots, V_k$ und umgekehrt. Unter einer *Knotenfärbung* eines Graphen $G' = (V', E')$ mit k Farben wird eine Abbildung $f\colon V \to \{1, \ldots, k\}$, die Färbung der Knoten, verstanden, wobei Knoten, die durch eine Kante verbunden sind, unterschiedlich gefärbt sein müssen. Das *Knotenfärbungsproblem* (graph colorability, GC) besteht in der Berechnung einer Knotenfärbung, die mit einer minimalen Zahl von Farben auskommt. Offensichtlich müssen die mit derselben Farbe gefärbten Knoten eine Anticlique bilden. Also kann G genau dann mit k Cliquen überdeckt werden, wenn der Komplementgraph $\overline{G}$ mit k Farben gefärbt werden kann. Damit gilt für die Entscheidungsvarianten CC $=_p$ GC.

Theorem 6.5.2. *CC und GC sind NP-vollständig.*

Beweis. Nach den Vorüberlegungen genügt es, das NP-vollständige Problem 3-SAT polynomiell auf GC zu reduzieren. Sei also eine Eingabe für 3-SAT gegeben, die aus den Klauseln $c_1, \ldots, c_m$ auf $x_1, \ldots, x_n$ besteht. Wir nehmen an, dass jede Klausel genau drei Literale enthält, notfalls können Literale wiederholt werden. Die Anzahl erlaubter Farben wird auf 3 festgesetzt. Als erzwingende Komponente wird ein Dreieck auf v_1, v_2, v_3 gebildet. Diese drei Knoten müssen verschieden gefärbt werden und, da es auf die Namen der Farben nicht ankommt, können wir unter der Annahme, dass $f(v_1) = 1$, $f(v_2) = 2$ und $f(v_3) = 3$ ist, arbeiten.

Die Literale $x_1, \overline{x}_1, \ldots, x_n, \overline{x}_n$ werden durch $2n$ Knoten repräsentiert, die die gleichen Namen wie die Literale haben. Die Knoten $x_i, \overline{x}_i$ und v_3 werden durch ein Dreieck verbunden. Dies erzwingt die Färbung $f(x_i) = 1$ und $f(\overline{x}_i) = 2$ mit der Interpretation $x_i = 1$ oder die Färbung $f(x_i) = 2$ und $f(\overline{x}_i) = 1$ mit der Interpretation $x_i = 0$. Damit ist die Verbindung zwischen Variablenbelegungen und Knotenfärbungen hergestellt. Nun müssen Komponenten für die Klauseln Verbindungen so herstellen, dass erfüllende Belegungen mit 3-Färbungen korrespondieren. Die Komponente für die Klausel $c_j = z_{j,1} + z_{j,2} + z_{j,3}$ ist in Abbildung 6.5.1 dargestellt. Dabei ist zu beachten, dass die Knoten $z_{j,1}$, $z_{j,2}$ und $z_{j,3}$ Knoten für die Literale sind und v_2 und v_3 zum erzwingenden Dreieck gehören.

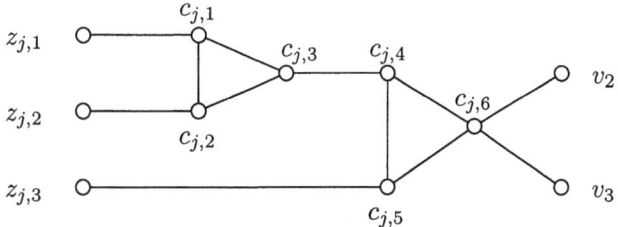

Abb. 6.5.1. Die Klauselkomponente in der polynomiellen Reduktion von 3-SAT auf GC.

Da $f(v_2) = 2$ und $f(v_3) = 3$ ist, folgt $f(c_{j,6}) = 1$. Außerdem sind $z_{j,1}, z_{j,2}$ und $z_{j,3}$ nicht mit 3 gefärbt. Folgende Eigenschaft, die sich durch geschicktes Ausprobieren leicht beweisen lässt, zeigt, dass diese Komponente die gewünschte Verbindung zwischen erfüllenden Belegungen und Knotenfärbungen herstellt:

- Es sei $f(v_2) = 2$ und $f(v_3) = 3$. Genau dann, wenn mindestens einer der Knoten $z_{j,1}, z_{j,2}$ und $z_{j,3}$ mit 1 gefärbt ist, kann die c_j-Komponente mit drei Farben gefärbt werden.

Die Komponenten werden für alle Klauseln c_j mit unterschiedlichen Knoten $c_{j,l}$ gebildet. Insgesamt erhalten wir $2n + 6m + 3$ Knoten und $3n + 12m + 3$ Kanten, die in linearer Zeit konstruiert werden können.

Wenn $a \in \{0,1\}^n$ eine erfüllende Belegung ist, wählen wir die oben beschriebene Färbung der Knoten $v_1, v_2, v_3, x_i, \overline{x}_i, c_{j,6}$, $1 \leq i \leq n$, $1 \leq j \leq m$. Da c_j erfüllt ist, erhält mindestens einer der Knoten $z_{j,1}, z_{j,2}, z_{j,3}$ die Farbe 1 und die Klauselkomponente kann legal gefärbt werden. Andererseits können wir für eine legale Färbung annehmen, dass $f(v_1) = 1$, $f(v_2) = 2$ und $f(v_3) = 3$ ist. Dies erzwingt $f(c_{j,6}) = 1$. Wie oben gezeigt, muss $f(z_{j,l}) = 1$ für mindestens ein $l \in \{1,2,3\}$ sein. Außerdem korrespondiert die Färbung, wie oben beschrieben, zu einer Variablenbelegung. Diese hat aber die Eigenschaft, dass $z_{j,l}$ den Wert 1 erhält, wenn $f(z_{j,l}) = 1$ ist. Somit sind alle Klauseln erfüllt. □

Im Beweis von Theorem 6.5.2 haben wir für die Anzahl der Farben den festen Wert 3 gewählt. Mit k-GC bezeichnen wir den Spezialfall von GC, in dem die Zahl der Farben auf k festgelegt ist. Wir haben also sogar folgendes Korollar gezeigt.

Korollar 6.5.3. *3-GC ist NP-vollständig.*

6.6 Teambildungsprobleme

Hier stellen wir nur eine Skizze des Beweises vor, dass 3-DM NP-vollständig ist.

6. NP-vollständige und NP-äquivalente Probleme

Theorem 6.6.1. *3-DM ist NP-vollständig.*

Beweis. Es genügt, 3-SAT polynomiell auf 3-DM zu reduzieren. Wir starten wieder mit m Klauseln $c_1, \ldots, c_m$ mit je drei Literalen über $x_1, \ldots, x_n$. Wir konstruieren eine Eingabe für 3-DM mit drei Expertengruppen, die je $6m$ Personen enthalten. Die erste Expertengruppe unterteilt sich in n Untergruppen, für jede Variable eine. Wenn die Literale x_i und $\overline{x}_i$ zusammen z_i-mal in Klauseln vorkommen, gehören zu der Untergruppe für x_i genau $2z_i$ Personen, je z_i Personen x_i^l, $1 \le l \le z_i$, für die Belegung $x_i = 1$ und z_i Personen $\overline{x}_i^l$, $1 \le l \le z_i$, für $x_i = 0$. Eine Auswahlkomponente für x_i soll erzwingen, dass Teams so gebildet werden müssen, dass alle Personen für $x_i = 1$ oder alle Personen für $x_i = 0$ noch ungebunden sind. Dazu werden z_i Personen aus Gruppe 2 und z_i Personen aus Gruppe 3 auf die in Abbildung 6.6.1 für $z_i = 4$ beschriebene Weise in Teams eingeordnet. In der Abbildung sind die Teams als Dreiecke gekennzeichnet, die Personen aus Gruppe 2 heißen $a_1, \ldots, a_4$ und die Personen aus Gruppe 3 heißen $b_1, \ldots, b_4$.

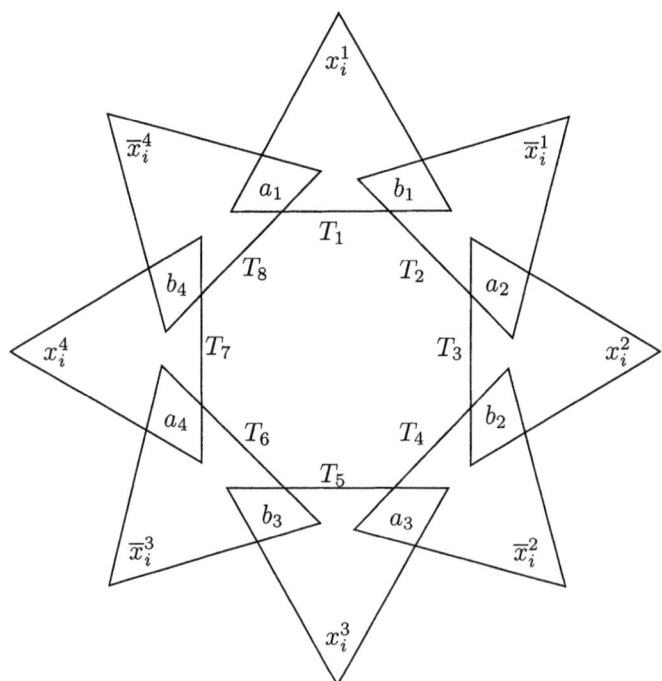

Abb. 6.6.1. Eine Auswahlkomponente aus der Reduktion 3-SAT $\le_p$ 3-DM.

Da $a_1, \ldots, a_4, b_1, \ldots, b_4$ in keinem anderen Team vorkommen, gibt es genau zwei Möglichkeiten, sie alle in Teams zu integrieren. Entweder wählen wir T_1, T_3, T_5 und T_7 mit der Interpretation $x_i = 0$, da die $\overline{x}_i$-Personen noch frei sind, oder wir wählen T_2, T_4, T_6 und T_8 mit der Interpretation $x_i = 1$. Es wird an Abbildung 6.6.1 auch deutlich, dass diese Auswahlkomponente nicht mit nur zwei Expertengruppen auf ähnliche Weise gebaut werden kann. Für die j-te Klausel c_j haben wir in der zweiten und dritten Expertengruppe je eine Person p_j^2 und p_j^3. Diese beiden Personen sind nur zusammen teamfähig und benötigen aus der ersten Expertengruppe eine Person, die die Erfüllung eines Literals aus c_j repräsentiert. Enthält c_j also x_i, gibt es ein Team (x_i^l, p_j^2, p_j^3). Es gibt genügend Personen für jedes Literal, so dass jedes x_i^l (oder $\overline{x}_i^l$) nur in einem dieser Teams vorkommt. Schließlich gibt es Personen q_j^2 und q_j^3, $1 \leq j \leq 2m$, um die übrig gebliebenen Personen der ersten Gruppe in Teams einzubinden. Sie sind flexibel und alle (x_i^l, q_j^2, q_j^3) und $(\overline{x}_i^l, q_j^2, q_j^3)$ bilden mögliche Teams. Diese Eingabe für 3-DM kann in Zeit $O(m)$ konstruiert werden.

Erfüllende Belegungen führen zu einer Teameinteilung, bei der die Auswahlkomponenten die erfüllten Literale, also die zugehörigen Personen, nicht integrieren. Daher finden p_j^2 und p_j^3 einen Teampartner und abschließend werden Teams mit q_j^2 und q_j^3 gebildet. Andererseits lässt sich jede Teambildung auf den Auswahlkomponenten in eine Variablenbelegung übersetzen. Wenn alle p_j^2 und p_j^3 in Teams integriert sind, ist die Variablenbelegung erfüllend. □

Eine wichtige Verallgemeinerung von 3-DM ist das *Mengenüberdeckungsproblem* (set cover, SC), bei dem eine Menge S, eine Zahl k und eine Folge $A_1, \ldots, A_n$ von Teilmengen von S gegeben sind und entschieden werden soll, ob S die Vereinigung von k der A-Mengen ist. Ein wichtiger Anwendungsbereich ist die Minimierung zweistufiger Schaltkreise. Wenn wir in 3-DM alle Personen in S zusammenfassen und für jedes denkbare Team eine dreielementige A-Menge bilden, erhalten wir eine polynomielle Reduktion auf SC. Also gilt:

Korollar 6.6.2. *SC ist NP-vollständig.*

6.7 Meisterschaftsprobleme

Wir wissen bereits, dass das Meisterschaftsproblem mit (0,1,2)-Aufteilungsregel in polynomieller Zeit lösbar ist. Durch die Einführung der (0,1,3)-Aufteilungsregel Mitte der 90er-Jahre des vorigen Jahrhunderts wurde ihre komplexitätstheoretische Untersuchung interessant. Die Komplexität des Meisterschaftsproblems ändert sich mit der neuen Punkteregel drastisch.

Theorem 6.7.1. *Das Meisterschaftsproblem CP mit (0,1,3)-Aufteilungsregel ist NP-vollständig.*

Beweis. Wieder verwenden wir 3-SAT als Ausgangsproblem unserer polynomiellen Reduktion. Für das Meisterschaftsproblem benutzen wir eine andere Darstellung. Wir lassen den ausgewählten Verein alle Spiele gewinnen und lassen vorläufig alle anderen noch nicht ausgetragenen Spiele unentschieden enden. Die anderen Vereine werden durch Knoten dargestellt und mit der Zahl $z \in \mathbb{Z}$ markiert, so dass diese Vereine bei den vorläufigen Spielausgängen z Punkte mehr als der ausgewählte Verein erhalten. Die noch auszutragenden Spiele werden durch Kanten zwischen den betroffenen Vereinen ausgedrückt. Die Frage ist nun, ob die vorläufigen Spielausgänge so abgeändert werden können, dass alle Knotenmarkierungen nicht positiv sind. An jeder Kante darf der Spielausgang einmal geändert werden. Die Wirkung ist, dass ein Knoten an dieser Kante zwei Punkte mehr erhält und der andere einen Punkt verliert. Aus der Punkteaufteilung 1 : 1 bei Unentschieden wird die Punkteaufteilung 3 : 0 bei Sieg und Niederlage. Es sei nun eine Eingabe $c_1, \ldots, c_m$ über $x_1, \ldots, x_n$ für 3-SAT gegeben. Wir beginnen mit der Konstruktion von Variablenkomponenten, die die Entscheidung $x_i = 1$ oder $x_i = 0$ widerspiegeln. Variablen, die nicht vorkommen, werden nicht betrachtet. Für alle anderen Variablen x_i bilden wir einen binären Baum, bei dem der linke Teilbaum so viele Blätter hat, wie es Vorkommen von x_i in $c_1, \ldots, c_m$ gibt, entsprechend für den rechten Teilbaum und $\overline{x}_i$. Die Wurzel bekommt die Markierung $+1$, die Blätter werden mit -2 und die weiteren Knoten mit 0 markiert. Abbildung 6.7.1 zeigt ein Beispiel.

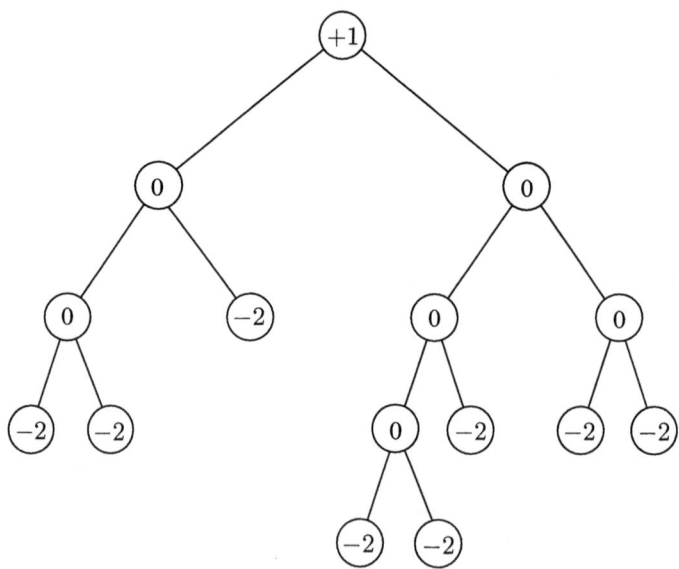

Abb. 6.7.1. Eine Variablenkomponente in der Reduktion 3-SAT $\leq_p$ (0,1,3)-CP, wobei x_i in drei Klauseln positiv und in fünf Klauseln negativ vorkommt.

Nur für die Vereine an den Blättern wird es noch weitere Spiele geben. Um eine nicht positive Markierung zu erhalten, muss der Verein an der Wurzel eines seiner beiden Spiele verlieren, wobei wir einen Verlust gegen das linke Kind als $x_i = 0$ und einen Verlust gegen das rechte Kind als $x_i = 1$

bewerten. Verliert die Wurzel gegen das rechte Kind, bekommt dieses den Wert +2 und muss gegen beide Kinder verlieren, die wieder gegen ihre Kinder verlieren müssen, ... Dieser Lawineneffekt endet an den Blättern, die den Wert 0 erhalten. Also können nur noch die Blätter des linken Teilbaums, die $x_i = 1$ repräsentieren, Punkte aufnehmen. Nun ist die Konstruktion der Klauselkomponenten und der Verbindungen zu den Variablenkomponenten nahe liegend. Die Klauselkomponente besteht aus einem Knoten oder Verein mit Markierung +1. Dieser Verein hat noch drei Spiele auszutragen, für jedes Literal in der zugehörigen Klausel eines. Enthält die Klausel x_i, so wird ein Spiel gegen ein Blatt der x_i-Komponente, das $x_i = 1$ repräsentiert, vorgesehen. Dabei wird darauf geachtet, dass jedes Blatt der Variablenkomponenten genau ein weiteres Spiel erhält. Damit ist die Konstruktion der Eingabe für das (0,1,3)-CP abgeschlossen. Wir erhalten $O(m)$ Vereine und $O(m)$ Spiele. Die Konstruktion kann in Zeit $O(m)$ durchgeführt werden.

Aus einer erfüllenden Belegung a für alle Klauseln erhalten wir folgende Änderungen der vorläufigen Spielausgänge, die den ausgewählten Verein zum Meister machen. Die Wurzeln der Variablenkomponenten lösen den Lawineneffekt aus, der ihren Belegungen entspricht. Dann gibt es für jede Klauselkomponente noch ein Spiel gegen einen Verein, der ein erfülltes Literal repräsentiert und daher zwei Punkte aufnehmen kann. Dieses Spiel verliert der Verein, der die Klausel repräsentiert. Andererseits muss bei Spielausgängen, die den ausgewählten Verein zum Meister machen, jede Variablenkomponente mindestens einen Teilbaum benutzen, um den Punktüberschuss an der Wurzel abzubauen. Dies interpretieren wir als Variablenbelegung. Diese muss alle Klauseln erfüllen, da sonst eine Klauselkomponente ihren Punktüberschuss nicht abbauen konnte. □

An diesem Beispiel haben wir gesehen, dass Probleme, die nicht zum typischen Repertoire der kombinatorischen Optimierung gehören, sondern aus Entscheidungen von Fußballfunktionären entstehen, mit den Mitteln der Komplexitätstheorie behandelt werden können.

Viele recht unterschiedlich aussehende Probleme mit direktem oder zumindest indirektem Bezug zu realen Anwendungen erweisen sich als NP-vollständig oder NP-äquivalent. Die Beweise für die NP-Vollständigkeit benutzen Besonderheiten der betrachteten Probleme und folgen ansonsten einem Schema. Man kann daher hoffen, dass in vielen Fällen der Nachweis der NP-Vollständigkeit von neu betrachteten Problemen „fast routinemäßig" erfolgen kann. Von den betrachteten Problemen hat sich nur das Graphenisomorphieproblem nicht in eine der Kategorien „polynomiell lösbar" und „NP-äquivalent" einordnen lassen.

7. Die Komplexitätsanalyse von Problemen

7.1 Die Trennlinie zwischen einfachen und schwierigen Varianten eines Problems

Für die in Kapitel 2.2 vorgestellten Problemkreise wollen wir exemplarisch untersuchen, wo die Trennlinie zwischen einfachen und schwierigen Varianten verläuft. Dabei vergleichen wir ähnlich aussehende Probleme wie die beiden Überwachungsprobleme VC und EC und wir schränken die Eingabemenge von allgemeinen Problemen wie GC auf verschiedene Weise ein. Behauptungen, dass bestimmte Probleme effizient lösbar sind, werden wir hier nur in Ausnahmefällen beweisen. Derartige Beweise finden sich in Lehrbüchern über effiziente Algorithmen. Wir verzichten auch auf einige NP-Vollständigkeitsbeweise.

Alle betrachteten Varianten des Rundreiseproblems TSP sind NP-äquivalent. Die Ergebnisse aus Kapitel 6.2 haben für zwei andere Problemkreise interessante Implikationen. Während die Berechnung minimaler Spannbäume mit dem Algorithmus von Kruskal effizient möglich ist, wird das Problem NP-äquivalent, wenn der erlaubte Knotengrad im Spannbaum beschränkt ist. Die Berechnung eines kürzesten Weges von s nach t ist ein mit dem Algorithmus von Dijkstra effizient lösbares Problem, während die Berechnung eines längsten kreisfreien Weges von s nach t NP-äquivalent ist. Letzteres folgt aus der NP-Vollständigkeit von DHP.

Mit SSS und PARTITION sind sehr spezielle Rucksack- und Aufteilungsprobleme schwierig. Dies überträgt sich auf alle allgemeineren Problemvarianten. Die Klasse der Lastverteilungsprobleme hat eine besonders reichhaltige Struktur. Verschiedene Kombinationen von Parametern wie die Anzahl der zur Verfügung stehenden Prozessoren, die Geschwindigkeit der Prozessoren, die Eignung der Prozessoren für bestimmte Aufgaben, früheste Anfangszeiten zur Bearbeitung von Aufgaben, späteste Beendigungszeitpunkte, Beschränkungen für die Bearbeitungsreihenfolge der Aufgaben oder die Option, die Bearbeitung von Aufgaben zu unterbrechen, führen zu einer Vielzahl von Problemen von unterschiedlicher Komplexität. Ergebnisse über Lastverteilungsprobleme finden sich bei Lawler, Lenstra, Rinnooy Kan und Shmoys (1993) und Pinedo (1995).

Wir haben gesehen, dass das Teambildungsproblem 2-DM polynomiell lösbar ist, während 3-DM und damit auch k-DM für $k \geq 3$ NP-vollständig ist. Mit Hilfe eines Algorithmus für 2-DM lässt sich das Kantenüberwachungsproblem EC polynomiell lösen, während das Knotenüberwachungsproblem VC NP-vollständig ist.

Von den Erfüllbarkeitsproblemen sind k-SAT für $k \geq 3$ und MAX-k-SAT für $k \geq 2$ NP-vollständig. Bei MAX-k-SAT ist zu entscheiden, ob mindestens l der m Klauseln gemeinsam erfüllbar sind, wobei l zur Eingabe gehört. Damit ist k-SAT der Spezialfall $l = m$ und MAX-k-SAT für $k \geq 3$ NP-vollständig. Das hier nicht bewiesene Resultat für MAX-2-SAT hat Auswirkungen auf die Optimierung *pseudoboolescher Funktionen* $f : \{0,1\}^n \to \mathbb{R}$. Klauseln lassen sich leicht „arithmetisieren". Dabei wird eine Disjunktion $z_1 + \cdots + z_k$ von Literalen durch $1 - (1 - z_1)(1 - z_2) \cdots (1 - z_k)$ und $\overline{x}_i$ durch $1 - x_i$ ersetzt. Wenn wir die so entstehenden „Werte" aller Klauseln addieren, erhalten wir ein *pseudobooleches Polynom* $f \colon \{0,1\}^n \to \mathbb{R}$, so dass $f(a)$ die Anzahl der durch a erfüllten Klauseln angibt und der Grad von f durch die maximale Zahl von Literalen in einer Klausel beschränkt ist. Aus der NP-Vollständigkeit der Entscheidungsvariante von MAX-2-SAT folgt, dass auch die Entscheidungsvariante des Problems, ein pseudoboolesches Polynom vom Grad 2 zu maximieren, NP-vollständig ist. Erstaunlicherweise ist 2-SAT in polynomieller Zeit lösbar. Dazu transformieren wir 2-SAT-Eingaben in gerichtete Graphen auf $x_1, \overline{x}_1, \ldots, x_n, \overline{x}_n$. Die Klausel $z_1 + z_2$ wird durch die Kanten $(\overline{z}_1, z_2)$ mit der Interpretation „$z_1 = 0 \Rightarrow z_2 = 1$" und $(\overline{z}_2, z_1)$ dargestellt. Es sind alle Klauseln genau dann gemeinsam erfüllbar, wenn es für keine Variable x_i in dem erzeugten Graphen einen Weg von x_i zu $\overline{x}_i$ und einen Weg von $\overline{x}_i$ zu x_i gibt.

Knotenfärbungsprobleme GC haben sehr spezielle schwierige Teilprobleme. Mit 3-GC ist k-GC für jedes $k \geq 3$ NP-vollständig. Um 3-GC $\leq_p k$-GC zu zeigen, fügen wir dem gegebenen Graphen G insgesamt $k - 3$ neue Knoten hinzu, die unter sich und mit allen Knoten von G verbunden werden. Damit müssen diese Knoten mit $k - 3$ verschiedenen Farben gefärbt werden, die für die alten Knoten nicht mehr benutzt werden können. Mit einem gierigen (greedy) Algorithmus lässt sich 2-GC in polynomieller Zeit lösen. Wir betrachten zwei weitere Einschränkungen:

– k-d-GC, das Problem k-GC eingeschränkt auf Graphen, bei denen der maximale Knotengrad durch d beschränkt ist,

– k-GC$_{\mathrm{pl}}$, das Problem k-GC eingeschränkt auf planare Graphen, also Graphen, die sich so in die Ebene einbetten lassen, dass sich Kanten nicht schneiden.

Mit k-d-GC$_{\mathrm{pl}}$ bezeichnen wir die Kombination der beiden Einschränkungen. Wir erhalten jetzt Probleme, die in dem Sinn trivial sind, dass bei ihren Entscheidungsvarianten alle Eingaben akzeptiert werden. Dies gilt für k-d-GC und $k > d$, da bei d Nachbarn und mehr als d Farben die Nachbarn eines Knotens beliebig gefärbt sein können, ohne dass wir ein Problem bekommen,

7.1 Die Trennlinie zwischen einfachen und schwierigen Varianten eines Problems

den Knoten selber zu färben. Nach der Lösung des berühmten Vier-Farben-Problems ist jeder planare Graph vierfärbbar und somit k-GC_pl für $k \geq 4$ trivial und wie oben angemerkt für $k \leq 2$ effizient lösbar. Dagegen ist das sehr spezielle Problem 3-4-GC_pl NP-vollständig. Es handelt sich um das Problem, ob ein planarer Graph mit maximalem Knotengrad 4 dreifärbbar ist. Diese letzte Behauptung folgt durch zwei polynomielle Reduktionen mit lokaler Ersetzung, die 3-GC $\leq_p$ 3-GC_pl $\leq_p$ 3-4-GC_pl zeigen.

Wir beginnen mit einer Eingabe G für 3-GC und einer Einbettung von G in die Ebene mit Schnittpunkten. Abbildung 7.1.1 deutet an, wie wir eine Kante mit drei Schnittpunkten ersetzen. Dabei ist P (siehe Abbildung 7.1.2) ein planarer Graph mit vier äußeren Knoten A, B, C und D. Durch Ausprobieren folgt leicht, dass jede Färbung von P mit drei Farben die beiden folgenden Eigenschaften hat:

– A und C erhalten dieselbe Farbe und B und D erhalten dieselbe Farbe.
– Jede Färbung f von A, B, C und D mit $f(A) = f(C)$ und $f(B) = f(D)$ kann zu einer Färbung von P mit drei Farben erweitert werden.

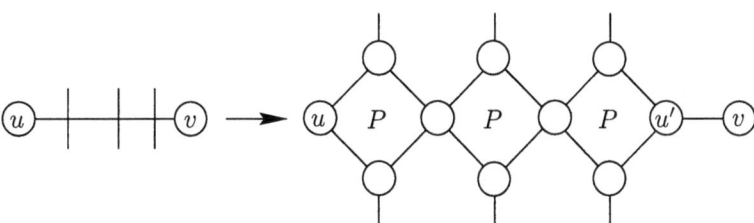

Abb. 7.1.1. Die Behandlung sich schneidender Kanten in 3-GC $\leq_p$ 3-GC_pl.

Diese Konstruktion sichert, dass in Abbildung 7.1.1 die Knoten u und u' dieselbe Farbe und somit u und v verschiedene Farben erhalten. Andererseits lässt sich jede Färbung des nicht planaren Graphen in eine Färbung des planaren Graphen übersetzen.

Im nächsten Schritt soll ein Knoten v mit Grad $d > 4$ ersetzt werden durch einen planaren Graphen H_d mit d „äußeren" Knoten, deren Grad durch 2 beschränkt ist, und inneren Knoten, deren Grad durch 4 beschränkt ist. Außerdem soll dieser Graph genau dann mit drei Farben färbbar sein, wenn die äußeren Knoten dieselbe Farbe erhalten. Dann können die d Kanten, die an v anliegen, auf die d äußeren Knoten des Graphen, der v repräsentiert, „verteilt" werden, ohne die Färbbarkeitseigenschaften zu verändern. Die Konstruktion ist in Abbildung 7.1.3 für $d = 6$ beschrieben. Da die Knoten 1, 2 und 3 in H^* nur Grad 2 haben, können an ihnen zwei H^*-Kopien verschmolzen werden, ohne einen Knoten mit mehr als vier Nachbarn zu erzeugen.

Abschließend behandeln wir das Meisterschaftsproblem CP mit n beteiligten Vereinen. Mit der a-Aufteilungsregel ist es polynomiell lösbar. Dagegen ist es für die (0,1,3)-Aufteilungsregel NP-vollständig. Dieses Ergebnis

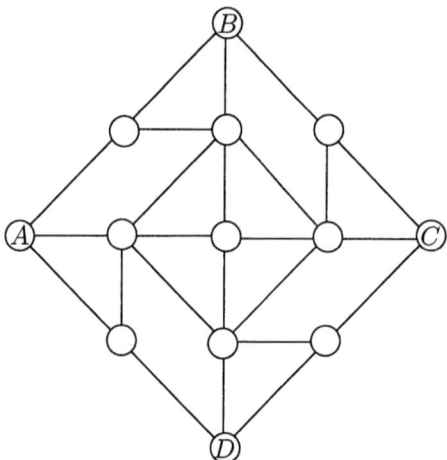

Abb. 7.1.2. Der planare Graph P.

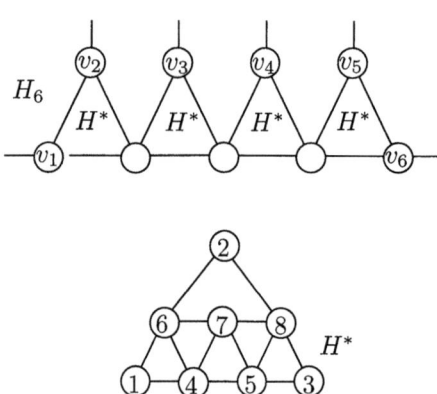

Abb. 7.1.3. Die Ersetzung eines Knotens mit Grad 6 durch einen planaren Graphen mit maximalem Grad 4.

kann für jedes $b \in \mathbb{Q}$, $b > 1$, $b \neq 2$ auf die (0,1,b)-Aufteilungsregel übertragen werden. Dabei lässt sich beispielsweise die (0,1,3/2)-Aufteilungsregel als (0,2,3)-Regel, also 0 Punkte bei Niederlage, 2 Punkte bei Unentschieden und 3 Punkte bei Sieg, besser interpretieren. Reale Meisterschaftsprobleme sind spezieller als die bisher behandelten Probleme, bei denen eine Liste von noch auszuführenden Spielen gegeben ist. Spielpläne sehen Spieltage vor, an denen jeder Verein genau ein Spiel austrägt. Das (0,1,3)-Meisterschaftsproblem ist selbst für drei ausstehende Spieltage NP-vollständig, während es für zwei ausstehende Spieltage polynomiell lösbar ist. Dabei ist aber unklar, ob die vorgegebenen Punktestände auch in einem Spielplan mit Hin- und Rückrunde erreichbar sind. Darüber hinaus folgt die Spielplangestaltung zumindest in der deutschen Bundesliga (für Fußball) einem vorgegebenen Schema mit starken „Lokalitätseigenschaften". Bei der 3-Punkte-Regel ist unter dieser Einschränkung das Meisterschaftsproblem für $O(\log^{1/2} n)$ ausstehende Spieltage polynomiell lösbar. Ob es bei dieser Spielplangestaltung sogar stets effizient lösbar ist, ist ein offenes Problem.

Bei NP-vollständigen und NP-äquivalenten Problemen lohnt sich die Überlegung, ob vielleicht nur Algorithmen für eine speziellere Problemvariante benötigt werden, und gegebenenfalls lohnt sich die Untersuchung der Komplexität des spezielleren Problems. An Beispielen haben wir gesehen, dass die Trennlinie zwischen einfachen und schwierigen Varianten eines Problems einen überraschenden Verlauf nehmen kann.

7.2 Pseudopolynomielle Algorithmen und starke NP-Vollständigkeit

In Kapitel 7.1 haben wir eine für Anwendungen wichtige Möglichkeit, Probleme einzuschränken, nicht behandelt, nämlich die Beschränkung der Größe der in der Eingabe vorkommenden Zahlen. Wir betrachten hier nur natürliche Zahlen. Eingaben der Bitlänge n können Zahlen enthalten, die bezüglich n exponentiell groß sind. Andererseits benötigen die meisten Anwendungen nur Zahlen „moderater" Größe.

Hier interessieren also Probleme, bei denen Zahlen, deren Größe nicht polynomiell in der Eingabelänge beschränkt ist, nicht sinnlos sind. Bei der Entscheidungsvariante des Cliquenproblems fragen wir für einen Parameter k nach der Existenz einer Clique der Größe k. Prinzipiell kann k eine beliebige natürliche Zahl sein. Sinnvoll sind aber nur Werte, bei denen die Antwort nicht unabhängig vom betrachteten Graphen ist, also Werte $k \in \{2, \ldots, n\}$. Damit ist das Cliquenproblem hier nicht von Interesse. Gleiches gilt für alle Varianten des Cliquenproblems, für Überwachungsprobleme, Teambildungsprobleme und Verifikationsprobleme. Dagegen sind Rundreiseprobleme, Rucksackprobleme, Aufteilungsprobleme, Flussprobleme, Meisterschaftsprobleme und zahlentheoretische Probleme von der Art, dass Zahlen, deren Werte nicht polynomiell in der Eingabelänge beschränkt sind, nicht prinzipiell sinnlos sind. Sie heißen *Probleme auf großen Zahlen* (number problems).

Für schwierige, also z. B. NP-äquivalente Probleme stellen wir uns die Frage, ob sie auch schwierig sind, wenn die in der Eingabe vorkommenden Zahlen polynomiell in der Eingabelänge beschränkt sind. Eine Sonderrolle spielen zahlentheoretische Probleme. Die Eingabe für PRIMES besteht aus genau einer Zahl in Binärdarstellung. Wenn wir die Größe der Zahl polynomiell beschränken, fällt die Eingabelänge automatisch exponentiell und die neue Zahl hat wieder exponentielle Größe bezogen auf ihre Eingabelänge. Dies ist bei den anderen oben erwähnten Problemen anders. Wegen der großen Bedeutung von Problembeschränkungen auf kleine Zahlen haben Probleme auf großen Zahlen, die bei derartigen Einschränkungen schwierig bleiben, eine besondere Bezeichnung erhalten.

Definition 7.2.1. Ein Entscheidungsproblem A auf großen Zahlen heißt *stark NP-vollständig* (NP-complete in the strong sense), wenn es für ein Polynom $p(n)$ und Eingaben, bei denen alle Zahlen aus N und bei Eingabelänge n durch $p(n)$ beschränkt sind, NP-vollständig ist.

Theorem 7.2.2. *Das Rundreiseproblem TSP und das Meisterschaftsproblem CP mit $(0, 1, a)$-Aufteilungsregel sind stark NP-vollständig.*

Beweis. Wir wissen bereits, dass TSP selbst dann NP-vollständig ist, wenn die Distanzen nur Werte aus $\{1, 2\}$ annehmen dürfen. Die größte vorkommende Zahl ist dann n als Name des letzten Ortes. CP ist für die (0,1,3)-Aufteilungsregel NP-vollständig und damit sind die Zahlen in der Eingabe durch die Anzahl der beteiligten Vereine und ausstehenden Spiele beschränkt. □

Der Begriff „stark NP-vollständig" kann unter der Annahme NP $\neq$ P Probleme, die NP-vollständig sind, komplexitätstheoretisch unterscheiden.

Theorem 7.2.3. *Falls NP $\neq$ P ist, ist das Rucksackproblem KP nicht stark NP-vollständig.*

Beweis. Die Behauptung wird durch die Angabe eines Algorithmus für KP bewiesen, der für polynomiell beschränkte Gewichtswerte polynomielle Rechenzeit hat. Der Algorithmus folgt der Methode der dynamischen Programmierung. Mit $KP(k, g)$, $1 \leq k \leq n$, $0 \leq g \leq G$, bezeichnen wir das Teilproblem, bei dem nur die ersten k Objekte betrachtet werden und die Gewichtsgrenze g beträgt. Es soll $N(k, g)$ den größten in $KP(k, g)$ zu erreichenden Nutzen angeben und $D(k, g)$ die Entscheidung bei einer optimalen Bepackung des Rucksacks, ob wir Objekt k einpacken ($D(k, g) = 1$) oder nicht einpacken ($D(k, g) = 0$). Zusätzlich legen wir für nicht betrachtete Parameterwerte sinnvolle Werte fest: Es sei $N(k, g) = -\infty$, falls $g < 0$ ist, und $N(0, g) = N(k, 0) = D(k, 0) = 0$ für $g \geq 0$.

Der Algorithmus füllt nun zeilenweise eine Tabelle mit den Werten $(N(k, g), D(k, g))$. Bei der Betrachtung von $KP(k, g)$ können wir Objekt k einpacken und haben uns nach dieser Entscheidung den Nutzen a_k gesichert, die Gewichtsgrenze für die restlichen Objekte auf $g - g_k$ gesenkt (eventuell ist $g - g_k < 0$) und müssen daher das Problem $KP(k-1, g - g_k)$ betrachten. Wenn wir Objekt k nicht einpacken, haben wir es mit dem Problem $KP(k-1, g)$ zu tun. Also ist

$$N(k, g) = \max\{N(k-1, g - g_k) + a_k, N(k-1, g)\}.$$

Zusätzlich können wir $D(k, g) = 1$ setzen, wenn $N(k-1, g - g_k) + a_k \geq N(k-1, g)$ ist, und ansonsten $D(k, g) = 0$. Die Berechnung von $(N(k, g), D(k, g))$ ist in Zeit $O(1)$ möglich. Die gesamte Rechenzeit beträgt $O(n \cdot G)$ und ist polynomiell beschränkt, wenn G polynomiell in n beschränkt ist. □

7.2 Pseudopolynomielle Algorithmen und starke NP-Vollständigkeit

Wir nennen einen Algorithmus für ein Problem auf großen Zahlen *pseudopolynomiell* (pseudo-polynomial), wenn er für jedes Polynom $p(n)$ und Eingaben, bei denen alle Zahlen natürliche durch $p(n)$ in ihrer Größe beschränkte Zahlen sind, eine polynomielle Rechenzeit hat. Unter der Annahme NP $\neq$ P schließt ein pseudopolynomieller Algorithmus aus, dass das Problem stark NP-vollständig ist. Aus algorithmischer Sicht stellt sich dieser Sachverhalt wie folgt dar:

Falls NP $\neq$ P ist, gibt es für stark NP-vollständige Probleme nicht einmal pseudopolynomielle Algorithmen.

Unter diesen Gesichtspunkten lohnt ein Rückblick auf den Beweis von Theorem 6.3.1, also auf den Beweis, dass das spezielle Rucksackproblem SSS NP-vollständig ist. Bei der polynomiellen Reduktion von 3-SAT auf SSS wurden aus Eingaben mit m Klauseln und n Variablen Eingaben für SSS gebildet, deren Dezimallänge $n+m$ ist. Dies sind riesig große Zahlen. Eine polynomielle Reduktion, die nur Zahlen erzeugt hätte, deren Größe durch ein Polynom $p(n,m)$ beschränkt ist, hätte zur Konsequenz, dass NP $=$ P ist. Schließlich ist nach Theorem 7.2.3 das Problem SSS auf kleinen Zahlen polynomiell lösbar.

Das Aufteilungsproblem BP ist selbst bei Beschränkung auf zwei Kisten NP-vollständig, aber mit dem pseudopolynomiellen Algorithmus für SSS ebenfalls pseudopolynomiell lösbar. Etwas allgemeiner können wir feststellen, dass Aufteilungsprobleme mit konstant vielen Kisten pseudopolynomiell lösbar und damit unter der Annahme NP $\neq$ P nicht stark NP-vollständig sind. Wir betrachten nun die gegenteilige Situation für Aufteilungsprobleme. Es gibt $n = 3k$ Objekte und k Kisten der Größe b. Die Objektgrößen $a_1, \ldots, a_n$ haben die Eigenschaft, dass $b/4 < a_i < b/2$ und $a_1 + \cdots + a_n = k \cdot b$ ist. Also passen in jede Kiste mindestens zwei und höchstens drei der Objekte. Nun ist zu entscheiden, ob die Objekte in die k Kisten verpackt werden können. Im positiven Fall sind alle k Kisten voll gepackt und jede Kiste enthält genau drei Objekte. Daher wird dieses Problem 3-PARTITION genannt. Im Gegensatz zu den Aufteilungsproblemen mit wenigen Kisten und vielen Objekten pro Kiste ist dieses Aufteilungsproblem mit vielen Kisten und nur drei Objekten, die zusammen in eine Kiste passen, stark NP-vollständig.

Theorem 7.2.4. *3-PARTITION ist stark NP-vollständig.*

Wir verzichten auf den technisch aufwändigen Beweis (siehe z.B. Garey und Johnson (1979)). Dabei wird zunächst 3-DM auf ein Problem 4-PARTITION mit polynomiell großen Zahlen und dann dieses Problem auf 3-PARTITION mit polynomiell großen Zahlen polynomiell reduziert. Das Problem 4-PARTITION ist analog zu 3-PARTITION so definiert, dass $b/5 < a_i < b/3$ und $n = 4k$ ist. Interessant sind die beiden polynomiellen Reduktionen, weil in ihnen analog zum Beweis von 3-SAT $\leq_p$ SSS Informationen in Zahlen codiert werden. Das Problem 3-PARTITION spielt eine wichtige

Rolle als Ausgangsproblem, um die starke NP-Vollständigkeit anderer Probleme zu beweisen. Dieses wollen wir an den Lastverteilungsproblemen BP und SWI demonstrieren.

Theorem 7.2.5. *BP und SWI sind stark NP-vollständig.*

Beweis. Die Aussage für BP ist offensichtlich, da 3-PARTITION ein Spezialfall von BP ist. Zum Beweis der Aussage für SWI geben wir eine polynomielle Reduktion von 3-PARTITION auf SWI an und diskutieren hinterher die Größe der betrachteten Zahlen. Die Eingabe für 3-PARTITION besteht aus $n = 3k$, b und $a_1, \ldots, a_n$ mit $b/4 < a_i < b/2$ und $a_1 + \cdots + a_n = k \cdot b$. Daraus konstruieren wir folgende Eingabe für SWI mit n Aufgaben $A_1, \ldots, A_n$, die die Objekte aus der Eingabe für 3-PARTITION repräsentieren, und $k - 1$ erzwingenden Aufgaben $E_1, \ldots, E_{k-1}$. Die Aufgabe A_i darf sofort begonnen werden, d. h. $r(A_i) = 0$, ihre Dauer beträgt $l(A_i) = a_i$ und sie muss zum Zeitpunkt $kb + k - 1$ beendet sein, d. h. $d(A_i) = kb + k - 1$. Der Wert $kb + k - 1$ wird der Gesamtlänge aller Aufgaben entsprechen. Die erzwingenden Aufgaben werden definiert durch $r(E_i) = ib + i - 1$, $l(E_i) = 1$ und $d(E_i) = ib + i$. Der Zeitpunkt ihrer Bearbeitung ist erzwungen. Alle erzwingenden Aufgaben zusammen benötigen eine Bearbeitungsdauer von $k - 1$ und erzwingen, dass die Aufgaben $A_1, \ldots, A_n$ in k Blöcke mit Bearbeitungsdauer b zerlegt werden. Daher erlaubt 3-PARTITION genau dann eine Verpackung der n Objekte in k Kisten, wenn die $n + k - 1$ Aufgaben der Eingabe für SWI von einem Prozessor unter Einhaltung der Nebenbedingungen bearbeitet werden können.

Die größte in der Eingabe für SWI vorkommende Zahl ist offensichtlich $kb + k - 1$. Wenn die Zahlen in der Eingabe für 3-PARTITION durch ein Polynom $p(n)$ beschränkt sind, ist $b \leq p(n)$ und $kb + k - 1 \leq k \cdot (p(n) + 1)$ polynomiell in der Anzahl $n + k - 1$ der Aufgaben beschränkt. Also folgt die starke NP-Vollständigkeit von SWI aus der starken NP-Vollständigkeit von 3-PARTITION. □

7.3 Ein Überblick über die betrachteten NP-Vollständigkeitsbeweise

Im Laufe der letzten vier Kapitel wurden viele Reduktionen entworfen, die sich als polynomielle Reduktionen erwiesen haben und mit denen die NP-Vollständigkeit oder sogar starke NP-Vollständigkeit der Entscheidungsvarianten wichtiger Probleme bewiesen wurde. Diese Ergebnisse werden in Abbildung 7.3.1 zusammengefasst. Mit NP($p(n)$) werden dabei alle Probleme bezeichnet, die nichtdeterministisch in Zeit $O(p(n))$ von einer stereotypen Turingmaschine mit einem Band entschieden werden können. Die stark NP-vollständigen Probleme auf großen Zahlen sind eingerahmt. Die polynomiellen Reduktionen werden durch nach unten verlaufende Pfeile symbolisiert.

7.3 Ein Überblick über die betrachteten NP-Vollständigkeitsbeweise

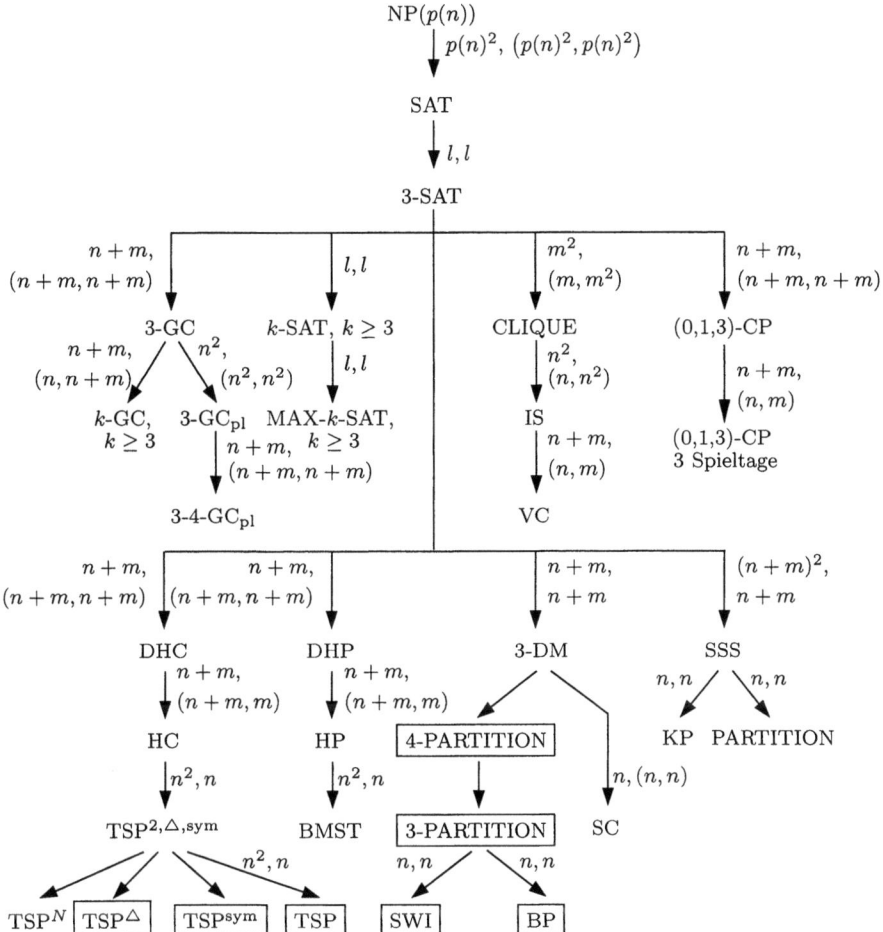

Abb. 7.3.1. Ein Überblick über NP-vollständige und stark NP-vollständige Probleme.

An ihnen stehen die für die Reduktion benötigten Ressourcen, zunächst die Rechenzeit und dann die Größe der konstruierten Problemeingabe. Bei allen Angaben ist ein $O(\cdot)$ zu ergänzen. Bei SAT bezeichnet l die Eingabelänge. Abbildung 7.3.1 ist ein winziger Ausschnitt aus dem Gesamtbild bekannter NP-Vollständigkeitsbeweise. Es ist heute praktisch unmöglich, ein Gesamtbild zu erstellen. Darüber hinaus können wir davon ausgehen, dass sich das Gesamtbild fast täglich ändert. Es ist also eher untertrieben, wenn in Kapitel 1 von tausenden von NP-vollständigen Problemen geschrieben wurde.

7. Die Komplexitätsanalyse von Problemen

Das Gesamtbild NP-vollständiger und NP-äquivalenter Probleme ist unüberschaubar. Das NP≠P-Problem ist eine große intellektuelle Herausforderung mit weitreichenden Konsequenzen.

8. Die Komplexität von Approximationsproblemen – klassische Resultate

8.1 Komplexitätsklassen

Bisher haben wir Optimierung als scharf formuliertes Kriterium verstanden. Nur die Berechnung einer bewiesenermaßen optimalen Lösung zählt als Ergebnis, alles andere ist ein Misserfolg. Falls wir ein Optimierungsproblem effizient exakt lösen können, sollten wir dies auch tun. Allerdings sind sehr viele wichtige Optimierungsprobleme NP-äquivalent. Wenn wir für derartige Probleme effizient Lösungen berechnen können, deren Wert garantiert nahe am Wert optimaler Lösungen liegt, ist dies ein guter Ausweg aus dem (vermuteten) NP$\neq$P-Dilemma. Dies gilt für Probleme aus realen Anwendungen, in denen die Parameter auf Schätzungen beruhen, noch mehr, da exakte Optimierung unter diesen Voraussetzungen eine Fiktion ist. Für Entscheidungsprobleme A bezeichnen wir die zugehörigen Optimierungsprobleme mit MAX-A bzw. MIN-A.

Wir diskutieren also Optimierungsprobleme, bei denen es für jede Eingabe x eine nicht leere Menge $S(x)$ *zulässiger Lösungen* (solutions) gibt und jede Lösung $s \in S(x)$ bezogen auf x einen positiven *Wert* (value) $v(x,s)$ hat. Diese Bedingungen treffen auf die von uns betrachteten Optimierungsprobleme mit der Ausnahme zu, dass manchmal Lösungen den Wert 0 haben, so beim Cliquenproblem die leere Menge oder beim Knotenüberwachungsproblem die leere Menge für den Graphen ohne Kanten. Im ersten Fall können wir die leere Menge aus der Menge zulässiger Lösungen ausschließen, da es stets trivial berechenbare bessere Lösungen gibt, nämlich Cliquen der Größe 1. Im zweiten Fall können wir Graphen ohne Kanten von der Betrachtung ausschließen, ohne das Problem wesentlich zu verändern. Wir bestehen darauf, dass $v(x,s) > 0$ ist, damit wir durch $v(x,s)$ dividieren können. Es ist unser Ziel, gute Lösungen $s \in S(x)$ und deren Wert $v(x,s)$ in polynomieller Zeit zu berechnen. Daher fordern wir, dass für ein Polynom p jede Lösung $s \in S(x)$ und deren Wert $v(x,s)$ eine durch $p(|x|)$ beschränkte Länge haben. Für die meisten Probleme werden die Werte von Lösungen ganzzahlig sein. Eine Ausnahme stellt das Rundreiseproblem MIN-TSP$^{d-\text{Euklid}}$ dar. Schließlich müssen wir unterscheiden, ob wir an einer Lösung mit möglichst großem Wert (Maximierungsproblem, maximization problem) oder mit möglichst kleinem Wert (Minimierungsproblem, minimization problem) interessiert sind. Die Güte einer Lösung $s \in S(x)$ soll messen, „wie nahe" der Wert der Lösung $v(x,s)$

dem Wert einer optimalen Lösung $v_{\text{opt}}(x)$ für die Eingabe x kommt. Diese Überlegung ist zwar gut motiviert, beinhaltet aber auch das Problem, dass die Definition den unbekannten Wert $v_{\text{opt}}(x)$ enthält. Wenn wir $v_{\text{opt}}(x)$ effizient berechnen können, lässt sich das dem Optimierungsproblem zugrunde liegende Auswertungsproblem in polynomieller Zeit lösen. Wir haben in Kapitel 4.2 diskutiert, dass dann in den meisten Fällen auch das Optimierungsproblem polynomiell lösbar ist. Wir werden also auf das Problem stoßen, $v_{\text{opt}}(x)$ abschätzen zu müssen. Zunächst wollen wir formalisieren, wie wir die „Nähe" von $v(x,s)$ und $v_{\text{opt}}(x)$ messen wollen. Die naheliegendste Idee ist es wohl, die Differenz $v_{\text{opt}}(x) - v(x,s)$ oder ihren Betrag zu betrachten. Dies ist jedoch in vielen Fällen nicht angemessen. Eine Abweichung von 10 beim Aufteilungsproblem MIN-BP ist gravierend, wenn 18 Kisten ausreichen, sie ist aber vertretbar, wenn wir 1800 Kisten brauchen. Beim MIN-TSP ändern wir das Problem formal, aber nicht inhaltlich, wenn wir die Entfernung in Metern statt in Kilometern ausdrücken. Gleiches gilt, wenn wir den Nutzen beim Rucksackproblem MIN-KP durch Geldwerte beschreiben und von Euro in Cent wechseln. In beiden Fällen würde sich die Differenz $v_{\text{opt}}(x) - v(x,s)$ um einen konstanten Faktor verändern. Da die Differenz nur in Ausnahmefällen die Güte einer Lösung geeignet misst, werden wir nur den üblichen Gütebegriff verwenden, bei dem das Verhältnis, also der Quotient, von $v_{\text{opt}}(x)$ und $v(x,s)$ betrachtet wird. Die oben beschriebenen Probleme bei der Betrachtung von $v_{\text{opt}}(x) - v(x,s)$ treten dann nicht auf. Wir folgen der Tradition, bei Maximierungsproblemen den Quotienten $v_{\text{opt}}(x)/v(x,s)$ und bei Minimierungsproblemen den Quotienten $v(x,s)/v_{\text{opt}}(x)$ zu verwenden. Dies sichert, dass wir einheitlich Gütewerte erhalten, die mindestens 1 betragen. Allerdings müssen wir akzeptieren, dass bessere Lösungen kleinere Gütewerte haben als schlechtere Lösungen. Diese Definition wird bei Minimierungsproblemen einheitlich verwendet, während bei Maximierungsproblemen in der Literatur auch der Quotient $v(x,s)/v_{\text{opt}}(x)$ verwendet wird.

Für Optimierungsprobleme ist die *Approximationsgüte* (approximation ratio) $r(x,s)$ einer für eine Eingabe x zulässigen Lösung s definiert durch

– $v_{\text{opt}}(x)/v(x,s)$ bei Maximierungsproblemen und
– $v(x,s)/v_{\text{opt}}(x)$ bei Minimierungsproblemen.

Von einem Optimierungsalgorithmus A erwarten wir, dass er für jede Eingabe x eine zulässige Lösung $s_A(x)$ berechnet, die von ihm für x erreichte Approximationsgüte ist dann $r_A(x) := r(x, s_A(x))$). Die Lösung wird auch für $\varepsilon := \varepsilon_A(x) := r_A(x) - 1$ als ε-*optimal* bezeichnet. Bei Minimierungsproblemen liegt der Wert der berechneten Lösung um $100 \cdot \varepsilon$ % über dem Optimum, bei Maximierungsproblemen ist das Optimum $100 \cdot \varepsilon$ % größer als der Wert der berechneten Lösung, deren Wert $100 \cdot (\varepsilon/(1+\varepsilon))$ % kleiner als das Optimum ist. Ebenso wie wir nicht die Rechenzeit $t_A(x)$ eines Algorithmus für jede Eingabe betrachten, werden wir an Stelle von $r_A(x)$ die *maximale Approximationsgüte* (worst-case approximation ratio)

$$r_A(n) := \sup \{r_A(x) \mid |x| \leq n\}$$

untersuchen. Die maximale Approximationsgüte kann manchmal nicht angemessen sein. So wird in Kapitel 8.2 ein effizienter Approximationsalgorithmus A für das Aufteilungsproblem BP vorgestellt, für den

$$v(x, s_A(x)) \leq \frac{11}{9} \cdot v_{\text{opt}}(x) + 4$$

gilt. Also ist

$$r_A(x) \leq \frac{11}{9} + \frac{4}{v_{\text{opt}}(x)}.$$

Da $v_{\text{opt}}(x) \geq 1$ ist, folgt $r_A(n) \leq 47/9$. Da wir Probleme, bei denen alle Objekte in eine Kiste passen, effizient erkennen können, benötigen wir die Abschätzung nur für $v_{\text{opt}}(x) \geq 2$, was zu $r_A(n) \leq 29/9$ führt. Für Probleme mit großen Werten von $v_{\text{opt}}(x)$ nähert sich die Approximationsgüte jedoch dem viel besseren Wert von $11/9$. Daher benutzen wir die Bezeichnung *asymptotische maximale Approximationsgüte* r_A^∞ (asymptotic worst-case approximation ratio) für die kleinste Zahl b, für die es für jedes $\varepsilon > 0$ einen Wert $v(\varepsilon)$ gibt, so dass für alle x mit $v_{\text{opt}}(x) \geq v(\varepsilon)$ die Beziehung $r_A(x) \leq b + \varepsilon$ gilt. Wir werden sehen, dass es Probleme gibt, für die die kleinste in polynomieller Zeit erreichbare asymptotische maximale Approximationsgüte unter der Hypothese NP $\neq$ P kleiner als die kleinste in polynomieller Zeit erreichbare maximale Approximationsgüte ist.

Ein *Approximationsproblem* (approximation problem) ist ein Optimierungsproblem, bei dem nicht notwendigerweise die Berechnung einer optimalen Lösung verlangt wird, sondern es ausreicht, eine vorgegebene (asymptotische) maximale Approximationsgüte in polynomieller Zeit zu erreichen. Damit stellt sich die Frage nach der Komplexität von Approximationsproblemen. Wir können uns auch fragen, ab welcher Approximationsgüte die Komplexität von „NP-äquivalent" in „polynomiell lösbar" umschlägt. Bei Optimierungsproblemen konnten wir uns auf die Behandlung ihrer Entscheidungsvarianten zurückziehen. Für Approximationsprobleme gibt es eine sinnvolle Variante als Auswertungsproblem. Bei Maximierungsproblemen können wir verlangen, eine Schranke b zu berechnen, so dass der Wert einer optimalen Lösung in $[b, b \cdot (1 + \varepsilon)]$ liegt, bei Minimierungsproblemen sollte der Wert optimaler Lösungen in $[b/(1 + \varepsilon), b]$ liegen. Allerdings gibt es keine sinnvollen Entscheidungsvarianten. Die Frage, ob der Wert optimaler Lösungen in $[b, b \cdot (1 + \varepsilon)]$ liegt, erfordert bei Maximierungsproblemen für Eingaben x mit $v(x, s) \leq b$ für alle $s \in S(x)$ eine Aussage über den optimalen Wert der Lösung.

Unsere Definitionen erlauben auch triviale Lösungen. So können wir beim Cliquenproblem stets einen Knoten als Clique der Größe 1 ausgeben und erhalten eine Approximationsgüte von höchstens n. Indem wir für konstantes k alle Knotenmengen mit höchstens k Knoten in polynomieller Zeit darauf überprüfen, ob sie eine Clique bilden, und dann die größte gefundene Clique als Lösung präsentieren, garantieren wir eine Approximationsgüte von n/k. Interessant werden erst Approximationsgüten, die „nicht trivial" erreichbar sind.

Definition 8.1.1. Es sei $r\colon \mathbb{N} \to [1,\infty)$ mit $r(n+1) \geq r(n)$ gegeben. Die Komplexitätsklasse APX$(r(n))$ enthält alle Approximationsprobleme, die mit maximaler Approximationsgüte $r_A(n) \leq r(n)$ durch einen polynomiellen Algorithmus A gelöst werden können. Mit APX wird die Vereinigung aller APX$(c), c \geq 1$, bezeichnet, also die Klasse aller Approximationsprobleme, die in polynomieller Zeit mit konstanter maximaler Approximationsgüte gelöst werden können. Mit APX* wird der Durchschnitt aller APX$(c), c > 1$, bezeichnet.

Die Definition von APX* verlangt für jedes $c > 1$ einen APX(c)-Algorithmus. Dies impliziert aber nicht die Existenz *eines* Algorithmus, der bei Eingabe von $\varepsilon > 0$ die Berechnung einer ε-optimalen Lösung ermöglicht. Ein derartiger Algorithmus hätte jedoch den Vorteil, dass die Anwenderinnen und Anwender selbst die gewünschte Approximationsgüte vorgeben können.

Definition 8.1.2. Ein *polynomielles Approximationsschema* (polynomial-time approximation scheme, PTAS) für ein Approximationsproblem ist ein Algorithmus A, der auf Eingaben (x, ε) arbeitet, wobei x eine Eingabe für das Problem und $\varepsilon > 0$ eine rationale Zahl ist, und für fest gewähltes ε in polynomieller Zeit bezogen auf die Länge von x eine Lösung mit maximaler Approximationsgüte $1 + \varepsilon$ berechnet. Die Komplexitätsklasse PTAS enthält alle Optimierungsprobleme, für die es ein polynomielles Approximationsschema gibt.

Selbst mit einem PTAS erfüllen sich nicht alle Wünsche. Rechenzeiten wie $\Theta(n^{1/\varepsilon})$ oder $\Theta(n \cdot 2^{1/\varepsilon})$ sind zugelassen, da sie für konstantes ε polynomiell sind. Allerdings sind derartige Rechenzeiten für kleines ε nicht tolerabel – im Gegensatz zu Rechenzeiten wie $\Theta(n/\varepsilon)$.

Definition 8.1.3. Ein *echt polynomielles Approximationsschema* (fully polynomial-time approximation scheme, FPTAS) ist ein PTAS, bei dem die Rechenzeit durch ein Polynom bezüglich der Länge von x und des Wertes von $1/\varepsilon$ beschränkt ist. Die Komplexitätsklasse FPTAS enthält alle Optimierungsprobleme, für die es ein echt polynomielles Approximationsschema gibt.

Wenn wir P auf Optimierungsprobleme einschränken, gilt

$$\text{P} \subseteq \text{FPTAS} \subseteq \text{PTAS} \subseteq \text{APX}.$$

Für Optimierungsprobleme, die vermutlich nicht zu P gehören, sind wir daran interessiert zu entscheiden, ob sie zu FPTAS, PTAS oder wenigstens zu APX gehören. Im Fall von APX sind wir an möglichst kleinen c interessiert, so dass das Problem in APX(c) liegt. Für noch schwierigere Probleme sind wir an möglichst langsam wachsenden Funktionen $r(n)$ interessiert, so dass die Probleme in APX($r(n)$) liegen. Eine Übertragung der Komplexitätsklassen von deterministischen auf randomisierte Algorithmen ist nahe liegend, soll hier aber nicht im Detail beschrieben werden.

Approximationsalgorithmen, die in polynomieller Zeit arbeiten, bilden für schwierige Optimierungsprobleme eine für die Anwendungen relevante Alternative. Es stehen Komplexitätsklassen zur Verfügung, um zu unterscheiden, welche Approximationsgüte effizient erreichbar ist.

8.2 Approximationsalgorithmen

Um ein Gefühl für Approximationsprobleme zu erhalten, werden hier beispielhaft einige effiziente Approximationsalgorithmen diskutiert, wobei wir für manche Beweise auf Lehrbücher über effiziente Algorithmen verweisen. Zusätzlich werden einige Approximationsergebnisse zitiert. Wir beginnen mit Approximationsgüten, die mit der Problemgröße wachsen, es folgen APX-Algorithmen, PTAS und FPTAS.

Wir beginnen mit zwei Problemen, für die mit den Methoden aus Kapitel 12 gezeigt werden kann, dass sie nicht zu APX gehören, wenn NP $\neq$ P ist. Für das Cliquenproblem MAX-CLIQUE kann in polynomieller Zeit eine Approximationsgüte von $O(n/\log^2 n)$ erzielt werden (Boppana und Halldórsson (1992)). Dies ist eine nur geringfügige Verbesserung gegenüber der trivialen Approximationsgüte von n oder εn für beliebiges $\varepsilon > 0$. Auch für das Mengenüberdeckungsproblem MIN-SC ist es trivial, eine Approximationsgüte von εn zu erreichen. Hier ist es aber sogar gelungen, in polynomieller Zeit eine Approximationsgüte von $O(\log n)$ zu garantieren (Johnson (1974)).

Für einige Probleme werden nun APX-Algorithmen vorgestellt. Wie gut die erreichten Approximationsgüten sind, wird in Kapitel 8.3 und Kapitel 12 diskutiert.

Wir beginnen mit dem Knotenüberdeckungsproblem MIN VC. In linearer Zeit durchlaufen wir die Liste der Kanten und wählen eine Kante aus, wenn beide Endknoten noch frei sind. Zu Beginn sind alle Knoten frei und bei Wahl einer Kante wechseln beide Endknoten ihren Status von „frei" in „besetzt". Die Ausgabe besteht in der Menge der besetzten Knoten. Wenn die besetzten Knoten die Kante $\{v, w\}$ nicht überwachen würden, hätten wir diese Kante gewählt. Bei Wahl von k Kanten enthält die Knotenüberdeckung $2k$ Knoten. Die k Kanten haben keinen Knoten gemeinsam. Daher sind k Knoten nötig, um allein die gewählten Kanten zu überdecken. Also haben wir eine Approximationsgüte von 2 erzielt.

Interessant ist der folgende polynomielle Algorithmus für MAX-3-SAT, der eine Approximationsgüte von 8/7 erreicht, wenn alle Klauseln genau drei *verschiedene* Literale enthalten. Für jede Klausel c_i gibt es acht Belegungen der beteiligten Variablen, von denen sieben die Klausel erfüllen. Es sei X_i die Zufallsvariable, die den Wert 1 annimmt, wenn eine zufällige Belegung der Variablen die Klausel c_i erfüllt, und ansonsten den Wert 0 hat. Nach Bemerkung A.2.3 ist $E(X_i) = \text{Prob}(X_i = 1) = 7/8$ und bei m Klauseln gilt nach Theorem A.2.4 für $X := X_1 + \cdots + X_m$ die Gleichung $E(X) = (7/8) \cdot m$. Im Durchschnitt werden also $(7/8) \cdot m$ Klauseln erfüllt und es werden nie mehr als m Klauseln erfüllt. Eine zufällige Belegung der Variablen hat somit eine Approximationsgüte von höchstens 8/7. Wir werden diese Konstruktion derandomisieren. Dazu untersuchen wir die beiden möglichen Werte für x_n, also $x_n = 0$ und $x_n = 1$. Es ist einfach, $E(X \mid x_n = b)$ für $b \in \{0,1\}$ als Summe aller $a_i := E(X_i \mid x_n = b)$ zu berechnen. So ist $a_i = 1$, wenn durch $x_n = b$ die Klausel erfüllt ist, $a_i = 7/8$, wenn die Klausel noch drei unbelegte Variablen hat, $a_i = 3/4$, wenn die Klausel noch zwei unbelegte Variablen hat und das dritte Literal den Wert 0 hat. Im Laufe des Verfahrens wird es Klauseln mit einer unbelegten Variablen und zwei Literalen mit Wert 0 geben. Dann ist der zugehörige bedingte Erwartungswert 1/2. Schließlich hat die bedingte Erwartung von X_i den Wert 0, wenn bereits alle drei Literale „falsch" belegt wurden. Nach Theorem A.2.8 ist

$$E(X) = \frac{1}{2} \cdot E(X \mid x_n = 0) + \frac{1}{2} \cdot E(X \mid x_n = 1)$$

und es gibt einen Wert $b_n \in \{0,1\}$, so dass $E(X \mid x_n = b_n) \geq (7/8) \cdot m$ ist. Da wir die beiden bedingten Erwartungswerte berechnet haben, können wir b_n geeignet wählen. Nun fahren wir analog für die beiden Werte von x_{n-1} fort. Schließlich haben wir $b_1, \ldots, b_n \in \{0,1\}$ mit $E(X \mid x_1 = b_1, \ldots, x_n = b_n) \geq (7/8) \cdot m$ gefunden. Die Bedingung legt alle Variablen fest und X ist die Anzahl der auf diese Weise erfüllten Klauseln. Die Rechenzeit beträgt $O(nm)$, da wir für jede Variable x_i die durch die Konstantsetzung $x_{i+1} = b_{i+1}, \ldots, x_n = b_n$ entstehenden Klauseln betrachten.

Für das Aufteilungsproblem MIN-BP ist es sehr einfach, eine Approximationsgüte von 2 zu erzielen. Wir packen die Objekte der Reihe nach ein. Wir wählen nur dann eine neue Kiste, wenn ein Objekt in keine der bereits benutzten Kisten passt. Wenn alle Objekte in eine Kiste passen, erhalten wir eine optimale Lösung. Ansonsten sei b^* die Größe des Inhalts der am wenigsten bepackten Kiste. Falls $b^* \leq b/2$ ist, sind nach unserer Strategie alle anderen benutzten Kisten mit einem Inhalt von mehr als $b - b^*$ gefüllt. Also sind die Kisten im Durchschnitt stets zu mehr als der Hälfte gefüllt und es ist unmöglich, die Anzahl der Kisten zu halbieren. Ein etwas komplizierterer Algorithmus erreicht in polynomieller Zeit eine Approximationsgüte von 3/2. Hierbei fällt auf, dass die großen Objekte besondere Schwierigkeiten verursachen. Dies führt zu der folgenden Idee. Zunächst werden die Objekte der Größe nach sortiert und dann werden die größten Objekte zuerst verpackt. Um Kisten mit großem Freiraum zu erhalten, wird stets die Kiste gewählt, die den kleinsten Freiraum hat und das Objekt noch aufnehmen kann. Die resultierende Strategie ist unter der Bezeichnung „best-fit-decreasing" (BFD) bekannt. Für sie wurde die Beziehung

$$v(x, s_{\text{BFD}}(x)) \leq \frac{11}{9} v_{\text{opt}}(x) + 4$$

bewiesen (Johnson (1974)). Wie schon in Kapitel 8.1 diskutiert, führt dies zu einer oberen Schranke für die *asymptotische* maximale Approximationsgüte von 11/9. Ein polynomieller Algorithmus von Karmarkar und Karp (1982) hat eine durch $1 + O((\log^2 v_{\text{opt}}(x))/v_{\text{opt}}(x))$ beschränkte Approximationsgüte, also eine asymptotische maximale Approximationsgüte von 1. Ein derartiger Algorithmus wird auch *asymptotisches* FPTAS genannt. In den Kapiteln 8.3 und 12 diskutieren wir untere Schranken für die maximale Approximationsgüte polynomieller Algorithmen.

Zwei Ergebnisse für Rundreiseprobleme sollen nur erwähnt werden. Für MIN-TSP$^\triangle$ kann eine maximale Approximationsgüte von 3/2 durch polynomielle Algorithmen garantiert werden (siehe Hromkovič (1997)) und für MIN-TSP$^{d-\text{Euklid}}$ gibt es sogar ein PTAS (Arora (1997)). Für das Knotenüberdeckungsproblem MIN-VC und die Berechnung großer unabhängiger Mengen MAX-IS gibt es bei Einschränkung auf planare Graphen ebenfalls ein PTAS (Korte und Schrader (1981)). Wir wollen die Konstruktion eines PTAS exemplarisch an einem einfachen Lastverteilungsproblem, für das sogar ein FPTAS bekannt ist, demonstrieren. Es seien n Aufgaben auf zwei Prozessoren so zu verteilen, dass die maximale Belastung der Prozessoren minimal ist. Die Prozessoren sind identisch und benötigen eine Bearbeitungsdauer von a_i für die i-te Aufgabe.

Die Grundidee ist, dass es vor allem darauf ankommt, die „großen" Aufgaben, also die mit großer Bearbeitungsdauer, gut zu verteilen, und dass es gar nicht viele große Aufgaben geben kann. Es sei $\varepsilon > 0$ vorgegeben und $L := a_1 + \cdots + a_n$ die Gesamtdauer für alle Aufgaben. Eine Aufgabe wird nun als groß bezeichnet, wenn ihre Bearbeitungsdauer mindestens εL beträgt. Dann ist die Anzahl großer Aufgaben durch die Konstante $\lfloor 1/\varepsilon \rfloor$ beschränkt und es gibt „nur" höchstens $c := 2^{\lfloor 1/\varepsilon \rfloor}$ Aufteilungen der großen Aufgaben auf die beiden Prozessoren. Für jede Aufteilung der großen Aufgaben werden die kleinen Aufgaben „gierig" verteilt, es wird also stets der weniger ausgelastete Prozessor gewählt. Von den höchstens c Lösungen wird die beste gewählt. Die benötigte Rechenzeit von $O(nc)$ ist für konstantes ε linear, aber kein Polynom in n und $1/\varepsilon$. Wir vergleichen nun die maximale Belastung in einer optimalen Lösung mit der maximalen Belastung in der Approximationslösung. Die optimale Lösung verteilt die großen Aufgaben ebenfalls auf die beiden Prozessoren und wir untersuchen den Lösungsversuch, den der Approximationsalgorithmus mit derselben Aufteilung der großen Aufgaben begonnen hat. Wenn alle kleinen Aufgaben an den durch die großen Aufgaben weniger ausgelasteten Prozessor gegeben werden können, ohne die Last des anderen Prozessors zu übertreffen, liefert der Approximationsalgorithmus eine optimale Lösung. Ansonsten sichert der gierige Algorithmus, dass sich die Last der beiden Prozessoren um weniger als εL unterscheidet.

Damit ist die größere Last höchstens um $\varepsilon L/2$ größer als die Last beider Prozessoren bei gleichmäßiger Auslastung. Bei gleicher Auslastung beträgt die Last beider Prozessoren $L/2$. Für die Eingabe x ist $v_{\text{opt}}(x) \geq L/2$ und $v(x,s) \leq L/2 + \varepsilon L/2 = (1+\varepsilon)L/2$. Damit ist die Lösung ε-optimal und wir haben ein PTAS entworfen.

Abschließend sollen Ideen für ein FPTAS für das Rucksackproblem MAX-KP diskutiert werden (siehe auch Hromkovič (1997)). Im Beweis von Theorem 7.2.3 haben wir mit der Methode der dynamischen Programmierung einen pseudopolynomiellen Algorithmus für das Rucksackproblem vorgestellt, der für polynomiell beschränkte Gewichtswerte polynomiell zeitbeschränkt ist. Auf ähnliche Weise kann ein pseudopolynomieller Algorithmus entworfen werden, der für polynomiell beschränkte Nutzenwerte und beliebige Gewichtswerte polynomiell zeitbeschränkt ist. Wir betrachten nun beliebige Eingaben x für das Rucksackproblem. Dabei können wir allerdings annehmen, dass $g_i \leq G$ für jedes Objekt i ist. Wenn wir die Nutzenwerte ändern, verändern wir nicht die Menge zulässiger Lösungen, also die Menge der Rucksackbepackungen, die das Gewichtslimit einhalten. Die Idee besteht darin, die Nutzenwerte zu verkleinern, indem wir a_i durch $a'_i := \lfloor a_i \cdot 2^{-t} \rfloor$ für ein ganzzahliges $t > 0$ zu ersetzen. Bildlich gesprochen streichen wir die hinteren t Stellen in der Binärdarstellung von a_i. Wenn wir t groß genug wählen, werden die Nutzenwerte polynomiell klein. Wir lösen das Problem x' mit den Nutzenwerten a'_i. Die gefundene optimale Lösung s ist auch für das Problem x'' mit den Nutzenwerten $a''_i := a'_i \cdot 2^t$ optimal. Als Lösung s^* für x wählen wir aus s und der Lösung, die nur das Objekt mit dem größten Nutzen $a_{\max}$ wählt, die bessere Lösung. Wenn wir t zu groß wählen, sind sich die Probleme x und x'' zu unähnlich, so dass s^* nicht gut sein muss. Wenn wir t zu klein wählen, sind die Nutzenwerte so groß, dass der pseudopolynomielle Algorithmus keine polynomielle Laufzeit hat. Es gibt aber einen passenden Wert für t, so dass die Approximationsgüte durch $1+\varepsilon$ und die Rechenzeit durch $O(n^3/\varepsilon)$ beschränkt ist. Damit erhalten wir ein FPTAS für MAX-KP.

Wir fassen die in polynomieller Zeit erreichbaren Approximationsgüten zusammen:

- $O(n/\log^2 n)$ für MAX-CLIQUE,
- $O(\log n)$ für MIN-SC,
- 2 für MIN-VC,
- 8/7 für MAX-3-SAT,
- 3/2 für MIN-BP,
- 3/2 für MIN-TSP$^\triangle$,
- PTAS für MIN-TSP$^{d-\text{Euklid}}$, MIN-VC$_{\text{planar}}$ und MAX-IP$_{\text{planar}}$,
- FPTAS für Lastverteilung auf zwei Prozessoren und MAX-KP,
- asymptotisches FPTAS für MIN-BP.

8.3 Die Lückentechnik

Wir untersuchen nun, welche Approximationsprobleme schwierig sind. Da die von uns betrachteten Optimierungsprobleme NP-einfach sind, gilt dies auch für die zugehörigen Approximationsvarianten. Sind sie auch noch NP-schwierig, sind sie also sogar NP-äquivalent. Eine zentrale Technik für derartige Ergebnisse ist die so genannte *Lückentechnik* (gap technique). Ihr Grundprinzip ist sehr einfach zu erläutern. Wenn wir ein Optimierungsproblem haben, für das der Wert zulässiger Lösungen entweder höchstens a oder mindestens $b > a$ ist, und es NP-schwierig ist, Eingaben vom ersten Typ von Eingaben vom zweiten Typ zu unterscheiden, dann ist es NP-schwierig, eine maximale Approximationsgüte zu erreichen, die kleiner als b/a ist. Mit einer derartigen Approximationsgüte erhalten wir bei Maximierungsproblemen für Eingaben x mit $v_{\text{opt}}(x) \leq a$ auch nur Lösungen s mit $v(x,s) \leq a$. Dagegen erhalten wir für Eingaben x mit $v_{\text{opt}}(x) \geq b$ Lösungen s mit $v_{\text{opt}}(x)/v(x,s) < b/a$, also ist

$$v(x,s) > a \cdot v_{\text{opt}}(x)/b \geq a.$$

Die Lückeneigenschaft impliziert, dass sogar $v(x,s) \geq b$ ist. Es gelingt uns also, Eingaben x mit $v_{\text{opt}}(x) \leq a$ von Eingaben x mit $v_{\text{opt}}(x) \geq b$ zu trennen. Die Überlegungen für Minimierungsprobleme verlaufen analog. Wir wollen die oben beschriebenen Probleme (a,b)-*Lückenprobleme* nennen.

Bemerkung 8.3.1. Ist ein (a,b)-Lückenproblem NP-schwierig, dann ist es für das zugehörige Optimierungsproblem NP-schwierig, eine maximale Approximationsgüte zu erzielen, die kleiner als b/a ist.

Wie aber erhalten wir (a,b)-Lückenprobleme? Lückenprobleme können sich bei polynomiellen Reduktionen ergeben. Wenn wir ein NP-schwieriges Problem polynomiell auf ein Entscheidungsproblem reduzieren, bei dem zu entscheiden ist, ob ein Maximierungsproblem eine Lösung mit Mindestwert b hat, und wenn dabei abzulehnende Eingaben nur Lösungen mit Maximalwert a haben, dann haben wir ein NP-schwieriges (a,b)-Lückenproblem erhalten. Am besten wäre es, wenn im Theorem von Cook die konstruierten Eingaben für SAT eine große Lücke hätten, wenn also entweder alle Klauseln erfüllbar sind oder nur ein Anteil $\alpha < 1$. Leider liefert der Beweis des Theorems von Cook kein derartiges Ergebnis. Wir können stets alle Klauseln bis auf eine erfüllen, indem wir die Variablen so belegen, dass sie eine Rechnung der Turingmaschine simulieren. Dann sind mindestens alle Klauseln mit Ausnahme der Klausel, die überprüft, ob der letzte Zustand akzeptierend ist, erfüllt.

Dennoch gibt es eine sehr einfache Anwendung der Lückentechnik. In der polynomiellen Reduktion von HC auf TSP (Theorem 4.3.1) wurden Kanten durch Distanzwerte 1 und fehlende Kanten durch Distanzwerte 2 ersetzt. Rundreisen, die auf hamiltonschen Kreisen im Graph beruhen, haben dann Kosten n und andere Rundreisen Mindestkosten von $n+1$. Dies ergibt das bescheidene Ergebnis eines NP-schwierigen $(n, n+1)$-Lückenproblems. In diesem Fall kann die Lücke leicht vergrößert werden, indem wir die Distanzwerte 2 durch beliebige polynomiell lange Zahlen, also z.B. $n2^n$, ersetzen. Damit haben Rundreisen, die nicht auf hamiltonschen Kreisen im Graphen beruhen, Mindestkosten von $n2^n+n-1$ und TSP ist ein NP-schwieriges $(n, n2^n+n-1)$-Lückenproblem.

Theorem 8.3.2. *Falls $NP \neq P$ ist, gibt es keinen polynomiellen Algorithmus für MIN-TSP mit maximaler Approximationsgüte 2^n.*

Das Rundreiseproblem ist in seiner allgemeinen Form also sogar für exponentielle Approximationsgüten schwierig, während das Rucksackproblem mit einem FPTAS zu lösen ist. Dies ist ein Beispiel, wie die Analyse der Approximationsvarianten eine feinere Komplexitätsanalyse liefert als die Betrachtung der reinen Optimierungsvarianten. Es ist aber selten so einfach wie für das Rundreiseproblem, die Schwierigkeit für sehr große Approximationsgüten nachzuweisen.

Für die meisten von uns betrachteten Optimierungsprobleme erhalten wir mit der Lückentechnik zumindestens schwache Nichtapproximierbarkeitsresultate. Ein Optimierungsproblem wird als *Problem mit kleinen Lösungswerten* bezeichnet, wenn die Werte aller Lösungen positiv, ganzzahlig und polynomiell in der Eingabelänge beschränkt sind. Dies gilt für alle Aufteilungsprobleme, Überwachungsprobleme, Cliquenprobleme, Teambildungsprobleme und die Optimierungsvarianten der Verifikationsprobleme. Es gilt auch für Probleme auf großen Zahlen, also Rundreiseprobleme und Rucksackprobleme, wenn wir die Zahlen in der Eingabe in ihrer Größe polynomiell in der Eingabelänge beschränken. Es ist also gar nicht nahe liegend, sich ein Problem auszudenken, das selbst bei Einschränkung auf kleine Zahlen in der Eingabe kein Problem mit kleinen Lösungswerten ist. So ein Problem entsteht, wenn wir die Kosten beim Rundreiseproblem als *Produkt* der Distanzwerte definieren.

Theorem 8.3.3. *Falls $NP \neq P$ ist, haben NP-schwierige Probleme mit kleinen Lösungswerten kein FPTAS.*

Beweis. Es sei $p(n)$ eine polynomielle Schranke für die Lösungswerte. Ein FPTAS ist für $\varepsilon(n) := 1/p(n)$ ein polynomieller Approximationsalgorithmus, da die Rechenzeit polynomiell in der Eingabelänge n und $1/\varepsilon(n) = p(n)$ beschränkt ist. Da nach Voraussetzung $NP \neq P$ und das Problem NP-schwierig ist, berechnet dieser Algorithmus nicht auf allen Eingaben eine optimale Lösung. Schließlich liegen die Lösungswerte in $\{1, \ldots, p(n)\}$ und jedes nicht optimale Ergebnis führt dazu, dass die maximale Approximationsgüte mindestens

$$p(n)/(p(n)-1) = 1 + 1/(p(n)-1) > 1 + \varepsilon(n)$$

ist im Widerspruch zur Annahme. □

Dieses Ergebnis hat besonders für Optimierungsprobleme, deren Entscheidungsvarianten stark NP-vollständig sind, Konsequenzen. Wir nennen diese Optimierungsprobleme stark NP-schwierig. Wenn die Einschränkung auf die NP-schwierige Variante mit polynomiell großen Zahlen ein Problem mit kleinen Lösungswerten ist, kann Theorem 8.3.3 angewendet werden.

Größere Lücken erhalten wir für Optimierungsprobleme, bei denen die Entscheidungsvariante schon für kleine Zahlen NP-vollständig ist.

Theorem 8.3.4. *Falls $NP \neq P$ ist und für ein Minimierungsproblem mit ganzzahligen Lösungswerten die Entscheidung, ob $v_{\text{opt}}(x) \leq k$ ist, NP-schwierig ist, dann gibt es keinen polynomiellen Algorithmus mit einer maximalen Approximationsgüte, die kleiner als $1 + 1/k$ ist. Gleiches gilt für Maximierungsprobleme und die Entscheidung, ob $v_{\text{opt}}(x) \geq k + 1$ ist.*

Beweis. Der Beweis erfolgt durch Widerspruch. Wir benutzen den polynomiellen Algorithmus A mit $r_A(n) < 1 + 1/k$ zur Lösung des Entscheidungsproblems. Die Eingabe wird genau dann akzeptiert, wenn A eine Lösung s mit $v(x, s) \leq k$ liefert. Falls es eine Lösung s mit $v(x, s) \leq k$ gibt und A eine Lösung s' mit $v(x, s') \geq k + 1$ berechnet, beträgt seine maximale Approximationsgüte mindestens $(k + 1)/k = 1 + 1/k$ im Widerspruch zur Annahme. □

Korollar 8.3.5. *Falls $NP \neq P$ ist, hat das Graphfärbungsproblem MIN-GC keinen polynomiellen Algorithmus mit einer maximalen Approximationsgüte kleiner als $4/3$ und das Aufteilungsproblem MIN-BP keinen polynomiellen Algorithmus mit einer maximalen Approximationsgüte kleiner als $3/2$.*

Beweis. Für GC ist die „≤ 3-Variante" (Korollar 6.5.3) und für BP die „≤ 2-Variante" und sogar deren Spezialfall PARTITION (Korollar 6.3.2) NP-vollständig. □

Unsere Ergebnisse für MIN-BP zeigen, dass sich die Begriffe „in polynomieller Zeit erreichbare maximale Approximationsgüte" und „in polynomieller Zeit erreichbare asymptotische maximale Approximationsgüte" unterscheiden, falls $NP \neq P$ ist. Der erste Parameter ist dann $3/2$ und der zweite 1.

Für GC gibt es viel bessere Ergebnisse. Dennoch wollen wir mit den bisher behandelten klassischen Methoden zeigen, dass, falls $NP \neq P$ ist, in polynomieller Zeit auch keine *asymptotische* maximale Approximationsgüte von kleiner als $4/3$ erreichbar ist. Dafür betrachten wir einen Graphen $G = (V, E)$ mit minimaler Färbungszahl $\chi(G)$.

Wir erzeugen in polynomieller Zeit einen Graphen $G_k = (V_k, E_k)$ mit $\chi(G_k) = k \cdot \chi(G)$. Die $(3, 4)$-Lücke wird also zu einer $(3k, 4k)$-Lücke, also einer Lücke mit dem Quotienten $4/3$ für beliebig große Färbungszahlen. Die Konstruktion ersetzt jeden Knoten v von G durch eine k-Clique. Knoten aus zwei verschiedenen k-Cliquen werden genau dann durch Kanten verbunden, wenn die Knoten in G, die ihre k-Cliquen repräsentieren, durch eine Kante verbunden sind. Aus einer m-Färbung für G erhalten wir eine km-Färbung für G_k, indem wir für jede Farbe k neue Farben wählen und die k-Clique für einen mit Farbe c gefärbten Knoten v mit den k Farben, die c ersetzen, färben. Andererseits müssen die Cliquen k verschiedene Farben erhalten und alle Knoten in zwei Cliquen, die verbunden sind, verschiedene Farben erhalten. Also kommen wir nicht mit weniger als $k \cdot \chi(G)$ Farben für G_k aus.

Zusammengefasst haben wir mit den Ergebnissen aus Kapitel 8.2 und einfachen Anwendungen der Lückentechnik unter der Annahme NP $\neq$ P folgende Ergebnisse gezeigt:

- MAX-KP $\in$ FPTAS – P,
- MIN-BP $\in$ APX – PTAS,
- MIN-GC $\notin$ PTAS,
- MIN-TSP $\notin$ APX.

Das in Kapitel 12 vorgestellte PCP-Theorem liefert eine Methode, um die Lückentechnik auf weitaus mehr Probleme anzuwenden.

8.4 Approximationserhaltende Reduktionen

Mit Theorem 8.3.3 können wir unter der Annahme NP $\neq$ P für viele Probleme die Existenz eines FPTAS ausschließen. Negative Aussagen über die Zugehörigkeit zu PTAS und APX sind seltener. Daher sind wir an Reduktionskonzepten interessiert, die derartige Aussagen von einem Problem auf ein anderes übertragen. Was erwarten wir von Reduktionskonzepten „$\leq_{\text{PTAS}}$" oder „$\leq_{\text{APX}}$"? Sie sollen reflexiv und transitiv sein und $A \leq_{\text{PTAS}} B$ soll sicherstellen, dass $A \in$ PTAS ist, wenn $B \in$ PTAS ist, analog für „$\leq_{\text{APX}}$". Wie bei polynomiellen Reduktionen soll das Unterprogramm für B nur einmal aufgerufen werden. Dies kann jedoch nicht wie bei polynomiellen Reduktionen ganz am Ende geschehen. Wir erhalten als Ergebnis des Aufrufs des Unterprogramms die Lösung für eine Eingabe des Problems B, die meistens nicht direkt als Lösung für die gegebene Eingabe des Problems A verwendet werden kann. Wir benötigen also eine effizient berechenbare Transformation, die gute Approximationslösungen für Eingaben des Problems B in „genügend gute" Approximationslösungen für die vorgegebene Eingabe des Problems A umformt.

Definition 8.4.1. Eine *PTAS-Reduktion* eines Optimierungsproblems A auf ein Optimierungsproblem B, Notation $A \leq_{\text{PTAS}} B$, besteht aus einem Tripel (f, g, α) von Abbildungen mit folgenden Eigenschaften:

- f bildet Eingaben x des Problems A auf Eingaben $f(x)$ des Problems B ab und ist in polynomieller Zeit berechenbar,
- g bildet Tripel aus Eingaben x des Problems A, Lösungen $y \in S_B(f(x))$ und Zahlen $\varepsilon \in \mathbb{Q}^+$ auf Lösungen $g(x, y, \varepsilon) \in S_A(x)$ ab und ist in polynomieller Zeit berechenbar,

- $\alpha\colon \mathbb{Q}^+ \to \mathbb{Q}^+$ ist eine surjektive, in polynomieller Zeit berechenbare Funktion,
- falls $r_B(f(x), y) \le 1 + \alpha(\varepsilon)$ ist, gilt $r_A(x, g(x, y, \varepsilon)) \le 1 + \varepsilon$.

(Die Indizes A und B bezeichnen die betrachteten Probleme und nicht Algorithmen.)

Wir werden in den folgenden Betrachtungen sehen, dass diese Definition allen Anforderungen gerecht wird. Außerdem sind die Anforderungen „sparsam" realisiert. So muss g nur für Eingaben von B definiert sein, die sich aus Eingaben für A mit f erzeugen lassen.

Lemma 8.4.2. Falls $A \le_{\text{PTAS}} B$ und $B \in \text{PTAS}$ gelten, ist $A \in \text{PTAS}$.

Beweis. Die Eingabe für ein PTAS für A besteht aus einer Eingabe x für A und einem $\varepsilon \in \mathbb{Q}^+$. Wir berechnen in polynomieller Zeit $f(x)$ und $\alpha(\varepsilon)$, wenden das PTAS für B auf $(f(x), \alpha(\varepsilon))$ an und erhalten eine $\alpha(\varepsilon)$-optimale Lösung $y \in S_B(f(x))$. Dann berechnen wir in polynomieller Zeit $g(x, y, \varepsilon) \in S_A(x)$ und geben das Resultat als Lösung für x aus. Die letzte Eigenschaft von PTAS-Reduktionen sichert, dass $g(x, y, \varepsilon)$ ε-optimal für x ist. □

Lemma 8.4.3. Falls $A \le_{\text{PTAS}} B$ und $B \in \text{APX}$ gelten, ist $A \in \text{APX}$.

Beweis. Da $B \in \text{APX}$ ist, gibt es einen polynomiellen Approximationsalgorithmus für B, der δ-optimale Lösungen für ein $\delta \in \mathbb{Q}^+$ berechnet. Da die Funktion α aus der PTAS-Reduktion von A auf B surjektiv ist, gibt es ein $\varepsilon \in \mathbb{Q}^+$ mit $\alpha(\varepsilon) = \delta$. Nun können wir den Beweis von Lemma 8.4.2 für dieses konstante $\varepsilon > 0$ übernehmen und erhalten einen polynomiellen Approximationsalgorithmus für A, der ε-optimale Lösungen garantiert. □

Damit benötigen wir kein spezielles Reduktionskonzept „$\le_{\text{APX}}$". Der Vollständigkeit halber erwähnen wir, dass „$\le_{\text{PTAS}}$" reflexiv und transitiv ist. Die Aussage $A \le_{\text{PTAS}} A$ folgt, wenn wir $f(x) = x$, $g(x, y, \varepsilon) = y$ und $\alpha(\varepsilon) = \varepsilon$ definieren. Wenn (f_1, g_1, α_1) eine PTAS-Reduktion von A auf B und (f_2, g_2, α_2) eine PTAS-Reduktion von B auf C ist, dann erhalten wir, wie in Abbildung 8.4.1 illustriert, eine PTAS-Reduktion (f, g, α) von A auf C. Dabei ist $f = f_2 \circ f_1$ und $\alpha = \alpha_2 \circ \alpha_1$. Schließlich ist $g(x, y, \varepsilon) = g_1(x, g_2(f_1(x), y, \alpha_1(\varepsilon)), \varepsilon)$.

Einige der von uns bereits entworfenen polynomiellen Reduktionen erweisen sich als PTAS-Reduktionen für die zugehörigen Optimierungsprobleme, wobei die Transformation g in den Korrektheitsbeweisen versteckt war.

Theorem 8.4.4. *Es gilt*

- *MAX-3-SAT $\le_{\text{PTAS}}$ MAX-CLIQUE und*
- *MAX-CLIQUE $=_{\text{PTAS}}$ MAX-IS.*

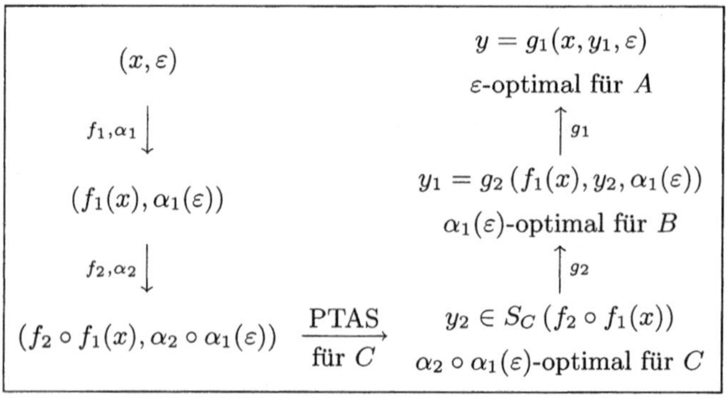

```
┌─────────────────────────────────────────────────────────────┐
│     (x, ε)                        y = g₁(x, y₁, ε)          │
│                                   ε-optimal für A           │
│   f₁,α₁ ↓                              ↑ g₁                 │
│                                                             │
│  (f₁(x), α₁(ε))                y₁ = g₂(f₁(x), y₂, α₁(ε))    │
│                                   α₁(ε)-optimal für B       │
│   f₂,α₂ ↓                              ↑ g₂                 │
│                         PTAS                                │
│ (f₂ ∘ f₁(x), α₂ ∘ α₁(ε)) ─────→   y₂ ∈ S_C(f₂ ∘ f₁(x))      │
│                         für C     α₂ ∘ α₁(ε)-optimal für C  │
└─────────────────────────────────────────────────────────────┘
```

Abb. 8.4.1. Die Transitivität von PTAS-Reduktionen.

Beweis. Für die erste Aussage wählen wir die Transformation f aus dem Beweis von 3-SAT $\leq_p$ CLIQUE (Theorem 4.4.3). Im zugehörigen Korrektheitsbeweis haben wir implizit gezeigt, wie wir jede Clique der Größe k im Problem $f(x)$ effizient in eine Belegung der Variablen des Ausgangsproblems x transformieren können, die k Klauseln erfüllt. Diese Belegung wählen wir als $g(x, y, \varepsilon)$. Schließlich kann $\alpha(\varepsilon) = \varepsilon$ gesetzt werden.

Die zweite Aussage folgt analog aus dem Beweis von CLIQUE $=_p$ IS (Theorem 4.3.4). Hier kann sogar $g(x, y, \varepsilon) = y$ und $\alpha(\varepsilon) = \varepsilon$ gesetzt werden, da eine Knotenmenge, die in $G = (V, E)$ eine Clique ist, in $\overline{G} = (V, \overline{E})$ eine Anticlique ist und umgekehrt. □

Schließlich war auch die am Ende von Kapitel 8.3 beschriebene „Aufblähungstechnik" für Graphen und das Färbungsproblem MIN-GC eine approximationserhaltende Reduktion von dem Problem auf sich selbst, wobei die Transformation Graphen mit größerer Färbungszahl erzeugt hat. Allerdings sind viele der vorgestellten polynomiellen Reduktionen nicht approximationserhaltend. Wenn wir beispielsweise die polynomielle Reduktion für SAT $\leq_p$ 3-SAT (Theorem 4.3.2) im Spezialfall von Klauseln der Länge 4 betrachten, werden aus m Klauseln für MAX-4-SAT $2m$ Klauseln für MAX-3-SAT, von denen m Klauseln erfüllt werden können, indem alle neuen Variablen den Wert 1 erhalten. Eine Approximationsgüte von 2 für MAX-3-SAT hat also keine direkten Folgen für die gegebene Eingabe von MAX-4-SAT.

Der Beweis von Theorem 8.4.4 hat gezeigt, dass MAX-CLIQUE und MAX-IS bezüglich ihrer Approximierbarkeit identische Eigenschaften haben. Theorem 4.3.4 hat aber nicht nur die enge Verwandtschaft von CLIQUE und IS, sondern auch eine enge Verwandtschaft von IS und VC gezeigt. Für MIN-VC kennen wir aus Kapitel 8.2 einen polynomiellen Approximationsalgorithmus mit maximaler Approximationsgüte 2. Im Beweis von IP $\leq_p$ VC wurde der gegebene Graph G nicht verändert und nur die Schranke k durch $n - k$ ersetzt. Aus einer Knotenüberdeckung $V' \subseteq V$ erhalten wir die unabhängige Menge $V'' := V - V'$. Was bedeutet dies für die Approximierbarkeit von MAX-IS? Nichts, wie folgendes Beispiel zeigt. Der Graph $G = (V, E)$ bestehe aus $n/2$ Kanten, die keinen Knoten gemeinsam haben. Der 2-Approximationsalgorithmus berechnet als Lösung die volle Knotenmenge $V' = V$, die eine Approximationsgüte von 2 hat. Damit ist V'' die leere Menge und wird nach unseren Bemerkungen in Kapitel 8.1 durch eine bessere Lösung, die aus einem Knoten besteht, ersetzt. Dennoch ist die Approximationsgüte mit $n/2$ sehr schlecht. Tatsächlich werden sich MAX-CLIQUE und MAX-IS in Kapitel 12 als nur schlecht approximierbar erweisen.

8.5 Vollständige Approximationsprobleme

Der Erfolg der NP-Vollständigkeitstheorie führt zu der Frage, ob es eine Klasse von Optimierungsproblemen gibt, die für Approximationsprobleme die Rolle von NP spielen kann, und ob es in dieser Klasse bezüglich „$\leq_{\text{PTAS}}$" vollständige Probleme gibt. Die Klasse NP ist dadurch definiert, dass wir zur Eingabe x und einem polynomiell langen Beweisversuch y in polynomieller Zeit entscheiden können, ob y beweist, dass x für das gegebene Entscheidungsproblem akzeptiert werden muss. Bei Optimierungsproblemen spielen zulässige Lösungen die Rolle von Beweisen.

Definition 8.5.1. Ein Optimierungsproblem A gehört zur Komplexitätsklasse NPO (nondeterministic polynomial-time optimization problems), wenn es für eine Eingabe (x, s) in polynomieller Zeit möglich ist, zu überprüfen, ob s eine für x zulässige Lösung ist, und im positiven Fall $v(x, s)$ zu berechnen. Die Klasse NPO eingeschränkt auf Maximierungsprobleme wird mit MAX-NPO und eingeschränkt auf Minimierungsprobleme mit MIN-NPO bezeichnet.

Es ist nahe liegend, die Beziehungen zwischen den Komplexitätsklassen für Approximationsprobleme aus Kapitel 8.1 auszudehnen auf

$\text{P} \subseteq \text{FPTAS} \subseteq \text{PTAS} \subseteq \text{APX} \subseteq \text{NPO}.$

Allerdings gilt nach unseren bisherigen Definitionen APX $\subseteq$ NPO nicht. Aus jedem Entscheidungsproblem, also auch aus einem nicht rekursiven Problem, erhalten wir auf folgende Weise ein APX-Problem. Zu jeder Eingabe x sei $S(x) = \{0, 1\}$, wobei 1 dem Akzeptieren von x und 0 dem Ablehnen von x entspricht. Der Wert der „richtigen Entscheidung" sei 2 und der Wert der „falschen Entscheidung" sei 1. Das zugehörige Maximierungsproblem ist in APX enthalten, da die Ausgabe 1 stets eine Approximationsgüte von höchstens 2 hat. Die Berechnung von $v(x, 1)$ stellt aber ein nicht rekursives Problem dar. Da NPO alle praktisch relevanten Optimierungsprobleme enthält, schränken wir nun die Klassen P, FPTAS, PTAS und APX auf Probleme in NPO ein, behalten aber ihre Bezeichnung bei. Dann gilt die oben beschriebene Beziehung zwischen den Komplexitätsklassen.

Definition 8.5.2. Ein Optimierungsproblem A ist NPO-*vollständig*, APX-*vollständig* bzw. PTAS-*vollständig*, wenn es zu NPO, APX bzw. PTAS gehört und sich alle Probleme aus NPO, APX bzw. PTAS bezüglich „$\leq_{\text{PTAS}}$" auf A reduzieren lassen. Analog werden die Begriffe MAX-NPO-vollständig und MIN-NPO-vollständig definiert.

Wir wissen aus der NP-Vollständigkeitstheorie, dass das Hauptproblem darin besteht, das erste vollständige Problem zu finden. Danach genügt es auf Grund der Transitivität von „$\leq_{\text{PTAS}}$", ein bereits als vollständig bekanntes Problem auf ein anderes Problem der betrachteten Klasse bezüglich „$\leq_{\text{PTAS}}$" zu reduzieren. Erst mit Hilfe des PCP-Theorems werden wir in Kapitel 12 nachweisen, dass MAX-3-SAT APX-vollständig ist. Mit den klassischen Methoden können wir ein Problem als NPO-vollständig nachweisen. Wie wir bereits wissen, sind SAT-Probleme gute Kandidaten, das „erste" vollständige Problem zu sein. Das Problem der Berechnung einer *erfüllenden Belegung mit maximalem Gewicht* (maximum weighted satisfiability, MAX-W-SAT) erhält als Eingabe Klauseln und nicht negative ganzzahlige Gewichte für die beteiligten Variablen. Die Lösungsmenge besteht aus allen Belegungen der Variablen. Der Wert einer erfüllenden Belegung ist gleich dem Maximum von dem Gesamtgewicht der mit 1 belegten Variablen und 1. Der Wert jeder anderen Belegung beträgt 1.

Lemma 8.5.3. MAX-W-SAT ist MAX-NPO-vollständig.

Beweis. Offensichtlich gehört MAX-W-SAT zu MAX-NPO. Es sei nun $A \in$ MAX-NPO. Unsere Aufgabe besteht darin, A bezüglich „$\leq_{\text{PTAS}}$" auf MAX-W-SAT zu reduzieren. Für A betrachten wir folgende nichtdeterministische Turingmaschine. Für jede für A zulässige Eingabe x erzeugt sie nichtdeterministisch eine mögliche Lösung s. Dabei ist jede Buchstabenfolge erlaubt, deren Länge durch das Polynom $p(|x|)$ beschränkt ist, das die Länge aller $y \in S(x)$ beschränkt. Dann wird überprüft, ob $s \in S(x)$ ist. Im positiven Fall wird $v(x,s)$ berechnet, s und $v(x,s)$ werden auf das Band geschrieben und es wird ein akzeptierender Haltezustand erreicht. Im negativen Fall wird ein ablehnender Haltezustand erreicht. Die Plätze, auf die im positiven Fall s und $v(x,s)$ geschrieben werden, sind für Eingaben gleicher Länge stets dieselben. Auf diese Turingmaschine wird die Transformation aus dem Beweis des Theorems von Cook angewendet. Schließlich werden die Gewichte der Variablen der Eingabe für MAX-W-SAT angegeben. Die Variable, die für die j-te Bitposition von $v(x,s)$ beschreibt, ob dort eine 1 steht, erhält das Gewicht 2^j, alle anderen Variablen erhalten das Gewicht 0. Damit haben wir die in polynomieller Zeit berechenbare Transformation f der $\leq_{\text{PTAS}}$-Reduktion beschrieben. Da für die Eingabe x für A die Lösungsmenge $S(x)$ nicht leer ist, gibt es stets eine akzeptierende Berechnung und damit für die konstruierte Eingabe für MAX-W-SAT eine erfüllende Belegung. Die Rücktransformation $g(x,y,\varepsilon)$ kann aus der Kenntnis von x und der erfüllenden Belegung y die Variablen berechnen, die die Lösung s in der Ausgabe der Turingmaschine beschreiben. Damit lässt sich s in polynomieller Zeit berechnen. Schließlich wird $\alpha(\varepsilon) = \varepsilon$ definiert. Falls die Lösung y für die konstruierte Eingabe für MAX-W-SAT die Lösung $s \in S(x)$ für die gegebene Eingabe x für A codiert, dann codiert sie auch den Wert $v(x, s)$ und ihr eigener Wert ist nach Definition der Variablengewichte genau $v(x, s)$. Ist also die Lösung für die Eingabe für MAX-W-SAT ε-optimal, dann ist auch die mit Hilfe von g daraus konstruierte Lösung für die gegebene Eingabe x für A ε-optimal. □

Auf analoge Weise lässt sich das Problem MIN-W-SAT definieren und als MIN-NPO-vollständig nachweisen. Der Nachweis, dass MAX-W-SAT $=_{\text{PTAS}}$ MIN-W-SAT gilt, ist prinzipiell einfach, es müssen aber einige technische Hürden überwunden werden. Wir verzichten auf die Darstellung dieses Beweises (siehe Ausiello, Crescenzi, Gambosi, Kann, Marchetti-Spaccamela und Protasi (1999)) und halten nur die Folgerung aus diesem Ergebnis fest.

Theorem 8.5.4. *MAX-W-SAT und MIN-W-SAT sind NPO-vollständig.*

9. Die Komplexität von Black-Box-Problemen

9.1 Black-Box-Optimierung

In praktischen Anwendungen werden *randomisierte Suchheuristiken* wie randomisierte lokale Suche, Simulated Annealing, Tabusuche und evolutionäre und genetische Algorithmen mit großem Erfolg eingesetzt. Andererseits tauchen diese Algorithmen in Lehrbüchern über effiziente Algorithmen für kein Problem als beste bekannte Algorithmen auf. Dies ist auch gerechtfertigt, da für konkrete Probleme problemspezifische Algorithmen allgemeinen randomisierten Suchheuristiken überlegen sind. Suchheuristiken sind dagegen für viele Probleme einsetzbar. Da sie nicht auf ein Problem zugeschnitten sind, verschenken sie viele Informationen, die den Entwurf effizienter Algorithmen unterstützen. Dieser Unterschied zwischen problemspezifischen Algorithmen und randomisierten Suchheuristiken wird oft verwischt, da auch hybride Varianten, also randomisierte Suchheuristiken mit problemspezifischen Komponenten, eingesetzt werden. Dann haben wir es mit problemspezifischen, also üblichen randomisierten Algorithmen zu tun, die keiner gesonderten Betrachtung bedürfen. Hier diskutieren wir Szenarien, in denen der Einsatz problemspezifischer Algorithmen nicht möglich ist.

In realen Anwendungen tauchen algorithmische Probleme als Teilprobleme in einem Projekt auf. Eine algorithmische Lösung muss in kurzer Zeit bereitgestellt werden, wobei Expertinnen oder Experten für den Entwurf effizienter Algorithmen nicht zur Verfügung stehen. In dieser Situation bilden „robuste" Algorithmen, also Algorithmen, die für viele Probleme einsetzbar sind, eine Alternative.

Es kommt sogar vor, dass die zu optimierende Funktion nicht in geschlossener Form vorliegt. Bei der Optimierung technischer Systeme gibt es freie Parameter, deren Einstellung das System beeinflusst. Der Suchraum oder Lösungsraum besteht dann aus allen erlaubten Kombinationen von Parametereinstellungen. Jede Parametereinstellung beeinflusst das System und damit die Fähigkeit des Systems, die gestellte Aufgabe zu lösen. Es gibt also eine Funktion, die jeder Parametereinstellung die Güte des resultierenden Systems zuweist. Bei komplizierten Systemen liegt diese Funktion allerdings nicht in geschlossener Form vor. Wir können Funktionswerte nur ermitteln, indem wir das System mit der gewählten Parametereinstellung experimentell testen. Tatsächlich werden diese Experimente oft mit Rechnerhilfe simuliert.

9. Die Komplexität von Black-Box-Problemen

Die Problematik der geeigneten Modellbildung und des Entwurfs der Simulationsexperimente blenden wir hier aus.

Robuste Algorithmen spielen also in den Anwendungen eine wichtige Rolle und damit stellt sich die Frage, ob sich die zugehörigen Probleme so beschreiben lassen, dass wir sie komplexitätstheoretisch untersuchen können. Um von dem technischen System zu abstrahieren, fassen wir es als *schwarzen Kasten* (black box) auf. Obwohl der österreichische Physiker und Philosoph Ernst Mach erstmals 1905 den Begriff „schwarzer Kasten" wissenschaftlich und dabei in deutscher Sprache gebraucht hat, wird der Begriff Black Box heute auch im Deutschen verwendet. Die Black Box liefert für eine Parametereinstellung a die Güte $f(a)$. Da f nicht in geschlossener Form vorliegt, muss hierfür die Black Box bemüht werden. Im klassischen Szenario der Optimierung entspricht dies der Berechnung des Wertes der Lösung s zur Probleminstanz x, nämlich $v(x,s)$, wobei aber in der Black-Box Optimierung x nicht bekannt ist.

Ein *Black-Box-Problem* wird beschrieben durch die Problemgröße n, den zugehörigen Suchraum S_n und die Menge F_n der möglichen Problemeingaben, die wir mit den zugehörigen Funktionen $f\colon S_n \to \mathbb{R}$ identifizieren. Die Menge F_n muss nicht endlich sein. Jedes von uns betrachtete Optimierungsproblem hat eine Variante als Black-Box-Problem, zum Beispiel das Problem des Handlungsreisenden mit dem Suchraum S_n, der aus allen Permutationen auf $\{1,\ldots,n\}$ besteht, und der Funktionenklasse F_n, die alle $f_D\colon S_n \to \mathbb{R}$ enthält, so dass f_D für die Distanzmatrix D den Touren π ihre Länge zuweist, oder das Rucksackproblem mit dem Suchraum $\{0,1\}^n$ und der Funktionenklasse F_n aller $f_{a,g,G}\colon \{0,1\}^n \to \mathbb{R}$, so dass $f_{a,g,G}$ für die KP-Eingabe (a,g,G) jeder Objektauswahl den zugehörigen Nutzenwert zuweist, wenn die Gewichtsgrenze eingehalten wird, und ihr ansonsten den Wert 0 zuweist. Der Unterschied zum bisher betrachteten Szenario liegt darin, dass der Algorithmus nicht auf D oder (a,g,G) zurückgreifen darf. Häufiger kommt es vor, dass Eigenschaften der zu optimierenden Funktion bekannt sind. Für $S_n = \{0,1\}^n$ kann F_n aus allen pseudobooleschen Polynomen bestehen, deren Grad durch d beschränkt ist. Eine andere interessante Funktionenklasse ist die Klasse der *unimodalen* Funktionen, also der Funktionen, die ein eindeutiges globales Optimum haben und für die jeder nicht global optimale Punkt einen besseren Hammingnachbarn hat.

Eine *randomisierte Suchheuristik* für ein Black-Box-Problem geht folgendermaßen vor:

- Es wird eine Wahrscheinlichkeitsverteilung p_1 auf S_n gewählt und für ein bezüglich p_1 zufälliges x_1 mit Hilfe der Black Box $f(x_1)$ bestimmt.
- Für $t > 1$ wird in Kenntnis von $(x_1, f(x_1)),\ldots, (x_{t-1}, f(x_{t-1}))$ entschieden, ob die Suche beendet wird, und dann wird ein x_i mit bestem f-Wert als Ergebnis präsentiert, anderenfalls wird in Abhängigkeit von $(x_1, f(x_1)),\ldots,$ $(x_{t-1}, f(x_{t-1}))$ eine Wahrscheinlichkeitsverteilung p_t auf S_n gewählt und für ein bezüglich p_t zufälliges x_t mit Hilfe der Black Box $f(x_t)$ bestimmt.

9.1 Black-Box-Optimierung

Die oben genannten bekannten randomisierten Suchheuristiken passen alle in dieses Schema. Viele von ihnen speichern nicht die gesamte vorhandene Information $(x_1, f(x_1)), \ldots, (x_{t-1}, f(x_{t-1}))$ ab. Die randomisierte lokale Suche und Simulated Annealing arbeiten mit nur einem aktuellen Suchpunkt und evolutionäre und genetische Algorithmen mit einer kleinen so genannten Population von Suchpunkten, auch Individuen genannt. Dabei wird ein bester bisher ausgewerteter x-Punkt im Hintergrund abgespeichert, um gegebenenfalls als Ergebnis präsentiert werden zu können.

Die Suche wird häufig abgebrochen, bevor man weiß, ob bereits eine optimale Lösung gefunden wurde. Zur Bewertung der Heuristik müssen wir dann die erwartete Laufzeit und die erreichte Erfolgswahrscheinlichkeit in Relation setzen. Da Stoppregeln in den Anwendungen nur ein kleines Problem darstellen, wollen wir Suchheuristiken so abändern, dass sie niemals stoppen und interessieren uns für die *erwartete Optimierungszeit*, also die erwartete Zeit, bis erstmals ein optimaler x-Wert an die Black Box gegeben wird. Da die Auswertung eines x-Wertes durch die Black Box als aufwändig angesehen wird, verwenden wir die Anzahl der Black-Box-Anfragen als Zeitmaß und abstrahieren von der Zeit für die Berechnung von p_t und der Auswahl von x_t. Dieses Szenario wird *Black-Box-Optimierung* genannt. Die *Black-Box-Komplexität* eines Black-Box-Problems ist die minimale (bezogen auf die möglichen randomisierten Suchheuristiken) maximale (bezogen auf die Funktionen $f \in F_n$) erwartete Optimierungszeit. Diese Modellierung ermöglicht erstmals eine Komplexitätstheorie, die sich auf randomisierte Suchheuristiken und ihr spezifisches Anwendungsszenario bezieht.

Es ist zu fragen, ob das Szenario angemessen ist. Wir erfassen den Kern unserer Beispiele, indem wir nur die betrachtete Funktionenklasse, nicht aber die konkrete zu optimierende Funktion als bekannt annehmen. Dies macht Probleme schwieriger. Heuristiken können Informationen über die zu optimierende Funktion sammeln, da sie die Funktionswerte für ausgewählte Suchpunkte kennen lernen. Typische problemspezifische Algorithmen sind für die Black-Box-Variante des Problems wertlos. Allerdings vergröbern wir die Messung der Rechenzeit, indem wir nur die Black-Box-Anfragen als Kosten bewerten. Dadurch können NP-schwierige Probleme in polynomieller Zeit lösbar werden, wie das Beispiel der Maximierung pseudoboolescher Polynome vom Grad 2 zeigt. Die folgende deterministische Suchstrategie kommt mit $\binom{n}{2} + n + 2 = O(n^2)$ Black-Box-Anfragen aus. Sie ermittelt die f-Werte für alle Eingaben x mit höchstens zwei Einsen. Es sei e_0 die Eingabe aus lauter Nullen, e_i die Eingabe mit genau einer Eins an Position i und e_{ij} die Eingabe mit genau zwei Einsen an den Positionen i und $j > i$. Die unbekannte Funktion hat eine Darstellung

$$f(x) = w_0 + \sum_{1 \leq i \leq n} w_i x_i + \sum_{1 \leq i < j \leq n} w_{ij} x_i x_j.$$

Daher können die unbekannten Parameter wie folgt berechnet werden:

- $w_0 = f(e_0)$,
- $w_i = f(e_i) - w_0$ und
- $w_{ij} = f(e_{ij}) - w_0 - w_i - w_j$.

Schließlich kann f mit einem exponentiellen Algorithmus maximiert werden. Damit die Anforderungen an Black-Box-Algorithmen erfüllt werden, stellt der optimale Punkt x_{opt} die letzte Anfrage an die Black Box dar. Derartige Algorithmen wollen wir eigentlich nicht zur Konkurrenz zulassen. Ein Ausweg besteht darin, die Rechenzeit außerhalb der Black-Box-Anfragen zu beschränken, beispielsweise polynomiell. Dies erleichtert bisher nicht den Beweis unterer Schranken für die Black-Box-Komplexität konkreter Probleme. Derartige Schranken werden wir nämlich in Kapitel 9.3 ohne komplexitätstheoretische Annahme wie P $\neq$ NP oder RP $\neq$ NP beweisen. Ein anderer Ausweg besteht darin, die Anzahl der $(x, f(x))$-Paare, die abgespeichert werden dürfen, so zu beschränken, wie es die meisten randomisierten Suchheuristiken realisieren. Hier sind wir jedoch mehr an unteren Schranken interessiert und können festhalten:

Ein Problem mit exponentieller Black-Box-Komplexität lässt sich durch randomisierte Suchheuristiken nicht effizient lösen.

In Kapitel 9.2 stellen wir mit dem Minimax-Prinzip von Yao (1977) eine Methode vor, die es uns ermöglicht, untere Schranken für die Black-Box-Komplexität konkreter Probleme zu beweisen. Diese Methode wenden wir in Kapitel 9.3 auf ausgewählte Probleme an.

9.2 Das Minimax-Prinzip von Yao

Mit dem *Minimax-Prinzip* von Yao (1977) wollen wir die bis heute einzige Methode vorstellen, mit der untere Schranken für *alle* randomisierten Suchheuristiken und ausgewählte Problemklassen bewiesen werden können. Dazu müssen wir F_n auf endliche Klassen von Problemen einschränken. Da S_n endlich ist, genügt es, den Bildbereich der zu optimierenden Funktion auf eine endliche Menge wie $\{0, 1, \ldots, N\}$ zu beschränken. Es folgt, dass es nur endlich viele verschiedene „sinnvolle" deterministische Suchheuristiken gibt. Sinnvoll bedeutet, dass wir eine Anfrage an die Black Box nie wiederholen. Zwar wählen randomisierte Suchheuristiken Suchpunkte wiederholt aus, aber die wiederholte Anfrage an die Black Box kann vermieden werden, da die Antwort von der ersten Anfrage her bekannt ist. Also gibt es nur endlich viele mögliche Anfragen und nur endlich viele mögliche Antworten auf jede Anfrage und daher auch nur endlich viele deterministische Suchheuristiken.

Wir haben es zwar nur mit einer handelnden Person zu tun, nämlich der Person, die eine randomisierte Suchheuristik entwirft oder auswählt, aber es ist hilfreich, sich neben dieser Person einen Gegner vorzustellen, der die

9.2 Das Minimax-Prinzip von Yao

zu optimierende Funktion $f \in F_n$ mit dem Ziel auswählt, die Suchzeit zu maximieren. Wir modellieren unser Problem als Spiel zwischen Eva, der Entwerferin der randomisierten Suchheuristik A, und Thomas, dem Teufel oder Gegner, der $f \in F_n$ auswählt. Bei Wahl von A und f sei $T(f, A)$ die erwartete Anzahl der Black-Box-Anfragen, die A für f benötigt, bis sie der Black Box einen optimalen Suchpunkt vorgelegt hat. Eva möchte diese Kosten minimieren. Da wir die Black-Box-Komplexität in Bezug auf die schwierigste Funktion definiert haben, ist es das Ziel des Teufels Thomas, die Kosten von Eva zu maximieren. Aus Sicht der Spieltheorie haben wir es mit einem *Zweipersonen-Nullsummen-Spiel* (two-person zero-sum game) zu tun. Die Auszahlungsmatrix hat für jede deterministische Suchheuristik A eine Spalte, für jede Funktion $f \in F_n$ eine Zeile und der zugehörige Matrixeintrag ist $T(f, A)$. Bei Wahl von A und f zahlt Eva $T(f, A)$ an Thomas. Die Wahl von A und f erfolgt unabhängig voneinander. In der Spieltheorie dürfen beide Spieler randomisierte Strategien benutzen. Eine randomisierte Wahl eines deterministischen Algorithmus führt zu einem randomisierten Algorithmus. Aber auch die Umkehrung gilt. Wenn wir alle Zufallsentscheidungen einer randomisierten Suchheuristik zu einer Zufallsentscheidung zusammenfassen, erhalten wir eine Wahrscheinlichkeitsverteilung auf der Menge deterministischer Suchheuristiken. Somit können wir die Menge randomisierter Suchheuristiken mit der Menge Q aller Wahrscheinlichkeitsverteilungen auf der Menge deterministischer Suchheuristiken identifizieren. Für jede Wahl von $q \in Q$ und der zugehörigen randomisierten Suchheuristik A_q werden die erwarteten Kosten von Eva für f mit $T(f, A_q)$ bezeichnet. Eva muss die erwarteten Kosten $\max\{T(f, A_q) \mid f \in F_n\}$, abgekürzt $\max_f T(f, A_q)$, befürchten. Diese Kosten werden nicht größer, wenn auch Thomas eine randomisierte Strategie verwenden darf. Es sei P die Menge aller Wahrscheinlichkeitsverteilungen auf F_n und f_p die zufällige Wahl von $f \in F_n$ gemäß $p \in P$. Da $T(f_p, A_q)$ die Summe aller $p(f)T(f, A_q)$ ist, ist

$$\max_f T(f, A_q) = \max_p T(f_p, A_q)$$

und Eva sucht ein q^* mit

$$\max_f T(f, A_{q^*}) = \min_q \max_f T(f, A_q) = \min_q \max_p T(f_p, A_q).$$

Aus der Sicht von Thomas stellt sich das Problem wie folgt dar. Wenn er $p \in P$ wählt, ist er sicher, dass Eva erwartete Kosten von mindestens $\min_q T(f_p, A_q)$ hat. Mit den gleichen Argumenten wie zuvor ist dies gleich $\min_A T(f_p, A)$ und Thomas sucht ein p^* mit

$$\min_A T(f_{p^*}, A) = \max_p \min_A T(f_p, A) = \max_p \min_q T(f_p, A_q).$$

Das *Minimax-Theorem*, das von Neumann schon in der Mitte des vorigen Jahrhunderts bei seiner Begründung der Spieltheorie (siehe Owen (1995)) bewiesen hat, besagt, dass Zweipersonen-Nullsummen-Spiele eine Lösung haben. In unserer Situation gilt

$$\max_p \min_q T(f_p, A_q) = \min_q \max_p T(f_p, A_q).$$

Es folgt nach unseren Betrachtungen auch

$$v^* := \max_p \min_A T(f_p, A) = \min_q \max_f T(f, A_q).$$

Der so genannte *Wert des Spiels* v^* sowie optimale Spielstrategien können effizient mit Hilfe der linearen Optimierung berechnet werden. Effizienz bezieht sich auf die Größe der Matrix $T(f, A)$ und ist für unsere Situation belanglos. Die Menge F_n und die Menge deterministischer Suchheuristiken sind in allen interessanten Fällen so groß, dass wir nicht in der Lage sind, die Matrix $T(f, A)$ aufzustellen. Uns interessiert sogar nur der einfachere Teil des Minimax-Theorems, nämlich

$$v_{\text{Thomas}} := \max_p \min_A T(f_p, A) \leq \min_q \max_f T(f, A_q) =: v_{\text{Eva}}.$$

Diese Ungleichung lässt sich folgendermaßen beweisen. Wie gesehen kann sich Eva dagegen sichern, höhere erwartete Kosten als v_{Eva} tragen zu müssen. Dagegen kann sich Thomas eine erwartete Einnahme von v_{Thomas} sichern. Da alle Zahlungen von Eva an Thomas gehen und kein „Geld von außen" ins Spiel kommt, würde $v_{\text{Thomas}} > v_{\text{Eva}}$ implizieren, dass sich Thomas eine erwartete Auszahlung sichern kann, die höher ist als die Schranke für die erwarteten Kosten, die Eva maximal tragen muss. Mit diesem Widerspruch haben wir die Ungleichung bewiesen. Das Minimax-Prinzip von Yao besteht in der einfachen Schlussfolgerung, dass für alle $p \in P$ und $q \in Q$

$$\min_A T(f_p, A) \leq v_{\text{Thomas}} \leq v_{\text{Eva}} \leq \max_f T(f, A_q)$$

gilt. Die Leistung von Yao bestand darin zu erkennen, dass die Wahl eines randomisierten Algorithmus zur Minimierung der maximalen erwarteten Optimierungszeit für eine Funktionenmenge (Menge von Problemeingaben) als Zweipersonen-Nullsummen-Spiel modelliert werden kann. Im folgenden Theorem werden die erhaltenen Ergebnisse zusammengefasst. Danach beschreiben wir die Konsequenzen für den Beweis unterer Schranken.

Theorem 9.2.1. *Es sei F_n eine endliche Menge von Funktionen auf einem endlichen Suchraum S_n und $\mathcal{A}$ eine endliche Menge von deterministischen Algorithmen auf der Problemklasse F_n. Für jede Wahrscheinlichkeitsverteilung p auf F_n und jede Wahrscheinlichkeitsverteilung q auf $\mathcal{A}$ gilt*

$$\min_{A \in \mathcal{A}} T(f_p, A) \leq \max_{f \in F_n} T(f, A_q).$$

Die erwartete Laufzeit eines optimalen deterministischen Algorithmus bezüglich einer beliebigen Verteilung auf den Problemeingaben ist eine untere Schranke für die erwartete Laufzeit eines optimalen randomisierten Algorithmus bezogen auf die schwierigste Problemeingabe. Wir erhalten also untere Schranken für randomisierte Algorithmen, indem wir untere Schranken für deterministische Algorithmen beweisen. Zudem haben wir die Freiheit, die Situation für den deterministischen Algorithmus durch die Wahl einer geeigneten Verteilung auf den Problemeingaben besonders schwierig zu gestalten.

9.3 Untere Schranken für die Black-Box-Komplexität

Um das Minimax-Prinzip von Yao anzuwenden, ist es hilfreich, deterministische Suchheuristiken als *Suchbäume* zu modellieren. Die Wurzel symbolisiert die erste Anfrage an die Black Box. Für jedes mögliche Ergebnis der Anfrage gibt es eine die Wurzel verlassende Kante, die zu einem Knoten führt, der die vom Ergebnis der ersten Anfrage abhängige zweite Anfrage symbolisiert. Analoges gilt für alle folgenden Knoten. Für jedes $f \in F_n$ gibt es einen eindeutigen an der Wurzel startenden Weg, der den Verlauf der Suchheuristik auf f beschreibt. Die Anzahl der Knoten bis zum ersten Knoten, der einer Anfrage für einen f-optimalen Suchpunkt entspricht, ist gleich der Rechenzeit der Heuristik für f. Bei Funktionen mit eindeutigem Optimum muss der Suchbaum mindestens so viele Knoten enthalten, wie es für die Funktionenklasse verschiedene Optima gibt. Da wir nur Anfragen stellen müssen, deren Ergebnis wir nicht berechnen können, hat jeder Knoten im Suchbaum mindestens zwei Nachfolger. Selbst bei einer Gleichverteilung auf allen Optima erhalten wir ohne weitere Argumente keine besseren unteren Schranken als $\log |S_n|$, also für $S_n = \{0,1\}^n$ lineare untere Schranken. Derartige Schranken sind nur selten befriedigend. Eine Ausnahme bildet die $\log(n!)$-Schranke für das allgemeine Sortierproblem, die die meisten Leserinnen und Leser vermutlich kennen. Mit dem Minimax-Prinzip von Yao erhalten wir aus der bekannten Schranke für deterministische Algorithmen und einer Gleichverteilung auf allen Ordnungstypen eine untere Schranke für die maximale erwartete Rechenzeit randomisierter Algorithmen. Wenn wir Schranken zeigen wollen, die superlinear in $\log |S_n|$ sind, müssen wir beweisen, dass die Suchbäume nicht balanciert sein können.

Wir beginnen unsere Diskussion mit zwei in der Welt der evolutionären Algorithmen viel diskutierten Funktionenklassen. Mit Hilfe der Black-Box-Komplexität fällt die Antwort auf die dort diskutierten Fragen leicht. Die erste Funktionenklasse symbolisiert die Suche nach einer *Nadel im Heuhaufen* (needle in the haystack). Sie enthält für $a \in \{0,1\}^n$ die Funktion N_a definiert durch $N_a(a) = 1$ und $N_a(b) = 0$ für $b \neq a$.

Theorem 9.3.1. *Die Black-Box-Komplexität der Funktionenklasse aller N_a, $a \in \{0,1\}^n$, beträgt $2^{n-1} + \frac{1}{2}$.*

Beweis. Wir erhalten die obere Schranke, indem wir die Punkte des Suchraums $\{0,1\}^n$ in zufälliger Reihenfolge abfragen. Für jede Funktion N_a finden wir das Optimum mit Wahrscheinlichkeit 2^{-n} bei der t-ten Anfrage, $1 \le t \le 2^n$. Dies ergibt eine erwartete Optimierungszeit von

$$2^{-n}(1 + 2 + \cdots + 2^n) = 2^{n-1} + \frac{1}{2}.$$

Die untere Schranke zeigen wir mit dem Minimax-Prinzip von Yao für die Gleichverteilung auf allen N_a, $a \in \{0,1\}^n$. Wenn eine Anfrage den Funktionswert 1 ergibt, kann der Algorithmus die Suche mit Erfolg abbrechen. Daher interessiert nur der Weg im Suchbaum, der der Antwort 0 auf allen bisherigen Anfragen entspricht. Auf ihm müssen alle $a \in \{0,1\}^n$ als Anfragen vorkommen. Auf jeder Ebene dieses Weges kann nur ein neuer Suchpunkt erfragt werden. Somit beträgt die erwartete Suchzeit mindestens $2^{-n}(1 + 2 + \cdots + 2^n) = 2^{n-1} + \frac{1}{2}$. □

Die Funktionenklasse aller N_a macht den Unterschied zwischen dem klassischen Optimierungsszenario und dem Black-Box-Szenario deutlich. Im klassischen Optimierungsszenario ist die zu optimierende Funktion N_a und damit a bekannt. Die Optimierung ist dann eine triviale Aufgabe, da die optimale Lösung a ist. Die gängigen randomisierten Suchheuristiken benötigen im Black-Box-Szenario für die Klasse aller N_a für jede Funktion eine erwartete Optimierungszeit von $\Theta(2^n)$. Dies ist ineffizient im Vergleich zum klassischen Optimierungsszenario, aber nach Theorem 9.3.1 asymptotisch optimal im Black-Box-Szenario. Im Gegensatz zu vielen anders lautenden Behauptungen sind die gängigen randomisierten Suchheuristiken auf der Klasse aller Funktionen vom Typ „Nadel im Heuhaufen" fast optimal. Sie sind langsam, weil das Problem im Black-Box-Szenario schwierig ist.

Ganz ähnlich stellt sich das Black-Box-Szenario für Funktionen dar, die *Fallen* (traps) für typische randomisierte Suchheuristiken sind. Die Funktion T_a, $a \in \{0,1\}^n$, ist definiert durch $T_a(a) = 2n$ und $T_a(b) = b_1 + \cdots + b_n$ für $b \in \{0,1\}^n$ und $b \ne a$.

Theorem 9.3.2. *Die Black-Box-Komplexität der Funktionenklasse aller T_a, $a \in \{0,1\}^n$, beträgt $2^{n-1} + \frac{1}{2}$.*

Beweis. Der Beweis verläuft analog zu dem Beweis von Theorem 9.3.1. Bei der oberen Schranke ist nichts zu ändern. Bei der unteren Schranke ist zu bemerken, dass die Funktionen für jedes $b \in \{0,1\}^n$ nur zwei verschiedene Funktionswerte, nämlich $b_1 + \cdots + b_n$ und $2n$, annehmen. Der Funktionswert $2n$ ist gleichbedeutend mit einer Anfrage, die den optimalen Suchpunkt beinhaltet. □

Die Funktionen $T_a, a \in \{0,1\}^n$, bilden tatsächlich Fallen für die meisten gängigen randomisierten Suchheuristiken, die erwartete Optimierungszeiten von $2^{\Theta(n\log n)}$ erreichen. Dagegen ist die rein zufällige Suche, bei der zu jedem Zeitpunkt der Suchpunkt nach der Gleichverteilung auf dem Suchraum gewählt wird, nahezu optimal. Dieses Ergebnis ist nicht überraschend, da gängige randomisierte Suchheuristiken bevorzugt in der Nähe guter Suchpunkte die Suche fortsetzen. Dies ist für die Funktionen T_a im Allgemeinen die falsche Entscheidung. Andererseits bilden die Funktionen T_a im klassischen Optimierungsszenario kein Problem.

Abschließend wollen wir eine komplexere Anwendung des Minimax-Prinzips von Yao kennen lernen. Vielfach wird behauptet, dass die gängigen randomisierten Suchheuristiken auf *allen* unimodalen Funktionen sehr schnell sind. Dies lässt sich für viele dieser Suchheuristiken durch Angabe eines geschickt gewählten Gegenbeispiels widerlegen. Wir wollen nun zeigen, dass *keine* randomisierte Suchheuristik im Black-Box-Szenario für alle unimodalen Funktionen schnell sein kann.

Die Klasse der unimodalen pseudobooleschen Funktionen $f\colon \{0,1\}^n \to \mathbb{R}$ ist nicht endlich. Indem wir den Bildbereich auf die ganzen Zahlen z mit $-n \leq z \leq 2^n$ einschränken, erhalten wir eine endliche Funktionenklasse. Wir suchen nach einer Wahrscheinlichkeitsverteilung auf diesen Funktionen, die den Beweis unterer Schranken mit Hilfe des Minimax-Prinzips von Yao unterstützt. Man kann vermuten, dass die Gleichverteilung auf der betrachteten Funktionenklasse eine effiziente Optimierung durch deterministische Suchheuristiken verhindert. Allerdings können wir diese Verteilung nur schwer handhaben. Wir arbeiten daher mit einer anderen Wahrscheinlichkeitsverteilung. Ein Pfad $P = (p_0, \ldots, p_m)$ in $\{0,1\}^n$ besteht aus einer Folge von verschiedenen Punkten p_i, wobei der Hammingabstand $H(p_i, p_{i+1})$ benachbarter Punkte 1 beträgt. Wir betrachten nur Pfade mit $p_0 = 1^n$. Zum Pfad P gehört die *Pfadfunktion* f_P definiert durch $f_P(p_i) = i$ und $f_P(a) = a_1 + \cdots + a_n - n$ für alle a außerhalb des Pfades. Die Funktion f_P ist unimodal, da alle $p_i, i < m$, mit p_{i+1} einen besseren Hammingnachbarn haben. Für alle anderen Punkte a ist jeder Hammingnachbar, der eine 1 mehr enthält, besser. Die Idee hinter der folgenden Konstruktion ist, dass „zufällige Pfade großer Länge" es Suchheuristiken schwer machen. Wenn diese dem Pfad folgen, ist der Pfad zu lang. Andererseits ist es auch bei Kenntnis eines Anfangsstücks des Pfades schwierig, mit einer nicht nur sehr kleinen Wahrscheinlichkeit einen Punkt zu erzeugen, der „auf dem Pfad viel weiter hinten" liegt. Diese Überlegungen werden nun formalisiert.

Zunächst erzeugen wir einen zufälligen Pseudopfad R, auf dem Punkte wiederholt vorkommen dürfen. Seine Länge sei $l := l(n)$, wobei $l(n) = 2^{o(n)}$ ist. Es sei $p_0 = 1^n$. Den Nachfolger p_{i+1} von p_i erzeugen wir gemäß der Gleichverteilung auf allen Hammingnachbarn von p_i. Dies bedeutet, dass in p_i an einer zufällig gewählten Position das Bit gekippt wird. Aus R erzeugen wir den Pfad P, indem wir Kreise aus R entfernen. Wir starten wieder an 1^n. Wenn wir auf R den Punkt p_i erreichen und j der größte Index mit $p_j = p_i$ ist, fahren wir mit p_{j+1} fort. Wir betrachten die Wahrscheinlichkeitsverteilung auf den unimodalen Funktionen, die der Pfadfunktion f_P die Wahrscheinlichkeit zuweist, mit der das obige Experiment zum Pfad P führt. Wir untersuchen deterministische Suchheuristiken auf zufälligen unimodalen Funktionen, die gemäß der beschriebenen Wahrscheinlichkeitsverteilung ausgewählt werden.

Zur Vorbereitung untersuchen wir den zufälligen Pseudopfad R. Er entfernt sich mit hoher Wahrscheinlichkeit schnell von jedem erreichten Punkt und ist kurz genug, um mit hoher Wahrscheinlichkeit nicht wieder in die Nähe eines viel früher erreichten Punktes zurückzukehren. Im nächsten Lemma werden diese Überlegungen verallgemeinert und formalisiert.

Lemma 9.3.3. Es sei $p_0, p_1, \ldots, p_l$ der zufällige Pseudopfad R. Für jedes $\beta > 0$ existiert ein $\alpha = \alpha(\beta) > 0$, so dass jedes Ereignis E_a, $a \in \{0,1\}^n$, dass es ein $j \geq \beta n$ mit $H(a, p_j) \leq \alpha n$ gibt, die Wahrscheinlichkeit $2^{-\Omega(n)}$ hat.

Beweis. Da $l = 2^{o(n)}$ ist, gibt es $2^{o(n)}$ Punkte p_j und es genügt, die Wahrscheinlichkeit des Ereignisses $E_{a,j}$, $a \in \{0,1\}^n$, $j \geq \beta n$, durch $2^{-\Omega(n)}$ abzuschätzen. Dabei beschreibt $E_{a,j}$ das Ereignis $H(a, p_j) \leq \alpha n$. Wir untersuchen den zufälligen Hammingabstand $H_t = H(a, p_t), 0 \leq t \leq l$. Wenn er groß ist, bleibt er für ein Zeitintervall mit Sicherheit „recht groß". Wenn er klein ist, ist die Chance groß, dass er schnell wächst. Da wir in p_t ein zufällig gewähltes Bit kippen, um p_{t+1} zu erhalten, gilt

$$\text{Prob}(H_{t+1} = H_t + 1) = 1 - H_t/n.$$

Ist also H_t viel kleiner als $n/2$, gibt es eine starke Tendenz, den Hammingabstand zu a zu erhöhen.

Es sei $\gamma = \min\{\beta, 1/10\}$ und $\alpha = \alpha(\beta) = \gamma/5$. Wir untersuchen den Abschnitt $p_{j-\lfloor \gamma n \rfloor}, \ldots, p_j$ der Länge $\lfloor \gamma n \rfloor$ von R, um die Wahrscheinlichkeit von $E_{a,j}$ nach oben abzuschätzen. Das Ereignis $E_{a,j}$, also $H_j \leq \alpha n$, ist nach Definition von α äquivalent zu $H_j \leq (\gamma/5)n$.

Falls $H_{j-\lfloor \gamma n \rfloor} \geq 2\gamma n$ ist, ist H_j mit Sicherheit mindestens γn. Also können wir annehmen, dass $H_{j-\lceil \gamma n \rceil} < 2\gamma n$ ist. Dann ist H_t während des gesamten Abschnitts von R, den wir betrachten, höchstens $3\gamma n \leq (3/10)n$. Wir haben es also mit $\lfloor \gamma n \rfloor$ Schritten zu tun, bei denen H_t mit einer Wahrscheinlichkeit von mindestens $1 - 3\gamma \geq 7/10$ um 1 wächst und ansonsten um 1 fällt. Die chernoffsche Ungleichung (Theorem A.2.11) stellt sicher, dass die Wahrscheinlichkeit von weniger als $(6/10)\gamma n$ den Hammingabstand erhöhenden Schritten unter den betrachteten $\lfloor \gamma n \rfloor$ Schritten durch $2^{-\Omega(n)}$ beschränkt ist. Bei mehr als $(6/10)\gamma n$ erhöhenden Schritten haben wir einen Überschuss von mindestens $(6/10)\gamma n - (4/10)\gamma n = (\gamma/5)n$ erhöhenden Schritten und der Hammingabstand H_j ist mindestens $(\gamma/5)n$. □

Lemma 9.3.3 hat folgende Konsequenzen. Der Pseudopfad R wird mit einem markoffschen Prozess, also einem gedächtnislosen Prozess, konstruiert. Damit erfüllt auch $p_i, \ldots, p_l$ die Voraussetzungen des Lemmas. Für $a = p_i$

und $\beta = 1$ impliziert dies, dass R nach mehr als n Schritten den Punkt p_i nur mit Wahrscheinlichkeit $2^{-\Omega(n)}$ wieder erreicht. Da es nur $2^{o(n)}$ Punkte p_i gibt, ist die Wahrscheinlichkeit eines Kreises auf R, dessen Länge größer als n ist, durch $2^{-\Omega(n)}$ beschränkt. Also beträgt die Länge von P mit einer Wahrscheinlichkeit von $1 - 2^{-\Omega(n)}$ mindestens $l(n)/n$.

Theorem 9.3.4. *Jede randomisierte Suchheuristik für die Black-Box-Optimierung unimodaler pseudoboolescher Funktionen hat für jedes $\delta(n) = o(n)$ eine maximale erwartete Optimierungszeit von $2^{\Omega(\delta(n))}$. Ihre minimale Erfolgswahrscheinlichkeit nach $2^{O(\delta(n))}$ Schritten beträgt $2^{-\Omega(n)}$.*

Beweis. Der Beweis verwendet das Minimax-Prinzip von Yao, also Theorem 9.2.1. Wir wählen $l(n)$ so, dass $l(n)/n^2 = 2^{\Omega(\delta(n))}$ und $l(n) = 2^{o(n)}$ ist. Nach den Vorüberlegungen ist die Wahrscheinlichkeit, dass die Länge von P kleiner als $l(n)/n$ ist, exponentiell klein. Daher können wir für diese Fälle die Suchzeit mit 0 abschätzen. Im Folgenden wird angenommen, dass P eine Länge von mindestens $l(n)/n$ hat. Für den Beweis beschreiben wir ein Szenario, das die Arbeit von Suchheuristiken und die Analyse erleichtert. Wir beschreiben das „Wissen" der Heuristik zu jedem Zeitpunkt durch

– den Index i, so dass das Anfangsstück $p_0, \ldots, p_i$ von P, aber kein weiterer Punkt von P bekannt ist, und
– die Menge N der Punkte, von denen bekannt ist, dass sie nicht zu P gehören.

Zu Beginn ist $i = 0$ und $N = \emptyset$. Die randomisierte Suchheuristik erzeugt einen Suchpunkt x und wir definieren diesen Schritt schon dann als erfolgreiche Suche, wenn $x = p_k$ mit $k \geq i + n$ ist. Im Falle eines Misserfolgs wird i durch $i + n$ ersetzt, die Suchheuristik erfährt also die nächsten n Punkte auf dem Pfad. Falls x nicht zum Pfad gehört, wird x zu N hinzugefügt. Um das Theorem zu beweisen, genügt es, für jeden der ersten $\lfloor l(n)/n^2 \rfloor$ Schritte eine Erfolgswahrscheinlichkeit von $2^{-\Omega(n)}$ zu beweisen.

Wir betrachten zunächst die Anfangssituation mit $i = 0$ und $N = \emptyset$. Direkt nach Lemma 9.3.3 mit $\beta = 1$ hat jeder Suchpunkt x eine Erfolgswahrscheinlichkeit von $2^{-\Omega(n)}$. Es gilt sogar, dass die Wahrscheinlichkeit, dass P nach mindestens n Schritten noch in die Hammingkugel mit Radius $\alpha(1)n$ um x kommt, $2^{-\Omega(n)}$ beträgt.

Nach m erfolglosen Schritten ist das Anfangsstück von P mit $mn+1$ Punkten bekannt und N enthält höchstens m Punkte. Die Analyse wird durch das Wissen erschwert, dass diese höchstens $mn + m + 1$ Punkte von P nicht mehr erreicht werden. Es sei nun y der letzte bekannte auf P liegende Suchpunkt. Die Menge M der Pfadpunkte $p_0, \ldots, p_{mn}$ und der Punkte in N wird in die Mengen M' und M'' partitioniert. Dabei enthält M' die Punkte, die weit von y entfernt sind, genauer, deren Hammingabstand zu y größer als $\alpha(1)n$ ist, und M'' die anderen Punkte aus M. Zunächst arbeiten wir nur unter der Bedingung des Ereignisses E, dass die Punkte aus M' nicht mehr auf dem Pfad vorkommen. Da $\text{Prob}(E) = 1 - 2^{-\Omega(n)}$ ist, kann die Bedingung E die uns interessierenden Wahrscheinlichkeiten nur wenig beeinflussen. Für einen Suchpunkt x sei x^* das Ereignis, dass dieser Punkt die Suche erfolgreich beendet. Dann ist

$$\text{Prob}(x^* \mid E) = \text{Prob}(x^* \cap E)/\text{Prob}(E)$$
$$\leq \text{Prob}(x^*)/\text{Prob}(E) = \text{Prob}(x^*) \cdot (1 + 2^{-\Omega(n)}).$$

Die Erfolgswahrscheinlichkeit wächst also nur um einen Faktor, der nahe bei 1 liegt, und daher beträgt sie weiterhin $2^{-\Omega(n)}$.

Schließlich müssen wir die Punkte aus M'' in unser Kalkül einbeziehen. Jetzt wenden wir Lemma 9.3.3 für $\beta = 1/2$ an. Nach $n/2$ Schritten hat P mit Wahrscheinlichkeit $1 - 2^{-\Omega(n)}$ einen Hammingabstand von mindestens $\alpha(1/2)n$ von y und jedem der Punkte in M. Daher können wir für die verbleibenden $n/2$ Schritte die obigen Argumente verwenden, wobei nun „weit entfernt" einen Mindestabstand von $\alpha(1/2)n$ beschreibt. Dies reicht aus, um die Erfolgswahrscheinlichkeit durch $2^{-\Omega(n)}$ abzuschätzen. □

Das Minimax-Prinzip von Yao ermöglicht den Beweis exponentieller unterer Schranken für randomisierte Suchheuristiken, die im Black-Box-Szenario eingesetzt werden.

10. Weitere Komplexitätsklassen und Beziehungen zwischen den Komplexitätsklassen

10.1 Grundlegende Überlegungen

In Kapitel 3 haben wir die grundlegenden Komplexitätsklassen vorgestellt und untersucht. Die Beziehungen zwischen ihnen wurden in Theorem 3.5.3 zusammengefasst. Reduktionen dienen dazu, Beziehungen zwischen einzelnen Problemen herzustellen. Wenn ein Problem mit einer Komplexitätsklasse $\mathcal{C}$ verglichen wird, kann es sich als $\mathcal{C}$-einfach, $\mathcal{C}$-schwierig, $\mathcal{C}$-vollständig oder $\mathcal{C}$-äquivalent erweisen. So lernen wir etwas über die Komplexität von Problemen in Relation zur Komplexität von anderen Problemen und in Relation zu Komplexitätsklassen. Die NP-Vollständigkeitstheorie hat sich als heutzutage bestes Mittel erwiesen, um unter der NP$\neq$P-Hypothese viele wichtige Probleme als schwierig zu klassifizieren.

Damit haben wir uns davon überzeugt, dass die Untersuchung von Komplexitätsklassen, die wie NP durch nicht praktisch effiziente Algorithmen definiert sind, gut motiviert sein kann. In diesem Kapitel behandeln wir bekannte und neue Komplexitätsklassen. Wir beginnen in Kapitel 10.2 mit der inneren Struktur von NP und co-NP. In Kapitel 10.4 definieren und untersuchen wir die *polynomielle Hierarchie* von Komplexitätsklassen, die NP umfassen. Dazu definieren wir in Kapitel 10.3 Orakelklassen. Während in Turingreduktionen ein Algorithmus für ein bestimmtes Problem benutzt werden darf, erlauben wir nun sogar Algorithmen für ein beliebiges Problem einer Komplexitätsklasse. Diese Betrachtungen führen zu folgenden Ergebnissen. Wir erhalten neue komplexitätstheoretische Hypothesen, von denen einige stärker als NP $\neq$ P, aber dennoch gut begründet sind. In den späteren Kapiteln werden wir auf der Grundlage dieser Hypothesen Schlussfolgerungen ziehen, die wir (bisher) nicht aus der NP$\neq$P-Hypothese ableiten können. Zudem bekommen wir Hinweise, mit welchen Beweismethoden wir die NP$\neq$P-Vermutung *nicht* beweisen können.

Es stellt sich natürlich die Frage, warum sich all diese Betrachtungen auf NP und Komplexitätsklassen oberhalb von NP beziehen und warum wir die algorithmisch relevanten Komplexitätsklassen ZPP, RP, co-RP und BPP nicht weiter untersuchen. Der Hauptgrund ist, dass BPP $\neq$ P keine so gut begründete Hypothese wie NP $\neq$ P ist. Während wir vermuten, dass die NP-vollständigen Probleme und damit sehr viele gut untersuchte Probleme nicht in P enthalten sind, gibt es kaum gut untersuchte Probleme, von denen wir wissen, dass sie in BPP enthalten sind, und von denen wir vermuten, dass sie nicht zu P gehören. Der Nachweis von BPP = P wäre ein weitreichendes und starkes Resultat, er würde aber nicht die geltende Sicht auf die Welt der Komplexitätsklassen zum Einsturz bringen – im Gegensatz zu einem Beweis von NP = P. In der Fachwelt verbreitet sich die Meinung, dass „P nahe an BPP heranreicht", während NP und P durch die Welt der NP-vollständigen Probleme getrennt sind. Der Begriff „nahe heranreichen" ist natürlich nicht formalisierbar. Wir werden diese Überlegungen in Kapitel 10.5 untermauern, wenn wir die Beziehungen zwischen NP und BPP untersuchen.

10.2 Die Komplexitätsklassen innerhalb von NP und co-NP

Wenn NP = P ist, folgt, da P = co-P ist, co-NP = P und wir betrachten nur die Komplexitätsklasse P der effizient lösbaren Probleme. Dies ist komplexitätstheoretisch nicht nur der unerwartete, sondern auch der uninteressantere Fall. Aus Kapitel 5.1 wissen wir, dass es innerhalb von P drei Äquivalenzklassen bezüglich der Äquivalenzrelation „$\leq_p$" gibt:

– alle Probleme, bei denen keine Eingabe akzeptiert wird,
– alle Probleme, bei denen jede Eingabe akzeptiert wird, und
– alle weiteren Probleme.

Falls NP $\neq$ P ist, bildet die Klasse NPC (NP-complete) der NP-vollständigen Probleme nach Definition eine vierte Äquivalenzklasse bezüglich „$=_p$". Gibt es noch mehr Äquivalenzklassen? Dies ist äquivalent zu der Frage, ob die Klasse NPI := NP $-$ (P $\cup$ NPC) (NP-incomplete) leer oder nicht leer ist. Wir können natürlich für kein Problem nachweisen, dass es zu NPI gehört. Dann wäre ja auch NP $\neq$ P bewiesen. Aber vielleicht gibt es Probleme, von denen wir vermuten, dass sie zu NPI gehören? Garey und Johnson (1979) listen drei Probleme auf, die damals als NPI-Kandidaten galten:

– das Problem lineare Optimierung (linear programming, LP), also die Frage, ob eine lineare Funktion auf einem durch lineare Ungleichungen beschränkten Raum einen Funktionswert annehmen kann, der mindestens so groß wie eine vorgegebene Schranke b ist,
– den Primzahltest PRIMES und
– das Graphenisomorphieproblem GI (siehe Kapitel 6.5).

Schon vor längerer Zeit wurde nachgewiesen, dass LP $\in$ P ist (siehe z. B. Aspvall und Stone (1980)). Von PRIMES war bekannt, dass es zu NP, co-NP und sogar co-RP gehört. Miller (1976) hatte bereits einen polynomiellen Primzahltest entworfen, der auf einer allerdings unbewiesenen zahlentheoretischen Hypothese aufbaut. Somit war PRIMES stets auch ein Kandidat dafür, polynomiell lösbar zu sein. Schließlich haben Agrawal, Kayal und Saxena (2002) bewiesen, dass PRIMES $\in$ P ist. Ihre Argumente haben jedoch

10.2 Die Komplexitätsklassen innerhalb von NP und co-NP

keine Konsequenzen für die Komplexität des Faktorisierungsproblems FACT. Der Nachweis, dass eine Zahl n keine Primzahl ist, wird über zahlentheoretische Argumente geführt, die bisher keine Hilfe bei der Berechnung eines Teilers von n bieten. Die Vermutung, dass FACT nicht polynomiell lösbar ist, ist durch den polynomiellen Primzahltest nicht ins Wanken geraten. Insbesondere sind kryptographische Verfahren, die wie das RSA-System und PGP auf der Schwierigkeit von FACT beruhen, nicht mit dem Primzahltest angreifbar.

Für GI gibt es keine Ansätze, die darauf hinweisen, dass GI $\in$ P ist. In Kapitel 11 werden wir Gründe für die Vermutung herleiten, dass GI nicht NP-vollständig ist. Somit ist GI momentan das bekannteste Entscheidungsproblem, von dem vermutet wird, dass es zu NPI gehört.

Da wir uns auf Ergebnisse über konkrete algorithmische Probleme konzentrieren wollen, werden die folgenden Existenzaussagen von Ladner (1975) nur genannt.

Theorem 10.2.1. *Falls NP $\neq$ P ist, ist NPI nicht leer und enthält bezüglich „$\leq_p$" unvergleichbare Probleme.*

Falls also NP $\neq$ P ist, gibt es innerhalb von NPI mehrere Äquivalenzklassen bezüglich „$=_p$".

Die Mächtigkeit des Konzepts polynomieller Reduktionen wird daran deutlich, dass sich fast alle uns interessierenden Probleme als NP-äquivalent oder polynomiell lösbar erwiesen haben. Falls NP $\neq$ P ist, gibt es aber eine reichhaltige Struktur von Problemen zwischen P und NPC.

Wir wollen die Beziehungen zwischen NP und co-NP diskutieren. Sie stehen in dualer Beziehung zueinander, da co-(co-NP) nach Definition, also doppelter Komplementbildung, wieder NP ergibt. Damit gilt entweder NP = co-NP oder die beiden Komplexitätsklassen sind unvergleichbar bezüglich der Mengeninklusion. Aus NP $\subseteq$ co-NP folgt ja co-NP $\subseteq$ co-(co-NP) = NP. In Kapitel 5.3 haben wir NP durch einen Existenzquantor über polynomiell viele Bits und ein polynomielles Prädikat charakterisiert. Formal gehört L genau dann zu NP, wenn eine Sprache $L' \in P$ und ein Polynom p mit

$$L = \left\{ x \mid \exists z \in \{0,1\}^{p(|x|)} : (x,z) \in L' \right\}$$

existieren. Sprachen aus co-NP lassen sich auf duale Weise charakterisieren. Formal wird der Existenzquantor durch einen Allquantor ersetzt. Die NP$\neq$P-Hypothese bedeutet, dass wir ohne Existenzquantor weniger Sprachen beschreiben können als mit Existenzquantor. Wenn wir glauben, dass in derartigen Darstellungen Existenzquantoren nicht immer durch Allquantoren (und andere Sprachen $L' \in$ P) ersetzt werden können, dann ist dies äquivalent zu der NP$\neq$co-NP-Hypothese. Wie am Anfang dieses Abschnitts begründet, wird ein Nachweis von NP ≠ co-NP die Aussage NP ≠ P nach sich ziehen. Wir haben auch gesehen, dass es zum Nachweis von NP = co-NP ausreicht, NP ⊆ co-NP zu beweisen. Intuitiv ist folgender Gedankengang nahe liegend. Wenn ein in NP schwierigstes Problem, also ein NP-vollständiges Problem, in co-NP enthalten ist, dann gehört ganz NP zu co-NP. Derartige Schlussfolgerungen werden wir häufiger benutzen und daher hier formalisieren.

Theorem 10.2.2. *Falls L NP-vollständig und $L \in$ co-NP ist, dann gilt NP = co-NP.*

Beweis. Wie bereits diskutiert, genügt es, aus den Voraussetzungen und $L' \in$ NP zu folgern, dass $L' \in$ co-NP ist. Dies wiederum ist äquivalent zu $\overline{L'} \in$ NP. Wir beschreiben eine polynomiell zeitbeschränkte nichtdeterministische Turingmaschine, die Eingaben $w \in \overline{L'}$ akzeptiert und Eingaben $w \notin \overline{L'}$ nicht akzeptiert. Da L NP-vollständig und $L' \in$ NP ist, gilt $L' \leq_p L$. Es gibt also eine in polynomieller Zeit berechenbare Funktion f mit „$w \in L' \Leftrightarrow f(w) \in L$". Diese Funktion f wenden wir auf die Eingabe für $\overline{L'}$ an. Es folgt „$w \in \overline{L'} \Leftrightarrow f(w) \in \overline{L}$". Da $L \in$ co-NP ist, können wir $f(w) \in \overline{L}$ in polynomieller Zeit nichtdeterministisch überprüfen und erhalten so in polynomieller Zeit eine nichtdeterministische Überprüfung, ob $w \in \overline{L'}$ ist. □

Die NP≠co-NP-Hypothese impliziert also für Sprachen $L \in$ NP ∩ co-NP, dass sie nicht NP-vollständig und nicht co-NP-vollständig sind. Vor dem Nachweis von PRIMES ∈ P war die Tatsache, dass PRIMES ∈ NP ∩ co-NP ist, das beste Indiz dafür, dass PRIMES weder NP-vollständig noch co-NP-vollständig ist. Vom Graphenisomorphieproblem GI wissen wir, dass GI ∈ NP, aber nicht, dass GI ∈ co-NP ist. Somit erhalten wir aus den obigen Überlegungen kein Argument für die Vermutung, dass GI nicht NP-vollständig ist.

Schließlich impliziert die NP≠co-NP-Hypothese, dass NP-vollständige Probleme nicht in co-NP enthalten sind. Daher überrascht es nicht, dass wir keines der bekannten NP-vollständigen Probleme mit einem Allquantor darstellen und damit als zu co-NP gehörig nachweisen können. Insgesamt vermuten wir, dass die Welt innerhalb von NP ∪ co-NP so aussieht wie in Abbildung 10.2.1 illustriert.

10.3 Orakelklassen

Schon bei der Einführung von Turingreduktionen $A \leq_T B$ in Kapitel 4.1 haben wir von polynomiellen Algorithmen für A mit Orakel B gesprochen. Wir werden weiterhin den Begriff eines Orakels benutzen, obwohl diesem Begriff etwas Mysteriöses und Ungenaues anhaftet. In Wirklichkeit geht es um den Einsatz eines Unterprogramms für B, dessen Aufruf mit den Kosten 1 bewertet wird. Der Begriff Orakel ist nicht glücklich gewählt, aber die übliche

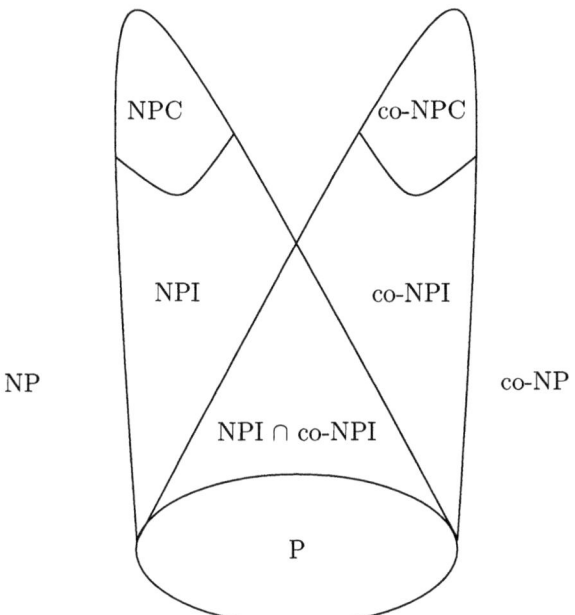

Abb. 10.2.1. Die Komplexitätswelt in NP ∪ co-NP, falls NP ≠ P ist.

Bezeichnung für derartige Unterprogramme. Da wir hier nur Orakel für Entscheidungsprobleme betrachten, müssen wir uns keine besonderen Gedanken darüber machen, wie wir die Kosten eines Orakelaufrufs bewerten, wenn die Antwort länger als die Eingabe ist.

Definition 10.3.1. Die Komplexitätsklasse P(L) enthält für ein Entscheidungsproblem L alle Entscheidungsprobleme L' mit $L' \leq_T L$, also alle L', die sich durch polynomielle Algorithmen mit Orakel L entscheiden lassen. Die Komplexitätsklasse P($\mathcal{C}$) ist für eine Klasse $\mathcal{C}$ von Entscheidungsproblemen die Vereinigung aller P(L), $L \in \mathcal{C}$.

Wenn die Komplexitätsklasse $\mathcal{C}$ ein bezüglich „$\leq_T$" oder gar „$\leq_p$" vollständiges Problem L^* enthält, dann ist P($\mathcal{C}$)= P(L^*). Jeder Aufruf eines Orakels $L \in \mathcal{C}$ kann ja durch einen polynomiellen Algorithmus mit Orakel L^* ersetzt werden. Insbesondere ist P(NP) = P(SAT). Wir vermuten, dass P(NP) eine echte Oberklasse von NP ist. Ansonsten würden wir jede Anwendung des Orakels SAT in einem polynomiellen Algorithmus durch einen Aufruf ganz am Ende ersetzen können, dessen Antwort wir nicht verändern dürfen. Insbesondere ist co-NP ⊆ P(NP), da wir die Antwort des NP-Orakels verneinen dürfen. Die obigen Argumente suggerieren sogar, dass P(NP) eine echte Oberklasse von NP ∪ co-NP ist. All dies können wir nicht beweisen, da NP = P auch P(NP) = P(P) = P impliziert.

Die bisherigen Betrachtungen können nicht iteriert werden, da P(P($\mathcal{C}$)) = P($\mathcal{C}$) ist. Eine polynomielle Berechnung, in der wir eine polynomielle Berechnung mit Orakel L aufrufen dürfen, ist nichts weiter als eine polynomielle Berechnung mit Orakel L. In unseren früheren Betrachtungen war es ein wesentlicher Schritt, neben P auch NP zu betrachten. Daher wollen wir hier neben $P(L)$ und $P(\mathcal{C})$ auch $NP(L)$ und $NP(\mathcal{C})$ untersuchen.

Definition 10.3.2. Die Komplexitätsklasse $NP(L)$ enthält für ein Entscheidungsproblem L alle Entscheidungsprobleme L', die sich durch polynomiell zeitbeschränkte nichtdeterministische Algorithmen mit Orakel L entscheiden lassen. Die Komplexitätsklasse $NP(\mathcal{C})$ ist für eine Klasse $\mathcal{C}$ von Entscheidungsproblemen die Vereinigung aller $NP(L)$, $L \in \mathcal{C}$.

Es ist $P(P) = P$ und $NP(P) = NP$, da die Orakelaufrufe durch polynomielle Algorithmen ersetzt werden können. Um mit den neuen Begriffen vertraut zu werden, stellen wir ein praktisch wichtiges Problem vor, das in co-NP(NP) enthalten ist und von dem wir vermuten, dass es nicht in P(NP) oder NP(NP) enthalten ist. Die Sprache aller minimalen Schaltkreise über der Basis aller binären Bausteine (minimal circuits, MC) besteht aus allen Schaltkreisen mit einem Ausgabebaustein, so dass kein Schaltkreis mit weniger Bausteinen (manchmal auch Gatter genannt) dieselbe boolesche Funktion berechnet.

Theorem 10.3.3. *MC $\in$ co-NP(NP).*

Beweis. Wir zeigen, dass das Komplement $\overline{MC}$ in NP(NP) enthalten ist. Es sei also ein Schaltkreis S gegeben. Die von ihm berechnete Funktion bezeichnen wir mit f. Nun wird nichtdeterministisch in polynomieller Zeit ein Schaltkreis S' mit weniger Bausteinen als S erzeugt. Die von ihm berechnete Funktion bezeichnen wir mit f'. Aus S und S' erhalten wir mit einem weiteren Baustein vom Typ $\oplus$ oder EXOR einen Schaltkreis S'' für $f'' = f \oplus f'$. Als Orakel wählen wir das NP-vollständige Erfüllbarkeitsproblem für Schaltkreise, das wir mit SAT_{CIR} bezeichnet haben. Das Orakel akzeptiert S'' genau dann, wenn es ein a mit $f''(a) = 1$, also $f(a) \neq f'(a)$ gibt. In diesem Fall akzeptiert der Algorithmus den Schaltkreis S nicht. Wenn das Orakel S'' nicht akzeptiert, folgt $f = f'$ und S' ist ein kleinerer Schaltkreis als S für f. Der Algorithmus weiß also, dass S nicht minimal ist und er akzeptiert S. Insgesamt wird S wie gewünscht genau dann auf mindestens einem Rechenweg akzeptiert, wenn S nicht minimal ist. □

10.4 Die polynomielle Hierarchie

In Kapitel 10.3 haben wir das Werkzeug bereitgestellt, um eine Vielzahl von Komplexitätsklassen zu definieren. Wir werden diesen Weg formal beschreiten und uns einige Eigenschaften dieser Komplexitätsklassen anschauen. Dabei werden wir feststellen, dass diese Komplexitätsklassen eine anschauliche logikorientierte Beschreibung haben, aus der sich die Konstruktion vollständiger Probleme für diese Klassen ableitet. Deren Beschreibung unterstützt die Hypothese, dass die betrachteten Komplexitätsklassen eine echte Hierarchie bilden, also eine bezüglich der Mengeninklusion aufsteigende Folge verschiedener Komplexitätsklassen (Stockmeyer (1977)).

Definition 10.4.1. Es sei $\Sigma_1 := \text{NP}$, $\Pi_1 := \text{co-NP}$ und $\Delta_1 := \text{P}$. Für $k \geq 1$ sei

- $\Sigma_{k+1} := \text{NP}(\Sigma_k)$,
- $\Pi_{k+1} := \text{co-}\Sigma_{k+1}$ und
- $\Delta_{k+1} := \text{P}(\Sigma_k)$.

Die polynomielle Hierarchie PH ist die Vereinigung aller $\Sigma_k, k \geq 1$.

Es ist auch konsistent, $\Sigma_0 = \Pi_0 = \Delta_0 = \text{P}$ zu setzen und die Definition auf alle $k \geq 0$ auszudehnen. Wie in Kapitel 10.3 gesehen, erhalten wir $\Sigma_1 = \text{NP}$, $\Pi_1 = \text{co-NP}$ und $\Delta_1 = \text{P}$. Mit diesen neuen Bezeichnungen lautet die Aussage von Theorem 10.3.3: $\text{MC} \in \Pi_2$. Wir listen einige Eigenschaften der neuen Komplexitätsklassen auf, um ein Bild über die Beziehungen zwischen ihnen zu gewinnen.

Lemma 10.4.2. Für die Komplexitätsklassen innerhalb der polynomiellen Hierarchie gelten die folgenden Beziehungen:

- $\Delta_k = \text{co-}\Delta_k = \text{P}(\Delta_k) \subseteq \Sigma_k \cap \Pi_k \subseteq \Sigma_k \cup \Pi_k \subseteq \Delta_{k+1} = \text{P}(\Pi_k)$.
- $\Sigma_{k+1} = \text{NP}(\Pi_k) = \text{NP}(\Delta_{k+1})$.
- $\Pi_{k+1} = \text{co-NP}(\Pi_k) = \text{co-NP}(\Delta_{k+1})$.
- $\Sigma_k \subseteq \Pi_k \Rightarrow \Sigma_k = \Pi_k$.

Beweis. Es ist $\Delta_k = \text{co-}\Delta_k$, da nach Definition $\Delta_k = \text{P}(\Sigma_{k-1})$ ist und bei polynomiellen Berechnungen das Ergebnis am Ende negiert werden kann. Es ist $\text{P}(\Delta_k) = \text{P}(\text{P}(\Sigma_{k-1})) = \text{P}(\Sigma_{k-1}) = \Delta_k$, da ein polynomieller Algorithmus, der einen polynomiellen Algorithmus mit Orakel $L \in \Sigma_{k-1}$ aufrufen darf, nichts anderes ist als ein polynomieller Algorithmus, der das Orakel $L \in \Sigma_{k-1} \subseteq \Delta_k$ aufrufen darf. Natürlich ist $\Delta_k = \text{P}(\Sigma_{k-1}) \subseteq \text{NP}(\Sigma_{k-1}) = \Sigma_k$ und $\Delta_k = \text{co-}\Delta_k \subseteq \Pi_k$. Die Beziehung $\text{P}(\mathcal{C}) \subseteq \text{NP}(\mathcal{C})$ gilt nach Definition für alle Komplexitätsklassen $\mathcal{C}$. Ebenso folgt nach Definition $\Sigma_k \subseteq \text{P}(\Sigma_k) = \Delta_{k+1}$ und $\Pi_k = \text{co-}\Sigma_k \subseteq \text{co-}\Delta_{k+1} = \Delta_{k+1}$. Schließlich ist $\Delta_{k+1} = \text{P}(\Sigma_k) = P(\Pi_k)$, da ein Orakel $L \in \Sigma_k$ denselben Nutzen wie das Orakel $\overline{L} \in \text{co-}\Sigma_k = \Pi_k$ hat. Die Antwort jeder Orakelfrage kann ja negiert werden.

Mit demselben Argument folgt $\Sigma_{k+1} = \text{NP}(\Sigma_k) = \text{NP}(\Pi_k)$. Aus $\Sigma_k \subseteq \Delta_{k+1}$ folgt $\Sigma_{k+1} = \text{NP}(\Sigma_k) \subseteq \text{NP}(\Delta_{k+1})$. In der Umkehrung müssen wir argumentieren, dass ein Orakel $L \in \Delta_{k+1}$ durch ein Orakel $L' \in \Sigma_k$ ersetzt werden kann. Da $\Delta_{k+1} = \text{P}(\Sigma_k)$ ist, lässt sich das Orakel $L \in \Delta_{k+1}$ durch einen polynomiellen Algorithmus mit Orakel $L' \in \Sigma_k$ ersetzen. Insgesamt haben wir einen nichtdeterministischen polynomiellen Algorithmus, der einen polynomiellen Algorithmus mit Orakel L' aufruft und dies ist nichts anderes als ein nichtdeterministischer polynomieller Algorithmus mit Orakel L'.

Die dritte Aussagekette folgt aus der zweiten, indem wir die Komplementklassen betrachten.

Schließlich impliziert $\Sigma_k \subseteq \Pi_k$, dass $\Pi_k = \text{co-}\Sigma_k \subseteq \text{co-}\Pi_k = \Sigma_k$ und damit $\Sigma_k = \Pi_k$ ist. □

Analog zu den Darstellungen in Kapitel 3 erhalten wir in Abbildung 10.4.1 die Komplexitätslandschaft innerhalb der polynomiellen Hierarchie.

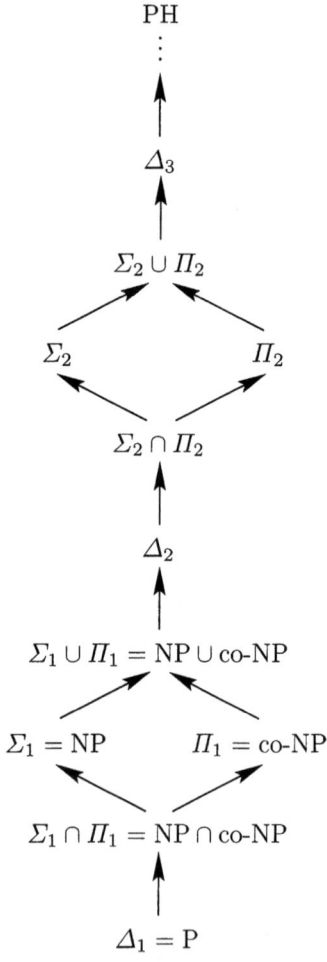

Abb. 10.4.1. Die Komplexitätslandschaft innerhalb der polynomiellen Hierarchie.

Wir haben mit Pfeilen Teilmengenbeziehungen ausgedrückt. Die Vermutung, dass die Klassen der polynomiellen Hierarchie eine echte Hierarchie bilden, beinhaltet die Vermutung, dass alle angegebenen Teilmengenbeziehungen echt sind und dass die Komplexitätsklassen Σ_k und Π_k bezüglich Mengeninklusion unvergleichbar sind. Wir erhalten also die folgenden komplexitätstheoretischen Hypothesen:

- $\Sigma_k \neq \Sigma_{k+1}$,
- $\Pi_k \neq \Pi_{k+1}$,
- $\Sigma_k \neq \Pi_k$,
- $\Delta_k \neq \Sigma_k \cap \Pi_k \neq \Sigma_k \neq \Sigma_k \cup \Pi_k \neq \Delta_{k+1}$.

Bevor wir Beziehungen zwischen diesen Hypothesen untersuchen, leiten wir eine logikorientierte Darstellung der Komplexitätsklassen Σ_k und Π_k her. Dies wird die nachfolgenden Betrachtungen erleichtern.

Theorem 10.4.3. *Ein Entscheidungsproblem L ist genau dann in Σ_k enthalten, wenn es ein Polynom p und ein Entscheidungsproblem $L' \in P$ gibt, so dass mit $A = \{0,1\}^{p(|x|)}$ gilt:*

$$L = \{x \mid \exists y_1 \in A \ \forall y_2 \in A \ \exists y_3 \in A \ldots \ Q\, y_k \in A : (x, y_1, \ldots, y_k) \in L'\}.$$

Der Quantor Q ist ein Existenzquantor oder ein Allquantor, je nachdem welche Wahl die Quantorenfolge alternierend macht.

Beweis. Wir beweisen die Aussage durch Induktion über k. Für $k = 1$ haben wir die Aussage in Theorem 5.3.2 bewiesen. Sei nun für $k \geq 2$ eine Darstellung von L der beschriebenen Art gegeben. Ein nichtdeterministischer Algorithmus kann $y_1 \in A$ nichtdeterministisch erzeugen. Wir erlauben ihm als Orakel das Entscheidungsproblem

$$L^* := \{(x, y_1) \mid \exists y_2 \in A \ \forall y_3 \in A \ldots \ Q\, y_k \in A : (x, y_1, \ldots, y_k) \in \overline{L'}\}.$$

Hierbei ist zu beachten, dass Q nun der Quantor ist, der *diese* Quantorenfolge alternierend macht. Da mit L' auch $\overline{L'} \in P$ ist, ist nach Induktionsvoraussetzung $L^* \in \Sigma_{k-1}$. Der nichtdeterministische Algorithmus befragt das Orakel L^* für (x, y_1) und negiert die Antwort. Ist $x \in L$, existiert ein $y_1 \in A$, so dass

$$\forall y_2 \in A \ \exists y_3 \in A \ldots \ Q\, y_k \in A : (x, y_1, \ldots, y_k) \in L'$$

wahr ist. Damit ist $(x, y_1) \notin L^*$ und der nichtdeterministische Algorithmus akzeptiert x. Ist $x \notin L$, folgt mit den De-Morgan-Regeln für alle $y_1 \in A$, dass

$$\exists y_2 \in A \ \forall y_3 \in A \ldots \ Q\, y_k \in A : (x, y_1, \ldots, y_k) \notin L'$$

wahr ist. Es ist also $(x, y_1) \in L^*$ für alle $y_1 \in A$ und der nichtdeterministische Algorithmus akzeptiert x auf keinem Rechenweg. Die Rechenzeit ist polynomiell beschränkt, da y_1 polynomielle Länge hat.

Sei nun $L \in \Sigma_k$. Dann gibt es für L einen nichtdeterministischen polynomiell zeitbeschränkten Algorithmus A_L mit Orakel $L' \in \Sigma_{k-1}$. Für L' gibt es nach Induktionsvoraussetzung ein Entscheidungsproblem $B \in \mathrm{P}$, für das

$$L' = \{z \mid \exists y_2 \in A \;\; \forall y_3 \in A \ldots \;\; Q\, y_k \in A : (z, y_2, \ldots, y_k) \in B\}$$

ist. Es gibt zwei Polynome q und r, so dass der Algorithmus A_L für x das Orakel L' höchstens $q(|x|)$-mal für Eingaben einer Länge von höchstens $r(|x|)$ befragt. Wir können A_L und L' leicht so ändern, dass er auf allen Rechenwegen für eine Eingabe x der Länge $|x|$ genau $q(|x|)$ Anfragen der Länge $r(|x|)$ stellt. Dann ist $x \in L$ genau dann, wenn es für A_L zu x einen akzeptierenden Rechenweg w, zugehörige Orakelfragen $b_1, \ldots, b_{q(|x|)}$ und zugehörige Orakelantworten $a_1, \ldots, a_{q(|x|)}$ gibt. Wir wollen diesen Sachverhalt in die gewünschte Quantorenschreibweise bringen. Sie beginnt mit

$$\exists w, b_1, \ldots, b_{q(|x|)}, a_1, \ldots, a_{q(|x|)}.$$

Es sei C^* die Menge aller $(x, w, b_1, \ldots, b_{q(|x|)}, a_1, \ldots, a_{q(|x|)})$, so dass A_L für x auf dem Rechenweg w die Orakelfrage b_i als i-te Frage stellt, wenn er zuvor auf die Fragen $b_1, \ldots, b_{i-1}$ die Antworten $a_1, \ldots, a_{i-1}$ erhalten hat, und schließlich die Eingabe x akzeptiert. Offensichtlich ist $C^* \in \mathrm{P}$. Es bleibt nun zu überprüfen, ob a_i die richtige Antwort auf die Frage b_i ist. Falls $a_i = 1$ ist, können wir diese Antwort überprüfen durch die Formel

$$\exists y_2^i \in A \quad \forall y_3^i \in A \ldots \quad Q\, y_k^i \in A : (b_i, y_2^i, \ldots, y_k^i) \in B.$$

Falls $a_i = 0$ ist, können wir diese Antwort überprüfen durch die Formel

$$\forall y_2^i \in A \quad \exists y_3^i \in A \ldots \quad Q\, y_k^i \in A : (b_i, y_2^i, \ldots, y_k^i) \in \overline{B}.$$

Da a_i nicht vorab bekannt ist, müssen wir diese beiden Fälle zusammenfassen, wobei das polynomielle Entscheidungsproblem auch auf a_i zurückgreifen darf:

$$\exists y_1^i \in A \quad \forall y_2^i \in A \ldots \quad Q\, y_k^i \in A : (b_i, a_i, y_1^i, \ldots, y_k^i) \in B^*,$$

wobei B^* alle Vektoren mit $a_i = 1$ und $(b_i, y_1^i, \ldots, y_{k-1}^i) \in B$ und alle Vektoren mit $a_i = 0$ und $(b_i, y_2^i, \ldots, y_k^i) \in \overline{B}$ enthält. Hier sehen wir, dass der Fall $a_i = 0$ die Quantorenlänge um 1 erhöht. Nun können wir alle Aussagen zusammenfassen. Der erste Existenzquantor betrifft w und alle b_i, a_i, y_1^i, $1 \leq i \leq q(|x|)$. Der folgende Allquantor betrifft alle y_2^i, $1 \leq i \leq q(|x|)$. Dies wird bis zum k-ten Quantor fortgesetzt. Schließlich enthält das Entscheidungsproblem B' alle $(x, w, b_1, a_1, y_1^1, \ldots, y_k^1, \ldots, b_{q(|x|)}, a_{q(|x|)}, y_1^{q(|x|)}, \ldots, y_k^{q(|x|)})$ mit $(x, w, b_1, \ldots, b_{q(|x|)}, a_1, \ldots, a_{q(|x|)}) \in C^*$ und $(b_i, a_i, y_1^i, \ldots, y_k^i) \in B^*$, $1 \leq i \leq q(|x|)$. Damit ist $B' \in \mathrm{P}$. Es ist nun nur noch als technisches Detail sicherzustellen, dass hinter jedem Quantor ein boolescher Variablenvektor derselben polynomiellen Länge $p'(|x|)$ steht. □

Mit den De-Morgan-Regeln erhalten wir folgendes Korollar.

Korollar 10.4.4. *Ein Entscheidungsproblem ist genau dann in Π_k enthalten, wenn es ein Polynom p und ein Entscheidungsproblem $L' \in P$ gibt, so dass mit $A = \{0,1\}^{p(|x|)}$ gilt:*

$$L = \{x \mid \forall y_1 \in A \; \exists y_2 \in A \ldots Q\, y_k \in A : (x, y_1, \ldots, y_k) \in L'\}.$$

Wir fassen unsere Ergebnisse zusammen.

Die Komplexitätsklassen Σ_k und Π_k beschreiben Probleme, die sich mit $k-1$ Quantorenwechseln, polynomiell vielen Variablen und einem polynomiell entscheidbaren Prädikat beschreiben lassen. Sie unterscheiden sich im Typ des ersten Quantors. Die Hypothese, dass diese Klassen alle verschieden sind, ist die Hypothese, dass jeder neue Quantor die Beschreibungskraft echt vergrößert und es einen Unterschied macht, von welchem Typ der erste Quantor ist.

Die logikorientierte Sichtweise erleichtert den Nachweis der folgenden Ergebnisse.

Theorem 10.4.5. *Falls $\Sigma_k = \Pi_k$ ist, gilt $PH = \Sigma_k$.*

Dieses Theorem bedeutet anschaulich, dass unter der Annahme $\Sigma_k = \Pi_k$ die Komplexitätslandschaft in Abbildung 10.4.1 oberhalb von $\Sigma_k \cap \Pi_k$ „zusammenbricht", weil alle oberhalb gelegenen Klassen gleich $\Sigma_k \cap \Pi_k$ sind. Die komplexitätstheoretische Hypothese $\Sigma_{k+1} \neq \Sigma_k$ ist also eine stärkere Annahme als $\Sigma_k \neq \Sigma_{k-1}$ und die NP$\neq$P-Hypothese ist die schwächste aller Annahmen. Aus NP = P folgt, wie in Kapitel 10.2 gezeigt, NP = co-NP, also $\Sigma_1 = \Pi_1$ und PH = P.

Beweis von Theorem 10.4.5. Wir folgern $\Sigma_{k+1} = \Pi_{k+1} = \Sigma_k$ aus der Annahme $\Sigma_k = \Pi_k$. Dieses Argument kann dann induktiv fortgesetzt werden.

Nachdem wir im Beweis von Theorem 10.4.3 sehr formal vorgegangen sind, wollen wir hier intuitiver argumentieren. Exemplarisch betrachten wir den Fall $k = 4$. Aus Sicht von Theorem 10.4.3 bedeutet $\Sigma_4 = \Pi_4$, dass

$$\exists \forall \exists \forall P = \forall \exists \forall \exists P$$

ist. Hinter den Quantoren dürfen nur polynomiell viele Variablen stehen und P steht für Entscheidungsprobleme aus P, die auf den verschiedenen Seiten der Gleichung verschieden sein können. Wir betrachten nun Σ_5, also Probleme vom Typ $\exists (\forall \exists \forall \exists P)$. Die Klammer ist überflüssig, sie soll aber andeuten, dass wir auf diesen Klammerausdruck obige Gleichung anwenden und einen Ausdruck vom Typ $\exists \exists \forall \exists \forall P$ erhalten. Zwei Quantoren vom selben Typ können zu einem Quantor zusammengefasst werden. Also lässt sich jedes Σ_5-Problem in der Form $\exists \forall \exists \forall P$ schreiben und gehört damit zu Σ_4. Es folgt $\Sigma_5 = \Sigma_4 = \Pi_4$. Analog folgt $\Pi_5 = \Pi_4 = \Sigma_4$. □

Korollar 10.4.6. *Falls $\Sigma_k = \Sigma_{k+1}$ ist, gilt $PH = \Sigma_k$.*

Beweis. Es gilt $\Sigma_k \subseteq \Pi_{k+1}$. Aus $\Sigma_k = \Sigma_{k+1}$ folgt also $\Sigma_{k+1} \subseteq \Pi_{k+1}$ und mit Lemma 10.4.2 auch $\Sigma_{k+1} = \Pi_{k+1}$. Nun impliziert Theorem 10.4.5, dass $PH = \Sigma_{k+1}$ ist. Zusammen mit der Voraussetzung folgt $PH = \Sigma_k$. □

Die logikorientierte Sichtweise aus Theorem 10.4.3 führt zu einer kanonischen Verallgemeinerung der bekannten Erfüllbarkeitsprobleme wie SAT_{CIR} auf *Erfüllbarkeitsprobleme der k-ten Stufe* SAT_{CIR}^k. Es handelt sich dabei um alle Schaltkreise S auf k Variablenvektoren $x_1, \ldots, x_k$ der Länge n, so dass für $A = \{0,1\}^n$ gilt:

$$\exists x_1 \in A \quad \forall x_2 \in A \ldots \quad Q x_k \in A : S(x) = 1.$$

Dabei bezeichnen wir mit $S(x)$ den Wert des Schaltkreises S, wenn die Eingabe $x = (x_1, \ldots, x_k)$ ist. Da es in polynomieller Zeit möglich ist, die Aussage „$S(x) = 1$" zu verifizieren, folgt aus Theorem 10.4.3, dass $SAT_{CIR}^k \in \Sigma_k$ ist. Wenn SAT oder SAT_{CIR} kanonische Kandidaten für NP − P sind, gilt dies auch für SAT_{CIR}^k und $\Sigma_k - \Sigma_{k-1}$. Wir haben zwar mit MC ein praktisch relevantes Problem betrachtet, das wir in $\Pi_2 - \Pi_1$ vermuten, aber wir können nicht erwarten, dass wir für sehr großes k praktisch relevante Probleme erhalten, die in $\Sigma_k - \Sigma_{k-1}$ vermutet werden. Wie können wir die Vermutung, dass ein Problem in $\Sigma_k - \Sigma_{k-1}$ ist, untermauern? Wie in der NP-Vollständigkeitstheorie folgt für Σ_k-vollständige Probleme L (siehe Definition 5.1.1), dass entweder $\Sigma_k = \Sigma_{k-1}$ oder $L \notin \Sigma_{k-1}$ ist. Da wir vermuten, dass $\Sigma_k \neq \Sigma_{k-1}$ ist, erhalten wir wieder einen starken Hinweis, dass $L \notin \Sigma_{k-1}$ ist. Mit ähnlichen Methoden wie beim Beweis des Theorems von Cook ergibt sich folgendes Ergebnis.

Theorem 10.4.7. SAT_{CIR}^k *ist Σ_k-vollständig.*

Da er methodisch keine neuen Ideen verlangt, verzichten wir auf den Beweis von Theorem 10.4.7 und stellen fest:

Auf jeder Stufe Σ_k der polynomiellen Hierarchie gibt es vollständige Probleme, die kanonische Kandidaten sind, um die Komplexitätsklassen Σ_{k-1} und Σ_k zu trennen.

Wir haben gesehen, dass P = PH aus NP = P folgt. Dies kann als ergänzendes Argument für die NP≠P-Hypothese gelten. Wir können die Frage, ob NP = P oder NP ≠ P gilt, erweitern auf Orakelklassen. Wir können uns fragen, ob $NP(L) = P(L)$ oder $NP(L) \neq P(L)$ ist. Falls $L \in P$ ist, sind diese Fragen äquivalent zur Ausgangsfrage, ob NP = P oder NP ≠ P ist. Man mag sogar zu der Vermutung gelangen, dass entweder für alle Sprachen L die Beziehung $NP(L) = P(L)$ oder für alle Sprachen L die Beziehung $NP(L) \neq P(L)$ gilt. Dies ist jedoch falsch. Es gibt (siehe z. B. Reischuk (1999)) Sprachen A und B mit

$$\mathrm{NP}(A) = \mathrm{P}(A)$$

und

$$\mathrm{NP}(B) \neq \mathrm{P}(B).$$

Was bedeutet dieses Ergebnis? Wir sind an den Orakeln A und B ja gar nicht interessiert. Wir erhalten aber ein Indiz, mit welchen Beweismethoden wir die NP≠P-Frage *nicht* lösen können. Jeder Beweisversuch für NP ≠ P, dessen Techniken auch $\mathrm{NP}(A) \neq \mathrm{P}(A)$ implizieren, kann nicht glücken. Es gab bereits einige missglückte Beweisversuche für NP ≠ P, bei denen es schwer war, einen Fehler zu finden. Dennoch wusste man, dass sie falsch waren, da mit ihnen auch $\mathrm{NP}(A) \neq \mathrm{P}(A)$ gefolgt wäre. Derartige Eingrenzungen von Beweistechniken schränken die möglichen Wege zum Beweis der NP≠P-Vermutung ein. Eine Konzentration der Kräfte auf weniger Ansätze erhöht vielleicht die Chancen auf eine Lösung des NP≠P-Problems.

10.5 BPP, NP und die polynomielle Hierarchie

Die Komplexitätsklassen BPP und NP spielen zentrale Rollen, einerseits als Komplexitätsklasse der effizient mit randomisierten Algorithmen lösbaren Probleme, andererseits als Basisklasse für die NP-Vollständigkeitstheorie, die mit den NP-vollständigen Problemen viele vermutlich nicht effizient lösbare Probleme enthält. Wie stehen nun diese Komplexitätsklassen zueinander? Hier ist es wieder sinnvoll, sich NP-Algorithmen als randomisierte Algorithmen vorzustellen.

– NP-Algorithmen: einseitiger Fehler, aber große Fehlerwahrscheinlichkeit, z. B. $1 - 2^{-n}$.
– BPP-Algorithmen: Fehlerwahrscheinlichkeit stark begrenzt, z. B. durch 2^{-n}, aber zweiseitiger Fehler.

Somit könnte es sein, dass NP und BPP unvergleichbar bezüglich Mengeninklusion sind. Andererseits ist BPP vermutlich zumindest „nicht viel größer" als P und die Beziehung BPP ⊆ NP würde unser Bild von der Landschaft der Komplexitätsklassen vervollständigen, aber bestehende Hypothesen nicht ins Wanken bringen. Bezüglich der Beziehung von BPP zur polynomiellen Hierarchie ist BPP $\subseteq \Sigma_2 \cap \Pi_2$ das beste bekannte Ergebnis. Wir werden seinen Beweis so anlegen, dass wir daraus weiter reichende Konsequenzen ableiten können.

Theorem 10.5.1. *BPP* $\subseteq \Sigma_2 \cap \Pi_2$.

Beweis. Da nach Definition BPP = co-BPP ist, genügt es, BPP $\subseteq \Sigma_2$ zu zeigen. Es folgt dann sofort BPP = co-BPP $\subseteq$ co-$\Sigma_2 = \Pi_2$.

Sei nun also $L \in \text{BPP}$ gegeben. Nach Theorem 3.3.6 gibt es für L einen randomisierten Algorithmus mit polynomieller maximaler Rechenzeit, dessen Fehlerwahrscheinlichkeit für jede Eingabe der Länge n durch $2^{-(n+1)}$ beschränkt ist. Wir können dabei annehmen, dass jeder Rechenweg eine Länge von $p(|x|)$ hat und $p(n)$ ohne Rest durch n teilbar ist. Da wir später die Abschätzung $p(n)/n \leq 2^n$ benötigen, behandeln wir die höchstens endlich vielen Eingabelängen n, für die diese Beziehung nicht gilt, vorab. Polynomielle Algorithmen können für diese Eingaben den randomisierten Algorithmus auf allen Rechenwegen simulieren und das korrekte Resultat berechnen, ohne die Eigenschaft einer polynomiellen Rechenzeit zu verlieren.

Für jede Eingabe x der Länge n gibt es nach unseren Vorbemerkungen genau $2^{p(n)}$ Rechenwege des BPP-Algorithmus, von denen wegen der kleinen Fehlerwahrscheinlichkeit nur sehr wenige, nämlich höchstens $2^{p(n)-(n+1)}$ viele, ein falsches Ergebnis liefern. Wir bezeichnen für x mit $A(x)$ die Menge der Rechenwege $r \in \{0,1\}^{p(n)}$, für die der BPP-Algorithmus x akzeptiert, und mit $N(x)$ die anderen Rechenwege. Für alle $x \in L$ ist $A(x)$ viel größer als $N(x)$. So muss es für „recht viele" Eingaben, die zu L gehören, sogar einen gemeinsamen akzeptierenden Rechenweg geben. Für Eingaben $x \notin L$ ist die Menge $A(x)$ dagegen sehr klein. Diesen Unterschied wollen wir ausnutzen.

Es sei $k(n)$ eine später zu spezifizierende Größe. Wir werden $k(n)$ durch k und $p(n)$ durch p abkürzen, um die Formeln zu vereinfachen. Es sei B die Sprache aller Tripel (x,r,z) aus einer Eingabe $x \in \{0,1\}^n$ für das Entscheidungsproblem L, k Rechenwegen $r_1, \ldots, r_k \in \{0,1\}^p$ und einer so genannten Rechenwegtransformation $z \in \{0,1\}^p$, für die $r_i \oplus z$ für mindestens ein i in $A(x)$ ist. Hierbei steht $\oplus$ für das komponentenweise EXOR auf Vektoren aus $\{0,1\}^p$. Die Abbildung $h_z(r) := r \oplus z$ ist eine bijektive Abbildung auf der Menge $\{0,1\}^p$ der Rechenwege. Da es deterministisch in polynomieller Zeit möglich ist, randomisierte Algorithmen mit polynomieller Rechenzeit auf polynomiell vielen vorgegebenen Rechenwegen zu simulieren, ist $B \in \text{P}$, falls k polynomiell beschränkt ist. Aber was nützt uns das Problem B? Wir wollen L auf folgende Weise charakterisieren, um L mit Hilfe von Theorem 10.4.3 als Element von Σ_2 nachzuweisen:

$$L = \{x \mid \exists r = (r_1, \ldots, r_k) \in \{0,1\}^{pk} \; \forall z \in \{0,1\}^p : (x,r,z) \in B\}.$$

Wieso können wir intuitiv hoffen, dass eine derartige Charakterisierung möglich ist? Wir haben gesehen, dass viele, aber nicht unbedingt alle $x \in L$ gemeinsame akzeptierende Rechenwege haben. Indem wir genügend viele Rechenwege $r_1, \ldots, r_k$ wählen dürfen, können wir hoffen, dass für jedes $x \in L$ jede Transformation z aus mindestens einem der gewählten Rechenwege einen akzeptierenden Rechenweg erzeugt. Für $x \notin L$ ist die Anzahl akzeptierender Rechenwege so klein, dass dies für mindestens eine Transformation z misslingen muss. Diese Vermutungen können wir für die Wahl $k := p/n$ bestätigen.

Sei zunächst $x \in L$ und $R(x)$ die Menge der schlechten $r = (r_1, \ldots, r_k)$, also solcher r, für die es ein $z \in \{0,1\}^p$ gibt, so dass alle $r_i \oplus z \in N(x)$

sind. Indem wir $|R(x)| < 2^{kp}$ beweisen, zeigen wir die Existenz eines guten r-Vektors, so dass für $x \in L$ die beschriebene Charakterisierung gilt. Für $w_i = r_i \oplus z$ ist $w_i \oplus z = r_i$. Somit ist $R(x)$ auch die Menge aller $(w_1 \oplus z, \ldots, w_k \oplus z)$, so dass $z \in \{0,1\}^p$ ist und alle $w_i \in N(x)$ sind. Also ist $|R(x)| \le |N(x)|^k \cdot 2^p$. Da $x \in L$ ist, gilt auf Grund der geringen Fehlerwahrscheinlichkeit $|N(x)| \le 2^{p-(n+1)}$. Aus $k = p/n$ folgt

$$|R(x)| \le 2^{(p-(n+1))\cdot k} \cdot 2^p = 2^{pk+p-nk-k} = 2^{pk-k} \le \frac{1}{2} \cdot 2^{pk}.$$

Somit ist sogar mindestens die Hälfte der r-Vektoren geeignet.

Sei nun $x \notin L$. Da $|A(x)| \le 2^{p-(n+1)}$ ist, folgt $|N(x)| \ge 2^p - 2^{p-(n+1)}$. Sei ein $r = (r_1, \ldots, r_k) \in \{0,1\}^{pk}$ gegeben. Wir werden zeigen, dass es ein z mit $(x,r,z) \notin B$ gibt. Dazu muss $r_i \oplus z \in N(x)$ für alle i sein. Mit $Z_i(r)$ bezeichnen wir die Menge aller z mit $r_i \oplus z \in N(x)$. Wegen der Bijektivität der $\oplus$-Operation ist $|Z_i(r)| = |N(x)| \ge 2^p - 2^{p-(n+1)}$. Es gibt also höchstens $2^{p-(n+1)}$ z-Vektoren, die nicht in $Z_i(r)$ enthalten sind. Damit gibt es höchstens $k \cdot 2^{p-(n+1)}$ z-Vektoren, die in mindestens einem $Z_j(r)$ nicht enthalten sind. Wir betrachten nur die Werte von n, für die $k \le 2^n$ ist. Also ist $k \cdot 2^{p-(n+1)} \le \frac{1}{2} \cdot 2^p$ und es gibt mindestens einen z-Vektor, der in allen $Z_i(r)$ enthalten ist. Für diesen z-Vektor ist $r_i \oplus z \in N(x)$ für alle i und somit $(x,r,z) \notin B$.

Die oben angegebene Charakterisierung von L ist somit verifiziert und L ist in Σ_2 enthalten. □

Wir haben soeben $L \in \Sigma_2 = \text{NP(NP)}$ gezeigt. Das benutzte NP-Orakel war „$\exists z \in \{0,1\}^p : (x,r,z) \notin B$". Der nichtdeterministische Rahmenalgorithmus erzeugt $r = (r_1, \ldots, r_k)$ zufällig. Für $x \notin L$ ist die Fehlerwahrscheinlichkeit 0. Für $x \in L$ ist nur höchstens die Hälfte der r-Vektoren nicht geeignet, um x zu akzeptieren. Die Fehlerwahrscheinlichkeit ist also sogar durch $1/2$ beschränkt. Damit ist der Rahmenalgorithmus ein RP-Algorithmus. Mit einer nahe liegenden Definition ist L also sogar in RP(NP) enthalten.

Definition 10.5.2. Die Komplexitätsklasse RP(L) enthält für ein Entscheidungsproblem L alle Entscheidungsprobleme L', die sich durch RP-Algorithmen mit Orakel L entscheiden lassen. Die Klasse RP($\mathcal{C}$) ist für eine Klasse $\mathcal{C}$ von Entscheidungsproblemen die Vereinigung aller RP(L), $L \in \mathcal{C}$. Analog werden ZPP(L), ZPP($\mathcal{C}$), BPP(L), BPP($\mathcal{C}$), PP(L) und PP($\mathcal{C}$) definiert.

Damit können wir die obigen Überlegungen als Theorem formulieren.

Theorem 10.5.3. $BPP \subseteq RP(NP) \cap co\text{-}RP(NP)$.

Somit enthält BPP zumindest keine Probleme, die „weit" von NP entfernt sind.

Während BPP ⊆ NP ein neues, weitreichendes, aber nicht völlig überraschendes Ergebnis wäre, würde das Ergebnis NP ⊆ BPP unser komplexitätstheoretisches Weltbild zum Einsturz bringen. Zwar würde daraus nicht NP = P folgen, aber alle NP-vollständigen Probleme wären in polynomieller Zeit mit kleiner Fehlerwahrscheinlichkeit lösbar. Sie wären also praktisch effizient lösbar. Wir zeigen die Beziehung „NP ⊆ BPP ⇒ NP ⊆ RP". Wer also glaubt, dass NP ⊆ BPP ist, muss auch glauben, dass NP ⊆ RP und damit NP = RP ist. Diese Konsequenzen können den Glauben an NP ⊆ BPP, sofern vorhanden, erschüttern. Wenn NP = RP ist, können wir Fehlerwahrscheinlichkeiten von $1 - 2^{-n}$ bei einseitigem Fehler auf Fehlerwahrscheinlichkeiten von 2^{-n} bei ebenfalls einseitigem Fehler drücken. Unglaublich, aber nicht bewiesenermaßen unmöglich. Auf dem Weg zu dem angestrebten Resultat werden wir die Aussage BPP(BPP) = BPP beweisen. Wir wissen, dass P(P) = P ist, und vermuten, dass NP(NP) ≠ NP ist. Das neue Resultat zeigt, dass BPP als Orakel in einem BPP-Algorithmus nicht hilfreich ist. Auch dies ist ein Indiz, dass BPP „nicht so mächtig" wie NP ist.

Theorem 10.5.4. *BPP(BPP) = BPP.*

Beweis. Sei $L \in$ BPP(BPP). Dann gibt es ein Orakel $L' \in$ BPP, so dass $L \in$ BPP(L') ist. Mit A bezeichnen wir den BPP-Rahmenalgorithmus. Seine maximale Rechenzeit sei durch das Polynom p_1 beschränkt und seine Fehlerwahrscheinlichkeit nach Theorem 3.3.6 durch 1/6. Mit A' bezeichnen wir einen BPP-Algorithmus für L'. Nach Theorem 3.3.6 können wir annehmen, dass die Fehlerwahrscheinlichkeit von A' durch $1/(6 \cdot p_1(|x|))$ beschränkt ist. Wir ersetzen die Orakelfragen durch Aufrufe von A'. Insgesamt arbeitet der neue randomisierte Algorithmus in polynomieller Zeit, ohne ein Orakel zu benutzen. Er macht höchstens dann einen Fehler, wenn eine Simulation von A' fehlerhaft ist oder der Rahmenalgorithmus trotz richtiger Antworten der Simulationen von A' einen Fehler macht. Somit lässt sich die Fehlerwahrscheinlichkeit abschätzen durch $p_1(|x|)/(6 \cdot p_1(|x|)) + 1/6 = 1/3$ und wir haben einen BPP-Algorithmus für L entworfen. □

Da Theorem 3.3.6 auch für alle eindeutig lösbaren Probleme gilt, können wir Theorem 10.5.4 mit demselben Beweis von der Klasse der BPP-Entscheidungsprobleme auf die Klasse der eindeutig lösbaren BPP-Probleme erweitern. Dies werden wir später ausnutzen. Das folgende Korollar deutet darauf hin, dass NP ⊆ BPP nicht gilt.

Korollar 10.5.5. *NP ⊆ BPP ⇒ PH ⊆ BPP.*

Beweis. Es genügt die Beziehung $\Sigma_k \subseteq$ BPP aus NP ⊆ BPP abzuleiten. Das folgende Argument für $k = 4$ kann direkt auf allgemeines k übertragen werden. Aus NP ⊆ BPP und Theorem 10.5.4 folgt

10.5 BPP, NP und die polynomielle Hierarchie

$$\Sigma_4 = \mathrm{NP}(\mathrm{NP}(\mathrm{NP}(\mathrm{NP})))$$
$$\subseteq \mathrm{BPP}(\mathrm{BPP}(\mathrm{BPP}(\mathrm{BPP})))$$
$$\subseteq \mathrm{BPP}(\mathrm{BPP}(\mathrm{BPP}))$$
$$\subseteq \mathrm{BPP}(\mathrm{BPP})$$
$$\subseteq \mathrm{BPP}.$$

□

Nun kommen wir zu dem angekündigten Resultat.

Theorem 10.5.6. $NP \subseteq BPP \Rightarrow NP = RP.$

Beweis. Nach Definition ist RP ⊆ NP. Also müssen wir nur noch NP ⊆ RP aus NP ⊆ BPP folgern. Dazu genügt es, für ein NP-vollständiges Problem L aus NP ⊆ BPP zu folgern, dass $L \in $ RP ist. Alle anderen Probleme aus NP lassen sich ja polynomiell auf L reduzieren.

Wir betrachten drei Varianten des Knotenfärbungsproblems GC. Wir erinnern daran, dass GC das Problem ist, für Graphen $G = (V, E)$ und Zahlen k zu entscheiden, ob die Knoten des Graphen mit k Farben so gefärbt werden können, dass alle Kanten zwei Knoten verschiedener Farben verbinden. Färbungen sind beliebige Vektoren $c = (c_1, \ldots, c_n) \in \{1, \ldots, n\}^n$, wobei c_i die Farbe des i-ten Knotens ist. Damit lassen sich Färbungen gemäß der lexikographischen Ordnung auf $\{1, \ldots, n\}^n$ vergleichen. Der Färbungsvektor c heißt legal, wenn durch ihn die zwei Endpunkte jeder Kante verschiedene Farben erhalten. Mit LEX-GC bezeichnen wir das Problem, für G den legalen Färbungsvektor $f(G)$ zu berechnen, der mit minimaler Farbenzahl auskommt und unter allen legalen Färbungsvektoren mit minimaler Farbenzahl der lexikographisch kleinste ist. Dies ist kein Entscheidungsproblem, aber ein eindeutig lösbares Suchproblem. Schließlich sei MIN-GC das Problem, für (G, c) mit $c \in \{1, \ldots, n\}^n$ zu entscheiden, ob $c \geq f(G)$ ist. Dabei muss c keine legale Färbung von G sein.

Das Problem GC ist NP-vollständig (Theorem 6.5.2). Die Aussage $(G, c) \in$ MIN-GC ist äquivalent zu

$$\exists c' \in \{1, \ldots, n\}^n \quad \forall c'' \in \{1, \ldots, n\}^n \colon (G, c, c', c'') \in B,$$

wobei B die (G, c, c', c'') enthält, für die c' und c'' legale Färbungen von G sind, für die $c' \leq c$ ist und c'' mindestens so viele Farben wie c' benutzt oder für die c'' keine legale Färbung von G ist. Offensichtlich ist $B \in $ P und diese Charakterisierung von $(G, c) \in $ MIN-GC zeigt nach Theorem 10.4.3, dass MIN-GC $\in \Sigma_2$ ist.

Aus NP ⊆ BPP folgt nach Korollar 10.5.5, dass PH ⊆ BPP ist. Insbesondere ist MIN-GC $\in $ BPP. Durch binäre Suche auf $\{1, \ldots, n\}^n$ kann mit $\lceil \log n^n \rceil = \lceil n \log n \rceil$ Fragen an das Orakel MIN-GC das Problem LEX-GC gelöst werden. Mit der Verallgemeinerung von Theorem 10.5.4 auf eindeutig lösbare Suchprobleme kann LEX-GC von einem randomisierten Algorithmus

A in polynomieller Zeit mit durch 1/3 beschränkter Fehlerwahrscheinlichkeit gelöst werden. Hieraus konstruieren wir einen RP-Algorithmus A' für GC und beweisen damit das Theorem.

Der randomisierte Algorithmus A' erhält eine Eingabe aus einem Graphen G und einer Zahl k. Zunächst wird A auf der Eingabe G simuliert. Das Ergebnis sei c. Genau dann, wenn c eine legale Färbung von G mit höchstens k Farben ist, akzeptiert A' die Eingabe (G, k). Die Rechenzeit von A' ist polynomiell beschränkt. Falls $(G, k) \notin$ GC ist, gibt es keine legale Färbung von G mit höchstens k Farben und die Eingabe (G, k) wird mit Wahrscheinlichkeit 1 nicht akzeptiert. Falls $(G, k) \in$ GC ist, wird A' diese Eingabe nur dann nicht akzeptieren, wenn A auf G einen Fehler macht. Also ist A' ein Algorithmus mit einseitigem Fehler, dessen Fehlerwahrscheinlichkeit durch 1/3 beschränkt ist. □

Die Untersuchung von Orakelklassen hat dazu beigetragen, die Beziehungen zwischen den uns interessierenden Komplexitätsklassen NP, BPP und RP zu erhellen.

11. Interaktive Beweise

11.1 Grundlegende Überlegungen

In diesem Kapitel werden Komplexitätsklassen auf der Basis interaktiver Beweise definiert. Die Motivation dafür ist nicht offenkundig. Es ergeben sich Komplexitätsklassen mit interessanten Eigenschaften und Beziehungen zu den schon bekannten Komplexitätsklassen. Aber viel wichtiger sind die Ergebnisse, die mit dieser neuen Sicht auf die Komplexität von Problemen erreicht werden können. In Kapitel 11.3 werden wir die schon angekündigten Argumente vorstellen, mit denen wir begründen, warum das Graphenisomorphieproblem als nicht NP-vollständig eingeschätzt wird. In Kapitel 11.4 diskutieren wir interaktive Beweise, die überzeugen, aber den Kern des Beweises nicht offen legen. Derartige Beweise können als Kennwort (password) benutzt werden. Schließlich beruhen das PCP-Theorem (siehe Kapitel 12) und die darauf aufbauende Theorie zur Komplexität von Approximationsproblemen auf der hier eingeführten Sicht, Probleme durch interaktive Beweise zu lösen. Bevor wir den zentralen Begriff eines interaktiven Beweises, der auf Goldwasser, Micali und Rackoff (1989) zurückgeht, in Kapitel 11.2 einführen, wollen wir den Begriff eines Beweises beleuchten.

Selbst in der Mathematik ist der Begriff eines „formalen Beweises" recht jung. Streng genommen benötigt ein formaler Beweis ein endliches Axiomensystem und eine endliche Menge von Regeln, um Schlussfolgerungen aus den Axiomen und bereits bewiesenen Theoremen zu ziehen. Der Vorteil derartiger Beweise besteht darin, dass sie leicht auf Korrektheit überprüft werden können. Allerdings überwiegen die Nachteile.

Formale Beweise werden unlesbar lang und verdecken die Beweisideen. Im strengen Sinn enthält dieses Buch daher keinen formalen Beweis. In der Realität werden Beweise so dargestellt, dass sie verständlich sind. Sie gelten als akzeptiert, wenn Fachleute bei der Begutachtung für eine wissenschaftliche Zeitschrift den Beweis akzeptieren. Oft können auch diese Fachleute den Beweis nicht verstehen und daher nicht akzeptieren, obwohl sie keinen Fehler finden. Sie stellen dann Rückfragen, um kritische Stellen zu klären. Dieser interaktive Prozess wird fortgesetzt, bis geklärt ist, ob der Beweis akzeptiert werden kann.

Somit kommt auch die heutige Realität dem historischen Beweisbegriff nahe. Sokrates hat Beweise als Dialoge zwischen Schüler und Lehrer gesehen.

Die beteiligten Personen haben dabei sehr verschiedene Rollen. Die Lehrerin oder der Lehrer weiß sehr viel und kennt insbesondere den Beweis, während die Schülerin oder der Schüler beschränktes Wissen hat. Dieses Rollenspiel wollen wir übertragen, um Komplexitätsklassen zu definieren.

Die Lehrerrolle wird nun vom *Beweiser* (prover) Bob übernommen und die Schülerinnenrolle von der *Verifiziererin* (verifier) Victoria. Die Aufgabenstellung lässt sich wie folgt beschreiben. Für ein Entscheidungsproblem L und eine Eingabe x will Bob beweisen, dass $x \in L$ ist, während Victoria diesen Beweis überprüfen soll. Falls $x \in L$ ist, soll es einen Beweis geben, den Victoria effizient überprüfen kann. Falls $x \notin L$ ist, soll Victoria in der Lage sein, jeden Beweisversuch von Bob zu falsifizieren. Der entscheidende Unterschied zwischen Bob und Victoria besteht darin, dass Bob unbeschränkte Rechenzeit hat, während Victoria ihre Arbeit in polynomieller Zeit verrichten muss.

In diesem Modell finden wir die Sprachklasse NP leicht wieder. Wenn $L \in$ NP ist, gibt es gemäß der logikorientierten Charakterisierung von NP ein Entscheidungsproblem $L' \in$ P und ein Polynom p, so dass

$$L = \{x \mid \exists y \in \{0,1\}^{p(|x|)} : (x,y) \in L'\}$$

ist. Der polynomielle Verifikationsalgorithmus von Victoria besteht darin, für die Eingabe x und den Beweisversuch y von Bob zu überprüfen, ob $(x,y) \in L'$ ist. Falls $x \in L$ ist, gibt es einen Beweis, der Victoria überzeugt, während sie für $x \notin L$ jeden Beweisversuch y als falsch identifiziert. Wenn wir jedoch co-NP oder Σ_k für $k \geq 2$ betrachten, wird für die Sprachcharakterisierung ein Allquantor benötigt. Bei der Charakterisierung $\exists y_1 \forall y_2 \exists y_3 : (x, y_1, y_2, y_3) \in L'$ könnten wir uns einen Dialog vorstellen, bei dem Bob bei Eingabe x mit einem Beweisversuch y_1 startet und auf die Antwort y_2 von Victoria mit dem zweiten Teil des Beweisversuches y_3 den Dialog beendet. Dann kann Victoria überprüfen, ob $(x, y_1, y_2, y_3) \in L'$ ist. Falls $x \in L$ ist, klappt dieser Dialog. Falls $x \notin L$ ist, könnte es auf y_1 nur eine Antwort y_2 von Victoria geben, auf die Bob nicht mit einem y_3 Victoria fälschlicherweise dazu bringen kann, den Beweisversuch zu akzeptieren. Da Victoria nur polynomielle Rechenzeit hat, ist es ihr eventuell nicht möglich, dieses y_2 zu berechnen. Offensichtlich hilft in diesem Fall auch eine zufällige Wahl von y_2 nicht. Anders sieht es aus, wenn es genügend viele gute Antworten gibt und wir erlauben, dass Victoria mit kleiner Wahrscheinlichkeit einen Fehler macht. Schließlich erscheinen in Fachzeitschriften auch ab und zu fehlerhafte Artikel. Also sollten wir interaktive Beweise über randomisierte Dialoge und kleine Fehlerwahrscheinlichkeiten bei der Entscheidung definieren.

11.2 Interaktive Beweissysteme

Nachdem wir die Behandlung interaktiver Beweise motiviert haben und mögliche Realisierungen diskutiert haben, kommen wir nun zur formalen Definition.

Definition 11.2.1. Ein *interaktives Beweissystem* (interactive proof system) besteht aus einem Kommunikationsprotokoll zwischen zwei Parteien B (Bob) und V (Victoria) und zugehörigen randomisierten Algorithmen. Das Kommunikationsprotokoll regelt, wer die erste Nachricht sendet. Nach einer eventuell von der Eingabe und vom Zufall abhängigen Anzahl von Kommunikationsrunden entscheidet Victoria, ob die Eingabe akzeptiert wird. Die Rechenzeit von Victoria ist polynomiell in der Eingabelänge beschränkt.

Wir bezeichnen die Zufallsvariable, die beschreibt, ob x nach dem Dialog akzeptiert wird, mit $D_{B,V}(x)$. Sie nimmt den Wert 1 an, falls x akzeptiert wurde, und den Wert 0 sonst. Die Forderung, dass die Algorithmen B und V zum Kommunikationsprotokoll K passen, wird in Zukunft stillschweigend vorausgesetzt.

Definition 11.2.2. Ein Entscheidungsproblem L gehört zur Komplexitätsklasse IP, wenn es ein Kommunikationsprotokoll K und einen randomisierten polynomiell zeitbeschränkten Algorithmus V mit folgenden Eigenschaften gibt:
– Es gibt einen randomisierten Algorithmus B, so dass für alle $x \in L$ die Bedingung $\text{Prob}(D_{B,V}(x) = 1) \geq 3/4$ erfüllt ist.
– Für alle randomisierten Algorithmen B und $x \notin L$ ist die Bedingung $\text{Prob}(D_{B,V}(x) = 1) \leq 1/4$ erfüllt.

Ein Problem $L \in$ IP gehört zu IP(k), wenn das zugehörige Kommunikationsprotokoll maximal k Kommunikationsrunden, also k gesendete Nachrichten, vorsieht.

Wir können stets erreichen, dass Bob die letzte Nachricht sendet. Es hilft Victoria bei ihrer Entscheidung nicht, eine Nachricht zu senden, auf die sie keine Antwort bekommt. Die in Definition 11.2.2 erlaubte Fehlerwahrscheinlichkeit von 1/4 ist in gewissen Grenzen willkürlich. Ohne die Anzahl der Kommunikationsrunden zu erhöhen, können Bob und Victoria polynomiell viele unabhängige Dialoge gleichzeitig führen. Am Ende kann Victoria aus den Einzelentscheidungen für die Dialoge eine Majoritätsentscheidung berechnen. Somit kann mit dem Beweis von Theorem 3.3.6 die Fehlerwahrscheinlichkeit für zwei Polynome p und q sogar von $1/2 - 1/p(n)$ auf $2^{-q(n)}$ gesenkt werden. Es genügt also, interaktive Beweissysteme mit Fehlerwahrscheinlichkeit $1/2 - 1/p(n)$ zu entwerfen, um solche mit Fehlerwahrscheinlichkeit $2^{-q(n)}$ zu erhalten.

In Kapitel 11.1 haben wir informell ein interaktives Beweissystem für Probleme $L \in$ NP diskutiert. Es kommt mit deterministischen Algorithmen und einer Kommunikationsrunde aus, in der Bob den Beweis y sendet. Die Entscheidung von Victoria war, x genau dann zu akzeptieren, wenn $(x, y) \in L'$ ist. Da diese Entscheidung fehlerfrei ist, folgt NP $\subseteq$ IP(1).

Da schon IP(1) „recht groß" ist, kann vermutet werden, dass IP „sehr groß" ist. Tatsächlich ist IP = PSPACE, wobei PSPACE alle mit polynomiellem Speicherplatz (siehe Kapitel 13) berechenbaren Entscheidungsprobleme enthält (Shamir (1992)). Da in Kapitel 13 gezeigt wird, dass alle Komplexitätsklassen der polynomiellen Hierarchie in PSPACE enthalten sind, ist IP tatsächlich eine sehr umfassende Komplexitätsklasse. Wir konzentrieren uns auf interaktive Beweissysteme mit wenigen Kommunikationsrunden.

11.3 Zur Komplexität des Graphenisomorphieproblems

Wir erinnern daran, dass es beim Graphenisomorphieproblem GI um die Frage geht, ob zwei Graphen $G_0 = (V_0, E_0)$ und $G_1 = (V_1, E_1)$ isomorph sind. Sie sind isomorph, wenn sie bis auf die Bezeichnung ihrer Knoten identisch sind, also wenn G_1 aus G_0 durch eine Umbenennung π der Knoten hervorgeht. Dabei muss $\pi\colon V_0 \to V_1$ bijektiv sein und die Bedingung „$\{u,v\} \in E_0 \Leftrightarrow \{\pi(u), \pi(v)\} \in E_1$" erfüllen. Wir können stets einfach überprüfen, ob $|V_0| = |V_1|$ ist. Graphen mit unterschiedlicher Knotenzahl können nicht isomorph sein. In Zukunft nehmen wir daher an, dass $V_0 = V_1 = \{1, \ldots, n\}$ ist. Die Menge der bijektiven Abbildungen $\pi\colon \{1, \ldots, n\} \to \{1, \ldots, n\}$ ist gleich der Menge der Permutationen S_n auf $\{1, \ldots, n\}$.

Da NP $\subseteq$ IP(1) ist, ist GI $\in$ IP(1). Der Beweis besteht in der Angabe der passenden Permutation π. Auf Grund der Asymmetrie zwischen Bob und Victoria und der Schwierigkeit, Allquantoren in einem interaktiven Beweissystem zu realisieren, glauben die Fachleute nicht, dass co-NP $\subseteq$ IP(1) oder auch nur co-NP $\subseteq$ IP(2) ist. Insbesondere wird angenommen, dass die co-NP-vollständigen Probleme nicht in IP(2) enthalten sind. Daher ist der folgende Nachweis, dass $\overline{\text{GI}} \in$ IP(2) ist, ein Indiz, dass GI nicht NP-vollständig ist.

Theorem 11.3.1. $\overline{GI} \in IP(2)$.

Beweis. Die Eingabe besteht aus zwei Graphen G_0 und G_1 mit $V_0 = V_1 = \{1, \ldots, n\}$. Bob und Victoria benutzen das folgende interaktive Beweissystem.

– Victoria erzeugt zufällig $i \in \{0, 1\}$ und $\pi \in S_n$. Sie berechnet $H = \pi(G_i)$, also den Graphen, der aus G_i durch die Permutation π entsteht, und sendet H an Bob.
– Bob berechnet ein $j \in \{0, 1\}$ und sendet es an Victoria.
– Victoria akzeptiert (G_0, G_1), wenn $i = j$ ist. Akzeptieren bedeutet, dass Victoria G_0 und G_1 für *nicht* isomorph hält.

Victoria kann ihre Arbeit in polynomieller Zeit verrichten. Eine Permutation π wird durch $(\pi(1), \ldots, \pi(n))$ dargestellt. Bei der zufälligen Erzeugung von $\pi(i)$ muss darauf geachtet werden, dass $\pi(i)$ von $\pi(1), \ldots, \pi(i-1)$ verschieden ist. Es werden $\lceil \log(n-i+1) \rceil$ Zufallsbits erzeugt und die dargestellte Zahl k soll bedeuten, dass $\pi(i)$ die $(k+1)$-kleinste freie Zahl ist. Mit einer Wahrscheinlichkeit von kleiner als $1/2$ ist $k+1 > n-i+1$ und damit zu groß. Dann wird der Versuch bis zu n-mal wiederholt. Die Wahrscheinlichkeit, keine Permutation zu erzeugen, ist mit höchstens $n/2^n$ so klein, dass Victoria sich beliebig entscheiden kann. Wegen der genannten Robustheit der IP-Klassen gegen kleine Änderungen der Fehlerwahrscheinlichkeit fällt dieser zusätzliche Fehler nicht ins Gewicht. Wir haben dies hier ausführlich diskutiert und werden in Zukunft Aussagen wie „erzeuge $\pi \in S_n$ zufällig" ohne Kommentar verwenden.

Wenn G_0 und G_1 nicht isomorph sind, ist H zu G_i isomorph, aber zum anderen Graphen G_{1-i} nicht isomorph. Also kann Bob i berechnen, indem er alle $\pi' \in S_n$ auf G_0 und G_1 anwendet und das Ergebnis mit H vergleicht. Er setzt $j = i$ und Victoria akzeptiert. Ihre Entscheidung ist korrekt. Wenn sie sich im oben diskutierten Fall, dass sie keine Permutation erzeugt, für das Akzeptieren der Eingabe entscheidet, hat dieses interaktive Beweissystem sogar nur einseitigen Fehler.

Falls G_0 und G_1 isomorph sind, sind alle drei Bob vorliegenden Graphen G_0, G_1 und H isomorph. Es gibt sogar gleich viele $\pi' \in S_n$ mit $H = \pi'(G_0)$ wie $\pi'' \in S_n$ mit $H = \pi''(G_1)$. Diese anschaulich klare Aussage wollen wir näher betrachten. Es sei $G^* = (V^*, E^*)$ mit $V^* = \{1,2,3\}$ und $E^* = \{\{1,2\}\}$. Für π^* definiert durch $\pi^*(1) = 2$, $\pi^*(2) = 1$, $\pi^*(3) = 3$ ist $\pi^*(G^*) = G^*$. Allgemein bilden die Abbildungen π auf G mit $\pi(G) = G$ die *Automorphismengruppe* Aut(G) von G. Sie bilden eine Gruppe bezüglich der Hintereinanderausführung von Abbildungen. Da die Ordnung (oder Mächtigkeit) einer Untergruppe die Ordnung der Gruppe teilt, ist $n!/|\text{Aut}(G)|$ eine ganze Zahl. Wir behaupten, dass es genau $|\text{Aut}(H)|$ viele $\pi' \in S_n$ mit $H = \pi'(G_0)$ gibt. Da es eine solche Abbildung π' gibt, bilden die Abbildungen $\pi^* \circ \pi'$, $\pi^* \in \text{Aut}(H)$, $|\text{Aut}(H)|$ Abbildungen der gesuchten Art. Mehr derartige Abbildungen kann es nicht geben. Falls $\overline{\pi}(G_0) = H$ ist, ist $\pi' \circ (\overline{\pi})^{-1}(H) = H$ und $\pi^* := \pi' \circ (\overline{\pi})^{-1} \in \text{Aut}(H)$. Damit ist auch $(\pi^*)^{-1} \in \text{Aut}(H)$ und $\overline{\pi} = (\pi^*)^{-1} \circ \pi'$ gehört zu den bereits betrachteten Abbildungen. Nach Definition ist Prob($i = 0$) = Prob($i = 1$) = $1/2$ und die einzige zusätzliche Information für Bob ist der zufällige Graph H. Wir haben gesehen, dass H unabhängig vom Wert von i ein zufälliger Graph aus der Menge der $n!/|\text{Aut}(G_0)| = n!/|\text{Aut}(G_1)|$ zu G_0 und G_1 isomorphen Graphen ist. Also ist Prob($i = 0 \mid H$) = Prob($i = 1 \mid H$) = $1/2$ und Bob ist in der Situation, das Ergebnis eines fairen Münzwurfes korrekt anzugeben. Egal, wie er sich entscheidet, beträgt seine Erfolgswahrscheinlichkeit $1/2$. Damit ist auch die Fehlerwahrscheinlichkeit von Victoria $1/2$. Dieses interaktive Beweissystem hat einen einseitigen Fehler von $1/2$. Für nicht isomorphe Graphen ist die Entscheidung korrekt und für isomorphe Graphen wird mit Wahrscheinlichkeit $1/2$ die falsche Entscheidung getroffen. Wenn wir dieses Protokoll zweimal ausführen und Victoria nur akzeptiert, wenn dies in beiden Ausführungen vorgeschlagen wird, ist ihre Entscheidung für nicht isomorphe Graphen korrekt. Für isomorphe Graphen trifft sie nur noch mit Wahrscheinlichkeit $1/4$ eine falsche Entscheidung. Die Anzahl der Kommunikationsrunden wächst nicht, da in jeder Runde der entsprechende Protokollteil zweimal ausgeführt werden kann. □

In der Definition interaktiver Beweissysteme haben wir, wie unsere Diskussion klar gemacht hat, Nichtdeterminismus und Randomisierung mit beschränktem zweiseitigem Fehler verbunden. Auch die Komplexitätsklasse BPP(NP) verbindet Nichtdeterminismus und Randomisierung (siehe Definition 10.5.2). Dabei darf ein BPP-Algorithmus bei Eingabe x ein NP-Orakel wiederholt aufrufen. Insbesondere darf die Orakelantwort negiert werden und BPP(NP) = co-BPP(NP). Wenn wir nun Randomisierung als „dritten Quantor" neben $\exists$ und $\forall$ auffassen, wollen wir die Negation der Orakelantwort ausschließen. Wir definieren den Operator BP auf Komplexitätsklassen $\mathcal{C}$.

Definition 11.3.2. Ein Entscheidungsproblem L gehört genau dann zu BP($\mathcal{C}$), wenn es ein Entscheidungsproblem $L' \in \mathcal{C}$ mit folgenden Eigenschaften gibt, wobei $r \in \{0,1\}^{p(|x|)}$ für ein Polynom p ist und sich die Wahrscheinlichkeiten auf die Wahl von r beziehen:

- Für $x \in L$ ist $\mathrm{Prob}((x,r) \in L') \geq 3/4$.

- Für $x \notin L$ ist $\mathrm{Prob}((x,r) \in L') \leq 1/4$.

Hiermit folgt BP($\mathcal{C}$) $\subseteq$ BPP($\mathcal{C}$). Insbesondere können wir BP(NP) folgendermaßen charakterisieren. Es gibt ein Entscheidungsproblem $L' \in$ P und ein Polynom p, das die Länge von r und y in Abhängigkeit von $|x|$ beschreibt, so dass gilt:

- Für $x \in L$ ist $\mathrm{Prob}(\exists y\colon (x,r,y) \in L') \geq 3/4$.

- Für $x \notin L$ ist $\mathrm{Prob}(\exists y\colon (x,r,y) \in L') \leq 1/4$.

Während bei der Klasse BP(NP) die Gesamtrechenzeit polynomiell beschränkt ist, kann Bob bei der Klasse IP(2) beliebig lange rechnen. Da die Anforderungen an die Fehlerwahrscheinlichkeit dieselben sind, überrascht das folgende Ergebnis nicht.

Theorem 11.3.3. *BP(NP)* $\subseteq$ *IP(2)*.

Beweis. Victoria und Bob benutzen für $L \in$ BP(NP) die in Definition 11.3.2 angegebene Charakterisierung.

- Victoria erzeugt $r \in \{0,1\}^{p(|x|)}$ zufällig und sendet r an Bob.
- Bob berechnet ein $y \in \{0,1\}^{p(|x|)}$ und sendet y an Victoria.
- Victoria akzeptiert, falls $(x,r,y) \in L'$ ist.

Offensichtlich kann Victoria ihre Arbeit in polynomieller Zeit verrichten. Bob kann für alle $y \in \{0,1\}^{p(|x|)}$ die Eigenschaft $(x,r,y) \in L'$ überprüfen. Wenn er ein geeignetes y findet, sendet er dies an Victoria. Dies gelingt, falls $x \in L$ ist, mit einer Wahrscheinlichkeit von mindestens 3/4 und, falls $x \notin L$ ist, mit einer Wahrscheinlichkeit von höchstens 1/4. Damit ist $L \in$ IP(2). □

11.3 Zur Komplexität des Graphenisomorphieproblems

Das im Beweis zu Theorem 11.3.3 verwendete interaktive Beweissystem können wir auch in Form eines Märchens darstellen. König Artus (Arthur) stellt seinem Zauberer Merlin eine Aufgabe (x, r). Merlin soll ein y mit $(x, r, y) \in L'$ finden. Dies ist eine Aufgabe, die normale Menschen in polynomieller Rechenzeit nicht erfüllen können. Dem Zauberer gelingt es, die Aufgabe meistens zu lösen. Auch Zauberer müssen und können mit exponentiell kleinen Fehlerwahrscheinlichkeiten leben. Diese Sichtweise von BP(NP) hat zu der Bezeichnung Arthur-Merlin-Spiele für die zugehörigen Beweissysteme und AM für die Komplexitätsklasse BP(NP) geführt.

Nach Theorem 11.3.3 ist der Nachweis, dass $\overline{GI} \in$ BP(NP) ist, ein noch stärkeres Indiz, dass GI nicht NP-vollständig ist. Wir werden dieses Indiz später auf ein stärkeres Fundament stellen. Aus $\overline{GI} \in$ BP(NP) und der Annahme $\Sigma_2 \neq \Pi_2$ folgt nämlich, dass GI nicht NP-vollständig ist. Es gelingt uns momentan nicht, aus NP $\neq$ P zu folgern, dass GI $\notin$ NPC ist. Die stärkere, aber gut begründete Hypothese $\Sigma_2 \neq \Pi_2$ (siehe Kapitel 10) genügt jedoch für den Nachweis GI $\notin$ NPC. Zunächst schaffen wir aber die Grundlage für die beschriebene Argumentation.

Theorem 11.3.4. $\overline{GI} \in BP(NP)$.

Beweis. Wir suchen eine Charakterisierung von $\overline{GI}$, wie sie in Definition 11.3.2 beschrieben ist, um $\overline{GI} \in$ BP(NP) nachzuweisen. Es ist $x = (G_0, G_1)$, wobei wir davon ausgehen können, dass G_0 und G_1 auf der Knotenmenge $\{1, \ldots, n\}$ definiert sind. Wir verwenden die Notation „$\equiv$" für Graphenisomorphie. Also muss y Informationen enthalten, um die Fälle $G_0 \equiv G_1$ und $G_0 \not\equiv G_1$ zu unterscheiden.

Die Basis für diese Unterscheidung bildet die Menge

$$Y := Y(G_0, G_1) := \{(H, \pi) \mid \pi \in \text{Aut}(H) \text{ und } (H \equiv G_0 \text{ oder } H \equiv G_1)\}.$$

Anhand von $|Y|$ können wir feststellen, ob $G_0 \equiv G_1$ oder $G_0 \not\equiv G_1$ ist. Falls $G_0 \equiv G_1$ ist, sind die Bedingungen $H \equiv G_0$ und $H \equiv G_1$ äquivalent. Wir haben im Beweis zu Theorem 11.3.1 gesehen, dass es $n!/|\text{Aut}(G_0)|$ viele Graphen H mit $H \equiv G_0$ gibt. Falls $H \equiv G_0$ ist, ist $|\text{Aut}(G_0)| = |\text{Aut}(H)|$ und $|Y| = n!$. Ist jedoch $G_0 \not\equiv G_1$, kann für jeden Graphen H höchstens eine der Bedingungen $G_0 \equiv H$ und $G_1 \equiv H$ erfüllt sein und es ist $|Y| = 2n!$. Allerdings sehen wir nicht, wie wir $|Y|$ effizient berechnen können. Es genügt jedoch die Unterscheidung, ob $|Y| = n!$ oder $|Y| = 2n!$ ist, und damit eine approximative Berechnung von $|Y|$, die zudem kleine Fehlerwahrscheinlichkeiten erlaubt. Am Ende unseres Beweises wird man erkennen, dass der Unterschied zwischen $n!$ und $2n!$ zu gering ist. Daher benutzen wir $Y' := Y \times Y \times Y \times Y \times Y$. Dann ist $|Y'| = (n!)^5$, falls $G_0 \equiv G_1$, und $|Y'| = 32 \cdot (n!)^5$, falls $G_0 \not\equiv G_1$ ist. Der Vektor y aus der Charakterisierung in Definition 11.3.2 setzt sich aus y' und y'' zusammen. Dabei soll $y' \in Y'$ sein. Wir müssen jedoch für y' einen 0-1-String fester Länge vorsehen und es muss überprüft werden, ob $y' \in Y'$ ist. Daher soll y'' ein weiterer 0-1-String sein, der uns hilft zu überprüfen, ob $y' \in Y'$ ist.

Eine notwendige Bedingung für $(x,r,y) \in L'$ soll daher sein, dass $y = (y', y'')$ ist, wobei y' Graphen $H_1, \ldots, H_5$ und Permutationen $\pi_1, \ldots, \pi_5$ beschreibt und y'' Permutationen $\alpha_1, \ldots, \alpha_5$ derart beschreibt, dass $\pi_i \in \text{Aut}(H_i)$ und $H_i \equiv \alpha_i(G_0)$ oder $H_i \equiv \alpha_i(G_1)$ ist. Diese notwendigen Bedingungen lassen sich in polynomieller Zeit überprüfen.

Die Länge der Beschreibung von y' sei l. Wir betrachten nur solche $y' \in \{0,1\}^l$, die in Y' enthalten sind. Dabei setzen wir aus Gründen, die gleich klar werden, voraus, dass $0^l \notin Y'$ ist. Dies ist für die nahe liegende Beschreibung von Graphen und Permutationen erfüllt. Es ist an der Zeit, zu beschreiben, wie $|Y'|$ randomisiert geschätzt werden kann. Dazu betrachten wir auf dem Universum $U = \{0,1\}^l$ eine Familie von Hashfunktionen mit Werten in $\{0,1\}^k$, wobei wir k später spezifizieren. Bei zufälliger Wahl der Hashfunktion aus der Familie soll für jedes $z \in \{0,1\}^l$ mit $z \neq 0^l$ die Eigenschaft $\text{Prob}(h(z) = 0^k) = 2^{-k}$ erfüllt sein. Wir sind dann an der Wahrscheinlichkeit des Ereignisses „$\exists y' \in Y': h(y') = 0^k$" interessiert. Es ist nahe liegend, dass diese Wahrscheinlichkeit mit $|Y'|$ wächst. Zusätzlich sollen für $z, z' \in \{0,1\}^l, z \neq z', z \neq 0^l, z' \neq 0^l$, die Ereignisse, dass $h(z) = 0^k$ bzw. $h(z') = 0^k$ ist, unabhängig sein. Alle Wahrscheinlichkeiten beziehen sich auf die zufällige Wahl der Hashfunktion. Diese Beweisidee wird nun konkretisiert.

Die Familie der Hashfunktionen enthält für jede $k \times l$-Matrix W über $\{0,1\}$ die Hashfunktion $h_W(z) = W \cdot z$, wobei z als Spaltenvektor interpretiert wird und die Rechnungen in $\mathbb{Z}_2$, also modulo 2, erfolgen. Die zufällige Matrix W übernimmt die Rolle des Zufallsvektors r in der Charakterisierung in Definition 11.3.2. Schließlich enthält L' alle $(x = (G_0, G_1), r = W, y = (y', y''))$, so dass $y' \in Y', y''$ die beschriebene Hilfsinformation, um $y' \in Y'$ zu überprüfen, und $W \cdot y' = 0^k$ ist. Nach den Vorüberlegungen ist klar, dass $L' \in \text{P}$ ist und nur noch die wahrscheinlichkeitstheoretischen Aussagen in der Charakterisierung von Definition 11.3.2 überprüft werden müssen.

Wir untersuchen zunächst die zufällige Hashfunktion $h_W(z) = W \cdot z$. Hier wird deutlich, warum wir nur Eingaben $z \neq 0^l$ betrachten. Es ist mit Sicherheit $h_W(0^l) = 0^k$. Sei nun $z \neq 0^l$ und $z_j = 1$. Das i-te Bit von $h_W(z)$ ist die Summe aller $w_{im}z_m, m \neq j$, und $w_{ij}z_j = w_{ij}$. Da sich die Werte von $h_W(z)$ für $w_{ij} = 0$ und $w_{ij} = 1$ unterscheiden, nimmt das i-te Bit von $h_W(z)$ die Werte 0 und 1 mit Wahrscheinlichkeit $1/2$ an. Da in W die Zeilen unabhängig gewählt werden, hat jeder Wert aus $\{0,1\}^k$, also auch 0^k, die Wahrscheinlichkeit 2^{-k}, gleich $h_W(z)$ zu sein. Schließlich sind für $z \neq z', z \neq 0^l, z' \neq 0^l$, die Zufallsvektoren $h_W(z)$ und $h_W(z')$ unabhängig. Es sei $z_j \neq z'_j$. Dann ist $w_{ij}z_j = w_{ij}z'_j$ genau dann, wenn $w_{ij} = 0$ ist, und daher hat dieses Ereignis die Wahrscheinlichkeit $1/2$. Unabhängig von den Werten der Summe aller $w_{im}z_m, m \neq j$, und der Summe aller $w_{im}z'_m, m \neq j$, stimmen die i-ten Bits von $h_W(z)$ und $h_W(z')$ mit Wahrscheinlichkeit $1/2$ überein. Die Aussage für die Vektoren folgt wieder, da die Zeilen von W unabhängig gewählt werden.

11.3 Zur Komplexität des Graphenisomorphieproblems

Im nächsten Schritt untersuchen wir die zufällige Anzahl S aller $y' \in Y'$ mit $h_W(y') = 0^k$. Die Zufallsvariable S ist die Summe der $|Y'|$ Zufallsvariablen $S(y')$, wobei $S(y') = 1$ ist, wenn $h_W(y') = 0^k$ ist, und ansonsten den Wert 0 annimmt. Mit Bemerkung A.2.3 folgt $E(S(y')) = 2^{-k}$ und mit Theorem A.2.4 folgt $E(S) = |Y'| \cdot 2^{-k}$. Da $S(y')$ nur die Werte 0 und 1 annimmt, lässt sich nach Definition der Varianz leicht ausrechnen, dass $V(S(y')) = 2^{-k} \cdot (1 - 2^{-k}) \leq 2^{-k}$ ist. Somit folgt mit Theorem A.2.7, dass $V(S) \leq |Y'| \cdot 2^{-k} = E(S)$ ist. Da sich $|Y'|$ in den Fällen $G_0 \equiv G_1$ und $G_0 \not\equiv G_1$ unterscheidet, ist es gut, dass $|Y'|$ im Erwartungswert von S als Faktor auftritt. Außerdem ist $V(S)$ nicht sehr groß.

Die uns interessierende Wahrscheinlichkeit ist

$$\text{Prob}(\exists y = (y', y'') \colon (x = (G_0, G_1), r = W, y = (y', y'')) \in L').$$

Wenn $y' \in Y'$ ist, gibt es auch ein passendes y''. Wir können das Ereignis also kürzer darstellen und interessieren uns für $\text{Prob}(\exists y' \in Y' \colon h_W(y') = 0^k)$ oder in der oben gewählten Notation $\text{Prob}(S \geq 1)$. Diese Wahrscheinlichkeit sollte groß sein, wenn $E(S)$ um einiges größer als 1 ist, und klein, wenn $E(S)$ um einiges kleiner als 1 ist. Daraus leitet sich die Wahl von $k := \lceil \log(4 \cdot (n!)^5) \rceil$ ab.

Falls $G_0 \equiv G_1$ ist, gilt

$$E(S) = (n!)^5 \cdot 2^{-\lceil \log(4 \cdot (n!)^5) \rceil} \leq 1/4.$$

Mit der markoffschen Ungleichung (Theorem A.2.9) für $t = 1$ folgt

$$\text{Prob}(S \geq 1) \leq E(S) \leq 1/4$$

und wir erhalten für $(G_0, G_1) \notin \overline{\text{GI}}$ die gewünschte kleine Akzeptanzwahrscheinlichkeit.

Falls $G_0 \not\equiv G_1$ ist, gilt

$$E(S) = 32 \cdot (n!)^5 \cdot 2^{-\lceil \log(4 \cdot (n!)^5) \rceil}$$
$$\geq 32 \cdot (n!)^5 \cdot \frac{1}{2} \cdot 2^{-\log(4 \cdot (n!)^5)} = 4.$$

Unser Ziel ist es, $\text{Prob}(S \geq 1) \geq 3/4$ zu beweisen. Äquivalent dazu ist $\text{Prob}(S = 0) \leq 1/4$. Um die tschebyscheffsche Ungleichung (Korollar A.2.10) anwenden zu können, nutzen wir aus, dass aus $S = 0$ die Eigenschaft $|S - E(S)| \geq E(S)$ folgt. Wir wählen in der tschebyscheffschen Ungleichung $t := E(S)$. Dann folgt

$$\text{Prob}(S = 0) \leq \text{Prob}(|S - E(S)| \geq E(S)) \leq V(S)/E(S)^2.$$

Wir haben weiter oben gezeigt, dass $V(S) \leq E(S)$ und $E(S) \geq 4$ ist. Also folgt

$$\text{Prob}(S = 0) \leq 1/E(S) \leq 1/4.$$

und somit Prob$(S \geq 1) \geq 3/4$. Dies ist für $(G_0, G_1) \in \overline{\text{GI}}$ die gewünschte große Akzeptanzwahrscheinlichkeit. Insgesamt haben wir $\overline{\text{GI}}$ so charakterisiert, dass die Aussage $\overline{\text{GI}} \in$ BP(NP) nach Definition 11.3.2 bewiesen ist.
□

Theorem 11.3.5. *Falls GI NP-vollständig ist, so ist $\Sigma_2 = \Pi_2$.*

Beweis. Für die meisten Teile dieses Beweises bietet sich die in Kapitel 10 eingeführte Operandenschreibweise an. Um $\Sigma_2 = \Pi_2$ zu beweisen, genügt es nach Lemma 10.4.2, $\Sigma_2 \subseteq \Pi_2$ zu beweisen. Sei also $L \in \Sigma_2$ und damit durch $\exists\forall$P darstellbar. Wenn GI NP-vollständig ist, dann ist $\overline{\text{GI}}$ co-NP-vollständig und der $\forall$-Operator kann durch das Orakel $\overline{\text{GI}}$ ersetzt werden. Nach Theorem 11.3.4 ist $\overline{\text{GI}} \in$ BP(NP) und wir können auf die Charakterisierung von BP(NP) zurückgreifen, die im Anschluss an Definition 11.3.2 diskutiert wurde. Für L ergibt sich also eine Darstellung durch $\exists$(BP)$\exists$P. Wir werden später zeigen, wie wir daraus eine (BP)$\exists$P-Darstellung erhalten. Nach Theorem 10.5.1 ist BPP $\subseteq \Pi_2$ und (BP)P durch $\forall\exists$P ersetzbar. Wir können den Beweis von Theorem 10.5.1 direkt ohne neue Idee darauf verallgemeinern, dass wir (BP)$\exists$P durch $\forall\exists\exists$P und damit $\forall\exists$P ersetzen können. Diese Darstellung beweist, dass $L \in \Pi_2$ und $\Sigma_2 \subseteq \Pi_2$ ist.

Es bleibt die Umformung einer $\exists$(BP)$\exists$P-Darstellung in eine (BP)$\exists$P-Darstellung zu zeigen. Wenn L eine $\exists$(BP)$\exists$P-Darstellung hat, gibt es ein Entscheidungsproblem $L' \in$ P, so dass gilt:

$$x \in L \Rightarrow \exists y\colon \text{Prob}(\exists z\colon (x, y, z, r) \in L') \geq 3/4,$$
$$x \notin L \Rightarrow \forall y\colon \text{Prob}(\exists z\colon (x, y, z, r) \in L') \leq 1/4.$$

Dabei beziehen sich die Wahrscheinlichkeiten auf den Zufallsvektor r und für $n = |x|$ haben die Vektoren y, z und r die Länge $p(n)$. Wir senken durch wiederholte Ausführung und Majoritätsentscheidung die Fehlerwahrscheinlichkeit auf $2^{-p(n)}/4$. Dann werden z und r länger, aber nicht x und y.

Die Aussage „$\exists y\colon \text{Prob}(\exists z\colon (x, y, z, r) \in L') \geq 1 - 2^{-p(n)}/4$" bedeutet, dass es dieses y unabhängig von dem Zufallsvektor r gibt. Damit folgt

$$x \in L \Rightarrow \text{Prob}(\exists(y, z)\colon (x, y, z, r) \in L') \geq 1 - 2^{-p(n)}/4 \geq 3/4.$$

Im zweiten Fall „$x \notin L$" können wir nicht auf dieselbe Weise argumentieren. Angenommen, es gibt ein $x \notin L$ mit

$$\text{Prob}(\exists(y, z)\colon (x, y, z, r) \in L') > 1/4.$$

Dann gibt es für mehr als ein Viertel aller r ein „gutes Paar" (y, z). Wir schreiben dies als Tabelle der ausgewählten Zufallsvektoren r mit ihren zugehörigen guten (y, z)-Paaren. Nach dem Schubfachprinzip gibt es ein y^*, so dass y^* bei einem Anteil von mindestens $2^{-p(n)}$ der guten (y, z)-Paare der

y-Teil ist. Hierbei geht ein, dass es nur $2^{p(n)}$ Vektoren y gibt. Dieses y^* ist dann für einen Anteil von mehr als $2^{-p(n)}/4$ aller r eine gute Wahl, das heißt, für ein $x \notin L$ gilt

$$\exists y \text{ (nämlich } y^*): \text{Prob}(\exists z: (x,y,z,r) \in L') > 2^{-p(n)}/4.$$

Dies steht im Widerspruch zur obigen Charakterisierung von $x \notin L$ für die Fehlerwahrscheinlichkeit $2^{-p(n)}/4$. Damit ist die Annahme widerlegt und es gilt

$$x \notin L \Rightarrow \text{Prob}(\exists (y,z): (x,y,z,r) \in L') \leq 1/4.$$

Insgesamt haben wir für L eine (BP)$\exists$P-Darstellung erhalten und den Satz bewiesen. □

Am Beispiel des Graphenisomorphieproblems haben wir gesehen, dass die Betrachtung der polynomiellen Hierarchie, die Charakterisierung ihrer Komplexitätsklassen und die Untersuchung interaktiver Beweissysteme zur komplexitätstheoretischen Klassifikation konkreter Probleme beitragen. Die Hypothese, dass GI nicht NP-vollständig ist, ist nun mindestens so gut belegt wie die Hypothese, dass die polynomielle Hierarchie nicht auf der zweiten Stufe zusammenbricht.

11.4 Beweissysteme, die kein Wissen preisgeben

Der Grundgedanke in einem interaktiven Beweissystem ist, dass Bob Victoria mit Informationen so versorgt, dass diese den Beweis mit einer kleinen Fehlerwahrscheinlichkeit überprüfen kann. So kann Bob zum Nachweis, dass zwei öffentlich bekannte Graphen isomorph sind, sein Geheimnis π, die zugehörige Umnummerierung der Knoten, an Victoria senden. In diesem Sinn kann es kein interaktives Beweissystem geben, in dem Bob nicht irgendeine mit der Eingabe in Zusammenhang stehende Information preisgibt. Somit kann es kein interaktives Beweissystem geben, das kein Wissen preisgibt. Wenn Victoria sich dieses Wissen jedoch in polynomieller Zeit selbst verschaffen kann und wir polynomielle Zeit für handhabbar halten, dann ist dies so, als hätte Bob kein Wissen preisgegeben. In einem solchen Fall kann Bob aber nicht mehr als Victoria und er hat kein Geheimnis. Wir gehen nun einen Schritt weiter und erlauben Victoria erwartete polynomielle Zeit. Dies beinhaltet exponentielle Zeit mit entsprechend kleiner exponentieller Wahrscheinlichkeit. Wenn Bob kein Wissen preisgeben will, also keine Information über sein Kennwort verraten will, dann muss er damit rechnen, dass andere an diesem Wissen interessiert sind. Dazu gehören Spione, die die Konversation belauschen, und auch Victoria, die vom vereinbarten Kommunikationsprotokoll abweichen kann. Wir erlauben den Spionen allerdings nicht, in die Konversation einzugreifen und Nachrichten zu versenden oder zu verfälschen. Dies alles führt zu der folgenden Definition von Beweisen, die kein Wissen preisgeben (zero-knowledge proofs).

Definition 11.4.1. Es seien B und V die randomisierten Algorithmen eines interaktiven Beweissystems für das Entscheidungsproblem L. Dieses Beweissystem hat die *perfekte Zero-Knowledge-Eigenschaft* (perfect zero-knowledge proof), wenn es für jeden polynomiellen randomisierten Algorithmus V', der V ersetzen kann, also Nachrichten vom gleichen Typ sendet, und das Algorithmenpaar (B, V') einen randomisierten Algorithmus A gibt, dessen maximale erwartete Rechenzeit polynomiell ist und der für jedes $x \in L$ das, was bei der Kommunikation zwischen B und V' übertragen wird, mit denselben Wahrscheinlichkeiten liefert.

Für Probleme in P kann Victoria alle Informationen selbst berechnen. Perfekte Zero-Knowledge-Beweise sind also nur für Probleme außerhalb von P interessant. Ob sie für solche Probleme existieren, ist zunächst nicht klar. Für das Graphenisomorphieproblem GI, das vermutlich nicht zu P gehört, gilt folgende Aussage:

Theorem 11.4.2. *Für GI gibt es ein interaktives Beweissystem mit perfekter Zero-Knowledge-Eigenschaft.*

Beweis. Es seien G_0 und G_1 die Graphen, so dass Bobs Geheimnis eine Abbildung π^* mit $G_1 = \pi^*(G_0)$ ist. Er möchte beweisen, dass G_0 und G_1 isomorph sind, ohne innerhalb dieser Konversation Informationen über π^* preiszugeben. Der Trick besteht darin, einen zufälligen zu G_0 und G_1 isomorphen Graphen H zu erzeugen und später unter Angabe einer isomorphen Abbildung zu beweisen, dass G_0 und H oder G_1 und H isomorph sind. Damit er im Fall nicht isomorpher Graphen G_0 und G_1 nicht betrügen kann, darf Victoria im Nachhinein entscheiden, ob Bob die Isomorphie von G_0 und H oder die Isomorphie von G_1 und H beweisen muss. Diese Überlegungen führen zu folgendem interaktiven Beweissystem:

- Bob wählt zufällig $i \in \{0,1\}$ und $\pi \in S_n$, berechnet $H := \pi(G_i)$ und sendet H an Victoria.
- Victoria wählt zufällig $j \in \{0,1\}$ und sendet j an Bob.
- Bob berechnet $\pi' \in S_n$ und sendet π' an Victoria.
- Victoria akzeptiert, wenn $H = \pi'(G_j)$ ist.

Offensichtlich kann Victoria ihre Arbeit in polynomieller Zeit verrichten. Wenn G_0 und G_1 isomorph sind und $G_1 = \pi^*(G_0)$ ist, kann Bob Victoria mit Sicherheit dazu bringen, die Eingabe zu akzeptieren. Falls $i = j$ ist, gelingt dies bei Wahl von $\pi' = \pi$. Falls $i = 1$ und $j = 0$ ist, ist $H = \pi(G_1)$ und $G_1 = \pi^*(G_0)$, also $H = \pi \circ \pi^*(G_0)$ und $\pi' = \pi \circ \pi^*$ ist geeignet. Falls schließlich $i = 0$ und $j = 1$ ist, ist $H = \pi(G_0)$ und $G_0 = (\pi^*)^{-1}(G_1)$,

11.4 Beweissysteme, die kein Wissen preisgeben 165

also $H = \pi \circ (\pi^*)^{-1}(G_1)$, und $\pi' = \pi \circ (\pi^*)^{-1}$ ist geeignet. Wenn G_0 und G_1 nicht isomorph sind, kann Bob Victoria im Fall $i = j$ weiterhin dazu bringen, die Eingabe zu akzeptieren. Falls jedoch $i \neq j$ ist, sind H und G_j nicht isomorph und Victoria akzeptiert kein π'. Da $\text{Prob}(i \neq j) = 1/2$ ist, beträgt die Fehlerwahrscheinlichkeit bei einseitigem Fehler $1/2$ und kann wie im Beweis von Theorem 11.3.1 auf $1/4$ gesenkt werden.

Victoria erhält in der obigen Konversation das Tripel (H, j, π') als Information. Dabei ist, falls G_0 und G_1 isomorph sind, H ein zufälliger zu G_0 und G_1 isomorpher Graph, j ein zufälliges Bit und π' eine Permutation mit $H = \pi'(G_j)$. Es sei nun V' ein beliebiger polynomieller randomisierter Algorithmus, der ein Bit j berechnet. Dann beschreiben wir den simulierenden Algorithmus A wie folgt:

- Wiederhole, bis $i = j$ ist:
  - erzeuge zufällig $i \in \{0, 1\}$ und $\pi \in S_n$,
  - berechne $H := \pi(G_i)$,
  - simuliere V' für die Situation, in der Bob H gesendet hat, und nenne das Ergebnis j.
- A liefert als Ergebnis (H, j, π), wobei dies die Werte aus dem letzten Schleifendurchlauf, also dem Durchlauf mit $i = j$, sind.

Offensichtlich kann die Schleife in polynomieller Zeit durchgeführt werden. Egal, wie V' das Bit j berechnet, das Bit i stammt aus einem fairen Münzwurf und geht in die Berechnung von j nicht ein. Daher stimmen i und j mit Wahrscheinlichkeit $1/2$ überein. Somit muss die Schleife nach Theorem A.2.12 im Durchschnitt zweimal durchlaufen werden und die erwartete Rechenzeit ist für jede Eingabe polynomiell. Da $\pi \in S_n$ zufällig gewählt wurde, ist, falls G_0 und G_1 isomorph sind, H ein zufälliger zu G_0 und G_1 isomorpher Graph. Außerdem ist i ein Zufallsbit und damit auch j ein Zufallsbit, da $j = i$ ist. Schließlich folgt aus $H = \pi(G_i)$ und $i = j$, dass $H = \pi(G_j)$ ist. □

Die hier betrachteten Geheimnisse (Kennwörter) haben die Eigenschaft, nicht absolut sicher zu sein. Die Graphen G_0 und G_1 sind öffentlich bekannt und die Permutation π^* mit $G_1 = \pi^*(G_0)$ ist das Geheimnis oder Kennwort. Wenn jemand ein π mit $G_1 = \pi(G_0)$ berechnet, kann er oder sie sich als Bob ausgeben und wird die beschriebene Identifikationsprozedur überstehen, da er oder sie Victoria zum Akzeptieren bringen kann. Schöner wäre es also, nicht nur für GI, sondern für NP-vollständige oder noch schwierigere Probleme interaktive Beweissysteme mit perfekter Zero-Knowledge-Eigenschaft zu entwerfen. Dies ist bisher nicht gelungen. Für NP-vollständige Probleme wie das Problem HC zu entscheiden, ob ein Graph einen Hamiltonkreis enthält, gibt es interaktive Beweissysteme mit einer abgeschwächten Zero-Knowledge-Eigenschaft.

Es wird die Existenz einer *Einwegfunktion* f (one-way function) vorausgesetzt. Einwegfunktionen $f\colon \{0,1\}^* \to \{0,1\}^*$ sind injektiv und in polynomieller Zeit berechenbar, aber es ist in polynomieller Zeit nicht möglich, aus $f(x)$ Informationen über das letzte Bit von x zu berechnen. Wir verzichten hier auf eine formale Definition und gehen davon aus, dass es für polynomielle Algorithmen wertlos ist, $f(x)$ zu kennen, wenn sie am letzten Bit von x interessiert sind. Einwegfunktionen erlauben eine effiziente *Bitfestlegung* (bit commitment). Dabei will Bob den Wert b eines Bits wie bei einem Notar hinterlegen. Der Wert bleibt geheim, aber im Streitfall kann geklärt werden, welchen Wert b hat. Dazu produziert Bob eine genügend lange zufällige Bitfolge r und berechnet x, indem er b an r anhängt. Er berechnet und veröffentlicht $f(x)$. Im Streitfall muss er x veröffentlichen. Jeder kann f auf x anwenden und das Ergebnis mit dem veröffentlichten Wert von $f(x)$ vergleichen. Bob kann nicht betrügen, da f injektiv ist. Folgendes könnte ein praktisches Verfahren zur Bitfestlegung sein. Es wird eine genügend große Primzahl p erzeugt, bei der die Parität der Bits gleich b ist. Von diesen Primzahlen gibt es genügend viele, so dass bei zufälliger Erzeugung von Zahlen nicht zu viele auf ihre Primzahleigenschaft getestet werden müssen. Wir haben ja schon mehrfach darauf hingewiesen, dass PRIMES in P ist. Dann wird eine weitere Primzahl q mit $q < p$ zufällig gewählt und $n := pq$ veröffentlicht. Im Streitfall müssen die eindeutigen Primteiler bekannt gemacht werden und es kann die Parität des größeren Teilers berechnet werden. Zur Sicherheit dieser Bitfestlegung muss angenommen werden, dass das Faktorisierungsproblem FACT nicht polynomiell lösbar ist und dass b aus n nicht auf andere Weise effizient berechnet werden kann.

Definition 11.4.3. Ein interaktives Beweissystem hat die Zero-Knowledge-Eigenschaft unter kryptographischen Annahmen (computational zero-knowledge proof), falls es unter der Annahme der Existenz einer Einwegfunktion die perfekte Zero-Knowledge-Eigenschaft hat.

Theorem 11.4.4. *Das Hamiltonkreisproblem HC hat unter kryptographischen Annahmen interaktive Beweissysteme mit Zero-Knowledge-Eigenschaft.*

Beweis. Es sei G der Graph, von dem Bob als sein Geheimnis einen Hamiltonkreis H kennt. Die Knotenmenge von G sei $\{1, \ldots, n\}$ und H sei durch seine Kantenliste beschrieben. Dann wird folgendes interaktive Beweissystem verwendet:

– Bob wählt $\pi \in S_n$ zufällig, berechnet $\pi(G)$ und bringt die Kantenmenge von $\pi(G)$ in eine zufällige Reihenfolge. Für die Beschreibung von π und der Kantenliste von $\pi(G)$ sendet Bob an Victoria für jedes Bit eine Bitfestlegung.
– Victoria wählt zufällig $i \in \{0, 1\}$ und sendet i an Bob.
– Falls $i = 0$ ist, entschlüsselt Bob alle von ihm festgelegten Bits. Falls $i = 1$ ist, entschlüsselt Bob nur die Bits der Kanten des Hamiltonkreises $\pi(H)$ in $\pi(G)$.
– Falls $i = 0$ ist, akzeptiert Victoria, wenn sich Bob tatsächlich auf eine Permutation $\pi' \in S_n$ und die Kantenliste von $\pi'(G)$ festgelegt hat. Falls

11.4 Beweissysteme, die kein Wissen preisgeben

$i = 1$ ist, akzeptiert Victoria, wenn die von Bob offenbarten Kanten einen Hamiltonkreis auf $\{1, \ldots, n\}$ bilden.

Offensichtlich kann Victoria ihre Arbeit in polynomieller Zeit verrichten. Falls G einen Hamiltonkreis enthält, kann Bob dem Protokoll so folgen, dass Victoria mit Sicherheit akzeptiert. Falls G keinen Hamiltonkreis enthält, kann Bob sich zwar auf ein Paar $(\pi, \pi(G))$ festlegen, aber dann kann er für $i = 1$ die Anforderungen nicht erfüllen, da $\pi(G)$ auch keinen Hamiltonkreis enthält. Bob kann also bestenfalls eine der beiden Anforderungen erfüllen. Da er sich entscheiden muss, bevor er i kennen lernt, kann er Victoria nur mit Wahrscheinlichkeit 1/2 dazu bringen, G zu akzeptieren. Die Fehlerwahrscheinlichkeit kann auf 1/4 gesenkt werden.

Victoria erhält in der obigen Konversation mit Wahrscheinlichkeit 1/2 eine zufällige Permutation π und die Beschreibung von $\pi(G)$ und mit Wahrscheinlichkeit 1/2 für einen Hamiltonkreis H und eine zufällige Permutation π die Beschreibung von $\pi(H)$. Unter den kryptographischen Annahmen stellt die Beschreibung der Bitfestlegung keine verwertbare Information dar. Die anderen Informationen kann sie sich jeweils mit Wahrscheinlichkeit 1/2 beschaffen. Ein Hamiltonkreis H kann als Knotenpermutation π^* beschrieben werden. Für zufälliges π ist auch $\pi \circ \pi^*$ eine zufällige Permutation. □

Mit dem Beispiel interaktiver Beweissysteme mit Zero-Knowledge-Eigenschaft haben wir gezeigt, dass moderne Verfahren der Kryptographie die Komplexitätstheorie als Fundament benötigen.

12. Das PCP-Theorem und die Komplexität von Approximationsproblemen

12.1 Randomisierte Verifikation von Beweisen

Interaktive Beweissysteme haben sich in Kapitel 11 als nützliches Werkzeug herausgestellt. Hier werden wir *randomisiert verifizierbare Beweise* (probabilistically checkable proofs, PCP) untersuchen. Bei geeigneter Einschränkung der Ressourcen erhalten wir eine neue Charakterisierung der Komplexitätsklasse NP. Diese Charakterisierung, das so genannte PCP-Theorem, ist eine mehr als erstaunliche Aussage und ihr Korrektheitsbeweis ist zu komplex, um hier dargestellt zu werden. Wir werden aber in Kapitel 12.2 ein schwächeres Resultat beweisen, um einen Einblick in die Möglichkeiten randomisiert verifizierbarer Beweise zu bekommen. Das PCP-Theorem gilt als das wichtigste Ergebnis der Komplexitätstheorie seit dem Theorem von Cook. Die in Kapitel 8 auf der klassischen NP-Vollständigkeitstheorie beruhende Theorie der Komplexität von Approximationsproblemen stößt ja an enge Grenzen. Das PCP-Theorem ermöglicht nun neue Methoden, um die Komplexität von Approximationsproblemen zu untersuchen. In Kapitel 12.3 werden wir exemplarisch Nichtapproximierbarkeitsresultate für MAX-3-SAT und das Cliquenproblem vorstellen und in Kapitel 12.4 die APX-Vollständigkeit von MAX-3-SAT beweisen.

In Kapitel 11.2 haben wir nachgewiesen, dass NP $\subseteq$ IP(1) ist. Das zugehörige interaktive Beweissystem war nur eingeschränkt interaktiv. Bob sendet einen Beweis, dass $x \in L$ ist, an Victoria, die diesen deterministisch und fehlerfrei in polynomieller Zeit überprüft. Falls $x \in L$ ist, kann Bob einen Beweis berechnen, der Victoria überzeugt. Die Zeit zur Berechnung dieses Beweises ist nicht beschränkt. Falls $x \notin L$ ist, kann Victoria jeden Beweisversuch als nicht überzeugend entlarven. Damit nutzt die Komplexitätsklasse NP die Optionen, die IP(1) erlaubt, nicht voll aus. Bob und Victoria dürfen in interaktiven Beweissystemen randomisiert arbeiten und Victoria darf sich bei ihrer Entscheidung mit einer Wahrscheinlichkeit von 1/4 irren. Wenn Bob nur eine Nachricht, den Beweisversuch, sendet und unbeschränkte Rechenkraft hat, dann nutzt ihm Randomisierung nichts. Er kann berechnen, welcher Beweisversuch die besten Eigenschaften hat, und diesen deterministisch benutzen. Um die Komplexitätsklasse NP zu charakterisieren, beschränken wir Victorias Ressourcen. Sie darf zwar weiterhin einen randomisierten Algorithmus benutzen, aber Randomisierung wird als nicht beliebig verfügbare

Ressource angesehen. Die Anzahl der erlaubten Zufallsbits wird beschränkt. Außerdem wird der im interaktiven Beweissystem erlaubte zweiseitige Fehler auf einen einseitigen Fehler eingeschränkt. Es sind co-RP-artige Fehler erlaubt, also Fehlerwahrscheinlichkeiten von bis zu 1/2 bei Eingaben, die *nicht* akzeptiert werden sollen. Bis hierhin sind die bekannten Charakterisierungen von Problemen in NP weiterhin erlaubt, ohne auf Zufallsbits zuzugreifen. Daher wird auch der Zugriff auf den Beweis eingeschränkt. Der Beweis ist verborgen und Victoria darf in Kenntnis der Eingabe und der Zufallsbits eine beschränkte Anzahl von Positionen berechnen und dann die Beweisbits an den ausgewählten Stellen lesen. Victorias Zugriff auf den Beweis ist nichtadaptiv. Sie muss alle Positionen berechnen, bevor sie die zugehörigen Bits lesen darf.

Definition 12.1.1. Für $r, q \colon \mathbb{N} \to \mathbb{N}$ ist ein $(r(n), q(n))$-beschränkter randomisierter Beweisverifizierer ein polynomieller Algorithmus V. Für die Eingabe x der Länge n und einen Beweis B, der ein 0-1-Vektor ist, hat der Algorithmus V Zugriff auf x und einen Zufallsvektor $r \in \{0,1\}^{O(r(n))}$. Auf der Basis dieser Information berechnet V bis zu $O(q(n))$ Positionen und erhält als zusätzliche Information die entsprechenden Bits des Beweises. Schließlich wird die Entscheidung $V(x, r, B) \in \{0, 1\}$, ob x akzeptiert wird oder nicht, berechnet.

Da die Verifiziererin Victoria nur polynomielle Rechenzeit hat, kann sie höchstens polynomiell viele Zufallsbits und Beweisbits lesen. Daher betrachten wir nur polynomiell beschränkte Funktionen r (random bits) und q (query bits). Wir erweitern die Definition, indem wir für r und q die konstante Funktion 0 zulassen. Dazu verallgemeinern wir die O-Notation so, dass $O(0)$ als 0 interpretiert wird. Mit Hilfe von ressourcenbeschränkten randomisierten Beweisverifizierern können wir analog zu interaktiven Beweissystemen Komplexitätsklassen definieren.

Definition 12.1.2. Ein Entscheidungsproblem L gehört zur Komplexitätsklasse PCP$(r(n), q(n))$ (probabilistically checkable proofs with $O(r(n))$ random bits and $O(q(n))$ query bits), wenn es einen $(r(n), q(n))$-beschränkten randomisierten Beweisverifizierer V mit folgenden Eigenschaften gibt:

– Für alle $x \in L$ gibt es einen Beweis $B(x)$ mit $\text{Prob}(V(x, r, B(x)) = 1) = 1$.
– Für alle Beweise B und jedes $x \notin L$ ist $\text{Prob}(V(x, r, B) = 0) \geq 1/2$.

Wiederum ist die erlaubte Fehlerwahrscheinlichkeit von 1/2 in gewissen Grenzen willkürlich. Da es bei der Anzahl der Zufallsbits und der zu lesenden Beweisbits auf konstante Faktoren nicht ankommt, können wir konstant viele unabhängige Beweisversuche gleichzeitig durchführen. Wir akzeptieren die Eingabe nur, wenn dies bei allen Beweisversuchen als Entscheidung vorgeschlagen wird. So können wir die Wahrscheinlichkeit von jeder Konstanten $\delta < 1$ auf jede Konstante $\varepsilon > 0$ senken. Mit PCP$(poly, q(n))$ bezeichnen wir die Vereinigung aller PCP$(n^k, q(n)), k \in \mathbb{N}$, analog wird PCP$(r(n), poly)$ definiert.

Da wir uns die Erzeugung des Beweises als nichtdeterministischen Prozess vorstellen können und da wir einen co-RP-artigen Fehler erlauben, stellen die folgenden Charakterisierungen von P, NP und co-RP als PCP-Klassen keine Überraschung dar.

Theorem 12.1.3. *Es gelten die folgenden Aussagen:*
- *P = PCP(0, 0),*
- *NP = PCP(0, poly),*
- *co-RP = PCP(poly, 0).*

Beweis. $PCP(0,0)$ enthält genau die folgenden Entscheidungsprobleme L. Da $q(n) = 0$ ist, kann vom Beweis nichts gelesen werden. Dies ist äquivalent dazu, dass es keinen Beweis gibt. Außerdem muss $\text{Prob}(V(x,r,B) = 0) = 1$ für $x \notin L$ sein. Da es keine Zufallsbits gibt, sind alle „Wahrscheinlichkeiten" 0 oder 1. Wir erhalten also genau die in polynomieller Zeit entscheidbaren Probleme.

$PCP(0, poly)$ erlaubt beliebig lange Beweise, von denen polynomiell viele Bits gelesen werden dürfen. Da es keine Zufallsbits gibt, sind es für festes x stets dieselben Beweispositionen und der Beweis kann auf polynomielle Länge verkürzt werden, wobei der Beweis dann ganz gelesen werden darf. Wieder wird mangels Zufallsbits kein $x \notin L$ akzeptiert. Wir erhalten also genau die logikorientierte Charakterisierung von NP. Für $x \in L$ gibt es einen Beweis polynomieller Länge, der Victoria überzeugt. Für $x \notin L$ lässt sich Victoria von keinem Beweis überzeugen.

$PCP(poly, 0)$ kann wieder durch ein Szenario ohne Beweise beschrieben werden. Damit erhalten wir genau die Charakterisierung von co-RP. □

Ähnlich einfach sind die folgenden Überlegungen, um einen $(r(n), q(n))$-beschränkten randomisierten Beweisverifizierer nichtdeterministisch zu simulieren.

Theorem 12.1.4. *Falls $L \in PCP(r(n), q(n))$ ist, gibt es eine nichtdeterministische Turingmaschine, die L in Zeit $2^{O(r(n) + \log n)}$ entscheidet.*

Beweis. Die nichtdeterministische Turingmaschine simuliert den $(r(n), q(n))$-beschränkten randomisierten Beweisverifizierer für alle $2^{O(r(n))}$ möglichen Belegungen des Zufallsvektors. Für jede Belegung des Zufallsvektors werden in polynomieller Zeit $p(n)$ höchstens $p(n)$ Beweispositionen berechnet. Für alle der maximal $p(n) \cdot 2^{O(r(n))} = 2^{O(r(n) + \log n)}$ berechneten Beweispositionen werden die Beweisbits nichtdeterministisch erzeugt. Danach werden für die $2^{O(r(n))}$ Belegungen des Zufallsvektors die Berechnungen des Beweisverifizierers simuliert. Schließlich wird die Eingabe akzeptiert, wenn dies der Beweisverifizierer bei allen Belegungen des Zufallsvektors macht. Falls $x \in L$ ist, gibt es einen Beweis, für den der Beweisverifizierer mit Wahrscheinlichkeit 1, also bei allen Belegungen des Zufallsvektors, die Eingabe akzeptiert. Falls $x \notin L$ ist, wird für jeden Beweis die Eingabe für mindestens die Hälfte der Belegungen des Zufallsvektors nicht akzeptiert. Also erhalten wir einen nichtdeterministischen Algorithmus für L. Da jede Rechnung des Beweisverifizierers in $p(n) = 2^{O(\log n)}$ Schritten erfolgt, lässt sich die Rechenzeit der nichtdeterministischen Turingmaschine durch $2^{O(r(n)+\log n)}$ abschätzen. □

Als Korollar erhalten wir eine weitere Charakterisierung von NP.

Korollar 12.1.5. $NP = PCP(\log n, poly)$.

Beweis. Die Beziehung „⊆" folgt aus Theorem 12.1.3 und die Beziehung „⊇" aus Theorem 12.1.4. □

12.2 Das PCP-Theorem

Korollar 12.1.5 enthält die Aussage NP ⊇ PCP(log n, 1). Man kann vermuten, dass PCP(log n, 1) „viel kleiner" als NP ist. Es kann doch nicht sehr hilfreich sein, wenn man nur konstant viele Beweisbits lesen darf. Aber genau das stimmt nicht.

Theorem 12.2.1. (*PCP-Theorem*)
$NP = PCP(\log n, 1)$.

Die Historie des PCP-Theorems wird ausführlich von Goldreich (1998) beschrieben. Feige, Goldwasser, Lovász, Safra und Szegedy (1991) haben bereits die Verbindung zwischen ressourcenbeschränkten randomisierten Beweisverifizierern und Nichtapproximierbarkeitsresultaten aufgezeigt. Das PCP-Theorem wurde 1992 von Arora, Lund, Motwani, Sudan und Szegedy bewiesen (die Zeitschriftenversion wurde 1998 veröffentlicht). Danach wurde die Anzahl der Beweispositionen, die gelesen werden dürfen, in verschiedenen Arbeiten verkleinert. Es ist ausreichend, neun Beweisbits zu lesen, und dann ist die Fehlerwahrscheinlichkeit sogar durch 0,32 beschränkt. Wenn die erlaubte Fehlerwahrscheinlichkeit auf 0,76 erhöht wird, genügen drei Beweispositionen. Varianten des PCP-Theorems, die bessere Nichtapproximierbarkeitsresultate erlauben, wurden vorgestellt (z. B. Bellare, Goldreich und Sudan (1998) und Arora und Safra (1998)).

Der Beweis des PCP-Theorems ist zu lang und zu schwierig, um hier dargestellt zu werden. Eine große Herausforderung liegt darin, einen Beweis des PCP-Theorems zu finden, der für Studierende „gut verdaulich" ist. Wer größere Anstrengungen nicht scheut, sei für einen vollständigen Beweis des PCP-Theorems auf die ausführlichen und gut lesbaren Darstellungen in den Büchern von Ausiello, Crescenzi, Gambosi, Kann, Marchetti-Spaccamela und Protasi (1999) und Mayr, Prömel und Steger (1998) verwiesen.

Um NP ⊆ PCP(log n, 1) zu beweisen, genügt es, für ein NP-vollständiges Problem wie 3-SAT zu zeigen, dass es in PCP(log n, 1) enthalten ist. Wie das Lesen von konstant vielen Beweisbits die Lösung eines NP-vollständigen

12.2 Das PCP-Theorem

Problems mit einem randomisierten Beweisverifizierer ermöglichen kann, wollen wir mit dem Beweis von 3-SAT $\in$ PCP$(n^3, 1)$ zeigen. In der Darstellung lehnen wir uns an Ausiello et al. (1999) an.

Es sei eine Eingabe für 3-SAT bestehend aus den Klauseln $c_1, \ldots, c_m$ über den Variablen $x_1, \ldots, x_n$ gegeben. Ein klassischer Beweis für die Erfüllbarkeit der Klauseln besteht aus einer Eingabe $a \in \{0,1\}^n$, die alle Klauseln erfüllt. Jedes Bit a_i ist eine sehr „lokale" Information, die nur den Wert von x_i betrifft. Ein randomisiert verifizierbarer Beweis, von dem nur wenige Stellen gelesen werden dürfen, sollte so aussehen, dass jedes Beweisbit Teilinformationen über jedes a_i enthält. Die Information über a sollte also über den ganzen Beweis „verschmiert" werden. Bei diesen Betrachtungen gehen wir von einer erfüllenden Belegung a aus. Wir können uns den zu a gehörenden Beweis $B(a)$ als Codierung von a vorstellen. Daher diskutieren wir auch, wie wir aus $B(a')$ gegebenenfalls erkennen können, dass a' nicht erfüllend ist. Später müssen wir uns überlegen, wie wir mit Beweisversuchen B', die von allen $B(a'), a' \in \{0,1\}^n$, verschieden sind, umgehen. Hier deuten wir die wichtigste Idee nur an. Falls B' von allen $B(a')$ sehr verschieden ist, können wir das mit genügend großer Wahrscheinlichkeit entdecken. Anderenfalls soll B' in ein $B(a')$ „korrigiert" werden, wobei wir dann $B(a')$ untersuchen. Unser Code für alle $a \in \{0,1\}^n$ muss also eine effiziente Fehlerkorrektur erlauben (*fehlerkorrigierende Codes*, error-correcting codes).

Basis unserer Überlegungen ist eine *Arithmetisierung* (arithmetization) der 3-SAT-Formel. Positive Literale x_i werden durch $1 - x_i$ und negative Literale $\overline{x}_i$ durch x_i ersetzt, aus Disjunktionen werden Produkte und aus Konjunktionen Summen. Also gilt beispielsweise

$$(x_1 + \overline{x}_2 + x_3) \wedge (\overline{x}_1 + \overline{x}_2 + x_4) \longrightarrow (1 - x_1) \cdot x_2 \cdot (1 - x_3) + x_1 \cdot x_2 \cdot (1 - x_4).$$

Naheliegender wäre eine duale Vorgehensweise gewesen. So ist aber der Grad des entstehenden Polynoms p durch die Anzahl der Literale pro Klausel, also 3, beschränkt. Das Polynom p hat folgende Eigenschaften. Falls a eine Klausel erfüllt, ist der zugehörige Term 0, während der Term den Wert 1 für nicht erfüllende Belegungen hat. Also ist $p(a)$ die Anzahl der von a nicht erfüllten Klauseln. Es wird sich allerdings als vorteilhaft erweisen, alle Rechnungen in $\mathbb{Z}_2$ durchzuführen. Dann gibt $p(a)$ nur noch an, ob gerade oder ungerade viele Klauseln nicht erfüllt sind. Aus $p(a) = 1$ kann also fehlerfrei geschlossen werden, dass a nicht alle Klauseln erfüllt. Wir können aber nicht aus $p(a) = 0$ schließen, dass a erfüllend ist. Für manche nicht erfüllbare Klauselmengen würde dann die Fehlerwahrscheinlichkeit 1 betragen. Die Idee besteht nun darin, Klauseln zufällig auszublenden. Wenn eine gerade Anzahl von Klauseln nicht erfüllt ist und wir Klauseln zufällig ausblenden, sollte eine gute Chance bestehen, dass eine ungerade Anzahl von übrig gebliebenen Klauseln nicht erfüllt ist.

Formal sei p_i das zur Klausel c_i gehörende Polynom. Für einen Zufallsvektor $r \in \{0,1\}^m$ sei p^r die Summe aller p_i mit $r_i = 1$, also $p^r =$

$r_1 p_1 + \cdots + r_m p_m$. Für erfüllende Belegungen a ist $p_i(a) = 0$ für alle i und $p^r(a) = 0$ für alle r. Für nicht erfüllende Belegungen a nimmt $p^r(a)$ die Werte 0 und 1 mit Wahrscheinlichkeit $1/2$ an. Diese Eigenschaft haben wir schon im Beweis von Theorem 11.3.4 ($\overline{\text{GI}} \in \text{BP(NP)}$) benutzt. Wir wiederholen das Argument. Da a nicht erfüllend ist, gibt es ein j mit $p_j(a) = 1$. Unabhängig von der Summe aller $r_i p_i(a), i \neq j$, wird dieser Wert durch $r_j p_j(a) = r_j$ mit Wahrscheinlichkeit $1/2$ auf jeden der beiden Werte 0 und 1 gebracht. Die Überprüfung, ob $p^r(a) = 0$ ist, hat also die gewünschten Eigenschaften. Falls a erfüllend ist, gilt $p^r(a) = 0$. Falls a nicht erfüllend ist, beträgt die Wahrscheinlichkeit für $p^r(a) = 0$ genau $1/2$. Um $p^r(a)$ zu berechnen, muss Victoria aber weiterhin a kennen.

Wir werden nun die Situation für Victoria umkehren. In der bisherigen Situation kennt sie p^r, aber nicht den Eingabewert a für p^r. Wir werden nun in Abhängigkeit von a drei lineare Funktionen L_1^a, L_2^a und L_3^a berechnen, deren Funktionstabellen das Codewort für den Beweis a darstellen. Victoria kennt zwar a nicht, sie soll aber in der Lage sein, sich in polynomieller Zeit aus p und r Eingabevektoren b^1, b^2 und b^3 so zu berechnen, dass sie aus $L_1^a(b^1), L_2^a(b^2)$ und $L_3^a(b^3)$ den Wert von $p^r(a)$ berechnen kann. Die Werte $L_1^a(b^1), L_2^a(b^2)$ und $L_3^a(b^3)$ erhält sie, indem sie die passenden Stellen im Beweis, also im Codewort für a, liest.

Wir gehen von einem beliebigen Polynom $q\colon \{0,1\}^n \to \{0,1\}$ mit durch 3 beschränktem Grad aus. Dabei wird q in den Anwendungen einem der Polynome p^r entsprechen. Nachdem wir q ausmultipliziert haben, besteht es aus folgenden Summanden:

- $c_q \in \{0,1\}$, dem konstanten Term,
- der Summe aller $x_i, i \in I_q^1$,
- der Summe aller $x_i x_j, (i,j) \in I_q^2$, und
- der Summe aller $x_i x_j x_k, (i,j,k) \in I_q^3$.

Da wir in $\mathbb{Z}_2$ rechnen, sind die Koeffizienten aller Terme 0 (Term nicht vorhanden) oder 1 (dann ist der Term vorhanden und das zugehörige Indextupel in der passenden I_q-Menge). Wir definieren nun

- $L_1^a\colon \mathbb{Z}_2^n \to \mathbb{Z}_2$ durch $L_1^a(y_1, \ldots, y_n) := \sum\limits_{1 \leq i \leq n} a_i y_i$,
- $L_2^a\colon \mathbb{Z}_2^{n^2} \to \mathbb{Z}_2$ durch $L_2^a(y_{1,1}, \ldots, y_{n,n}) := \sum\limits_{1 \leq i,j \leq n} a_i a_j y_{i,j}$ und
- $L_3^a\colon \mathbb{Z}_2^{n^3} \to \mathbb{Z}_2$ durch $L_3^a(y_{1,1,1}, \ldots, y_{n,n,n}) := \sum\limits_{1 \leq i,j,k \leq n} a_i a_j a_k y_{i,j,k}$.

Nach Definition sind L_1^a, L_2^a und L_3^a linear. Ihre Funktionstabellen haben die Längen $2^n, 2^{n^2}$ und 2^{n^3}. Das Codewort für a hat also eine Länge von $2^n + 2^{n^2} + 2^{n^3}$ und besteht aus der Konkatenation der drei Funktionstabellen. Victoria berechnet sich für q in polynomieller Zeit die zugehörigen c_q, I_q^1, I_q^2 und I_q^3. Zusätzlich berechnet sie sich die charakteristischen Vektoren c_q^1, c_q^2 und c_q^3 von I_q^1, I_q^2 und I_q^3. Dabei enthält zum Beispiel c_q^2 an Position (i,j)

genau dann eine 1, wenn $(i,j) \in I_q^2$ ist, und ansonsten eine 0. In dem Codewort für a liest sie die Werte $L_1^a(c_q^1)$, $L_2^a(c_q^2)$ und $L_3^a(c_q^3)$. Schließlich berechnet sie sich

$$c_q + L_1^a(c_q^1) + L_2^a(c_q^2) + L_3^a(c_q^3).$$

Die Behauptung ist, dass sie auf diese Weise $q(a)$ berechnet hat. Sie hat den konstanten Term c_q berücksichtigt. Zusätzlich ist

$$L_2^a(c_q^2) = \sum_{1 \leq i,j \leq n} a_i a_j (c_q^2)_{i,j} = \sum_{(i,j) \in I_q^2} a_i a_j.$$

Mit $L_2^a(c_q^2)$ berücksichtigt sie die Terme von q, die Grad 2 haben. Analoges gilt für L_1^a und Grad 1 sowie L_3^a und Grad 3. Wir haben also eine Codierung für $a \in \{0,1\}^n$ gefunden, die zwar große Länge hat, aber von Victoria benutzt werden kann, um mit drei ausgewählten Positionen $p^r(a)$ in polynomieller Zeit zu berechnen.

Wir wissen nun also, wie der Beweis für eine erfüllbare Klauselmenge aussehen soll. Es wird eine erfüllende Belegung a gewählt und es werden die Funktionstabellen von L_1^a, L_2^a und L_3^a als Beweis benutzt. Die Beweisüberprüfung wird darin bestehen, $p^r(a)$ für konstant viele zufällige r zu berechnen und den Beweis zu akzeptieren, wenn alle den Wert 0 haben. Für jeden dieser Tests genügt das Lesen von drei Beweispositionen. Die Anzahl der Zufallsbits ist durch $O(n^3)$ beschränkt, da 3-SAT-Formeln ohne triviale Klauseln und ohne Wiederholung einer Klausel nur $2n + 4 \cdot \binom{n}{2} + 8 \cdot \binom{n}{3} = O(n^3)$ Klauseln haben können und r eine zufällige Wahl der Klauseln beschreibt. Die Fehlerwahrscheinlichkeit bei nicht erfüllten Klauselmengen ist, wie schon diskutiert, für jeden Test $1/2$. Allerdings gelten diese Überlegungen nur für Beweise vom beschriebenen Typ. Wir müssen aber im Fall nicht erfüllbarer Klauselmengen auf alle Beweise vernünftig reagieren. Wir nehmen an, dass Beweise die „richtige" Länge haben, da spätere Beweispositionen nie gelesen werden und zu kurze Beweispositionen nur eine zusätzliche Chance bieten, die Beweise als unerwünscht zu entlarven.

Wie werden nun Beweise überprüft? Wir benötigen vier Module:

- Linearitätstest,
- Funktionsauswerter,
- Konsistenztest und
- Beweisverifizierer.

Der Linearitätstest dient zur Überprüfung, ob eine Funktionstabelle eine lineare Funktion beschreibt. Wir beschreiben, wie dies randomisiert mit einseitigem Fehler und dem Lesen von konstant vielen Beweisbits durchgeführt wird. Offensichtlich kann dieser Test nicht wie gewünscht gelingen, wenn der Beweis aus der Funktionstabelle besteht. Wenn die Funktionstabelle genau einen Wert enthält, der die beschriebene Funktion von einer linearen Funktion unterscheidet, wird dies nur mit winziger Wahrscheinlichkeit entdeckt.

Wir unterscheiden daher lineare, fast lineare und andere Funktionen, wobei wir die Begriffe später formalisieren. Die anderen Funktionen müssen wir entlarven. Wir müssen aber hinnehmen, dass fast lineare Funktionen den Linearitätstest überstehen können. Lineare Funktionen überstehen diesen Test stets.

Es wird sich herausstellen, dass fast lineare Funktionen nur *einer* linearen Funktion ähnlich sind. Wir versuchen dann, an Stelle der fast linearen Funktion den Beweis so zu interpretieren, als würde er die ähnliche lineare Funktion beinhalten. Der Funktionsauswerter berechnet für Eingabewerte eine Schätzung des Funktionswertes der „zugehörigen" linearen Funktion. Für lineare Funktionen ist der Wert stets korrekt. Für fast lineare Funktionen kann die Fehlerwahrscheinlichkeit durch eine Konstante $\alpha < 1$ beschränkt werden. Außerdem kann die Fehlerwahrscheinlichkeit durch unabhängige Wiederholung und Majoritätsentscheidung gesenkt werden. Der Funktionsauswerter liest nur konstant viele Beweisbits.

Es gibt ein weiteres Problem. Es reicht nicht aus, dass der Beweis die Funktionstabellen von drei linearen Funktionen beinhaltet. Die Funktionen L_1^a, L_2^a und L_3^a hängen alle von a ab und sind somit verknüpft. Der Konsistenztest überprüft, ob die drei betrachteten linearen Funktionen, darunter eventuell die Korrekturen fast linearer Funktionen, konsistent sind, also von derselben Eingabe a abstammen. Für lineare Funktionen L_1^a, L_2^a und L_3^a ist der Test fehlerfrei. Tripel von nicht konsistenten linearen oder fast linearen Funktionen werden mit Hilfe des Lesens von konstant vielen Beweisbits mit konstanter Fehlerwahrscheinlichkeit $\beta < 1$ entlarvt.

Schließlich testet der Beweisverifizierer, wie schon beschrieben, mit Hilfe des Lesens von konstant vielen Beweisbits, ob $p^r(a) = 0$ für Zufallsvektoren r ist. Falls der Beweis aus L_1^a, L_2^a und L_3^a besteht, wird der Wert von $p^r(a)$ korrekt berechnet. Ansonsten kann die Fehlerwahrscheinlichkeit durch eine Konstante $\gamma < 1$ beschränkt werden.

Insgesamt wird der Beweis (L_1^a, L_2^a, L_3^a) für erfüllende Belegungen a mit Sicherheit akzeptiert. Für nicht erfüllbare Klauselmengen kann ein Beweis akzeptiert werden, wenn mindestens einer der folgenden Fälle auftritt:

– Einer der drei Linearitätstests entlarvt eine Funktionstabelle nicht, die eine nicht einmal fast lineare Funktion darstellt.
– Der Konsistenztest entlarvt nicht konsistente Funktionentripel nicht, wobei fast lineare zu linearen Funktionen korrigiert werden.
– Alle berechneten $p^r(a)$ haben den Wert 0, wobei fast lineare zu linearen Funktionen korrigiert werden.
– Eine der vielen Funktionsauswertungen liefert einen falschen Wert.

Hierbei ist zu beachten, dass die Funktionsauswertung in den anderen Modulen verwendet wird. Wir erlauben jedem Linearitätstest eine Fehlerwahrscheinlichkeit von 1/18, also zusammen eine Fehlerwahrscheinlichkeit von 1/6, und dem Konsistenztest unter der Voraussetzung fehlerfreier Linearitätstests eine Fehlerwahrscheinlichkeit von 1/6. Damit bleibt für die Beweis-

12.2 Das PCP-Theorem

verifikation eine Fehlerwahrscheinlichkeit von 1/6, wobei wir voraussetzen dürfen, dass die anderen Tests fehlerfrei sind. Der Beweisverifizierer liest drei Beweisbits. Wenn wir dem Funktionsauswerter eine Fehlerwahrscheinlichkeit von 1/10 zubilligen, wird für nicht erfüllbare Klauselmengen ein Wert von 0 für $p^r(a)$ nur dann berechnet, wenn $p^r(a) = 0$ ist (Wahrscheinlichkeit 1/2) oder eine Funktionsauswertung einen falschen Wert liefert. Die Fehlerwahrscheinlichkeit ist also durch 4/5 beschränkt. Neun unabhängige Wiederholungen senken die Fehlerwahrscheinlichkeit auf unter 1/6. Ähnlich können die entsprechenden Parameter für die anderen Module berechnet werden. Es genügt also zu zeigen, dass jeder Test mit einer Fehlerwahrscheinlichkeit, die durch eine Konstante kleiner als 1 beschränkt ist, und mit Hilfe konstant vieler Beweisbits mit polynomieller Rechenzeit und $O(n^3)$ Zufallsbits bewältigt werden kann. Daraus kann der PCP-Verifizierer zusammengesetzt werden.

Wir beginnen mit dem Linearitätstest. Da wir über dem Körper $\mathbb{Z}_2$ arbeiten, ist $f\colon \mathbb{Z}_2^m \to \mathbb{Z}_2$ genau dann linear, wenn $f(x+y) = f(x) + f(y)$ für alle $x, y \in \mathbb{Z}_2^m$ ist. Eine Funktion f ist der Funktion g δ-nah (δ-close), wenn bei Gleichverteilung auf $\mathbb{Z}_2^m$ die Eigenschaft $\mathrm{Prob}_x(f(x) \neq g(x)) \leq \delta$ gilt. Wir notieren hier an Prob, welches Element zufällig gewählt wurde, wobei es sich stets um die Gleichverteilung handelt. Der Linearitätstest hat nun folgendes Aussehen:

– Wähle unabhängig und zufällig $x, y \in \mathbb{Z}^m$ und bezeichne f nur dann als nicht linear, wenn $f(x+y) \neq f(x) + f(y)$ ist.

Dieser Test hat folgende Eigenschaften:

– Falls f linear ist, besteht f den Linearitätstest.
– Falls f für ein $\delta < 1/3$ zu keiner linearen Funktion δ-nah ist, dann besteht f den Linearitätstest mit einer Wahrscheinlichkeit von weniger als $1 - \delta/2$.

Die erste Eigenschaft gilt offensichtlich. Die zweite Eigenschaft formulieren wir äquivalent um zu:

– Aus $\mathrm{Prob}_{x,y}(f(x+y) \neq f(x) + f(y)) \leq \delta/2$ folgt, dass f einer linearen Funktion g δ-nah ist.

Der Nachweis dieser Behauptung wird dadurch erleichtert, dass wir eine lineare Funktion g definieren und für sie zeigen, dass sie f δ-nah ist. Zur Definition von $g(a)$ betrachten wir alle $f(a+b) - f(b), b \in \mathbb{Z}_2^m$. Für lineare Funktionen f erhalten wir stets den Wert $f(a)$. Daher wählen wir als $g(a)$ den Wert aus $\{0, 1\}$, der in der Liste aller $f(a+b) - f(b)$ häufiger vorkommt. Bei Gleichheit sei $g(a) = 0$. Es bleibt zu zeigen:

– g ist f δ-nah,
– g ist linear.

Die erste Eigenschaft wird durch Widerspruch bewiesen. Sei also angenommen, dass sich f und g nicht δ-nah sind. Dann ist

$\text{Prob}_x(f(x) \neq g(x)) > \delta.$

Nach Konstruktion von g gilt

$\text{Prob}_y(g(a) = f(a+y) - f(y)) \geq 1/2.$

Also folgt

$\text{Prob}_{x,y}(f(x+y) - f(y) \neq f(x))$
$\geq \text{Prob}_{x,y}(f(x+y) - f(y) = g(x),\ g(x) \neq f(x))$
$= \sum_{a \in \mathbb{Z}_2^m} \text{Prob}_y(f(a+y) - f(y) = g(a),\ g(a) \neq f(a)) \cdot 2^{-m}.$

Für jedes a ist $g(a) = f(a)$ oder $g(a) \neq f(a)$. Im ersten Fall ist die betrachtete Wahrscheinlichkeit 0 und im zweiten Fall kann die Bedingung $g(a) \neq f(a)$ wegfallen. Also ist

$\text{Prob}_{x,y}(f(x+y) - f(y) \neq f(x))$
$\geq 2^{-m} \sum_{a \in \mathbb{Z}_2^m,\ g(a) \neq f(a)} \text{Prob}_y(f(a+y) - f(y) = g(a))$
$\geq 2^{-m} \sum_{a \in \mathbb{Z}_2^m,\ g(a) \neq f(a)} \tfrac{1}{2} > \delta/2.$

Die letzte Ungleichung folgt, da aus $\text{Prob}_x(f(x) \neq g(x)) > \delta$ folgt, dass für mehr als $\delta \cdot 2^m$ aller $a \in \mathbb{Z}_2^m$ die Eigenschaft $g(a) \neq f(a)$ gilt. Damit erhalten wir einen Widerspruch zur Voraussetzung $\text{Prob}_{x,y}(f(x+y) \neq f(x) + f(y)) \leq \delta/2$.

Zum Beweis der Linearität von g untersuchen wir

$p(a) := \text{Prob}_x(g(a) = f(a+x) - f(x)).$

Nach Konstruktion von g ist $p(a) \geq 1/2$. Wir zeigen, dass sogar $p(a) \geq 1 - \delta$ ist. Wir wenden die Voraussetzung auf $x+a$ und y und auch auf x und $y+a$ an. Da bei zufälliger Wahl von $x \in \mathbb{Z}_2^m$ auch $x+a$ ein zufälliger Vektor aus $\mathbb{Z}_2^m$ ist, gilt

$\text{Prob}_{x,y}(f(x+a) + f(y) \neq f(x+a+y)) \leq \delta/2$

und

$\text{Prob}_{x,y}(f(x) + f(y+a) \neq f(x+a+y)) \leq \delta/2.$

Die Wahrscheinlichkeit für die Vereinigung der Ereignisse ist also nach oben durch δ beschränkt und die Wahrscheinlichkeit des Komplements deshalb nach unten durch $1-\delta$. Nach den De-Morgan-Regeln ist dies der Durchschnitt der Ereignisse $f(x+a) + f(y) = f(x+a+y)$ und $f(x) + f(y+a) = f(x+a+y)$, insbesondere also eine Teilmenge des Ereignisses $f(x + a) + f(y) = f(x) + f(y + a)$. Damit gilt

$$\text{Prob}_{x,y}(f(x + a) + f(y) = f(x) + f(y + a)) \geq 1 - \delta.$$

Um die Unabhängigkeit der Wahl von x und y auszunutzen, schreiben wir die Gleichung als $f(x + a) - f(x) = f(y + a) - f(y)$. Also ist

$$1 - \delta \leq \text{Prob}_{x,y}(f(x + a) - f(x) = f(y + a) - f(y))$$
$$= \sum_{z \in \{0,1\}} \text{Prob}_{x,y}(f(x + a) - f(x) = z, f(y + a) - f(y) = z)$$
$$= \sum_{z \in \{0,1\}} \text{Prob}_x(f(x + a) - f(x) = z) \cdot \text{Prob}_y(f(y + a) - f(y) = z)$$
$$= \sum_{z \in \{0,1\}} (\text{Prob}_x(f(x + a) - f(x) = z))^2.$$

Für $z = g(a)$ ist $\text{Prob}_x(f(x + a) - f(x) = z) = p(a)$. Damit ergibt sich für $z \neq g(a)$ der Wert $1 - p(a)$. Somit ist

$$1 - \delta \leq p(a)^2 + (1 - p(a))^2.$$

Da, wie oben bemerkt, $p(a) \geq 1/2$ ist, folgt $1 - p(a) \leq p(a)$ und

$$p(a)^2 + (1 - p(a))^2 \leq p(a)^2 + p(a)(1 - p(a)) = p(a)$$

und damit die Zwischenbehauptung. Dieses Ergebnis wenden wir dreimal an, wobei wir wieder ausnutzen, dass mit x auch $x + a$ ein zufälliger Vektor aus $\mathbb{Z}_2^m$ ist. Es ergibt sich

$$\text{Prob}_x(g(a) = f(a + x) - f(x)) = p(a) \geq 1 - \delta,$$
$$\text{Prob}_x(g(b) = f(b + a + x) - f(a + x)) = p(b) \geq 1 - \delta,$$
$$\text{Prob}_x(g(a + b) = f(a + b + x) - f(x)) = p(a + b) \geq 1 - \delta.$$

Damit hat der Durchschnitt der drei Ereignisse eine Wahrscheinlichkeit von mindestens $1 - 3\delta$. Dies gilt auch für jedes von den drei Ereignissen implizierte Ereignis. Wir addieren die ersten beiden Gleichungen und subtrahieren die dritte Gleichung. Es folgt

$$\text{Prob}_x(g(a) + g(b) = g(a + b)) \geq 1 - 3\delta.$$

Da nach Voraussetzung $\delta < 1/3$ ist, gilt

$$\text{Prob}_x(g(a) + g(b) = g(a + b)) > 0.$$

Die Gleichung $g(a) + g(b) = g(a + b)$ ist aber unabhängig von der Wahl von x wahr oder falsch. Eine positive Wahrscheinlichkeit, die den Wert 0 oder 1 haben muss, kann nur den Wert 1 haben. Also ist $g(a) + g(b) = g(a + b)$ für alle a und b und damit g linear.

Der Funktionsauswerter erhält als Eingabe die Funktionstabelle einer Funktion $f\colon \mathbb{Z}_2^m \to \mathbb{Z}_2$ und ein $a \in \mathbb{Z}_2^m$. Er soll für $\delta < 1/3$ folgende Eigenschaften erfüllen:

- Falls f linear ist, so ist das Ergebnis $f(a)$.
- Falls f nicht linear, aber δ-nah zu der linearen Funktion g ist, dann soll der randomisierte Funktionsauswerter den Wert von $g(a)$ mit einer durch 2δ beschränkten Fehlerwahrscheinlichkeit liefern.

Der Funktionsauswerter hat folgendes Aussehen:

- Wähle $x \in \mathbb{Z}_2^m$ zufällig und berechne $f(x+a) - f(x)$.

Damit ist die erste Eigenschaft offensichtlich erfüllt. Die zweite Eigenschaft lässt sich folgendermaßen zeigen. Da sich f und g δ-nah sind, ist

$$\operatorname{Prob}_x(f(x) = g(x)) \geq 1 - \delta$$

und

$$\operatorname{Prob}_x(f(x+a) = g(x+a)) \geq 1 - \delta.$$

Damit beträgt die Wahrscheinlichkeit, dass beide Ereignisse eintreten, mindestens $1 - 2\delta$. Die beiden Ereignisse implizieren aber $f(x+a) - f(x) = g(x+a) - g(x)$ und wegen der Linearität von g auch $f(x+a) - f(x) = g(a)$. Damit hat der Funktionsauswerter die gewünschten Eigenschaften.

Für den Konsistenztest liegen Funktionstabellen für f_1, f_2 und f_3 vor. Die dargestellten Funktionen sind linear oder einer linearen Funktion δ-nah. Für $\delta < 1/24$ soll der Konsistenztest folgende Eigenschaften haben:

- Falls die Funktionstabellen lineare Funktionen vom Typ L_1^a, L_2^a und L_3^a für ein $a \in \{0,1\}^n$ darstellen, bestehen die Funktionstabellen den Konsistenztest.
- Falls es kein $a \in \{0,1\}^n$ gibt, so dass die durch die Funktionstabellen dargestellten Funktionen f_1, f_2 und f_3 zu L_1^a, L_2^a und L_3^a δ-nah sind, dann sollen die Funktionstabellen den Konsistenztest nur mit einer durch eine Konstante kleiner als 1 beschränkten Fehlerwahrscheinlichkeit bestehen.

Der Konsistenztest hat folgendes Aussehen:

- Wähle zufällig und unabhängig $x, x', x'' \in \mathbb{Z}_2^n$ und $y \in \mathbb{Z}_2^{n^2}$.
- Definiere $x \circ x'$ durch $(x \circ x')_{i,j} = x_i x'_j$ und $x'' \circ y$ durch $(x'' \circ y)_{i,j,k} = x''_i y_{j,k}$.
- Benutze den Funktionsauswerter zur Berechnung von Schätzern b für $f_1(x)$, b' für $f_1(x')$, b'' für $f_1(x'')$, c für $f_2(x \circ x')$, c' für $f_2(y)$ und d für $f_3(x'' \circ y)$.
- Die Funktionstabellen bestehen den Konsistenztest, wenn $bb' = c$ und $b''c' = d$ ist.

12.2 Das PCP-Theorem

Lineare Funktionen L_1^a, L_2^a und L_3^a bestehen den Konsistenztest. Für sie ist der Funktionsauswerter fehlerfrei und es ist

$$L_1^a(x) \cdot L_1^a(x') = \left(\sum_{1 \leq i \leq n} a_i x_i\right)\left(\sum_{1 \leq j \leq n} a_j x'_j\right) = \sum_{1 \leq i,j \leq n} a_i a_j x_i x'_j = L_2^a(x \circ x').$$

Analog folgt $L_1^a(x'') \cdot L_2^a(y) = L_3^a(x'' \circ y)$. Für die zweite Eigenschaft wird ausgenutzt, dass für $\delta < 1/24$ die Fehlerwahrscheinlichkeit des Funktionsauswerters durch $2\delta < 1/12$ beschränkt ist. Damit ist die Fehlerwahrscheinlichkeit aller sechs Funktionsauswertungen zusammen durch $1/2$ beschränkt. Wir nehmen nun an, dass die Funktionsauswertungen fehlerfrei verlaufen. Die zu f_1 δ-nahe lineare Funktion habe die Koeffizienten a_i und die zu f_2 δ-nahe lineare Funktion die Koeffizienten $b_{i,j}$. Es sei $a_{i,j} := a_i a_j$. Wir betrachten die Matrizen $A = (a_{i,j})$ und $B = (b_{i,j})$ und nehmen an, dass die Funktionsauswertungen korrekt, aber die Funktionstabellen inkonsistent sind. Dann ist $A \neq B$. Die zugehörigen Eingaben x und x' stellen wir als Spaltenvektoren dar. Der Konsistenztest vergleicht $x^\top A x'$ und $x^\top B x'$ und beruht darauf, dass für $A \neq B$ und zufällige x und x' mit einer Wahrscheinlichkeit von mindestens $1/4$ die beiden Werte verschieden sind und somit die Inkonsistenz belegt wird. Wenn sich A und B in der j-ten Spalte unterscheiden, ist die Wahrscheinlichkeit, dass sich $x^\top A$ und $x^\top B$ an der j-ten Stelle unterscheiden, $1/2$. Dies folgt mit dem bereits häufiger verwendeten Argument über den Wert von Skalarprodukten $x^\top y$ und $x^\top z$ für $y \neq z$ und zufälliges x. Falls sich $x^\top A$ und $x^\top B$ unterscheiden, unterscheiden sich mit einer Wahrscheinlichkeit von $1/2$ auch $(x^\top A)x'$ und $(x^\top B)x'$.

Wenn wir alle Module mit den richtigen Parametern verwenden, folgt 3-SAT $\in$ PCP$(n^3, 1)$ und NP $\subseteq$ PCP$(n^3, 1)$. Um die Anzahl der Zufallsbits drastisch zu senken, müssen wir mit kürzeren Beweisen auskommen. Eine Idee besteht darin, die linearen Funktionen in dem von uns beschriebenen Ansatz durch Polynome kleinen Grades zu ersetzen. Darüber hinaus wird ein so genanntes *Kompositionslemma* (composition lemma) gezeigt, das aus zwei Verifizierern mit unterschiedlichen Eigenschaften einen verbesserten Verifizierer liefert. Wie schon angedeutet, wollen wir nicht tiefer in das PCP-Theorem einsteigen. Es sollte zumindest klar geworden sein, dass Beweise, von denen nur konstant viele Stellen gelesen werden dürfen, erstaunlich viele Informationen liefern können. Dies gilt aber nur für Beweisversuche, bei denen falsche Beweise nicht immer entlarvt werden. Wie schwierig dieses Ergebnis zu vermitteln ist, zeigt folgendes Zitat aus „The New York Times" vom 7.April 1992:

„In a discovery that overturns centuries of mathematical tradition, a group of graduate students and young researchers has discovered a way to check even the longest and most complicated proof by scrutinizing it in just a few spots ..."

12.3 Das PCP-Theorem und Nichtapproximierbarkeitsresultate

Der gerade zitierte Artikel fährt folgendermaßen fort:

„... Using this new result, the researchers have already made a landmark discovery in computer science. They showed that it is impossible to compute even approximate solutions for a large group of practical problems that have long foiled researchers ... ".

Dass diese Aussage stimmt, werden wir an den Beispielen MAX-3-SAT und MAX-CLIQUE zeigen.

Das PCP-Theorem ermöglicht es uns, die in Kapitel 8.3 diskutierte Lückentechnik besser zu nutzen. Mit Hilfe der Aussage 3-SAT $\in$ PCP($\log n, 1$) werden wir 3-SAT so auf MAX-3-SAT polynomiell reduzieren, dass folgende Eigenschaften für eine Konstante $\delta > 0$ erfüllt sind:

- Falls die gegebene Klauselmenge erfüllbar ist, so ist auch die erzeugte Klauselmenge erfüllbar.
- Falls die gegebene Klauselmenge nicht erfüllbar ist, so gilt für die erzeugte Klauselmenge, dass höchstens ein Anteil von $1-\delta$ aller Klauseln gleichzeitig erfüllbar ist.

Wir wählen nun $\varepsilon > 0$ so, dass $1 + \varepsilon = 1/(1-\delta)$ ist. Wenn MAX-3-SAT einen polynomiellen Approximationsalgorithmus hat, dessen Approximationsgüte kleiner als $1 + \varepsilon$ ist, dann folgt NP = P. Wir können nämlich 3-SAT folgendermaßen lösen. Zunächst wird die beschriebene Transformation und dann auf das Ergebnis der Approximationsalgorithmus für MAX-3-SAT angewendet. Für die Lösung wird der Anteil α der erfüllten Klauseln berechnet. Ist $\alpha > 1 - \delta$, so ist die gegebene Klauselmenge wegen der zweiten Eigenschaft der polynomiellen Reduktion erfüllbar. Ist $\alpha \leq 1-\delta$, so kann wegen der Approximationsgüte des Approximationsalgorithmus und der ersten Eigenschaft der Reduktion die gegebene Klauselmenge nicht erfüllbar sein. Diese Beweisstrategie werden wir nun konkretisieren.

Theorem 12.3.1. *Es gibt eine Konstante $\varepsilon > 0$, so dass polynomielle Approximationsalgorithmen für MAX-3-SAT mit einer kleineren Approximationsgüte als $1 + \varepsilon$ nur existieren, wenn NP=P ist.*

Beweis. Wir vervollständigen die oben beschriebene Anwendung der Lückentechnik. Nach dem PCP-Theorem gibt es ganzzahlige Konstanten c und k, so dass es für 3-SAT einen randomisierten Beweisverifizierer gibt, der für Klauselmengen auf n Variablen höchstens $c \cdot \log n$ Zufallsbits benutzt und höchstens k Bits des Beweises liest. Wir können annehmen, dass genau $\lfloor c \cdot \log n \rfloor$ zufällige Bits vorliegen und stets genau k Bits des Beweises gelesen werden. Es gibt dann $N := 2^{\lfloor c \cdot \log n \rfloor} \leq n^c$ Belegungen des Zufallsvektors. Für

12.3 Das PCP-Theorem und Nichtapproximierbarkeitsresultate 183

jede Belegung der Zufallsbits und jede 3-SAT-Eingabe gibt es genau k Beweispositionen, die gelesen werden. Also kann es für jede 3-SAT-Eingabe nur kN verschiedene Beweispositionen geben, die eine positive Wahrscheinlichkeit haben, gelesen zu werden. Alle anderen Beweispositionen sind irrelevant. Daher können wir von Beweisen ausgehen, deren Länge genau kN beträgt. Die Menge möglicher Beweise ist somit gleich der Menge $\{0,1\}^{kN}$.

Es sei C eine Menge von Klauseln der Länge 3 auf n Variablen. Zu C betrachten wir N boolesche Funktionen $f_r \colon \{0,1\}^{kN} \to \{0,1\}, 0 \leq r \leq N-1$. Der Index r bezieht sich auf den Zufallsvektor, der als Binärzahl interpretiert wird. Für fest gewähltes r und die gewählte Klauselmenge liegen die k Positionen $j_r(1) < \cdots < j_r(k)$ des Beweises, die gelesen werden, fest. Es soll $f_r(y)$ den Wert 1 genau dann annehmen, wenn der randomisierte Beweisverifizierer für die Klauselmenge C und die Belegung r des Zufallsvektors den Beweis y akzeptiert. Syntaktisch beschreiben wir alle Funktionen in Abhängigkeit von $y = (y_1, \ldots, y_{kN})$, also aller Bits des Beweises. Entscheidend ist aber, dass jede Funktion f_r nur von k der y-Variablen essenziell abhängt. Nun können wir die Eigenschaften des Beweisverifizierers als Eigenschaften der Funktionen f_r ausdrücken:

- Falls die Klauselmenge erfüllbar ist, gibt es ein $y \in \{0,1\}^{kN}$, so dass alle $f_r(y), 0 \leq r \leq N-1$, den Wert 1 haben.
- Falls die Klauselmenge nicht erfüllbar ist, gilt für jedes $y \in \{0,1\}^{kN}$, dass höchstens die Hälfte aller $f_r(y), 0 \leq r \leq N-1$, den Wert 1 hat.

Die polynomiell vielen Funktionen f_r hängen essenziell nur von konstant vielen Variablen ab. Es ist also in polynomieller Zeit möglich, für alle Funktionen f_r die konjunktive Normalform zu berechnen. Sie besteht für jede Funktion aus höchstens 2^k Klauseln der Länge k. Wir wenden nun die polynomielle Reduktion SAT $\leq_p$ 3-SAT (Theorem 4.3.2) an, um die Klauselmenge jeder Funktion f_r durch Klauseln der Länge 3 zu ersetzen. Dabei wird jede der gegebenen Klauseln durch $k^* = \max\{1, k-2\}$ Klauseln ersetzt. Um die obigen Eigenschaften der f_r-Funktionen auf die neue Klauselmenge zu übertragen, ist zu beachten, dass f_r schon dann den Wert 0 hat, wenn eine ihrer höchstens 2^k Klauseln den Wert 0 hat. Mit der beschriebenen Transformation erhalten wir für f_r höchstens $k^* \cdot 2^k$ Klauseln, von denen nur eine nicht erfüllt sein muss. Also gilt:

- Falls die ursprüngliche Klauselmenge erfüllbar ist, so sind die neu gebildeten maximal $k^* \cdot 2^k \cdot N$ Klauseln gemeinsam erfüllbar.
- Falls die ursprüngliche Klauselmenge nicht erfüllbar ist, gibt es für jede Belegung der Variablen für die neu gebildeten Klauseln mindestens $N/2$ Klauseln, je eine für die Hälfte der N f_r-Funktionen, die nicht erfüllt sind.

Für $\delta := (N/2)/(k^* \cdot 2^k \cdot N) = 1/(k^* \cdot 2^{k+1})$ gilt also, dass höchstens ein Anteil von $1-\delta$ der Klauseln der neu gebildeten Klauselmenge gemeinsam erfüllbar ist, wenn nicht alle Klauseln gemeinsam erfüllbar sind. Mit den

Vorüberlegungen haben wir das Theorem für $\varepsilon := 1/(1-\delta) - 1 > 0$ bewiesen.
□

Der Beweis von Theorem 12.3.1 zeigt, dass wir bessere Ergebnisse erhalten, wenn wir k verkleinern, während sich die Konstante c nur auf den Grad des Polynoms, das die Rechenzeit beschränkt, auswirkt. Wenn $k = 2$ ist, erhalten wir eine Klauselmenge, deren Klauseln eine Länge von 2 haben. Für sie lässt sich in polynomieller Zeit feststellen, ob alle Klauseln gemeinsam erfüllbar sind (siehe Kapitel 7.1). Ein derartiger randomisierter Beweisverifizierer für 3-SAT oder ein anderes NP-vollständiges Problem würde NP = P implizieren. Theorem 12.3.1 und die Existenz eines polynomiellen Approximationsalgorithmus mit endlicher Approximationsgüte für MAX-3-SAT implizieren das folgende Korollar.

Korollar 12.3.2. *Es ist MAX-3-SAT $\in$ APX $-$ PTAS, falls NP $\neq$ P ist.*

Wir kommen nun zum Problem MAX-CLIQUE. Dieses Problem hat bei der Suche nach „besseren PCP-Theoremen" im Mittelpunkt gestanden (Arora und Safra (1998), Håstad (1999)). Hier können wir das beste bekannte Resultat nicht beweisen und begnügen uns mit folgendem Theorem.

Theorem 12.3.3. *Es ist MAX-CLIQUE $\notin$ APX, falls NP $\neq$ P ist.*

Beweis. Auch hier wenden wir die Lückentechnik an. Wie im Beweis von Theorem 12.3.1 benutzen wir für 3-SAT einen randomisierten Beweisverifizierer, der für Klauselmengen auf n Variablen $\lfloor c \cdot \log n \rfloor$ Zufallsbits zur Verfügung hat und genau k Bits des Beweises liest. Wieder sei $N := 2^{\lfloor c \cdot \log n \rfloor} \leq n^c$. Zu diesem randomisierten Beweisverifizierer konstruieren wir in polynomieller Zeit folgenden Graphen. Zu jeder Belegung des Zufallsvektors r betrachten wir alle 2^k Belegungen der k gelesenen Beweisbits. Jede Belegung, für die der Beweis akzeptiert wird, wird durch einen Knoten im Graphen repräsentiert. Die Anzahl der Knoten ist also durch $2^k \cdot N$ nach oben beschränkt. Die Knoten, die zum gleichen r gehören, bilden eine Gruppe. Knoten derselben Gruppe sind nie durch eine Kante verbunden. Knoten verschiedener Gruppen werden genau dann durch eine Kante verbunden, wenn sie sich in den Belegungen der Beweisbits, die sie beide lesen, nicht widersprechen.

Wenn die gegebene Klauselmenge erfüllbar ist, gibt es einen Beweis, der für alle Belegungen von r akzeptiert wird. Aus jeder Gruppe betrachten wir den Knoten, der diesen Beweis repräsentiert. Nach Definition bilden diese Knoten eine Clique der Größe N.

Wenn die gegebene Klauselmenge nicht erfüllbar ist, wird jeder Beweis nur für die Hälfte der Belegungen von r akzeptiert. Wenn es eine Clique der Größe $N' > N/2$ gibt, müssen nach Konstruktion die N' Knoten aus N' Gruppen kommen. Außerdem widersprechen sich die gelesenen Beweisbits paarweise nicht. Also gibt es einen Beweis, der mit all diesen partiellen Belegungen von Beweisbits kompatibel ist. Dieser Beweis wird für N' der N und damit mehr als die Hälfte aller Belegungen von r akzeptiert im Widerspruch zur Voraussetzung, dass die gegebene Klauselmenge nicht erfüllbar ist.

Falls also NP $\neq$ P ist, gibt es keinen polynomiellen Algorithmus für MAX-CLIQUE, der eine Approximationsgüte kleiner als 2 erreicht.

Im Gegensatz zum Beweis von Theorem 12.3.1 geht die Konstante k nicht in die Größe der entstehenden Lücke ein. Diese ist 2, weil der randomisierte Beweisverifizierer eine durch $1/2$ beschränkte Fehlerwahrscheinlichkeit hat. Für jede Konstante $c > 1$ gibt es für 3-SAT aber auch einen PCP($\log n$, 1)-Verifizierer, dessen Fehlerwahrscheinlichkeit durch $1/c$ beschränkt ist. Wenn wir mit diesem randomisierten Beweisverifizierer denselben Beweis durchführen, erhalten wir eine Lücke mit dem Faktor c und damit den Beweis des Theorems. □

Wir haben für den Beweis von Theorem 12.3.3 das PCP-Theorem wieder direkt angewendet. In Theorem 8.4.4 haben wir eine PTAS-Reduktion von MAX-3-SAT auf MAX-CLIQUE mit $\alpha(\varepsilon) = \varepsilon$ beschrieben. Somit erhalten wir für MAX-CLIQUE aus Theorem 8.4.4 das gleiche Nichtapproximierbarkeitsresultat, das wir für MAX-3-SAT in Theorem 12.3.1 gezeigt haben. Im Gegensatz zu MAX-3-SAT hat MAX-CLIQUE die Eigenschaft der Selbstverbesserung (self-improvability), mit der wir aus einem polynomiellen Approximationsalgorithmus mit Güte c einen polynomiellen Approximationsalgorithmus mit Güte $c^{1/2}$ konstruieren können. Dies können wir, da sich der Grad des Polynoms für die Rechenzeit erhöht, nur konstant oft wiederholen. Die Güte kann also für jede Konstante k von c auf $c^{1/2^k}$ und damit unter jedes $1 + \varepsilon$ gesenkt werden. Somit erhalten wir Theorem 12.3.3 aus Theorem 12.3.1, ohne noch einmal das PCP-Theorem anzuwenden.

Für den Nachweis der Eigenschaft der Selbstverbesserung betrachten wir zu ungerichteten Graphen $G = (V, E)$ den Produktgraphen G^2 auf $V \times V$. Er enthält die Kante $\{(v_i, v_j), (v_k, v_l)\}$, wenn $(i, j) \neq (k, l), (\{v_i, v_k\} \in E$ oder $i = k)$ und $(\{v_j, v_l\} \in E$ oder $j = l)$ ist. Aus einer Clique auf $\{v_1, \ldots, v_r\}$ in G erhalten wir die Clique auf allen $(v_i, v_j), 1 \leq i, j \leq r$, in G^2. Wenn $\mathrm{cl}(G)$ die maximale Cliquengröße in G bezeichnet, ist also $\mathrm{cl}(G^2) \geq \mathrm{cl}(G)^2$. Sei nun andererseits eine Clique der Größe m in G^2 gegeben. Wir betrachten die Knotenpaare (v_i, v_j), die diese Clique bilden. Dann muss es in der ersten oder zweiten Komponente dieser Paare mindestens $\lceil m^{1/2} \rceil$ Knoten geben. Um $\mathrm{cl}(G^2) = \mathrm{cl}(G)^2$ zu zeigen, beweisen wir, dass diese $\lceil m^{1/2} \rceil$ Knoten eine Clique in G bilden. Wenn v_i und v_j in der ersten Komponente der Knotenpaare der Clique in G^2 vorkommen, gibt es v_k und v_l, so dass (v_i, v_k) und (v_j, v_l) zur Clique in G^2 gehören und somit durch eine Kante verbunden sind. Dies impliziert aber nach Definition von G^2, dass $\{v_i, v_j\} \in E$ ist. Die Argumente verlaufen analog, wenn v_i und v_j zur zweiten Koordinate der Knotenpaare gehören.

Wir verbessern einen polynomiellen c-Approximationsalgorithmus A für MAX-CLIQUE, indem wir zu G den Graphen G^2 berechnen, darauf A anwenden, eine Clique der Größe m erhalten, daraus, wie oben beschrieben, eine Clique der Größe $\lceil m^{1/2} \rceil$ für G berechnen und als Ergebnis präsentieren. Dann ist $\mathrm{cl}(G^2)/m \leq c$ und

$$\mathrm{cl}(G)/\lceil m^{1/2} \rceil \leq (\mathrm{cl}(G)^2/m)^{1/2} = (\mathrm{cl}(G^2)/m)^{1/2} \leq c^{1/2}.$$

Wir erhalten also einen $c^{1/2}$-Approximationsalgorithmus, dessen Laufzeit polynomiell ist. Wir werden keine weiteren Nichtapproximierbarkeitsresultate ableiten. Kann und Crescenzi (2000) verwalten die besten aktuellen Resultate. Für die von uns intensiver behandelten Optimierungsprobleme listen wir die aktuell besten Schranken auf. Die Approximationsgüten beziehen sich auf polynomielle Algorithmen, ε ist stets eine beliebige positive Konstante und die Negativresultate setzen, wenn nichts anderes vermerkt ist, NP $\neq$ P voraus.

MAX-SAT: 1,2987-approximierbar und APX-vollständig.
MAX-k-SAT: $1/(1-2^{-k})$-approximierbar für $k \geq 3$, wenn alle Klauseln k verschiedene Literale enthalten, aber nicht $(1/(1-2^{-k})-\varepsilon)$-approximierbar.
MAX-3-SAT: 1,249-approximierbar, auch wenn sich Literale in Klauseln wiederholen dürfen.
MAX-2-SAT: 1,0741-approximierbar, aber nicht 1,0476-approximierbar, wobei sich Literale in einer Klausel wiederholen dürfen.
MIN-VC: 2-approximierbar, aber nicht 1,3606-approximierbar.
MIN-GC: $O(n \cdot (\log \log n)^2/\log^3 n)$-approximierbar, aber nicht $n^{1/7-\varepsilon}$-approximierbar, sogar nicht $n^{1-\varepsilon}$-approximierbar, falls NP $\neq$ ZPP ist.
MAX-CLIQUE: $O(n/\log^2 n)$-approximierbar, aber nicht $n^{1/2-\varepsilon}$-approximierbar, sogar nicht $n^{1-\varepsilon}$-approximierbar, falls NP $\neq$ ZPP ist.
MIN-TSP: NPO-vollständig.
MIN-TSP$^{\mathrm{sym},\Delta}$: 3/2-approximierbar und APX-vollständig.
MAX-3-DM: $(3/2 + \varepsilon)$-approximierbar und APX-vollständig.
MIN-BP: 3/2-approximierbar, aber nicht einmal $(3/2 - \varepsilon)$-approximierbar, $(71/60 + 78/(71 \,\mathrm{opt}))$-approximierbar und $(1 + (\log^2 \mathrm{opt})/\mathrm{opt})$-approximierbar, wobei opt hier den Wert der optimalen Lösung bezeichnet.
MIN-SC: $(1 + \ln n)$-approximierbar, wobei n die Mächtigkeit der Grundmenge ist, aber für ein $c > 0$ nicht $(c \cdot \ln n)$-approximierbar und nicht $((1 - \varepsilon) \ln n)$-approximierbar, falls sich polynomielle nichtdeterministische Algorithmen nicht allgemein durch deterministische Algorithmen mit Laufzeit $O(n^{\log \log n})$ ersetzen lassen.

12.4 Das PCP-Theorem und APX-Vollständigkeit

In Kapitel 8.5 haben wir bereits für MAX-W-SAT und MIN-W-SAT nachgewiesen, dass sie NPO-vollständig sind. Hier wollen wir das PCP-Theorem

12.4 Das PCP-Theorem und APX-Vollständigkeit

anwenden, um MAX-3-SAT als APX-vollständig nachzuweisen. Dieses Ergebnis ist der Ausgangspunkt für viele weitere APX-Vollständigkeitsresultate, die wir jedoch nicht diskutieren. Bisher wussten wir, dass NP = P aus MAX-3-SAT $\in$ PTAS folgt. Mit dem neuen Ergebnis ist MAX-3-SAT $\in$ PTAS nur, wenn PTAS = APX ist. Im ersten und entscheidenden Schritt des Beweises zeigen wir, dass MAX-3-SAT MAX-APX-vollständig ist, wobei MAX-APX die Maximierungsprobleme aus APX enthält. Anschließend zeigen wir, dass sich jedes Problem aus MIN-APX auf eine MAX-APX-Variante von sich selbst bezüglich „$\leq_{\text{PTAS}}$" reduzieren lässt. Dies führt zu dem angekündigten Resultat.

Wir wollen zunächst die Idee des MAX-APX-Vollständigkeitsresultats diskutieren. Wir betrachten ein Problem A aus MAX-APX, das sich in polynomieller Zeit mit Güte $r^* \geq 1$ approximieren lässt. Dabei kann r^* eine sehr große Konstante sein. Dagegen ist MAX-3-SAT nur für recht kleine Approximationsgüten ein schwieriges Problem. Mit der Approximationslösung für A erhalten wir ein Intervall $[a, r^* \cdot a]$ für den Wert einer optimalen Lösung. Dieses Intervall zerlegen wir in Subintervalle $I_i := [\tilde{r}^{i-1} \cdot a, \tilde{r}^i \cdot a]$, $i \geq 1$, für ein $\tilde{r} > 1$. Solange $\tilde{r}$ auch eine Konstante ist, erhalten wir konstant viele Subintervalle. Für jedes Subintervall ist nun aber der Quotient aus oberer und unterer Grenze so klein, dass sich das Teilproblem A_i, bestehend aus den Eingaben mit optimalem Lösungswert in I_i, bezüglich „$\leq_{\text{PTAS}}$" auf MAX-3-SAT reduzieren lässt. Wir stehen dabei natürlich vor dem Problem, aus Lösungen für die konstruierten MAX-3-SAT-Eingaben wieder Lösungen genügender Güte für die gesamte A-Eingabe zu bilden. Diese Ideen werden im Beweis des folgenden Lemmas ausgeführt.

Lemma 12.4.1. MAX-3-SAT ist MAX-APX-vollständig.

Beweis. Am Ende von Kapitel 12.3 haben wir MAX-3-SAT als 1,249-approximierbar beschrieben. Die Aussage MAX-3-SAT $\in$ APX folgt aber direkt aus einem einfachen Argument. Jede Klausel wird von mindestens einer der beiden folgenden Belegungen erfüllt, der Belegung aller Variablen mit 0 oder der Belegung aller Variablen mit 1. Diejenige der beiden Belegungen, die mehr Klauseln erfüllt, hat eine durch 2 beschränkte Approximationsgüte.

Sei nun $A \in$ MAX-APX und r^* eine konstante durch einen polynomiellen Approximationsalgorithmus AL erreichbare Approximationsgüte. Wir wollen $A \leq_{\text{PTAS}} B$ für $B =$ MAX-3-SAT nachweisen. In der Definition 8.4.1 für das Konzept „$\leq_{\text{PTAS}}$" lautet die Forderung an die Güte der für A aus der Approximationslösung für B erzeugten Lösung

$$r_B(f(x), y) \leq 1 + \alpha(\varepsilon) \Rightarrow r_A(x, g(x, y, \varepsilon)) \leq 1 + \varepsilon.$$

Wir werden für $\alpha\colon \mathbb{Q}^+ \to \mathbb{Q}^+$ eine lineare Funktion $\alpha(\varepsilon) = \varepsilon/\beta$, $\beta > 0$, benutzen. Also kann $1 + \alpha(\varepsilon)$ jeden rationalen Wert $r > 1$ annehmen. Es ist $\varepsilon = \alpha(\varepsilon) \cdot \beta$ und für $r = 1 + \alpha(\varepsilon)$ ist $1 + \varepsilon = 1 + \alpha(\varepsilon) \cdot \beta = 1 + (r-1) \cdot \beta$. Die oben genannte Forderung an die Güte von $g(x, y, \varepsilon)$ ist äquivalent zu

$$r_B(f(x),y) \leq r \Rightarrow r_A(x,g(x,y,r)) \leq 1 + \beta \cdot (r-1).$$

Folgende Wahl des Parameters β wird sich als geeignet herausstellen:

$$\beta := 2(r^* \log r^* + r^* - 1) \cdot (1 + \varepsilon)/\varepsilon,$$

wobei $\varepsilon > 0$ nun eine Konstante ist, für die Theorem 12.3.1 erfüllt ist. Außerdem wird ε so gewählt, dass β rational ist. Je kleiner die „schwierige Lücke" für MAX-3-SAT und je schlechter die gegebene Approximation von A ist, desto größer ist β und desto schwächer sind die gestellten Anforderungen an die zu berechnende Approximationslösung für A.

Der Fall $r^* \leq 1 + \beta \cdot (r-1)$ lässt sich einfach behandeln. Schon der Approximationsalgorithmus AL liefert eine genügend gute Approximationslösung. Für alle Eingaben x des Problems sei $f(x)$ dieselbe beliebige Eingabe für B. Wir werden nämlich $g(x,y,r)$ unabhängig von y definieren. Es sei $g(x,y,r)$ die Lösung $s(x)$, die AL für die Eingabe x berechnet. Dessen Approximationsgüte ist durch $r^* \leq 1 + \beta \cdot (r-1)$ beschränkt und damit ist die Forderung an die Güte von $g(x,y,r)$ erfüllt.

Wir können nun annehmen, dass $b := 1 + \beta \cdot (r-1) < r^*$ ist. Leider lassen sich in diesem Beweis ein paar arithmetische Abschätzungen nicht vermeiden. Zunächst wird $k := \lceil \log_b r^* \rceil$ definiert. Aus $b < r^*$ und der Ungleichung $\log z \geq 1 - z^{-1}$ für $z \geq 1$ folgt

$$k \leq \frac{\log r^*}{\log b} + 1 \leq \frac{\log r^*}{1 - 1/b} + 1$$
$$= \frac{b \cdot \log r^*}{b - 1} + \frac{b - 1}{b - 1} < \frac{r^* \log r^* + r^* - 1}{b - 1} = \frac{1}{b - 1} \cdot \frac{\beta \cdot \varepsilon}{2 \cdot (1 + \varepsilon)}$$

und

$$\frac{b - 1}{\beta} < \frac{\varepsilon}{2k(1 + \varepsilon)}.$$

Aus $b = 1 + \beta \cdot (r - 1)$ folgt

$$r = \frac{b - 1}{\beta} + 1 < \frac{\varepsilon}{2k(1 + \varepsilon)} + 1.$$

Mit $s(x)$ bezeichnen wir wieder die von AL für die Eingabe x berechnete Lösung und mit $v_A(x,s)$ bezeichnen wir den Wert dieser Lösung. Dazu sei $v_{\text{opt}}(x)$ der Wert einer optimalen Lösung von x. Damit ist

$$v_A(x,s) \leq v_{\text{opt}}(x) \leq r^* \cdot v_A(x,s) \leq b^k \cdot v_A(x,s),$$

wobei die letzte Ungleichung aus der Definition von k folgt. Nun teilen wir das betrachtete Intervall von Lösungswerten in k Intervalle von geometrisch wachsender Größe ein, also in die Intervalle $I_i = [b^i \cdot v_A(x,s), b^{i+1} \cdot v_A(x,s)]$, $0 \leq i \leq k - 1$.

Die Intervalle werden zunächst einzeln behandelt. Für $0 \leq i \leq k - 1$ betrachten wir folgenden nichtdeterministischen polynomiellen Algorithmus AL_i für Eingaben für A:

- Es wird nichtdeterministisch eine Lösung $s' \in S(x)$ erzeugt (die Definitionen in Kapitel 8.1 implizieren, dass dies in polynomieller Zeit möglich ist).
- Die Eingabe wird akzeptiert, wenn $v_A(x, s') \geq b^i \cdot v_A(x, s)$ ist. In diesem Fall bleiben s' und $v_A(x, s')$ auf dem Arbeitsband stehen.

Wir können nun die Methoden aus dem Beweis des Theorems von Cook anwenden, um die von diesem Algorithmus akzeptierte Sprache durch eine 3-SAT-Formel γ_i auszudrücken. Eine wichtige Beobachtung ist, dass wir aus einer erfüllenden Belegung in polynomieller Zeit die zugehörige Lösung s' und ihren Wert $v_A(x, s')$ berechnen können. Dies liegt daran, dass die erfüllende Belegung auch die akzeptierende Konfiguration codiert. Wir können die Algorithmen AL_i so gestalten, dass sie dieselbe Rechenzeit benötigen. Dies führt dazu, dass alle Formeln γ_i, $0 \leq i \leq k-1$, dieselbe Anzahl an Klauseln haben. Schließlich definieren wir φ_i als Ergebnis der Transformation von γ_i, wie sie im Beweis von Theorem 12.3.1 beschrieben ist, und $f(x)$ als Konjunktion φ aller φ_i, $0 \leq i \leq k-1$. Mit der Konstruktion aus Theorem 12.3.1 haben wir auch erreicht, dass alle φ_i dieselbe Anzahl m an Klauseln haben.

Wir erhalten also eine MAX-3-SAT-Eingabe mit km Klauseln und daher ist $v_{\text{opt}}(\varphi) \leq km$. Es sei nun a eine Belegung der zugehörigen Variablen. Wir nehmen an, dass die Approximationsgüte von a durch r beschränkt ist. Dann ist $v_{\text{opt}}(\varphi) \leq r \cdot v_B(\varphi, a)$ und

$$v_{\text{opt}}(\varphi) - v_B(\varphi, a) \leq (1 - 1/r) \cdot v_{\text{opt}}(\varphi) \leq (1 - 1/r) \cdot km.$$

Es sei nun r_i die Approximationsgüte der Belegung a, wenn wir a als Lösung für die MAX-3-SAT-Eingabe φ_i wählen. Da sich die Formeln φ_j, $0 \leq j \leq k-1$, auf verschiedene Algorithmen beziehen, sind sie auf disjunkten Variablenmengen definiert. Optimale Belegungen für die Teilprobleme können unabhängig gewählt werden und bilden eine optimale Lösung aller Probleme. Also ist für alle $i \in \{0, \ldots, k-1\}$

$$\begin{aligned}
v_{\text{opt}}(\varphi) - v_B(\varphi, a) &= \sum_{0 \leq j \leq k-1} (v_{\text{opt}}(\varphi_j) - v_B(\varphi_j, a)) \\
&\geq v_{\text{opt}}(\varphi_i) - v_B(\varphi_i, a) \\
&= v_{\text{opt}}(\varphi_i) \cdot (1 - 1/r_i),
\end{aligned}$$

wobei die letzte Gleichung aus der Definition von r_i folgt. Beim Beweis von MAX-3-SAT $\in$ APX haben wir gesehen, dass stets die Hälfte der Klauseln erfüllt werden kann, also ist $v_{\text{opt}}(\varphi_i) \geq m/2$ und

$$v_{\text{opt}}(\varphi) - v_B(\varphi, a) \geq m \cdot (1 - 1/r_i)/2.$$

Wir verbinden die beiden Schranken für $v_{\text{opt}}(\varphi) - v_B(\varphi, a)$ und erhalten

$$m \cdot (1 - 1/r_i)/2 \leq (1 - 1/r) \cdot km.$$

Mit einer einfachen Umformung folgt

190 12. Das PCP-Theorem und die Komplexität von Approximationsproblemen

$1 - 2k(1 - 1/r) \le 1/r_i$.

Jetzt greifen wir auf die früher bewiesene Ungleichung

$$r < \frac{\varepsilon}{2k(1+\varepsilon)} + 1 = \frac{\varepsilon + 2k(1+\varepsilon)}{2k(1+\varepsilon)}$$

zurück und erhalten

$$1 - 2k(1 - 1/r) > 1 - 2k \cdot \frac{\varepsilon}{\varepsilon + 2k(1+\varepsilon)} = 1 - \frac{\varepsilon}{1 + \varepsilon + \varepsilon/(2k)}$$
$$= \frac{1 + \varepsilon/(2k)}{1 + \varepsilon + \varepsilon/(2k)}.$$

Zusammen folgt

$$r_i < \frac{1 + \varepsilon + \varepsilon/(2k)}{1 + \varepsilon/(2k)} = 1 + \frac{\varepsilon}{1 + \varepsilon/(2k)} < 1 + \varepsilon.$$

Diese Approximationsgüte sichert uns, dass wir sogar eine erfüllende Belegung von φ_i erhalten, wenn diese existiert. In unseren Überlegungen zu NP $\subseteq$ PCP$(n^3, 1)$ konnte aus dem stets akzeptierten Beweis, dass eine 3-SAT-Formel erfüllbar ist, in polynomieller Zeit bezogen auf die Länge des Beweises eine erfüllende Belegung berechnet werden. Dies gilt auch für die Beweise im eigentlichen PCP-Theorem, die nur polynomielle Länge haben.

Nach Konstruktion gibt es ein j, so dass $\varphi_0, \ldots, \varphi_j$, aber nicht $\varphi_{j+1}, \ldots, \varphi_{k-1}$ erfüllbar sind. Dann ist $v_{\text{opt}}(x) \in I_j$, also

$$b^j \cdot v_A(x, s) \le v_{\text{opt}}(x) \le b^{j+1} \cdot v_A(x, s).$$

Aus der erfüllenden Belegung von φ_j können wir in polynomieller Zeit eine Lösung s^* für die Eingabe x von A berechnen, deren Wert ebenfalls in I_j liegt. Das Ergebnis dieser Berechnung definieren wir als $g(x, a, r)$. Da $v_{\text{opt}}(x)$ und $v_A(x, s^*)$ in I_j liegen, ist $v_{\text{opt}}(x)/v_A(x, s^*) \le b = 1 + \beta \cdot (r-1)$ und damit $r_A(x, g(x, a, r)) \le 1 + \beta \cdot (r - 1)$. Insgesamt ist das Lemma bewiesen. □

Wir müssen nun noch die angekündigte Beziehung zwischen Minimierungs- und Maximierungsproblemen herleiten.

Lemma 12.4.2. *Für jedes Minimierungsproblem $A \in$ APX gibt es ein Maximierungsproblem $B \in$ APX mit $A \le_{\text{PTAS}} B$.*

Beweis. Die grundlegende Idee besteht darin, aus dem Minimierungsproblem ein Maximierungsproblem zu machen, indem die Bewertungsfunktion verändert wird und eine andere Zielrichtung bekommt. Die nahe liegende Idee, $v(x, s)$ durch $-v(x, s)$ zu ersetzen, ist nicht erlaubt. Werte müssen (siehe Kapitel 8.1) positiv sein. Die nächste Idee besteht darin, $v(x, s)$ durch $b - v(x, s)$ zu ersetzen, wobei b genügend groß ist. Dies ist problematisch, da für Eingaben x, bei denen $v_{\text{opt}}(x)$ viel kleiner als b ist, Lösungen, die bei

12.4 Das PCP-Theorem und APX-Vollständigkeit

dem gegebenen Problem A eine schlechte Güte haben, nun eine gute Güte bekommen. Daher sollte der Wert b von x abhängig sein.

Da $A \in \text{APX}$ ist, gibt es für A einen polynomiellen Approximationsalgorithmus AL, dessen maximale Approximationsgüte durch eine Konstante $r^* \geq 1$ nach oben beschränkt ist. Wir können r^* ganzzahlig wählen. Mit $s^*(x)$ bezeichnen wir die von AL für die Eingabe x berechnete Lösung. Das Maximierungsproblem B hat dieselben Eingaben wie A und auch für jede Eingabe dieselbe Menge zulässiger Lösungen. Die Bewertung der Lösungen wird definiert durch:

- $v_A(x,y) \leq v_A(x, s^*(x)) \Rightarrow v_B(x,y) := (r^* + 1) \cdot v_A(x, s^*(x)) - r^* \cdot v_A(x,y)$,
- $v_A(x,y) > v_A(x, s^*(x)) \Rightarrow v_B(x,y) := v_A(x, s^*(x))$.

Diese Bewertungsfunktion kann in polynomieller Zeit ausgewertet werden. Wir können den Algorithmus AL als Approximationsalgorithmus für das Maximierungsproblem B verwenden. Nach Definition von v_B ist $v_B(x, s^*(x)) = v_A(x, s^*(x))$ und

$$v_A(x, s^*(x)) \leq v_{\text{opt},B}(x) \leq (r^* + 1) \cdot v_A(x, s^*(x)).$$

Hieraus folgt $v_{\text{opt},B}(x)/v_B(x, s^*(x)) \leq r^* + 1$ und AL hat für B eine durch $r^* + 1$ beschränkte Approximationsgüte und $B \in \text{APX}$.

Wir entwerfen nun die approximationserhaltende Reduktion von A auf B. Dazu definieren wir $f(x) = x$ und betrachten somit dieselbe Eingabe für die Probleme A und B. Die Rücktransformation hängt nur von der Eingabe x und der Lösung y, aber nicht von der Approximationsgüte r ab. Wie im Beweis von Lemma 12.4.1 messen wir die Güte mit r und nicht mit ε. Dann definieren wir

- $v_A(x,y) \leq v_A(x, s^*(x)) \Rightarrow g(x,y,r) := y$,
- $v_A(x,y) > v_A(x, s^*(x)) \Rightarrow g(x,y,r) := s^*(x)$.

Damit ist g in polynomieller Zeit berechenbar. Schließlich setzen wir $\beta := r^* + 1$. Dann haben wir folgende Forderung zu überprüfen:

$$r_B(f(x), y) \leq r \Rightarrow r_A(x, g(x,y,r)) \leq 1 + \beta \cdot (r - 1).$$

Gemäß der Definition der Bewertungsfunktion und der Definition von g unterscheiden wir zwei Fälle. Der einfachere Fall ist der Fall $v_A(x,y) > v_A(x, s^*(x))$. Dann wird $s^*(x)$ als Ergebnis gewählt und $s^*(x)$ ist besser als y. Somit folgt

$$r_A(x, g(x,y,r)) = r_A(x, s^*(x)) \leq r^* \leq r^*r + r^* + r = 1 + \beta \cdot (r - 1),$$

wobei die letzte Gleichung aus der Definition von β folgt.

Sei nun also $v_A(x,y) \leq v_A(x, s^*(x))$ und daher $g(x,y,r) = y$. Wir haben v_B gerade so definiert, dass die zu zeigende Behauptung gilt. Der Beweis hierzu besteht in einer längeren Rechnung. Es ist

192   12. Das PCP-Theorem und die Komplexität von Approximationsproblemen

$$r_A(x, g(x,y,r)) = r_A(x,y) = v_A(x,y)/v_{\text{opt},A}(x)$$

und daher ist es ausreichend, $v_A(x,y)$ durch $(1 + \beta \cdot (r-1)) \cdot v_{\text{opt},A}(x)$ nach oben abzuschätzen. Nach Definition von $v_B(x,y)$ ist

$$v_A(x,y) = ((r^* + 1) \cdot v_A(x, s^*(x)) - v_B(x,y))/r^*.$$

Nach Voraussetzung ist $r_B(f(x), y) = r_B(x,y) = v_{\text{opt},B}(x)/v_B(x,y) \leq r$ und somit

$$v_B(x,y) \geq v_{\text{opt},B}(x)/r.$$

Eine einfache Rechnung zeigt, dass $1/r \geq 2 - r$ für $r \geq 1$ ist. Zusammen erhalten wir

$$v_A(x,y) \leq ((r^* + 1) \cdot v_A(x, s^*(x)) - (2-r)v_{\text{opt},B}(x))/r^*$$
$$= ((r^* + 1) \cdot v_A(x, s^*(x)) - v_{\text{opt},B}(x))/r^* + (r-1) \cdot v_{\text{opt},B}(x)/r^*.$$

Wir schätzen zunächst den zweiten Summanden ab. Es ist

$$v_{\text{opt},B}(x) \leq (r^* + 1) \cdot v_A(x, s^*(x))$$

nach Definition von v_B. Da $\beta = r^* + 1$ und $s^*(x)$ r^*-optimal für A ist, folgt

$$(r-1) \cdot v_{\text{opt},B}(x)/r^* \leq (r-1) \cdot \beta \cdot v_A(x, s^*(x))/r^* \leq \beta \cdot (r-1) \cdot v_{\text{opt},A}(x).$$

Also reduziert sich die Behauptung auf

$$((r^* + 1) \cdot v_A(x, s^*(x)) - v_{\text{opt},B}(x))/r^* \leq v_{\text{opt},A}(x).$$

Diese Ungleichung ist sogar als Gleichung korrekt. Hier geht die spezielle Wahl von v_B ein. Sie bewirkt, dass für A und B für die Eingabe x dieselbe Lösung y^* optimal ist. Also gelten $v_A(x, y^*) = v_{\text{opt},A}(x)$, $v_B(x, y^*) = v_{\text{opt},B}(x)$ und

$$v_B(x, y^*) = (r^* + 1) \cdot v_A(x, s^*(x)) - r^* \cdot v_A(x, y^*).$$

Daraus folgt

$$((r^* + 1) \cdot v_A(x, s^*(x)) - v_{\text{opt},B}(x))/r^* = v_{\text{opt},A}(x).$$

Insgesamt ist

$$v_A(x,y) \leq (1 + \beta \cdot (r-1)) \cdot v_{\text{opt},A}(x)$$

und das Lemma bewiesen. □

Aus Lemma 12.4.1 und Lemma 12.4.2 erhalten wir das angestrebte Hauptresultat.

Theorem 12.4.3. *MAX-3-SAT ist APX-vollständig.*

Dieses Ergebnis ist der Ausgangspunkt, um mit Hilfe approximationserhaltender Reduktionen weitere APX-Vollständigkeitsresultate zu erhalten.

Das PCP-Theorem enthält eine neue Charakterisierung der Komplexitätsklasse NP. Dabei entsteht durch die erlaubte einseitige Fehlerwahrscheinlichkeit von 1/2 eine große „Lücke" zwischen den Eingaben, die akzeptiert werden sollen, und den Eingaben, die nicht akzeptiert werden sollen. Diese Lücke ermöglicht neue Anwendungen der Lückentechnik, um Nichtapproximierbarkeitsresultate und Vollständigkeitsresultate für Komplexitätsklassen für Approximationsprobleme zu beweisen.

13. Weitere klassische Themen der Komplexitätstheorie

13.1 Überblick

Wie schon in der Einleitung betont, liegt der Schwerpunkt dieses Lehrbuchs auf konkreten komplexitätstheoretischen Ergebnissen für wichtige Probleme. Neuere Aspekte wie die Komplexität von Approximationsproblemen oder interaktive Beweissysteme stehen dabei im Vordergrund und strukturelle Aspekte werden auf den Kern reduziert, der für die gewünschten Ergebnisse nötig ist. Daneben gibt es klassische Themen der Komplexitätstheorie mit Ergebnissen von fundamentaler Bedeutung. Von diesen sollen einige in diesem Kapitel dargestellt werden.

Die bisher untersuchten Komplexitätsklassen basieren auf der Ressource Rechenzeit. Es ist nahe liegend, eine analoge Theorie für die Ressource Speicherplatz aufzubauen. In Kapitel 13.2 werden die zugehörigen Komplexitätsklassen definiert. Es zeigt sich, dass alle Entscheidungsprobleme, die in der polynomiellen Hierarchie enthalten sind, auf polynomiellem Platz entscheidbar und damit in PSPACE enthalten sind. Probleme, die bezüglich polynomieller Reduktionen PSPACE-vollständig sind, gehören dann, falls $\Sigma_k \neq$ PSPACE ist, nicht zu Σ_k. Sie sind also wiederum bezüglich der Ressource Zeit besonders schwierig. PSPACE-vollständige Probleme werden in Kapitel 13.3 vorgestellt. Die nächste natürliche Frage ist die nach einem Analogon der polynomiellen Hierarchie, genauer Zeithierarchie, für speicherplatzbasierte Komplexitätsklassen. Sie kann es nicht geben, denn Nichtdeterminismus kann mit quadratisch größerem Platzbedarf deterministisch simuliert werden (Kapitel 13.4) und Nichtdeterminismus kann mit gleichem Platzbedarf „co-nichtdeterministisch" simuliert werden (Kapitel 13.5). Eine weitere Möglichkeit, Platzbeschränkungen einzusetzen, ist es, polynomielle Reduktionen, genauer Zeitreduktionen, durch Platzreduktionen zu ersetzen. Reduktionen, die nur logarithmischen Platzbedarf erfordern, schränken den Begriff polynomieller Reduktionen ein und ermöglichen einen Einblick in die Struktur von P. Dabei ergibt sich, welche Probleme in P auf Rechnern mit vielen Prozessoren vermutlich nicht in polylogarithmischer Zeit lösbar sind. Diese Fragen werden in Kapitel 13.6 diskutiert. Schließlich streifen wir in Kapitel 13.7 eine weitere Variante vieler Probleme. In Kapitel 2.1 haben wir zwischen Optimierungsproblemen, Wertproblemen und Entscheidungsproblemen unterschieden. Bei einem Entscheidungsproblem fragen wir uns, ob eine Lösung mit einer gewissen Eigenschaft existiert. Eine Verallgemeinerung ist das zugehörige Anzahlproblem, bei dem die Anzahl der Lösungen mit der betrachteten Eigenschaft berechnet werden soll.

13.2 Speicherplatzbasierte Komplexitätsklassen

Wie schon bei den rechenzeitbasierten Komplexitätsklassen werden wir für Definitionen als Rechnermodell Turingmaschinen betrachten. Der Speicherplatzbedarf bei Eingabe x und einer deterministischen Rechnung kann durch die Anzahl verschiedener besuchter Speicherzellen gemessen werden. Bei nichtdeterministischen Rechnungen müssen alle Rechenwege betrachtet werden. Da es bei den meisten Problemen notwendig sein kann, die gesamte Eingabe zu lesen, ist sublinearer Platz nicht sinnvoll. Diese Messung des Platzbedarfs ist jedoch zu grob. Wir sehen daher ein *Eingabeband* (input tape) vor, bei dem Anfang und Ende markiert sind und auf dem nur gelesen werden darf (read-only), und das eigentliche Band der Turingmaschine, genannt *Arbeitsband* (working tape). Der Platzbedarf bezieht sich nur auf die auf dem Arbeitsband besuchten Speicherzellen, wobei wir das Band einseitig beschränken, also nur Speicherzellen mit Adresse $i \geq 1$ erlauben. Der Platzbedarf ist dann gleich dem größten j, so dass Speicherzelle j besucht wurde.

Definition 13.2.1. Die Komplexitätsklasse DTAPE($s(n)$) enthält alle Entscheidungsprobleme, die von einer deterministischen Turingmaschine mit Platzbedarf $\lceil s(|x|) \rceil$ bei Eingabe x entschieden werden können. Analog ist NTAPE($s(n)$) für nichtdeterministische Turingmaschinen definiert. PSPACE ist die Vereinigung aller DTAPE(n^k), $k \in \mathbb{N}$, und NPSPACE die Vereinigung aller NTAPE(n^k), $k \in \mathbb{N}$.

Die Bezeichnungen sind nicht konsistent, da sich TAPE und SPACE auf dieselbe Ressource beziehen. Auch hier haben wir uns für die geläufigsten Bezeichnungen entschieden. Es fällt auf, dass wir es bei der Platzschranke $s(n)$ sehr genau nehmen. DTAPE(n) erlaubt n Speicherzellen auf dem Arbeitsband, während wir bei linearer Zeit $O(n)$ Rechenschritte erlauben. Dies erklärt sich durch die folgende Bemerkung, mit der wir zeigen, dass sich beim Platzbedarf konstante Faktoren problemlos einsparen lassen.

Bemerkung 13.2.2. Für jede natürliche Zahl k ist DTAPE($s(n)$) = DTAPE($s(n)/k$) und NTAPE($s(n)$) = NTAPE($s(n)/k$).

Beweis. Wir ersetzen das Arbeitsalphabet Γ durch $\Gamma' := \Gamma^k \times \{1, \ldots, k\}$. Dann können wir in einer Speicherzelle k Buchstaben aus Γ unterbringen und vermerken, welcher dieser k Buchstaben „eigentlich" gelesen wird. Die zugehörigen Simulationen sind nun offensichtlich. □

An dieser Stelle wollen wir für diejenigen, die mit den Klassen der Chomsky-Hierarchie vertraut sind, Bemerkungen zur Klasse CSL (context-sensitive languages) der durch *kontextsensitive Grammatiken* beschreibbaren Sprachen einstreuen (ausführlicher z. B. in Wegener (1999)). Wenn wir von der Erzeugung des leeren Wortes absehen, sind kontextsensitive Grammatiken monoton. Die rechte Seite jeder Ableitungsregel ist also nicht kürzer als deren linke Seite. Somit lässt sich für eine Sprache L, die durch eine kontextsensitive Grammatik G beschrieben ist, folgendermaßen nichtdeterministisch überprüfen, ob $x \in L$ ist. Auf dem Arbeitsband wird ein Bereich der Länge $|x|$ markiert. Dort wird eine Ableitung, die mit dem Startsymbol S beginnt, nichtdeterministisch erzeugt. Ableitungen, die die Platzschranke nicht einhalten, werden abgebrochen, wobei x nicht akzeptiert wird. Ansonsten wird die erzeugte Folge nach jedem Ableitungsschritt mit x verglichen und bei Gleichheit wird x akzeptiert. Dies zeigt CSL $\subseteq$ NTAPE(n). Wir verzichten hier auf den Beweis der Umkehrung und halten nur das Ergebnis fest.

Theorem 13.2.3. *CSL = NTAPE(n).*

Dieses Theorem zeigt, dass wir mit speicherplatzbasierten Komplexitätsklassen wichtige Problemklassen charakterisieren können. Interessant sind Zusammenhänge zwischen Platzbedarf und Zeitbedarf. Der Grundgedanke der folgenden Überlegung ist einfach. Wenn eine Rechnung auf beschränktem Platz zu viel Zeit benötigt hat, hat sie eine Konfiguration (siehe Kapitel 5.4) wiederholt erzeugt. Eine Konfiguration ist eine Momentaufnahme der Turingmaschine. Die Menge möglicher Konfigurationen bei Eingabelänge n lässt sich durch $Q \times \{1, \ldots, n\} \times \{1, \ldots, s(n)\} \times \Gamma^{s(n)}$ beschreiben, nämlich durch die Angabe des Zustands $q \in Q$, der Position $i \in \{1, \ldots, n\}$ auf dem Eingabeband, der Position $j \in \{1, \ldots, s(n)\}$ auf dem Arbeitsband und dem Inhalt $y \in \Gamma^{s(n)}$ des Arbeitsbands. Wenn es einen akzeptierenden Rechenweg gibt, gibt es einen akzeptierenden Rechenweg, auf dem sich keine Konfiguration wiederholt und der daher eine durch $|Q| \cdot n \cdot s(n) \cdot |\Gamma|^{s(n)} = 2^{O(\log n + s(n))}$ beschränkte Länge hat. Da wir Rechenschritte zählen können, können wir Rechenwege, die nach $|Q| \cdot n \cdot s(n) \cdot |\Gamma|^{s(n)}$ Schritten nicht gestoppt haben, beenden und auf diesen Rechenwegen die Eingabe nicht akzeptieren. Die einzige Voraussetzung ist, dass $s(n)$ aus n in der Zeit $2^{O(\log n + s(n))}$ berechenbar ist. Dies ist für alle „vernünftigen" Platzschranken der Fall. Also gilt folgende Bemerkung:

Bemerkung 13.2.4. *Falls $s(n)$ auf Platz $s(n)$ in Zeit $2^{O(\log n + s(n))}$ berechenbar ist, können deterministische Turingmaschinen mit Platzbedarf $s(n)$ durch deterministische Turingmaschinen simuliert werden, die mit Platz $s(n)$ und Zeit $2^{O(\log n + s(n))}$ auskommen. Gleiches gilt für nichtdeterministische Turingmaschinen.*

Zwischen Platz und Zeit gibt es also maximal einen exponentiellen Blow-up, wenn $s(n) \geq \log n$ ist. Platzschranken $s(n) = o(\log n)$ spielen oft eine

Sonderrolle, da die Position auf dem Eingabeband als Hilfsspeicher dienen kann. Dies erklärt, warum wir später bei manchen Ergebnissen $s(n) \geq \log n$ voraussetzen. Aus Bemerkung 13.2.4 folgt direkt DTAPE($\log n$) $\subseteq$ P.

Theorem 13.2.5. *Falls $s(n)$ in Zeit $2^{O(\log n + s(n))}$ berechenbar ist, lassen sich nichtdeterministische Turingmaschinen mit Platzbedarf $s(n)$ durch deterministische Turingmaschinen mit Zeitbedarf und Platzbedarf $2^{O(\log n + s(n))}$ simulieren.*

Beweis. Es sei $L \in$ NTAPE($s(n)$) und M die zugehörige nichtdeterministische Turingmaschine. Wir beschreiben den Konfigurationengraphen von M, der für jede der $2^{O(\log n + s(n))}$ Konfigurationen einen Knoten enthält. Von jeder Konfiguration gehen Kanten aus, die auf die möglichen Nachfolgekonfigurationen zeigen. Mit Tiefensuche kann auf diesem Graphen in linearer Zeit bezogen auf die Größe $2^{O(\log n + s(n))}$ entschieden werden, ob aus der Anfangskonfiguration eine akzeptierende Konfiguration erreichbar ist. □

Insbesondere ist NTAPE($\log n$) $\subseteq$ P.

Abschließend wollen wir die polynomielle Hierarchie mit PSPACE vergleichen.

Theorem 13.2.6. *Für alle k ist $\Sigma_k \subseteq$ PSPACE und somit ist PH $\subseteq$ PSPACE.*

Beweis. Dieses Ergebnis beweisen wir durch Induktion über k. Es ist $\Sigma_0 = $ P $\subseteq$ PSPACE, da es in polynomieller Zeit nicht möglich ist, mehr als polynomiellen Platz zu benutzen. Wenn $L \in \Sigma_k = $ NP(Σ_{k-1}) ist, gibt es mit der logikorientierten Darstellung von Σ_k ein Entscheidungsproblem $L' \in \Sigma_{k-1}$ und ein Polynom p, so dass

$$L = \left\{ x \mid \exists y \in \{0,1\}^{p(|x|)} : (x,y) \in L' \right\}$$

ist. Nun werden alle y in lexikographischer Reihenfolge ausprobiert. Für die Speicherung des aktuellen y wird polynomieller Platz $p(|x|)$ benötigt und für die Überprüfung, ob $(x,y) \in L'$ ist, nach Induktionsvoraussetzung bezüglich $|x| + p(|x|)$ polynomieller Platz, insgesamt also bezüglich $|x|$ polynomieller Platz. □

Zusammenfassend gilt für alle $k \geq 1$

DTAPE($\log n$) $\subseteq$ NTAPE($\log n$) $\subseteq$ P $\subseteq$ NP $\subseteq \Sigma_k \subseteq$ PSPACE $\subseteq$ NPSPACE.

In Kapitel 13.4 zeigen wir, dass PSPACE = NPSPACE ist. Von allen anderen Inklusionen wissen wir nicht, ob sie echt sind. Allerdings muss mindestens eine Inklusion echt sein, da mit Diagonalisierungsargumenten (siehe z. B. Reischuk (1999)) bewiesen wurde, dass DTAPE($\log n$) eine echte Teilklasse von PSPACE ist.

13.3 PSPACE-vollständige Probleme

Nach Definition 5.1.1 ist ein Entscheidungsproblem L PSPACE-*vollständig* (PSPACE-complete), wenn es zu PSPACE gehört und sich jedes Entscheidungsproblem $L' \in$ PSPACE polynomiell auf L reduzieren lässt, also $L' \leq_p L$ gilt. So wie NP-vollständige Probleme nichtdeterministisch in linearer Zeit lösbar sein können, beanspruchen PSPACE-vollständige Probleme nicht notwendigerweise viel Platz. Mit Theorem 13.2.6, also $\Sigma_k \subseteq$ PSPACE, kann aber ein PSPACE-vollständiges Problem nur dann in Σ_k enthalten sein, wenn $\Sigma_k =$ PSPACE ist. Für PSPACE-vollständige Probleme ist es also „noch unwahrscheinlicher" als für NP-vollständige Probleme, dass sie in polynomieller Zeit lösbar sind. So wie die Verallgemeinerung $\text{SAT}_{\text{CIR}}^k$ von SAT das erste Problem ist, das als Σ_k-vollständig nachgewiesen wurde, so ist es auch hier eine nahe liegende Verallgemeinerung dieser Probleme, die sich als PSPACE-vollständig erweist.

Definition 13.3.1. Eine *quantifizierte boolesche Formel* (quantified boolean formula) besteht aus einem booleschen Ausdruck $E(x)$ über $0, 1, x_1, \ldots, x_n$ und den booleschen Operatoren $\wedge$ (AND), $+$ (OR) und $\neg$ (NOT), bei dem alle Variablen quantifiziert sind: $(Q_1 x_1) \ldots (Q_n x_n) \colon E(x)$ mit $Q_i \in \{\exists, \forall\}$. Das Entscheidungsproblem QBF enthält alle wahren quantifizierten booleschen Formeln.

In den QBF-Eingaben ist also die Anzahl der Quantorenwechsel nur durch die Anzahl der Variablen (minus 1) beschränkt. Somit ist QBF eine natürliche Verallgemeinerung von $\text{SAT}_{\text{CIR}}^k$.

Theorem 13.3.2. *QBF ist PSPACE-vollständig.*

Beweis. Es ist QBF $\in \text{DTAPE}(N) \subseteq$ PSPACE, wobei N die Eingabelänge ist. Es ist leicht, für einen booleschen Ausdruck über Konstanten auf linearem Platz zu entscheiden, ob er wahr ist. Dies zeigt die Aussage für $n = 0$. Im allgemeinen Fall müssen wir die beiden Werte für x_1 nacheinander betrachten und dabei quantifizierte boolesche Ausdrücke über $n-1$ Variablen betrachten. Für den Übergang von $n-1$ auf n genügt also konstanter Extraplatz. Mit Bemerkung 13.2.2 folgt die Behauptung.

Wir müssen nun ein beliebiges Entscheidungsproblem $L \in$ PSPACE polynomiell auf QBF reduzieren. Nach den Ergebnissen aus Kapitel 13.2 können wir annehmen, dass L von einer Turingmaschine M für ein Polynom p auf Platz $p(n)$ in Zeit $2^{p(n)}$ entschieden wird. Wie im Beweis des Theorems von Cook (Theorem 5.4.3) werden wir die Berechnung von M in boolesche Formeln übertragen. Wir wissen, wie wir Konfigurationen auf Platz $p(n)$ durch Variablen ausdrücken können und wie boolesche Formeln testen, ob die Variablen eine mögliche Konfiguration darstellen. Wir verwenden die abkürzenden Schreibweisen $\exists K$ und $\forall K$ für die Quantifizierung von den Variablen, die die Konfiguration darstellen, und nehmen stets an, dass wir den Test, ob die Variablen eine Konfiguration beschreiben, konjunktiv an die beschriebene Formel anhängen. Die Formel $S(K, x)$ testet, ob K die Anfangs- oder Startkonfiguration zur Eingabe x ist, und $A(K)$ testet, ob K akzeptierend ist. Schließlich soll $T_j(K, K')$ für zwei Konfigurationen K und K' testen, ob K' in 2^j Schritten aus K entsteht. Der erste Versuch, die Eingabe x für das Entscheidungsproblem L in eine quantifizierte boolesche Formel $Q(x)$ zu transformieren, lautet:

$$Q(x) := \exists K_0 \exists K_a \colon (T_{p(n)}(K_0, K_a) \wedge S(K_0, x) \wedge A(K_a)).$$

Es ist klar, dass x genau dann in L enthalten ist, wenn $Q(x)$ wahr ist. Allerdings ist $T_{p(n)}(K_0, K_a)$ noch nicht in der erlaubten syntaktischen Form. Wir beschreiben, wie wir allgemein $T_j(K_1, K_2)$ in die erlaubte Form bringen können. Für $j = 0$ können wir die Konstruktion aus dem Beweis des Theorems von Cook übernehmen. Induktiv ist die Darstellung

$$T_j(K_1, K_2) = \exists K \colon (T_{j-1}(K_1, K) \wedge T_{j-1}(K, K_2))$$

korrekt. Sie führt auch schließlich zu einer syntaktisch korrekten Darstellung, allerdings einer von exponentieller Länge. Diese kann also nicht in polynomieller Zeit berechnet werden.

Die eigentliche Idee in diesem Beweis besteht darin, T_j auf einen Aufruf von T_{j-1} an Stelle der zwei Aufrufe in der obigen Formel zurückzuführen. Wir behaupten, dass sich $T_j(K_1, K_2)$ darstellen lässt durch

$$\exists K_3 \forall K_4 \forall K_5 \colon A(K_1, \ldots, K_5) + T_{j-1}(K_4, K_5)$$

mit

$$A(K_1, \ldots, K_5) := \neg\Big[((K_4, K_5) = (K_1, K_3)) + ((K_4, K_5) = (K_3, K_2))\Big].$$

Falls $T_j(K_1, K_2)$ wahr ist, sei K_3 die nach 2^{j-1} Schritten aus K_1 erreichte Konfiguration. Dann ist der Ausdruck $A(K_1, \ldots, K_5)$ für alle Paare außer (K_1, K_3) und (K_3, K_2) wahr. Der Ausdruck wird auch in diesen Fällen wahr, da $T_{j-1}(K_1, K_3)$ und $T_{j-1}(K_3, K_2)$ wahr sind. Wenn die Formel für die Wahl K_3 wahr wird, folgt, dass $T_{j-1}(K_1, K_3)$ und $T_{j-1}(K_3, K_2)$ und damit $T_j(K_1, K_2)$ wahr sind. Diese Formel lässt sich nun verwenden, um $T_{p(n)}(K_0, K_a)$ auf einen T_0-Ausdruck zurückzuführen. Dabei wird über $3 \cdot p(n)$ Konfigurationen quantifiziert und es gibt $p(n)$ Ausdrücke von der Form $A(K_1, \ldots, K_5)$ und schließlich einen T_0-Ausdruck. Da Konfigurationen mit polynomiell vielen Variablen beschrieben und mit Formeln polynomieller Länge auf syntaktische Korrektheit überprüft werden können und auch der Gleichheitstest von Konfigurationen nur Formeln polynomieller Länge braucht, hat die gesamte $Q(x)$-Formel polynomielle Länge. Ihr einfach strukturierter Aufbau ermöglicht eine Konstruktion in polynomieller Zeit. Mit dieser polynomiellen Reduktion von L auf QBF ist das Theorem bewiesen. □

Es gibt eine lange Liste PSPACE-vollständiger Probleme (siehe z.B. Garey und Johnson (1979)). Interessanterweise gehören dazu viele bekannte Spiele, wenn diese auf beliebige Größe verallgemeinert werden. Für die bekannten Brettspiele Go und Dame gibt es nahe liegende Verallgemeinerungen auf Spielbretter der Größe $n \times n$. Derartige Verallgemeinerungen von Schach wirken dagegen künstlich. Zu diesen Spielen gehört folgendes Entscheidungsproblem. Für eine erlaubte Stellung der Spielsteine oder -figuren und einen der Spieler stellt sich die Frage, ob dieser Spieler eine Gewinnstrategie hat. Diese Frage lässt sich, wenn die Spielerin Alice am Zug ist und ihr Gegner Bob heißt, ausdrücken durch:

$\exists$ Zug von Alice $\forall$ Züge von Bob $\exists$... : Alice hat gewonnen.

Diese Darstellung hat eine gewisse Ähnlichkeit mit QBF-Ausdrücken. Auf Beweise, dass bestimmte verallgemeinerte Spiele PSPACE-vollständig sind, verzichten wir hier (siehe z.B. Reischuk (1999)). Diese Aussagen bieten einen Ansatz, um zu verstehen, warum es uns für die gängigen Brettgrößen noch nicht gelungen ist zu entscheiden, wer eine Gewinnstrategie hat.

Wegen der im Beweis benutzten *Verlängerungstechnik* (padding technique) zeigen wir, dass das *Wortproblem für kontextsensitive Grammatiken* WCSL PSPACE-vollständig ist. Bei WCSL besteht die Eingabe aus einer kontextsensitiven Grammatik G und einem Wort w. Es soll entschieden werden, ob w von G erzeugt wird.

Theorem 13.3.3. *WCSL ist PSPACE-vollständig.*

Beweis. Die Eingabe bestehe aus G und w. Die Bemerkungen vor Theorem 13.2.3 zeigen, dass WCSL $\in$ NTAPE(n) ist. In Kapitel 13.4 zeigen wir, dass NTAPE(n) $\subseteq$ DTAPE(n^2) ist. Also ist WCSL $\in$ PSPACE.

Sei nun $L \in$ PSPACE gegeben und M eine deterministische Turingmaschine, die L auf polynomiellem Platz $p(n) \geq n$ entscheidet. Aus L konstruieren wir das Entscheidungsproblem LONG(L). Für ein bisher nicht benutztes Sonderzeichen Z enthält LONG(L) alle $xZ^{p(|x|)-|x|}$ mit $x \in L$. An die Wörter $x \in L$ werden $p(|x|) - |x|$ Sonderzeichen angehängt. Die Länge des neuen Wortes ist somit $p(|x|)$. Wir können p von so einfacher Form wählen, dass die Überprüfung, ob die Eingabe die richtige Anzahl von Sonderzeichen am Ende hat, auf Platz $p(|x|)$ möglich ist. Danach muss nur entschieden werden, ob $x \in L$ ist. Dies ist nach Voraussetzung auf Platz $p(|x|)$ möglich. Durch die künstliche Verlängerung folgt LONG(L) $\in$ DTAPE(n). Nach Theorem 13.2.3 ist LONG(L) eine kontextsensitive Sprache. Der Beweis von Theorem 13.2.3 ist konstruktiv und zeigt, wie eine kontextsensitive Grammatik $G(L)$ für LONG(L) aus der zu LONG(L) gehörenden linearen platzbeschränkten Turingmaschine M konstruiert werden kann. Da die Länge der Beschreibung von M nur von L und p und nicht von der Eingabe x abhängt, ist die Rechenzeit zur Berechnung von $G(L)$ konstant bezüglich $|x|$. Zu x können wir also in polynomieller Zeit $G(L)$ und das Wort $w = xZ^{p(|x|)-|x|}$ berechnen. Nach

Konstruktion ist x genau dann in L enthalten, wenn w von $G(L)$ erzeugt werden kann. □

13.4 Nichtdeterminismus und Determinismus bei Platzschranken

Um nichtdeterministische Rechnungen deterministisch zu simulieren, simulieren wir alle exponentiell vielen Rechenwege. Dies erfordert exponentielle Rechenzeit. Bezogen auf den Platzbedarf müssen wir „nur" verwalten, welche Rechenwege bereits simuliert wurden. Dass dafür nicht unbedingt exponentiell mehr Platz nötig ist, ist nicht ganz überraschend.

Bevor wir das entsprechende Ergebnis formulieren, wollen wir auf ein technisches Detail hinweisen. Hier und in Kapitel 13.5 wollen wir für eine Platzschranke $s(n)$ in der Lage sein, einen Speicherbereich mit $s(n)$ Speicherzellen zu reservieren. Dies soll auf Platz $s(n)$ möglich sein. Diese Anforderung wird zwar nicht von allen, aber von allen wichtigen Funktionen $s(n)$ erfüllt. Daher klassifizieren wir die gutartigen Platzschranken.

Definition 13.4.1. Eine Funktion $s: \mathbb{N} \to \mathbb{N}$ heißt *platzkonstruierbar* (space constructible), wenn es eine $s(n)$-platzbeschränkte deterministische Turingmaschine gibt, die bei Eingabe x die Binärdarstellung von $s(|x|)$ berechnet.

Wenn wir $s(|x|)$ in Binärdarstellung haben, können wir auch auf Platz $s(|x|)$ einen Speicherbereich der Länge $s(|x|)$ markieren.

Theorem 13.4.2. (*Theorem von Savitch*)
Falls die Funktion $s(n) \geq \log n$ platzkonstruierbar ist, gilt

$$NTAPE(s(n)) \subseteq DTAPE(s(n^2)).$$

Beweis. Es sei $L \in \mathrm{NTAPE}(s(n))$ und M eine nichtdeterministische Turingmaschine, die L auf Platz $s(n)$ entscheidet. Die Turingmaschine M' wird L deterministisch auf Platz $O(s(n)^2)$ entscheiden. Die Behauptung folgt dann mit Bemerkung 13.2.2.

Die Turingmaschine berechnet die Binärdarstellung von $s(|x|)$ bei Eingabe x und beschreibt Konfigurationen von M stets als Konfigurationen mit $s(|x|)$ Speicherzellen. Dies ist auf Grund der Platzkonstruierbarkeit von s möglich. Mit Bemerkung 13.2.4 und der Voraussetzung $s(n) \geq \log n$ können wir annehmen, dass M mit Platz $s(n)$ und für eine Konstante $c \in \mathbb{N}$ mit Rechenzeit $2^{c \cdot s(n)}$ auskommt. Wir beschreiben später, wie wir deterministisch auf Platz $O((j+1)s(n))$ überprüfen können, ob M in 2^j Schritten aus der Konfiguration K_1 die Konfiguration K_2 erreichen kann. Die Behauptung folgt hieraus durch Anwendung auf die Anfangskonfiguration $K_0(x)$, die akzeptierende Konfiguration K_a und $j = c \cdot s(n)$. Hierbei haben wir angenommen, dass es nur eine akzeptierende Konfiguration gibt. Dies können wir leicht erreichen, indem wir die Turingmaschine den Speicherbereich mit Leerzeichen beschreiben lassen und den Kopf auf Speicherzelle 1 bringen, bevor sie akzeptiert.

Für $j = 0$ ist die Aussage einfach, da wir aus K_1 die möglichen Nachfolgekonfigurationen erzeugen und mit K_2 vergleichen können. Für den Induktionsschritt verwenden wir wie in Kapitel 13.3 das Prädikat $T_j(K_1, K_2)$, das wahr ist, wenn K_2 in 2^j Schritten aus K_1 entstehen kann. Es gilt

$$T_j(K_1, K_2) = \exists K_3 \colon (T_{j-1}(K_1, K_3) \wedge T_{j-1}(K_3, K_2)).$$

Wir benutzen nur Extraplatz, um j zu speichern und alle K_3 in lexikographischer Reihenfolge auszuprobieren. Dabei benötigen wir Platz für zwei Konfigurationen und j. Die Konfigurationen K_1 und K_2 sind gegeben. Für jedes K_3 wird auf Platz $O(j \cdot s(n))$ überprüft, ob $T_{j-1}(K_1, K_3)$ wahr ist. Im negativen Fall wird der lexikographische Nachfolger von K_3 erzeugt und mit ihm weitergearbeitet. Im positiven Fall wird auf dem gleichen Platz überprüft, ob $T_{j-1}(K_3, K_2)$ wahr ist. Im negativen Fall wird wie oben verfahren und im positiven Fall ist $T_j(K_1, K_2)$ wahr. Wenn alle K_3 ohne Erfolg getestet wurden, ist $T_j(K_1, K_2)$ nicht wahr. Insgesamt benötigen wir für den Test von T_j den Platz für den Test von T_{j-1} und Extraplatz von $O(s(n))$. Damit ist der benötigte Platz $O((j+1) \cdot s(n))$ und das Theorem bewiesen. □

Korollar 13.4.3. *PSPACE = NPSPACE.*

Bezogen auf polynomiellen Platz bricht die in Analogie zur polynomiellen Hierarchie definierte Hierarchie auf der untersten Stufe, nämlich PSPACE, zusammen.

13.5 Nichtdeterminismus und Komplementbildung bei präzisen Platzschranken

Wir können die Ergebnisse aus Kapitel 13.4 so interpretieren, dass zur Simulation von Nichtdeterminismus durch Determinismus etwas mehr Platz ausreicht, während wir glauben, dass wir für dieselbe Aufgabe viel mehr Rechenzeit brauchen. Daher ist es sinnvoll, speicherplatzbasierte Komplexitätsklassen für festgelegte Platzschranken $s(n)$ zu untersuchen. Startend mit den Komplexitätsklassen DTAPE($s(n)$), NTAPE($s(n)$) und co-NTAPE($s(n)$) lässt sich analog zur polynomiellen Hierarchie eine Folge von speicherplatzbasierten Komplexitätsklassen definieren. Während vermutet wird, dass alle Komplexitätsklassen der polynomiellen Hierarchie verschieden sind, ist dies bei speicherplatzbasierten Komplexitätsklassen selbst bei einer festgelegten Platzschranke nicht der Fall. Wir werden für gutartige Funktionen $s(n) \geq \log n$ zeigen, dass NTAPE($s(n)$) = co-NTAPE($s(n)$) ist, und damit, dass die angedachte Hierarchie auf der ersten Stufe zusammenbricht. Die Frage, ob sogar DTAPE($s(n)$) = NTAPE($s(n)$) ist, ist noch nicht beantwortet.

13. Weitere klassische Themen der Komplexitätstheorie

Für den Spezialfall $s(n) = n$ ist dies das LBA-Problem (linear bounded automaton problem), nämlich die Frage, ob das Wortproblem für jede kontextsensitive Grammatik deterministisch auf linearem Platz lösbar ist. Um das angedeutete Theorem zu beweisen, müssen wir einen nichtdeterministischen Algorithmus „effizient" co-nichtdeterministisch simulieren. Die Effizienz bezieht sich aber isoliert auf den Platzbedarf und nicht auf die Rechenzeit.

Theorem 13.5.1. (*Theorem von Immerman und Szelepcsényi*)
Falls die Funktion $s(n) \geq \log n$ platzkonstruierbar ist, gilt

$$NTAPE(s(n)) = \text{co-}NTAPE(s(n)).$$

Beweis. Es genügt, NTAPE$(s(n)) \subseteq$ co-NTAPE$(s(n))$ zu beweisen, da daraus co-NTAPE$(s(n)) \subseteq$ co-co-NTAPE$(s(n))$ = NTAPE$(s(n))$ folgt.

Sei also $L \in$ NTAPE$(s(n))$ und M eine nichtdeterministische Turingmaschine, die L auf Platz $s(n)$ entscheidet. Auf Grund der Platzkonstruierbarkeit von $s(n) \geq \log n$ und Bemerkung 13.2.4 können wir annehmen, dass M für eine Konstante $c \in \mathbb{N}$ auf jedem Rechenweg nach höchstens $2^{c \cdot s(n)}$ Rechenschritten gestoppt hat. Wenn wir alle Rechenwege deterministisch auf Platz $s(n)$ simulieren könnten, könnten wir sogar das Theorem von Savitch verbessern und das LBA-Problem lösen.

Bevor wir die Beweisidee erläutern, wollen wir einige technische Details festhalten. Für die Eingabe x der Länge n werden Konfigurationen von M stets auf Platz $s(n)$ beschrieben. Wegen der Platzkonstruierbarkeit von $s(n)$ können wir entsprechende Speicherbereiche stets abstecken. Wir benötigen Zähler, die Werte aus $\{0, \ldots, 2^{c \cdot s(n)}\}$ annehmen können. Für jeden Zähler genügen $c \cdot s(n) + 1$ Speicherzellen. Wenn wir also nicht mehr als konstant viele Konfigurationen und Zähler gleichzeitig abspeichern, halten wir die Platzschranke $O(s(n))$ und nach Bemerkung 13.2.2 die Platzschranke $s(n)$ ein.

Um $L \in$ co-NTAPE$(s(n))$ zu beweisen, dürfen wir Eingaben $x \in L$ auf keinem Rechenweg akzeptieren und müssen Eingaben $x \notin L$ auf mindestens einem Rechenweg akzeptieren. Der nichtdeterministische Algorithmus M' für $\overline{L}$ wird auf manchen Rechenwegen sicher sein, dass $x \in L$ ist und mit der Antwort „$x \in L$" stoppen. Für $\overline{L}$ ist „$x \in L$" gleichbedeutend mit „nicht akzeptieren". Auf manchen Rechenwegen ist M' nicht sicher, ob $x \in L$ oder $x \notin L$ ist. Auf diesen Rechenwegen schreiben die Anforderungen an die Fehlerwahrscheinlichkeit vor, mit „$x \in L$" zu stoppen. Dies garantiert, dass jeder Rechenweg für $x \in L$ die richtige Entscheidung trifft. Darüber hinaus muss M' garantieren, dass es für $x \notin L$ mindestens einen Rechenweg gibt, auf dem man sicher sein kann, dass $x \notin L$ ist.

Wann können wir sicher sein, dass $x \notin L$ ist? Nur dann, wenn wir wissen, dass alle von der Anfangskonfiguration $K_0(x)$ für x erreichbaren Konfigurationen nicht akzeptierend sind. Nehmen wir einmal an, dass wir die Anzahl $A(x)$ der von $K_0(x)$ aus erreichbaren Konfigurationen kennen. Dann gehen wir folgendermaßen vor. Wir zählen die Konfigurationen von M lexikographisch auf. Dazu muss nur die aktuelle Konfiguration K gespeichert werden.

13.5 Nichtdeterminismus und Komplementbildung bei präzisen Platzschranken

Dann überprüfen wir nichtdeterministisch, ob K von $K_0(x)$ aus in $2^{c \cdot s(n)}$ Schritten erreichbar ist. Dazu verwenden wir Platz für einen Zähler und zwei Konfigurationen, die die verstrichene Rechenzeit und die erreichte Konfiguration K' beinhalten und eine nichtdeterministisch erzeugte Konfiguration K''. Ist K'' keine direkte Nachfolgekonfiguration von K', ist dieser Versuch misslungen und wir stoppen mit „$x \in L$". Sei also K'' direkte Nachfolgekonfiguration von K'. Falls $K'' = K$ ist, wissen wir, dass K von $K_0(x)$ aus erreichbar ist. Falls $K'' \neq K$ ist, setzen wir den Prozess mit $K' := K''$ und einer neu gewählten Konfiguration K'' fort. Falls eine erreichbare Konfiguration akzeptierend ist, stoppen wir mit „$x \in L$". Dieser Prozess stoppt nach spätestens $2^{c \cdot s(n)}$ Schritten. Wir verwenden einen zusätzlichen Zähler, der mit dem Wert 1 für die Anfangskonfiguration startet. Für jede andere Konfiguration K, die wir als erreichbar und nicht akzeptierend identifiziert haben, wird der Zähler um 1 erhöht. Wenn wir alle möglichen Konfigurationen K ausprobiert und nicht gestoppt haben, vergleichen wir den Konfigurationszähler z mit $A(x)$. In jedem Fall ist $z \leq A(x)$. Ist $z < A(x)$, haben wir mindestens eine erreichbare Konfiguration mit dem nichtdeterministischen Algorithmus nicht als erreichbar klassifiziert. Unser Versuch, alle erreichbaren Konfigurationen zu identifizieren, ist also misslungen und wir stoppen mit „$x \in L$". Ist dagegen $z = A(x)$, haben wir alle erreichbaren Konfigurationen identifiziert und festgestellt, dass sie nicht akzeptierend sind. In diesem Fall sind wir sicher, dass $x \notin L$ ist, und können mit diesem Ergebnis stoppen. Für jede erreichbare Konfiguration gibt es eine Konfigurationenfolge der betrachteten Länge, die eine zugehörige Rechnung beschreibt. Daher gibt es für $x \notin L$ mindestens einen Rechenweg in dem beschriebenen nichtdeterministischen Algorithmus, der zum Ergebnis „$x \notin L$" führt.

Wir haben das Theorem bewiesen, wenn wir zeigen können, dass wir $A(x)$ nichtdeterministisch berechnen können. Die nichtdeterministische Berechnung einer Zahl soll bedeuten, dass Rechenwege erfolglos abgebrochen werden können, Rechenwege nie ein falsches Ergebnis liefern und mindestens ein Rechenweg das richtige Ergebnis liefert.

In der nichtdeterministischen Berechnung von $A(x)$ besteht die neue Idee dieses Beweises. Die zugehörige Methode wird *induktives Zählen* (inductive counting) genannt, da wir $A_t(x), 0 \leq t \leq 2^{c \cdot s(n)}$, die Anzahl der in höchstens t Schritten von $K_0(x)$ aus erreichbaren Konfigurationen, induktiv berechnen. Offensichtlich ist $A_0(x) = 1$, da wir nur eine Anfangskonfiguration haben. Es sei nun $A_t(x)$ bekannt und $A_{t+1}(x)$ zu berechnen. Dazu werden alle Konfigurationen K in lexikographischer Ordnung betrachtet und die in $t+1$ Schritten erreichbaren Konfigurationen werden gezählt. Für jedes K und den korrekten Wert von $A_t(x)$ wird, wie oben beschrieben, für jede Konfiguration K' überprüft, ob sie in t Schritten erreichbar ist. Die Konfiguration K ist genau dann in $t+1$ Schritten erreichbar, wenn sie zu den in t Schritten erreichbaren Konfigurationen gehört oder eine direkte Nachfolgekonfiguration einer in t Schritten erreichbaren Konfiguration ist. Alle Versuche, in denen nicht alle

$A_t(x)$ in t Schritten erreichbaren Konfigurationen auch als solche identifiziert werden, werden erfolglos abgebrochen. Auf diese Weise wird nie ein falsches Ergebnis berechnet. Es gibt aber einen Rechenweg, auf dem stets die $A_t(x)$ in t Schritten erreichbaren Konfigurationen als solche erkannt werden und daher für jedes K richtig entschieden wird, ob es in $t + 1$ Schritten erreichbar ist. In diesem Fall wird $A_{t+1}(x)$ korrekt berechnet. Insgesamt erhalten wir die gewünschte nichtdeterministische Berechnung von $A(x)$ und damit den nichtdeterministischen Algorithmus für $\overline{L}$. Die geforderten Platzschranken werden eingehalten, da wir stets nur konstant viele Konfigurationen und Zähler abspeichern. □

13.6 Komplexitätsklassen innerhalb von P

Nach Theorem 13.2.5 ist DTAPE($\log n$) $\subseteq$ NTAPE($\log n$) $\subseteq$ P. Wir interessieren uns nun für Probleme, die in P oder NTAPE($\log n$), aber vermutlich nicht in DTAPE($\log n$) enthalten sind. Dieses Interesse ist nicht offensichtlich, denn aus praktischer Sicht ist zumindest linearer Platz problemlos verfügbar. Der Grund für unser Interesse ist die so genannte *parallel computation hypothesis*, die besagt, dass geringer und insbesondere logarithmischer Platzbedarf und polylogarithmische Rechenzeit auf Rechnern mit polynomiell vielen Prozessoren eng verknüpft sind. Diese unerwartete Beziehung werden wir in Kapitel 14 näher beleuchten. Probleme, die in P, aber vermutlich nicht in DTAPE($\log n$) enthalten sind, sind zwar effizient berechenbar, aber vermutlich nicht gut „parallelisierbar". Bei der Untersuchung des Verhältnisses von DTAPE($\log n$) und NTAPE($\log n$) stoßen wir auf ein Analogon zum NP$\neq$P-Problem. Diese Analogie weist uns auch den Weg, wie wir vorgehen werden. Wir können die betrachteten Komplexitätsklassen nicht trennen. Daher suchen wir in ihnen schwierigste Probleme. Nach den Bemerkungen zu Beginn von Kapitel 10 können wir bei diesen Betrachtungen nicht auf polynomielle, genauer zeitpolynomielle Reduktionen zurückgreifen. Innerhalb von P sind nur mit weniger Ressourcen berechenbare Problemtransformationen sinnvoll. Bei der Untersuchung der Beziehungen zwischen P und NP haben wir polynomielle Algorithmen erlaubt. Daher ist es nahe liegend, bei der Untersuchung der Beziehungen zwischen DTAPE($\log n$), auch LOG-SPACE genannt, und P Algorithmen mit logarithmischem Platzbedarf zu erlauben. Nach unseren bisherigen Definitionen können wir auf logarithmischem Platz auch nur eine Ausgabe logarithmischer Länge berechnen. Dies ist für Transformationsabbildungen zwischen Problemen nicht ausreichend. Daher erlauben wir ein Ausgabeband, auf dem nur von links nach rechts die Ausgabe geschrieben werden darf (write-only). Dieses Ausgabeband wird beim Platzbedarf nicht berücksichtigt.

Definition 13.6.1. Das Entscheidungsproblem A ist auf das Entscheidungsproblem B *logarithmisch reduzierbar* (log-space reducible), Notation

$A \leq_{\log} B$, wenn es eine auf logarithmischem Platz berechenbare Funktion f gibt, die Eingaben für A auf Eingaben für B so abbildet, dass für die zugehörigen Sprachen L_A und L_B gilt:

$$\forall x \colon x \in L_A \Leftrightarrow f(x) \in L_B.$$

Wir verwenden die Kurzformen „polynomiell reduzierbar" für polynomielle Zeit und „logarithmisch reduzierbar" für logarithmischen Platz. Verwechslungen sind nicht möglich, da in logarithmischer Zeit nicht sinnvoll gerechnet werden kann und polynomieller Platz bereits die Lösung aller Probleme in PSPACE erlaubt.

Definition 13.6.2. Für eine Komplexitätsklasse $\mathcal{C}$ ist A $\mathcal{C}$-vollständig bezüglich logarithmischer Reduktionen (log-space complete), falls $A \in \mathcal{C}$ ist und alle $B \in \mathcal{C}$ logarithmisch auf A reduzierbar sind.

Da Rechnungen auf logarithmischem Platz in polynomieller Zeit simuliert werden können, folgt $A \leq_p B$ aus $A \leq_{\log} B$.

Logarithmische Reduktionen haben die Eigenschaften, die wir von ihnen erwarten:

- $\leq_{\log}$ ist transitiv.

- $A \leq_{\log} B$, $B \in \text{DTAPE}(\log n) \Rightarrow A \in \text{DTAPE}(\log n)$.

- $\mathcal{C} \supseteq \text{DTAPE}(\log n)$, L $\mathcal{C}$-vollständig bezüglich logarithmischer Reduktionen und $L \in \text{DTAPE}(\log n) \Rightarrow \mathcal{C} = \text{DTAPE}(\log n)$.

Wir verzichten auf den Beweis dieser Eigenschaften, der dem von polynomiellen Reduktionen her bekannten Schema folgt. Die einzige Ausnahme ist, dass wir für eine Eingabe x und die Transformationsabbildung f nicht $f(x)$ berechnen und abspeichern können. Immer wenn der j-te Buchstabe von $f(x)$ benötigt wird, berechnen wir die ersten j Buchstaben von $f(x)$, vergessen dabei die ersten $j-1$ Buchstaben und erhalten auf logarithmischem Platz den gewünschten Buchstaben. Da $f(x)$ polynomielle Länge hat, lässt sich auch der Zähler, der die von $f(x)$ bereits berechneten Buchstaben zählt, auf logarithmischem Platz verwalten. Um die neuen Begriffe mit Leben zu füllen, werden wir zwei wichtige Probleme vorstellen, von denen eines P-vollständig und das andere NTAPE($\log n$)-vollständig bezüglich logarithmischer Reduktionen ist.

Zunächst betrachten wir das *Auswertungsproblem für Schaltkreise* (circuit value problem, CVP). Die Eingabe besteht aus einem Schaltkreis S über den Operationen AND, OR und NOT und einer Eingabe a für S. Der Schaltkreis S hat einen ausgezeichneten Ausgabebaustein. Es soll $S(a)$, der Wert am Ausgabebaustein von S bei Eingabe a, berechnet werden. Die praktische Bedeutung dieses Problems ist offensichtlich.

Theorem 13.6.3. *CVP ist P-vollständig bezüglich logarithmischer Reduktionen.*

Beweis. Es ist CVP ∈ P, da wir die Bausteine des Schaltkreises S in topologischer Reihenfolge auswerten können.

Sei $A \in$ P und M eine deterministische Turingmaschine, die A in polynomieller Zeit $p(n)$ entscheidet. Sei nun x eine Eingabe der Länge n, für die überprüft werden soll, ob $x \in A$ ist. An dieser Stelle verweisen wir auf ein recht einfaches Ergebnis, das wir in Theorem 14.2.1 beweisen werden. Auf logarithmischem Platz lässt sich aus der Beschreibung von M ein Schaltkreis S_n berechnen, der auf allen Eingaben der Länge n dasselbe Ergebnis ($0 \triangleq$ nicht akzeptieren, $1 \triangleq$ akzeptieren) berechnet. Somit wird x auf (S_n, x) transformiert und es ist $x \in A$ genau dann, wenn $(S_n, x) \in$ CVP ist. □

Die Aussage ist nicht überraschend. Lässt sich jeder Schaltkreis parallelisieren, also auf kleine Tiefe bringen, dann ist jedes in polynomieller Zeit lösbare Problem gut parallelisierbar.

Einer der ersten Algorithmen, den man kennen lernt, ist die *Tiefensuche* (depth-first search, DFS) auf ungerichteten und gerichteten Graphen. Damit lässt sich das Problem der Frage nach der *Existenz eines Weges* von einem Startpunkt (source) s zu einem Zielpunkt (terminal) t (s-t-connectivity in directed graphs, DSTCON) in linearer Zeit lösen.

Theorem 13.6.4. *DSTCON ist NTAPE($\log n$)-vollständig bezüglich logarithmischer Reduktionen.*

Beweis. Es ist DSTCON ∈ NTAPE($\log n$). Wir können beginnend mit $z = 1$ und $v = s$ auf dem Arbeitsband einen Zähler z verwalten und einen Knoten v abspeichern. In der Adjazenzliste des aktuellen Knotens v wird nichtdeterministisch ein Knoten als neuer aktueller Knoten ausgewählt und der Zähler um 1 erhöht. Wenn der Knoten t aktuell wird, wird die Eingabe akzeptiert. Wenn der Zähler den Wert n erreicht, ohne dass t aktuell wurde, wird die Eingabe nicht akzeptiert. Offensichtlich werden genau die Graphen mit einem Weg von s nach t akzeptiert.

Sei nun $L \in$ NTAPE($\log n$) und M eine nichtdeterministische Turingmaschine, die L auf Platz $\log n$ entscheidet. Wir können annehmen, dass es nur eine akzeptierende Konfiguration K_a gibt. Zu jeder Eingabe x gehört der Konfigurationengraph $G(x)$, dessen Knoten den Konfigurationen von M entsprechen. Der Graph enthält eine Kante von K nach K', wenn M bei Eingabe x in einem Schritt von K zu K' wechseln kann. Zu x bilden wir als Eingabe $f(x)$ für DSTCON den Graphen $G(x)$, den Startknoten s, der die Anfangskonfiguration darstellt, und den Zielknoten $t = K_a$. Nach Konstruktion ist offensichtlich, dass genau dann $x \in L$ ist, wenn $G(x)$ einen Weg von s nach t enthält. Die Funktion f kann zudem auf logarithmischem Arbeitsband erzeugt werden. Die Konfigurationen haben Länge $O(\log n)$ und können auf logarithmischem Platz erzeugt werden. Für jede Konfiguration ergibt sich aus der Beschreibung von M die Adjazenzliste, also die Liste der direkten Nachfolgekonfigurationen. □

Nach dem Theorem von Immerman und Szelepcsényi ist DSTCON auch in co-NTAPE($\log n$) enthalten. Dieses Ergebnis überrascht, da wir uns den zugehörigen nichtdeterministischen Algorithmus für co-DSTCON nur schwer vorstellen können. Erst der Beweis des genannten Satzes zeigt, wie man einen solchen Algorithmus erhält. Allerdings ist es vernünftig zu vermuten, dass DSTCON $\notin$ DTAPE($\log n$) ist. Ansonsten ist DTAPE($\log n$) = NTAPE($\log n$).

13.7 Die Komplexität von Anzahlproblemen

Für viele Probleme sind die Optimierungsvariante, die Variante als Wertproblem und die Entscheidungsvariante von praktischer Bedeutung. Wir konnten unsere Überlegungen oft auf die Entscheidungsvariante konzentrieren, da alle Varianten NP-äquivalent sind. Hier fügen wir den Betrachtungen mit der Variante als *Anzahlproblem* eine weitere Facette hinzu.

Wenn wir bei der Schaltkreisverifikation überprüfen sollen, ob Spezifikation S und Realisierung S' nicht übereinstimmen, können wir $S \oplus S'$ ($\oplus$ ist EXOR) auf Erfüllbarkeit überprüfen. Die Anzahl erfüllender Belegungen von $S \oplus S'$ gibt die Anzahl der Eingaben an, auf denen S' falsch arbeitet. Mit #SAT (number-SAT) bezeichnen wir das Problem, für Schaltkreise die Anzahl der erfüllenden Belegungen zu berechnen. Für viele andere der von uns betrachteten Probleme ergeben sich auf natürliche Weise Anzahlprobleme. Nicht alle von ihnen haben eine praktische Bedeutung wie #SAT.

Die Anzahlvarianten von Problemen mit NP-vollständiger Entscheidungsvariante sind offensichtlich NP-schwierig. Wenn wir die Anzahl der zulässigen Lösungen berechnen können, können wir auch entscheiden, ob es eine zulässige Lösung gibt. Interessant sind in diesem Zusammenhang also schwierige Anzahlprobleme, für die die zugehörigen Entscheidungsprobleme polynomiell lösbar sind.

Wir erinnern uns an das Heiratsproblem 2-DM. Wir können uns die Eingabe als bipartiten Graphen G auf den beiden n-elementigen Knotenmengen U und V vorstellen. Eine Kante $\{u,v\}$ deutet an, dass sich u und v mögen und ein Team bilden können. Ein *perfektes Matching* besteht aus n Zweierteams, so dass jeder Knoten in genau einem Team ist. In vielen Lehrbüchern über effiziente Algorithmen finden sich polynomielle Algorithmen zur Lösung dieses Problems. Für das Problem der Berechnung der Anzahl perfekter Matchings #PM gibt es bisher keinen polynomiellen Algorithmus. Wie lässt sich die Schwierigkeit von #PM komplexitätstheoretisch begründen? Wir benötigen eine Komplexitätsklasse, die für Anzahlprobleme die Rolle übernimmt, die NP für Entscheidungsprobleme spielt.

13. Weitere klassische Themen der Komplexitätstheorie

Definition 13.7.1. Die Komplexitätsklasse #P (gesprochen: number P, sharp P oder auch Anzahl P) enthält alle Anzahlprobleme #A, für die es eine polynomiell zeitbeschränkte nichtdeterministische Turingmaschine gibt, die für jede Eingabe x so viele akzeptierende Rechenwege hat, wie es Lösungen für x gibt.

Bemerkung 13.7.2. #SAT $\in$ #P und #PM $\in$ #P.

Beweis. Für #SAT erzeugen wir nichtdeterministisch eine Eingabe $a \in \{0,1\}^n$ des gegebenen Schaltkreises, also jedes a auf genau einem Rechenweg, und berechnen, ob a eine erfüllende Belegung für S ist.

Bipartite Graphen G können durch 0-1-Matrizen M beschrieben werden, wobei die Zeilen den Knoten in U und die Spalten den Knoten in V entsprechen. Es ist $M_{u,v} = 1$ genau dann, wenn $\{u,v\}$ eine Kante in G ist. Die Anzahl perfekter Matchings in G ist dann gleich der *Permanente* (permanent) für M definiert durch

$$\text{perm}(M) := \sum_{\pi \in S_n} M_{1,\pi(1)} \cdot M_{2,\pi(2)} \cdot \ldots \cdot M_{n,\pi(n)}.$$

Jede Permutation $\pi \in S_n$ entspricht einem möglichen perfekten Matching und jedes Produkt liefert den Wert 1, wenn dieses Matching in G existiert, und den Wert 0 sonst. Es ist #PM $\in$ #P. Die zugehörige nichtdeterministische Turingmaschine erzeugt jede Permutation π auf genau einem Rechenweg und akzeptiert die Eingabe, wenn das zu π gehörende Produkt den Wert 1 hat. Die Turingmaschine akzeptiert auf dem Rechenweg zu π genau dann, wenn π ein perfektes Matching ist. □

Definition 13.7.3. Ein Anzahlproblem #A ist *#P-vollständig*, wenn #A $\in$ #P ist und für jedes Problem #B $\in$ #P gilt, dass #B $\leq_T$ #A ist.

Da die Ausgabe bei Anzahlproblemen eine Zahl ist, ist es nicht überraschend, dass wir auf Turingreduktionen zurückgreifen. Wenn es eine Abbildung f gibt, die Eingaben x für #B auf Eingaben $f(x)$ für #A so abbildet, dass x und $f(x)$ dieselbe Anzahl von Lösungen haben, dann folgt daraus #B $\leq_T$ #A. Im Beweis des Theorems von Cook stehen akzeptierende Rechenwege der gegebenen Turingmaschine und erfüllende Belegungen der entstehenden SAT-Formel in bijektiver Beziehung. Damit ergibt sich der erste Teil des folgenden Theorems.

Theorem 13.7.4. *#SAT und #PM sind #P-vollständig.*

Die Aussage für #PM wollen wir nicht beweisen (Valiant (1979)). Sie zeigt, dass die Berechnung der Anzahl perfekter Matchings oder der Permanente nur dann in polynomieller Zeit möglich ist, wenn NP = P ist. Die #P-Vollständigkeitstheorie erfüllt daher die in sie gesteckten Erwartungen.

Wir beenden unsere Betrachtungen mit der Bemerkung, dass wir in polynomieller Zeit entscheiden können, ob die Anzahl perfekter Matchings ungerade oder gerade ist. Dieses Problem ist äquivalent zu der Berechnung von perm(M) mod 2. In $\mathbb{Z}_2$ gilt $-1 = +1$ und daher stimmen Permanente und Determinante überein. Es ist aus der linearen Algebra bekannt, dass die Determinante einer Matrix in polynomieller Zeit berechnet werden kann.

14. Die Komplexität von nichtuniformen Problemen

14.1 Grundlegende Überlegungen

Ohne dies bisher thematisiert zu haben, waren unsere Überlegungen auf Softwarelösungen ausgerichtet. Wer einen effizienten Algorithmus für ein Optimierungsproblem wie das TSP oder das Rucksackproblem entwerfen will, denkt an einen Algorithmus, der für eine beliebige Anzahl von Städten oder Objekten arbeitet. Beim Hardwareentwurf ist die Situation anders. Wenn ein Prozessor mit 64-Bit-Zahlen arbeitet, soll ein Dividierer für Zahlen der Bitlänge 64 die ersten 64 Bits des Quotienten berechnen. Das zugehörige Berechnungsmodell ist ein *Schaltkreis* (circuit). Schaltkreise für Eingabelänge n haben die booleschen Variablen $x_1, \ldots, x_n$ und die booleschen Konstanten 0 und 1 als Eingaben. Sie lassen sich als Folge $G_1, \ldots, G_s$ von *Bausteinen* (Gatter, gates) beschreiben. Jeder Baustein G_i hat zwei Eingänge $E_{i,1}$ und $E_{i,2}$, für die die Eingaben und die früheren Bausteine $G_1, \ldots, G_{i-1}$ in Frage kommen. Er wendet eine binäre boolesche Operation op_i auf seine Eingänge an. Die im Schaltkreis realisierten Funktionen ergeben sich auf natürliche Weise. Die Eingabevariable x_i wird auch als Funktion aufgefasst, ebenso eine boolesche Konstante als konstante Funktion. Wenn an den Eingängen von G_i die Funktionen $g_{i,1}$ und $g_{i,2}$ realisiert werden, wird von G_i die Funktion

$$g_i(a) := (g_{i,1}(a)) \, op_i \, (g_{i,2}(a))$$

realisiert. Anschaulicher ist die Darstellung von Schaltkreisen durch gerichtete azyklische Graphen. Die Eingaben und Bausteine bilden die Knoten des Graphen. Jeder Baustein hat zwei eingehende Kanten, die seine Eingänge veranschaulichen. Im allgemeinen Fall müssen wir den ersten vom zweiten Eingang unterscheiden. Wenn wir uns auf symmetrische Operationen wie AND, OR und EXOR beschränken, kann darauf verzichtet werden. Ein Schaltkreis S realisiert $f = (f_1, \ldots, f_m) \colon \{0,1\}^n \to \{0,1\}^m$, wenn jede Koordinatenabbildung f_j an einem Eingang oder Baustein realisiert wird. Ein Schaltkreis für die Addition von drei Bits wird in Abbildung 14.1.1 veranschaulicht. Das Summenbit wird an G_4 und das Übertragsbit an G_5 berechnet.

Zur Beurteilung der Effizienz eines Schaltkreises bieten sich zwei Maße an. Die *Schaltkreisgröße* (circuit size oder kürzer Größe und size) ist gleich der Anzahl der Bausteine und somit ein Maß für die Hardwarekosten und

14. Die Komplexität von nichtuniformen Problemen

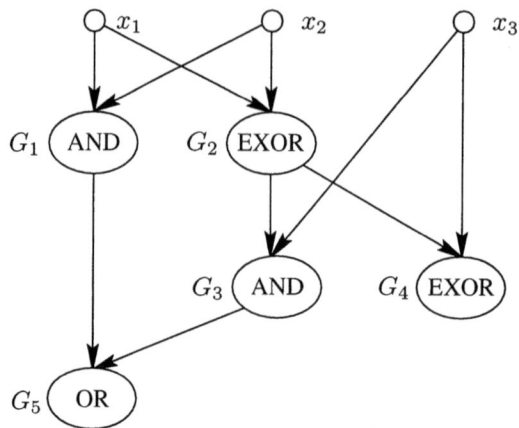

Abb. 14.1.1. Ein 3-Bit-Addierer.

die sequenzielle Rechenzeit. Wir stellen uns dabei vor, dass die Bausteine in der angegebenen Reihenfolge ausgewertet werden und die Auswertung eines Bausteins Kosten 1 verursacht. In Wirklichkeit sind Schaltkreise „Parallelrechner". Die Bausteine G_1 und G_2 können ebenso gleichzeitig ausgewertet werden wie nach der Auswertung von G_2 die Bausteine G_3 und G_4. Die Tiefe eines Bausteins sei die Länge des längsten Weges von einer Eingabe zu dem Baustein. Alle Bausteine mit Tiefe d können dann im d-ten Zeittakt ausgewertet werden. Die *Schaltkreistiefe* (circuit depth oder kürzer Tiefe und depth) ist die maximale Tiefe eines Bausteins im gegebenen Schaltkreis. Der Beispieladdierer hat Größe 5 und Tiefe 3.

So wie wir unsere Betrachtungen auf Entscheidungsprobleme konzentriert haben, werden wir hier boolesche Funktionen $f: \{0,1\}^n \to \{0,1\}$ mit einer Ausgabe in den Vordergrund stellen. Im Hardwareentwurf kann eine spezielle Eingabegröße wichtig sein. Eine asymptotische komplexitätstheoretische Analyse kann sich aber nur auf Folgen $f = (f_n)$ von booleschen Funktionen beziehen. Eine Schaltkreisfamilie oder Folge von Schaltkreisen $S = (S_n)$ realisiert $f = (f_n)$, wenn f_n von S_n berechnet wird. Nun erhalten wir folgende Beziehung zwischen Entscheidungsproblemen auf $\{0,1\}^*$ und Folgen boolescher Funktionen $f = (f_n)$ mit $f_n: \{0,1\}^n \to \{0,1\}$. Zum Entscheidungsproblem A gehört die Funktionenfolge $f^A = (f_n^A)$ mit $f_n^A(x) = 1$ genau dann, wenn $x \in A$ ist. Andererseits gehört zu $f = (f_n)$ das Entscheidungsproblem A_f, für das die Eingabe x der Länge n genau dann akzeptiert werden soll, wenn $f_n(x) = 1$ ist. Auf Grund dieser Beziehungen betrachten wir in diesem Kapitel nur Eingaben über dem Alphabet $\{0,1\}$.

Für die Folge $f = (f_n)$ boolescher Funktionen wollen wir die Komplexitätsmaße Größe und Tiefe analysieren. Dabei sei $C_f(n)$ die minimale Größe eines Schaltkreises, der f_n berechnet, und $D_f(n)$ sei analog für die Tiefe definiert. In Kapitel 2 haben wir behauptet, dass die Zeitkomplexität eines Problems ein robustes Maß ist. Impliziert dies, dass die Zeitkomplexität von

A und die Schaltkreisgröße von f_A eng verknüpft sind? Boolesche Funktionen lassen sich stets durch ihre disjunktive Normalform realisieren. Eine naive Analyse zeigt, dass deren Größe durch $n \cdot 2^n$ und deren Tiefe durch $n + \lceil \log n \rceil$ beschränkt ist. Dies gilt auch für Funktionenfolgen f_n^A, für die A nicht rekursiv, also nicht berechenbar ist. Es gibt sogar nicht rekursive Sprachen, die für jede Eingabelänge n entweder alle Eingaben oder keine Eingabe enthalten. Dann ist jedes f_n^A eine konstante Funktion, deren Schaltkreisgröße 0 beträgt.

Hier wird der Unterschied zwischen Softwarelösungen, also Algorithmen, und Hardwarelösungen wie Schaltkreisfamilien deutlich. Mit einem Algorithmus für beliebige Eingabelängen haben wir auch einen Algorithmus für die Eingabelänge n. Andererseits brauchen wir die gesamte Schaltkreisfamilie, um Eingaben beliebiger Länge bearbeiten zu können. Ein Algorithmus hat eine endliche Beschreibungslänge, ein Schaltkreis ebenfalls, aber wie steht es mit der Schaltkreisfamilie? Für ein nicht rekursives Entscheidungsproblem A ist die Folge der zugehörigen DNF-Schaltkreise nicht berechenbar.

Ein Algorithmus ist eine einheitliche (englisch: uniform) Beschreibung eines Lösungsverfahrens für alle Eingabelängen. Wenn wir eine derartige Problemlösung wünschen, sprechen wir in schlechter Übersetzung von einem uniformen Problem. Eine Schaltkreisfamilie $S = (S_n)$ führt erst dann zu einer einheitlichen Beschreibung eines Lösungsverfahrens, wenn wir einen Algorithmus haben, der S_n aus n berechnet. Es kann also sein, dass es kleine, aber schwer zu berechnende Schaltkreise S_n für f_n gibt, während große Schaltkreise S'_n für f_n effizient zu berechnen sind. Eine Schaltkreisfamilie $S = (S_n)$, wobei S_n die Größe $s(n)$ hat, heißt *einheitlich beschreibbar* oder *uniform*, wenn S_n bei Eingabe n auf Speicherplatz $O(\log s(n))$ berechenbar ist. Wenn wir in diesem Kapitel von einheitlich beschreibbaren oder uniformen Schaltkreisen sprechen, begnügen wir uns oft mit dem Nachweis, dass S_n in bezogen auf $s(n)$ polynomieller Zeit berechenbar ist. Es ist stets einfach, aber manchmal mühselig zu beschreiben, wie daraus eine Berechnung auf logarithmischem Platz wird.

Jedes Entscheidungsproblem A auf $\{0,1\}^*$ hat eine nichtuniforme Variante, die aus der Folge $f^A = (f_n^A)$ von booleschen Funktionen besteht. Die nichtuniformen Komplexitätsmaße sind Schaltkreisgröße und -tiefe, wobei auch nichtuniforme Schaltkreisfamilien zugelassen sind. Damit erfassen wir einen neuen Aspekt der Komplexität von Problemen. Ein nichtuniformer Dividierer kann nützlich sein. Wenn wir einen 64-Bit-Dividierer brauchen, muss dieser nur einmal erzeugt oder berechnet werden und kann dann in vielen Prozessoren eingesetzt werden. Daher sind wir daran interessiert, wie uniforme und nichtuniforme Komplexitätsmaße in Beziehung stehen. In Kapitel 14.2 simulieren wir uniforme Turingmaschinen durch uniforme Schaltkreise, wobei Zeit und Größe sowie Platz und Tiefe in Relation gesetzt werden. Schaltkreise können nicht rekursive Probleme lösen und somit nicht allgemein durch uniforme Turingmaschinen simuliert werden. Wir werden nichtuniforme Turingmaschinen vorstellen, die Schaltkreise effizient simulieren können.

Wieder werden Zeit und Größe sowie Platz und Tiefe in Relation gesetzt. Insgesamt stellt sich heraus, dass Zeit für Turingmaschinen und Schaltkreisgröße sehr eng verknüpft sind. Die Beziehungen zwischen Speicherplatz und Schaltkreistiefe und damit paralleler Rechenzeit sind zwar erstaunlich eng, aber dennoch sind Schaltkreise kein nichtuniformes Rechenmodell, das die Ressource Speicherplatz asymptotisch exakt widerspiegelt. Ein derartiges Rechenmodell werden wir in Kapitel 14.4 vorstellen.

Für Komplexitätsklassen, die P enthalten, stellt sich die Frage, ob all ihre Probleme durch Schaltkreise polynomieller Größe lösbar sind. In Kapitel 14.5 zeigen wir, dass dies für die Komplexitätsklasse BPP der Fall ist. Wenn ein derartiges Resultat auch für NP gilt, erhalten wir eine neue Möglichkeit, schwierige Probleme zu bearbeiten. Dies ist, wie in Kapitel 14.7 bewiesen wird, nur möglich, wenn die polynomielle Hierarchie auf der zweiten Stufe zusammenbricht. Zuvor präsentieren wir in Kapitel 14.6 eine Charakterisierung nichtuniformer Komplexitätsklassen.

Schaltkreise bilden das grundlegende Hardwaremodell. Nur einheitlich beschreibbare oder uniforme Schaltkreise führen zu einer effizienten algorithmischen Lösung. Mit den nichtuniformen Komplexitätsmaßen Schaltkreisgröße und Schaltkreistiefe werden neue Aspekte der Komplexität von Problemen erfasst. Es ist auch aus praktischer Sicht wichtig zu wissen, ob ein Problem schwierig ist, weil es große Schaltkreise erfordert oder weil die Berechnung kleiner Schaltkreise nicht effizient möglich ist.

14.2 Simulationen von Turingmaschinen durch Schaltkreise

Die Ziele unserer Betrachtungen lassen sich wie folgt zusammenfassen:

– Turingmaschinen mit kleiner Rechenzeit können durch uniforme Schaltkreise kleiner Größe simuliert werden.
– Turingmaschinen, die mit wenig Speicherplatz auskommen, können durch uniforme Schaltkreise kleiner Tiefe simuliert werden.

Das erste Ergebnis vergleicht die Rechenzeit von Turingmaschinen mit der Zeit für die Auswertung eines Schaltkreises. Das zweite Ergebnis impliziert, dass wenig Speicherplatz eine effiziente Berechnung bei Parallelverarbeitung ermöglicht, und ist eine Basis der so genannten *parallel computation hypothesis* über die enge Beziehung von Speicherplatz und paralleler Rechenzeit.

Worin liegt das Problem einer Schritt-für-Schritt-Simulation einer Turingmaschine durch Schaltkreise? Turingmaschinen können Verzweigungen (if-Abfragen) vorsehen und es hängt von der Eingabe ab, welche Speicherzelle im t-ten Rechenschritt gelesen wird. Die Konfiguration wird in einem Rechenschritt zwar nur lokal geändert, aber wo sie geändert wird, hängt von der Eingabe ab. Stereotype Turingmaschinen (siehe Definition 5.4.1) lesen im t-ten Rechenschritt stets dieselbe Speicherzelle. Wir haben in Lemma 5.4.2 gezeigt, wie Turingmaschinen mit quadratischem Zeitverlust durch stereotype Turingmaschinen simuliert werden können. Dort wurde auch erwähnt, dass sogar ein logarithmischer Extrafaktor ausreicht, also Zeit $O(t(n) \log t(n))$ für die Simulation einer $t(n)$-zeitbeschränkten Turingmaschine. Daher werden wir hier untersuchen, wie wir stereotype Turingmaschinen Schritt für Schritt durch Schaltkreise simulieren können. Die Anfangskonfiguration kann kostenlos durch die Eingabevariablen und boolesche Konstanten beschrieben werden. Wir betrachten den t-ten Rechenschritt und setzen eine Beschreibung der Konfiguration nach $t-1$ Rechenschritten voraus. Nur der Zustand und die Inschrift der gelesenen Speicherzelle ändern sich in diesem Rechenschritt. Da die Zustandsmenge Q und das Arbeitsalphabet Γ endlich sind, benötigen wir nur konstant viele Bits der Beschreibung der Konfiguration, um daraus den neuen Zustand und den neuen Inhalt der betrachteten Speicherzelle zu berechnen. Konkret geht es um die Auswertung der Arbeitsvorschrift $\delta: Q \times \Gamma \to Q \times \Gamma \times \{-1, 0, +1\}$, wobei die dritte Komponente bei stereotypen Turingmaschinen für gegebenes t eine Konstante ist. Selbst die disjunktive Normalform zur Realisierung eines Schaltkreises für δ hat bezüglich der Eingabelänge n konstante Größe, wobei diese Konstante von der Komplexität von δ abhängt. Insgesamt erhalten wir einen Schaltkreis der Größe $O(t(n))$, um $t(n)$ Rechenschritte der Turingmaschine zu simulieren. Der Schaltkreis ist uniform, wenn sich die Leseposition in Schritt t effizient berechnen lässt. Dies ist für die oben erwähnten stereotypen Turingmaschinen der Fall. Zusammenfassend erhalten wir folgendes Ergebnis.

Theorem 14.2.1. *Eine stereotype $t(n)$-zeitbeschränkte Turingmaschine kann durch Schaltkreise der Größe $O(t(n))$ simuliert werden. Eine $t(n)$-zeitbeschränkte Turingmaschine kann durch uniforme Schaltkreise der Größe $O(t(n) \log t(n))$ simuliert werden.*

Die zugehörigen Schaltkreise haben allerdings auch eine Tiefe von $O(t(n) \log t(n))$. Um Schaltkreise kleiner Tiefe zu erhalten, benötigen wir neue Ideen.

Theorem 14.2.2. *Eine $s(n)$-speicherplatzbeschränkte Turingmaschine kann für $s^*(n) := \max\{s(n), \lceil \log n \rceil\}$ durch uniforme Schaltkreise der Tiefe $O(s^*(n)^2)$ simuliert werden.*

Beweis. Bei speicherplatzbeschränkten Turingmaschinen gehen wir, wie in Kapitel 13.2 beschrieben, davon aus, dass die Eingabe auf einem Eingabeband steht, auf dem nur gelesen werden darf. Die Anzahl verschiedener Konfigurationen ist durch $k(n) = 2^{O(\log n + s(n))} = 2^{O(s^*(n))}$ beschränkt. Wir betrachten den zugehörigen gerichteten Konfigurationengraphen, der für jede Konfiguration einen Knoten enthält. Die Kantenmenge $E(x)$ hängt von der Eingabe x ab. Es sei $(v, w) \in E(x)$, wenn die Turingmaschine bei Eingabe x von der Konfiguration v in die Konfiguration w wechselt. Die Adjazenzmatrix sei $A(x) = (a_{v,w}(x))$. Entscheidend ist, dass $a_{v,w}(x)$ nur von x_i essenziell abhängt, wenn in Konfiguration v auf dem Eingabeband die i-te Speicherzelle gelesen wird. Damit ist $a_{v,w}(x)$ eine der Funktionen $0, 1, x_i$ oder $\overline{x}_i$. Alle Funktionen $a_{v,w}(x)$ können also in Tiefe 1 in einem Schaltkreis berechnet werden. Es sei nun $a_{v,w}^t(x) = 1$ genau dann, wenn bei Eingabe x aus Konfiguration v in t Schritten die Konfiguration w erreicht wird. Für $t' \in \{1, \ldots, t-1\}$ muss aus v in t' Schritten eine Konfiguration u und dann in $t - t'$ Schritten die Konfiguration w erreicht werden. Also ist

$$a_{v,w}^t(x) = \bigvee_u a_{v,u}^{t'}(x) \wedge a_{u,w}^{t-t'}(x),$$

wobei $\bigvee$ eine Disjunktion beschreibt. Die Matrix A^t ergibt sich als boolesches Matrizenprodukt von $A^{t'}$ und $A^{t-t'}$. Die Tiefe zur Realisierung dieses Matrizenprodukts beträgt $1 + \lceil \log k(n) \rceil = O(s^*(n))$. Alle Konjunktionen benötigen Tiefe 1 und für jede der Disjunktionen kann ein balancierter binärer Baum verwendet werden. Auch aus Kapitel 13.2 wissen wir, dass wir eine akzeptierende Konfiguration nur erreichen, wenn wir sie in $k(n) \leq 2^{\lceil \log k(n) \rceil}$ Schritten erreichen. Also berechnen wir mit $\lceil \log k(n) \rceil = O(s^*(n))$ Matrixmultiplikationen alle A^{2^i}, $1 \leq i \leq \lceil \log k(n) \rceil$. Schließlich überprüfen wir mit der Disjunktion aller $a_{v_0,w}^{2^{\lceil \log k(n) \rceil}}(x)$ für die Anfangskonfiguration v_0 und die akzeptierenden Konfigurationen w, ob die Eingabe x akzeptiert wird. Die Tiefe dieses Schaltkreises ist beschränkt durch

$$1 + (1 + \lceil \log k(n) \rceil) \cdot \lceil \log k(n) \rceil + \lceil \log k(n) \rceil = O(s^*(n)^2).$$

Der entstehende Schaltkreis ist uniform. Die Arbeitsweise der Turingmaschine geht nur in die Berechnung der $a_{v,w}(x)$ ein. □

Wir kennen keine Simulation von Turingmaschinen mit geringer Rechenzeit und kleinem Speicherplatzbedarf durch Schaltkreise, die kleine Größe *und* kleine Tiefe haben. Es ist eher zu erwarten, dass es eine derartige Simulation nicht gibt.

14.3 Simulationen von Schaltkreisen durch nichtuniforme Turingmaschinen

Schaltkreisfamilien $S = (S_n)$ bilden ein nichtuniformes Berechnungsmodell, weil wir uns nicht darum kümmern, wie wir bei Eingabelänge n den Schaltkreis S_n erhalten. Damit eine Turingmaschine eine Schaltkreisfamilie simulieren kann, muss sie ebenfalls eine von $n = |x|$, aber nicht vom Inhalt der aktuellen Eingabe x abhängige Information kostenlos erhalten. Eine *nichtuniforme Turingmaschine* ist eine Turingmaschine mit zwei Eingabebändern, auf

14.3 Simulationen von Schaltkreisen durch nichtuniforme Turingmaschinen

denen nur gelesen werden darf. Das erste Eingabeband enthält die Eingabe x und das zweite Eingabeband die Hilfsinformation $h(|x|)$, die für alle Eingaben gleicher Länge identisch ist. Die Anzahl möglicher Konfigurationen einer nichtuniformen Turingmaschine, die auf dem Arbeitsband maximal $s(n)$ Speicherzellen besucht, ist durch das zweite Eingabeband um den Faktor $h(n)$ größer als bei einer normalen Turingmaschine. Sie beträgt $2^{\Theta(\log n + s(n) + \log h(n))}$. Häufig wird das zweite Eingabeband als Orakelband und die Hilfsinformation als Orakel bezeichnet. Die Ergebnisse aus Kapitel 14.2 lassen sich auf die Situation verallgemeinern, dass wir nichtuniforme Turingmaschinen durch (nichtuniforme) Schaltkreise simulieren. Die Hilfsinformation $h(n)$ bildet für S_n einen konstanten Teil der Eingabe.

Wir werden nun in gewisser Weise die Umkehrergebnisse zu den Ergebnissen aus Kapitel 14.2 zeigen:

- Kleine Schaltkreisfamilien können durch schnelle nichtuniforme Turingmaschinen simuliert werden.
- Schaltkreisfamilien mit kleiner Tiefe können durch nichtuniforme Turingmaschinen mit geringem Platzbedarf simuliert werden.

Das zweite Ergebnis ist das zweite Standbein für die parallel computation hypothesis. Wir benutzen für Schaltkreisfamilien $S = (S_n)$ folgende Bezeichnungen:

- $s(n)$ für die Größe von S_n und $s^*(n)$ für $\max\{s(n), n\}$,
- $d(n)$ für die Tiefe von S_n und $d^*(n)$ für $\max\{d(n), \lceil \log n \rceil\}$,
- f_n für die von S_n berechnete Funktion,
- A_f für das zu $f = (f_n)$ gehörende Entscheidungsproblem.

Theorem 14.3.1. *Das zur Schaltkreisfamilie $S = (S_n)$ gehörende Entscheidungsproblem A_f kann von einer nichtuniformen Turingmaschine mit zwei Arbeitsbändern in Zeit $O(s^*(n)^2)$ auf Platz $O(s^*(n))$ gelöst werden.*

Beweis. Als Hilfsinformation bei Eingabelänge n verwenden wir eine Beschreibung des Schaltkreises S_n. Diese enthält eine Liste aller Bausteine, die als Tripel aus Operation, erstem Vorgänger und zweitem Vorgänger dargestellt werden. Für jeden Vorgänger wird zunächst der Typ, also Konstante, Teil der Eingabe oder Baustein, vermerkt und danach die zugehörige Nummer. Die Länge dieser Beschreibung beträgt $O(s(n) \log s^*(n))$.

Die Turingmaschine bearbeitet nun die Bausteine in ihrer natürlichen Reihenfolge. Auf dem ersten Arbeitsband stehen die Ergebnisse der bereits ausgewerteten Bausteine. Wenn die Turingmaschine die Eingabewerte und die zugehörige Operation kennt, kann sie das Ergebnis des Bausteins berechnen und an das Ende der Ergebnisliste schreiben. In der Hilfsinformation steht, wo jeder der Eingabewerte eines Bausteins zu finden ist. Bei einer Konstanten ist die Information direkt gegeben. Ansonsten wird die Nummer des Bausteins oder des Eingabebits auf das zweite Arbeitsband geschrieben.

Falls der Vorgänger ein Baustein ist, wird der Kopf des ersten Arbeitsbandes an das linke Ende des Bandes gebracht. Ansonsten wird analog auf dem Eingabeband gesucht. Während von der Zahl auf dem zweiten Arbeitsband 1 subtrahiert wird, bis der Wert 1 erreicht wird, wandert der Kopf auf dem ersten Arbeitsband jeweils eine Position nach rechts. Am Ende dieses Vorgangs liest der Kopf auf dem ersten Arbeitsband die gesuchte Information. Es ist leicht zu sehen, dass für die Baustein- oder Eingabenummer i eine Anzahl von $O(i) = O(s^*(n))$ Schritten ausreicht. Da $s(n)$ Bausteine mit je zwei Vorgängern behandelt werden müssen, ist die Gesamtzeit durch $O(s^*(n)^2)$ beschränkt. Auf dem ersten Arbeitsband stehen nie mehr als $s(n)$ Bits und auf dem zweiten Arbeitsband steht eine durch $s^*(n)$ beschränkte Zahl. □

Wenn wir eine Turingmaschine mit einem Arbeitsband erhalten wollen, können wir das in Kapitel 2.3 genannte Simulationsergebnis verwenden und erhalten eine Zeitschranke von $O(s^*(n)^4)$. Hier kann aber direkt eine $O(s^*(n)^2 \log s^*(n))$-zeitbeschränkte Turingmaschine beschrieben werden. Auf die Details wollen wir verzichten. Wenn die gegebene Schaltkreisfamilie uniform ist, kann bei Eingaben der Länge n zunächst S_n berechnet und dann die beschriebene Simulation angewendet werden.

Theorem 14.3.2. *Das zur Schaltkreisfamilie $S = (S_n)$ gehörende Entscheidungsproblem A_f kann von einer nichtuniformen Turingmaschine auf Platz $O(d^*(n))$ gelöst werden.*

Beweis. Wir haben nun nicht mehr den Speicherplatz, um die Ergebnisse aller Bausteine abzuspeichern. Dies ist aber auch nur nötig, wenn die Ergebnisse von Bausteinen mehrfach benötigt werden. Dies ist nicht der Fall, wenn der Schaltkreis graphentheoretisch ein Baum ist. Wir können Schaltkreise so „entfalten", dass aus ihnen Bäume werden. Dazu werden für die Knoten des Schaltkreises in topologischer Reihenfolge Knoten mit r Nachfolgern zusammen mit all ihren Vorgängern durch r Kopien ersetzt, die je einen Nachfolger erhalten. Dabei erhöht sich die Tiefe des Schaltkreises nicht. Schaltkreise, bei denen alle Bausteine nur höchstens einen Nachfolger haben, heißen auch *Formeln* (formulas). In Abbildung 14.3.1 wurde der Schaltkreis aus Abbildung 14.1.1 entfaltet.

Als Hilfsinformation bei Eingabelänge n verwenden wir eine Formel F_n der Tiefe $d(n)$ für f_n. Deren Beschreibung enthält eine Liste aller Bausteine in ihrer Postorderreihenfolge. Diese besteht für einen Baum mit einem Knoten aus diesem Knoten und ansonsten aus der Postorder des linken Teilbaums, gefolgt von der Postorder des rechten Teilbaums und der Beschreibung der Wurzel. Bausteine werden wieder als Tripel aus Operation, linker Vorgänger und rechter Vorgänger beschrieben. Entscheidend ist, dass wir für Bausteinvorgänger deren Nummer nicht brauchen. Dies wird sich beim Korrektheitsbeweis für die Simulation herausstellen. Formeln der Tiefe $d(n)$ haben höchstens $2^{d(n)} - 1$ Bausteine, von denen jeder eine Beschreibungslänge von $O(\log n)$ hat. Die Gesamtlänge der Beschreibung ist also $O(2^{d(n)} \log n)$.

14.3 Simulationen von Schaltkreisen durch nichtuniforme Turingmaschinen

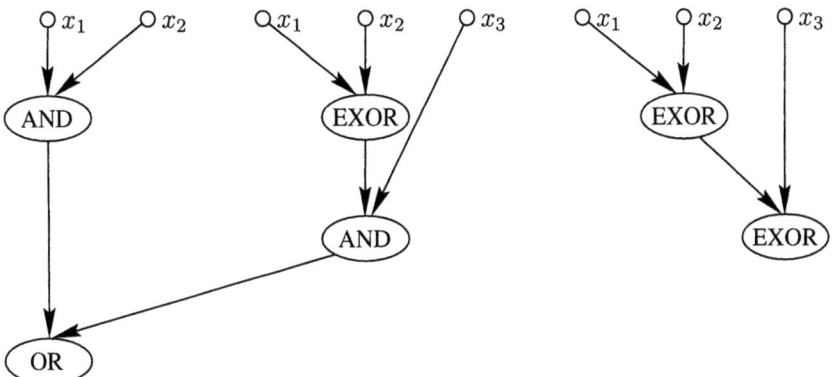

Abb. 14.3.1 Der 3-Bit-Addierer als Formel.

Die Turingmaschine bearbeitet nun die Bausteine in ihrer Postorderreihenfolge. Das Arbeitsband soll die Folge der Bausteinergebnisse enthalten, die noch nicht als Eingabe für ihren Nachfolger verbraucht worden sind. Außerdem wird wie im Beweis von Theorem 14.3.1 Platz $O(\log n)$ benötigt, um Werte auf dem Eingabeband zu finden. Wie aber werden die Werte von Bausteinvorgängern gefunden? Bei der Postorderreihenfolge werden direkt vor einem Baustein sein linker und sein rechter Teilbaum ausgewertet. Nur deren Wurzeln sind Bausteine, deren Ergebnisse noch nicht verwendet worden sind. Also stehen die gesuchten Werte am rechten Ende der Ergebnisliste und die Turingmaschine arbeitet korrekt.

Abschließend zeigen wir per Induktion über die Tiefe d, dass auf dem Arbeitsband nie mehr als d Ergebnisse stehen. Damit ist dann der Platzbedarf durch $O(\log n + d(n)) = O(d^*(n))$ beschränkt. Die zu zeigende Behauptung ist für $d = 1$ offensichtlich erfüllt. Wir betrachten nun eine Formel der Tiefe d. Zur Auswertung der linken Teilformel genügen nach Induktionsvoraussetzung $d - 1$ Speicherplätze. Am Ende ist noch ein Speicherplatz besetzt. Zur Auswertung der rechten Teilformel genügen wieder nach Induktionsvoraussetzung weitere $d-1$ Speicherplätze. Insgesamt genügen d Speicherplätze. Am Ende sind noch zwei Speicherplätze belegt. Nach Auswertung der Wurzel ist noch ein Speicherplatz belegt. □

Wenn die gegebene Schaltkreisfamilie uniform ist, kann die Information über einen Baustein auf Platz $O(\log 2^{d(n)}) = O(d(n))$ berechnet werden. Also kommt dann sogar eine uniforme Turingmaschine mit Platz $O(d^*(n))$ aus.

Schaltkreisfamilien und nichtuniforme Turingmaschinen stehen ebenso in enger Beziehung wie Turingmaschinen und uniforme Schaltkreisfamilien. Dabei sind Schaltkreisgröße und Rechenzeit ebenso wie Schaltkreistiefe und Speicherplatzbedarf polynomiell verknüpft.

14.4 Branchingprogramme und Platzbedarf

Wir stellen ein nichtuniformes Berechnungsmodell vor, das mit seiner Größe den Platzbedarf nichtuniformer Turingmaschinen asymptotisch exakt charakterisiert. Dieses Berechnungsmodell hat neben seinen Wurzeln in der Komplexitätstheorie auch Wurzeln als Datenstruktur für boolesche Funktionen. Daher gibt es zwei gebräuchliche Bezeichnungen, nämlich *branching program* (BP) und *binary decision diagram* (BDD). Die deutschen Begriffe Verzweigungsprogramm und Entscheidungsdiagramm haben sich nicht durchgesetzt. Stattdessen wird von Branchingprogrammen oder BDDs gesprochen. Obwohl es sprachlich unschön ist, übernehmen wir diese Konvention.

Ein Branchingprogramm arbeitet auf n booleschen Variablen $x_1, \ldots, x_n$ und erlaubt nur zwei elementare Typen von Befehlen, die durch Knoten in einem Graphen repräsentiert werden. Ein Verzweigungs- oder Entscheidungsknoten v ist mit einer Variablen x_i markiert und hat zwei ausgehende Kanten, von denen eine mit 0 und die andere mit 1 markiert ist. Wenn v in einer Berechnung erreicht wird, wird in Abhängigkeit vom Wert von x_i die entsprechende Kante benutzt, um zu einem Nachfolger zu gelangen. Ein Ausgabeknoten w ist mit einem Wert $c \in \{0,1\}$ markiert und hat keine ausgehende Kante. Wenn w erreicht wird, ist die Auswertung der Funktion abgeschlossen und der Wert c wird ausgegeben. Ein Branchingprogramm ist ein gerichteter azyklischer Graph, der aus Verzweigungsknoten, auch innere Knoten genannt, und Ausgabeknoten, auch Senken genannt, besteht. Jeder Knoten v in einem Branchingprogramm realisiert auf folgende Weise eine boolesche Funktion f_v. Zur Berechnung von $f_v(a)$ starten wir am Knoten v und führen die Befehle an den Knoten aus, bis wir eine Senke erreichen. Der Wert von $f_v(a)$ ist gleich der Markierung dieser Senke. Für Branchingprogramme gibt es zwei nahe liegende Komplexitätsmaße. Die *Länge eines Branchingprogramms* ist die Länge des längsten Berechnungsweges im Branchingprogramm und ein Maß für die maximale Zeit für die Auswertung einer der dargestellten Funktionen. Die *Größe eines Branchingprogramms* ist die Anzahl seiner Knoten und die Branchingprogrammkomplexität BP(f) einer Funktion f wird als minimale Größe eines Branchingprogramms, das f darstellt, definiert. An diesem Komplexitätsmaß sind wir hier interessiert. Abbildung 14.4.1 enthält ein Branchingprogramm, das an seinen Eingangsknoten die beiden Funktionen realisiert, die den beiden Ausgabebits bei der Addition von drei Bits entsprechen. Nur aus Gründen der Übersichtlichkeit enthält es zwei 1-Senken.

Warum stehen nun Branchingprogrammgröße und Speicherplatz für nichtuniforme Turingmaschinen in enger Beziehung? Bei der Auswertung von f_v ist es ausreichend, sich den gerade erreichten Knoten zu merken. Andererseits kann ein Branchingprogramm den schon im Beweis von Theorem 14.2.2 betrachteten Konfigurationengraphen für eine speicherplatzbeschränkte Turingmaschine direkt simulieren. Diese Erkenntnisse werden nun formalisiert.

14.4 Branchingprogramme und Platzbedarf

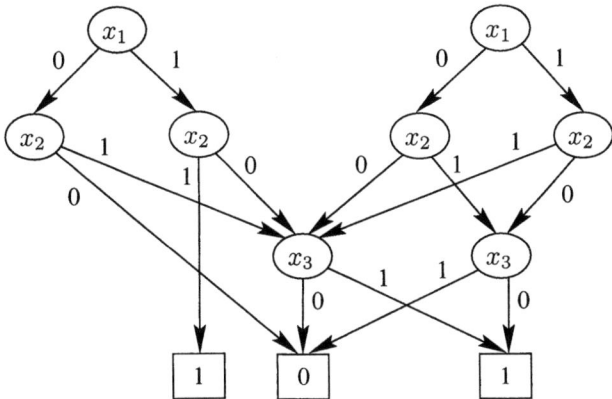

Abb. 14.4.1. Ein Branchingprogramm für die Addition von drei Bits.

Wir bezeichnen dabei mit $BP^*(f_n)$ das Maximum von $BP(f_n)$ und n und setzen wieder $s^*(n) = \max\{s(n), \lceil \log n \rceil\}$.

Theorem 14.4.1. *Das zu $f = (f_n)$ gehörende Entscheidungsproblem A_f kann von einer nichtuniformen Turingmaschine auf Platz $O(\log BP^*(f_n))$ gelöst werden.*

Beweis. Als Hilfsinformation bei Eingabelänge n verwenden wir die Beschreibung eines Branchingprogramms G_n minimaler Größe für f_n. Die Beschreibung enthält eine Aufzählung der Knoten. Jeder Knoten wird durch seinen Typ, also innerer Knoten oder Senke, seine Nummer und seine interne Information beschrieben. Letztere besteht für eine Senke aus dem Wert, der an ihr ausgegeben wird, und für einen inneren Knoten aus dem Tripel Nummer der bearbeiteten Variablen, Nummer des 0-Nachfolgers und Nummer des 1-Nachfolgers. Außerdem sei die Nummer des Knotens, der f_n darstellt, stets 1. Auf diese Weise hat jeder der $BP(f_n)$ Knoten eine Beschreibung der Länge $O(\log BP^*(f_n))$. Auf dem Arbeitsband wird der aktuelle Knoten vermerkt, also zu Beginn der Knoten mit Nummer 1. Ist eine Senke erreicht, wird die richtige Entscheidung getroffen und die Berechnung gestoppt. Ansonsten wird der Wert der bearbeiteten Variablen auf dem Eingabeband gesucht. Danach ist der neue aktuelle Knoten, nämlich der x_i-Nachfolger, bekannt. Er wird in der Hilfsinformation gesucht und ersetzt den bisher aktuellen Knoten auf dem Arbeitsband. □

Theorem 14.4.2. *Eine $s(n)$-speicherplatzbeschränkte Turingmaschine kann durch Branchingprogramme der Größe $2^{O(s^*(n))}$ simuliert werden.*

Beweis. Wir wissen bereits, dass die Anzahl verschiedener Konfigurationen der Turingmaschine bei Eingabelänge n durch $2^{O(s^*(n))}$ beschränkt ist. Das Branchingprogramm G_n erhält für jede von der Anfangskonfiguration aus erreichbare Konfiguration einen Knoten. Akzeptierende Konfigurationen werden 1-Senken, nicht akzeptierende Endkonfigurationen werden 0-Senken und alle anderen Konfigurationen werden innere Knoten. Der innere Knoten für eine Konfiguration K wird mit der Variablen x_i markiert, die in K auf dem Eingabeband gelesen wird. Der 0-Nachfolger ist der Knoten, der die Konfiguration repräsentiert, die aus K in einem Schritt erreicht wird, wenn $x_i = 0$ ist. Analog wird der 1-Nachfolger definiert. Da wir nur auf allen Eingaben haltende Turingmaschinen betrachten, erhalten wir einen azyklischen Graphen und damit ein Branchingprogramm. An dem Knoten, der der Anfangskonfiguration entspricht, wird die boolesche Funktion realisiert, die dem Akzeptanzverhalten der Turingmaschine auf Eingaben der Länge n entspricht. □

Was ändert sich, wenn die gegebene Turingmaschine nichtuniform ist und die Hilfsinformation eine Länge von $h(n)$ hat? Die Anzahl der Konfigurationen und damit die Größe des simulierenden Branchingprogramms wächst um den Faktor $h(n) \leq 2^{\lceil \log h(n) \rceil}$. Dies hat zu der Konvention geführt, bei nichtuniformen Turingmaschinen zu dem Speicherplatzbedarf den Wert $\lceil \log h(n) \rceil$ zu addieren. Wir können stattdessen auch $s^{**}(n) = \max\{s(n), \lceil \log n \rceil, \lceil \log h(n) \rceil\}$ definieren. Der Term $\lceil \log n \rceil$ hat für das Eingabeband die gleiche Funktion wie der Term $\lceil \log h(n) \rceil$ für das Band mit der Hilfsinformation.

Korollar 14.4.3. *Eine $s(n)$-speicherplatzbeschränkte nichtuniforme Turingmaschine kann durch Branchingprogramme der Größe $2^{O(s^{**}(n))}$ simuliert werden.*

Die Ergebnisse lassen sich für den „normalen" Fall, dass $s(n) \geq \log n$, $\mathrm{BP}(f_n) \geq n$ und $h(n)$ polynomiell beschränkt ist, zusammenfassen:

Speicherplatzbedarf und Logarithmus der Branchingprogrammgröße haben dieselbe Größenordnung.

Um für Sprachen $L \in \mathrm{NP}, L \in \mathrm{P}$ oder $L \in \mathrm{NTAPE}(\log n)$ nachzuweisen, dass sie nicht zu $\mathrm{DTAPE}(\log n)$ gehören, kann man versuchen, superpolynomielle untere Schranken für die Branchingprogrammgröße der Funktionen $f^L = (f_n^L)$ zu beweisen. Dies ist auch der am häufigsten ausprobierte Ansatz für derartige Ergebnisse. Bisher wachsen die so erzielten unteren Schranken für die Branchingprogrammgröße langsamer als quadratisch (siehe Kapitel 16).

14.5 Polynomielle Schaltkreise für Probleme in BPP

Wir haben schon mehrfach diskutiert, dass BPP „nicht viel größer" als P ist. Es ist möglich, dass BPP = P ist, aber die Frage, ob BPP = P ist, ist noch unbeantwortet. Hier untermauern wir die Aussage, dass Probleme in

14.5 Polynomielle Schaltkreise für Probleme in BPP

BPP komplexitätstheoretisch nicht viel schwieriger als Probleme in P sind. Für ein Entscheidungsproblem $A \in$ BPP lassen sich die booleschen Funktionen $f^A = (f_n^A)$ von Schaltkreisen polynomieller Größe berechnen. Wenn diese Schaltkreise einheitlich beschreibbar wären, dann würde P = BPP folgen. Bisher können jedoch nur nichtuniforme Schaltkreise für f_n^A beschrieben werden. Der Trick liegt darin, dass wir für BPP-Algorithmen die Fehlerwahrscheinlichkeit sehr klein machen können – so klein, dass es nach dem Schubfachprinzip eine Belegung der Zufallsbits geben muss, für die der BPP-Algorithmus fehlerfrei arbeitet. Diese Belegung der Zufallsbits wählen wir als Hilfsinformation für eine nichtuniforme Turingmaschine, die dann, wie in Kapitel 14.2 und 14.3 beschrieben, durch Schaltkreise simuliert werden kann.

Theorem 14.5.1. *Entscheidungsprobleme $A \in$ BPP können durch polynomiell zeitbeschränkte deterministische nichtuniforme Turingmaschinen gelöst werden. Die booleschen Funktionen $f^A = (f_n^A)$ haben polynomielle Schaltkreisgröße.*

Beweis. Da $A \in$ BPP ist, gibt es nach Theorem 3.3.6 eine randomisierte Turingmaschine M, die A in polynomieller Zeit $p(n)$ mit einer durch $2^{-(n+1)}$ beschränkten Fehlerwahrscheinlichkeit entscheidet. Wir betrachten nun eine $2^n \times 2^{p(n)}$-Matrix, wobei die Zeilen die Eingaben der Länge n und die Spalten die Belegungen des Zufallsvektors r repräsentieren. Da in $p(n)$ Schritten nicht mehr als $p(n)$ Zufallsbits verarbeitet werden können, ist es ausreichend, Zufallsvektoren der Länge $p(n)$ zu betrachten. Die Matrix enthält an der Stelle (x, r) eine 1, wenn M auf Eingabe x für den Zufallsvektor r einen Fehler macht. Ansonsten ist der Eintrag 0. Da die Fehlerwahrscheinlichkeit durch $2^{-(n+1)}$ beschränkt ist, enthält jede Zeile höchstens $2^{p(n)-(n+1)}$ Einsen. Die Gesamtzahl der Einsen in der Matrix ist also durch $2^{p(n)-1}$ beschränkt. Nach dem Schubfachprinzip muss sogar die Hälfte der Spalten aus lauter Nullen bestehen. Einer der zugehörigen Zufallsvektoren r_n^* wird als Hilfsinformation $h(n)$ für eine nichtuniforme Turingmaschine M' gewählt. Die Turingmaschine M' simuliert M für die für alle Eingaben der Länge n fest gewählte Belegung des Zufallsvektors. Damit arbeitet sie deterministisch und fehlerfrei. Außerdem ist ihre Rechenzeit ebenfalls durch $p(n)$ beschränkt. □

Für BPP-Algorithmen mit genügend kleiner Fehlerwahrscheinlichkeit gibt es einen für alle Eingaben gleicher Länge goldenen Rechenweg. Dieser Rechenweg kann effizient simuliert werden – wenn er bekannt ist. Die Schwierigkeit bei der allgemeinen *Derandomisierung* (derandomization) von BPP-Algorithmen, also deren deterministischer Simulation, liegt in der Schwierigkeit, diesen goldenen Rechenweg zu finden. Das wiederum liegt nicht daran, dass es nur wenige goldene Rechenwege gibt. Wenn wir die Fehlerwahrscheinlichkeit des BPP-Algorithmus auf 2^{-2n} senken, ist der Anteil goldener Rechenwege an allen Rechenwegen mindestens $1 - 2^{-n}$.

14.6 Komplexitätsklassen für Berechnungen mit Hilfsinformationen

Bevor wir uns fragen, ob wir NP-Algorithmen ebenso wie BPP-Algorithmen durch Schaltkreise polynomieller Größe simulieren können, wollen wir zu nichtuniformen Turingmaschinen gehörende Komplexitätsklassen näher untersuchen. In polynomieller Zeit kann nur eine polynomiell lange Hilfsinformation gelesen werden. Daher erlauben wir nur Hilfsinformationen polynomieller Länge. Außerdem beschränken wir uns auf deterministische und nichtdeterministische polynomiell zeitbeschränkte Berechnungen. Für beide Aspekte sind Verallgemeinerungen nahe liegend.

Definition 14.6.1. Die Komplexitätsklasse P/poly enthält Entscheidungsprobleme, die von nichtuniformen deterministischen Turingmaschinen mit einer Hilfsinformation polynomieller Länge in polynomieller Zeit entschieden werden können. Analog ist NP/poly für nichtdeterministische Turingmaschinen definiert.

Die folgende Charakterisierung von P/poly folgt aus den früheren Ergebnissen.

Korollar 14.6.2. *P/poly enthält genau die Entscheidungsprobleme A, für die $f^A = (f_n^A)$ polynomielle Schaltkreisgröße hat.*

Beweis. Theorem 14.3.1 besagt, dass aus polynomieller Schaltkreisgröße für $f^A = (f_n^A)$ die Beziehung $A \in$ P/poly folgt. Theorem 14.2.1 und die Bemerkungen zu Beginn von Kapitel 14.3 beschreiben die andere Richtung der Behauptung. □

Nun können wir Theorem 14.5.1 auch in der üblichen Kurzform präsentieren.

Korollar 14.6.3. *BPP ⊆ P/poly.*

Das zentrale NP≠P-Problem hat ein nichtuniformes Analogon, das NP/poly≠P/poly-Problem. Um ein besseres Gefühl für die Komplexitätsklasse NP/poly zu erhalten, stellen wir auch für diese Komplexitätsklasse eine schaltkreisbasierte Charakterisierung vor. Da NP der Verwendung eines Existenzquantors über einem polynomiell langen Bitvektor „entspricht", müssen wir Schaltkreisen die Möglichkeit geben, einen Existenzquantor zu realisieren.

Definition 14.6.4. Ein nichtdeterministischer Schaltkreis S ist ein Schaltkreis, bei dem die Eingabevariablen in Eingaben x der Funktion und nichtdeterministische Variablen y eingeteilt sind. Der Schaltkreis realisiert am Baustein G die boolesche Funktion f auf $|x|$ Variablen, die für die Eingabe a den Wert 1 annimmt, wenn es eine Belegung b der y-Variablen gibt, so dass an G für (a, b) der Wert 1 berechnet wird.

Theorem 14.6.5. *NP/poly enthält genau die Entscheidungsprobleme A, für die es für die booleschen Funktionen $f^A = (f_n^A)$ nichtdeterministische Schaltkreise polynomieller Größe gibt.*

Beweis. Sei zunächst angenommen, dass $A \in$ NP/poly ist. Wir können annehmen, dass wir eine nichtuniforme nichtdeterministische Turingmaschine M für A haben, die auf Eingaben der Länge n genau $p(n)$ Schritte macht, wobei p ein Polynom ist. Der Schaltkreis S_n, der M auf Eingaben der Länge n simulieren soll, erhält neben den n Eingabevariablen konstante Eingaben, die die Hilfsinformation für M bei Eingabelänge n darstellen, und $p(n)$ nichtdeterministische Eingabevariablen, die die von M benutzten nichtdeterministischen Entscheidungen beschreiben. Bezogen auf diese verlängerte Eingabe arbeitet M deterministisch und kann durch einen polynomiellen Schaltkreis simuliert werden. Dieser Schaltkreis realisiert als nichtdeterministischer Schaltkreis mit der beschriebenen Einteilung der Eingabevariablen f_n^A.

Es seien nun nichtdeterministische Schaltkreise $S = (S_n)$ für $f^A = (f_n^A)$ gegeben. Die nichtuniforme Turingmaschine M erhält als Hilfsinformation für Eingaben der Länge n eine Beschreibung von S_n. Sie erzeugt nichtdeterministisch Werte für die nichtdeterministischen Variablen und simuliert S_n auf dem so ergänzten Eingabevektor. Damit wird in polynomieller Zeit A nichtdeterministisch entschieden. □

14.7 Gibt es polynomielle Schaltkreise für alle Probleme in NP?

Da BPP $\subseteq$ P/poly ist, stellt sich die Frage, ob auch oder sogar NP $\subseteq$ P/poly ist. Dies würde zwar nicht unbedingt zu effizienten Algorithmen für NP-äquivalente Probleme führen, wir würden aber besser erkennen, was die Schwierigkeit dieser Probleme ausmacht. Da sich polynomielle Reduktionen durch Schaltkreise polynomieller Größe simulieren lassen, sind entweder alle NP-vollständigen Probleme in P/poly enthalten oder kein NP-vollständiges Problem. Da P $\subset$ P/poly ist, können wir nicht hoffen, zu beweisen, dass NP nicht Teilmenge von P/poly ist. Andererseits glauben wir, dass NP so viel weiter als BPP von P entfernt ist, dass NP nicht Teilmenge von P/poly ist. Den Ausweg aus dieser Situation kennen wir bereits. Wir zeigen, dass eine der gut fundierten komplexitätstheoretischen Hypothesen falsch ist, wenn NP $\subseteq$ P/poly ist. In diesem Fall ist es die Hypothese $\Sigma_2 \neq \Sigma_3$. Anders ausgedrückt: Es kann nur dann NP $\subseteq$ P/poly sein, wenn die polynomielle Hierarchie auf der zweiten Stufe, nämlich Σ_2, zusammenbricht.

Für den Beweis dieser Behauptung genügt es, für ein Problem $A \in$ NP die Aussage „$A \in$ P/poly $\Rightarrow \Sigma_2 = \Sigma_3$" zu zeigen. Es ist natürlich nahe liegend, für A ein NP-vollständiges Problem zu wählen. Die Eingaben für A müssen hier binär codiert sein, was aber bei der üblichen Beschreibung der Probleme deren Komplexität nicht verändert. Welches NP-vollständige Problem wählen wir? Nach unseren Erfahrungen ist die Standardantwort SAT oder 3-SAT. Diese Wahl ist auch hier geeignet. Wichtig für unseren Beweis ist jedoch nur, dass das gewählte NP-vollständige Problem folgende Eigenschaft hat.

Definition 14.7.1. Ein Entscheidungsproblem A heißt *polynomiell selbstreduzierbar* (polynomially self-reducible), wenn es auf sich selbst so turingreduzierbar ist, dass die Aufrufe des Unterprogramms für A nur kürzere Eingaben betreffen als die zu entscheidende Eingabe.

Wir werden später sehen, wie diese Eigenschaft ausgenutzt wird. Zunächst zeigen wir beispielhaft für zwei der uns bekannten NP-vollständigen Probleme, dass sie polynomiell selbstreduzierbar sind.

Lemma 14.7.2. SAT und CLIQUE sind polynomiell selbstreduzierbar.

Beweis. Für SAT entscheiden wir Eingaben, in denen keine Variable vorkommt, direkt in polynomieller Zeit. Ansonsten wählen wir für die Eingabe E eine darin vorkommende Variable x aus, bilden $E_0 = E_{|x=0}$ und $E_1 = E_{|x=1}$ und befragen das Unterprogramm für SAT für diese beiden kürzeren Eingaben. Es ist E genau dann erfüllbar, wenn mindestens eine der beiden Formeln E_0 oder E_1 erfüllbar ist.

Für CLIQUE entscheiden wir Eingaben mit $n = 1$ oder $k = 1$ direkt in polynomieller Zeit. Es sei nun (G, k) eine Eingabe für CLIQUE. Es entstehe G_1 aus G, indem wir einen Knoten v entfernen, und G_2 aus G, indem wir den Subgraphen auf allen mit v verbundenen Knoten bilden. Beide Graphen G_1 und G_2 haben eine kürzere Beschreibung als G. Wir rufen nun CLIQUE für (G_1, k) und $(G_2, k-1)$ auf und akzeptieren (G, k) genau dann, wenn mindestens einer der beiden Aufrufe von CLIQUE seine Eingabe akzeptiert. Diese Entscheidung ist korrekt, da G genau dann eine Clique der Größe k hat, wenn G schon ohne v eine Clique der Größe k hat oder eine v enthaltende Clique der Größe k hat. Der zweite Fall ist aber äquivalent dazu, dass es auf den Nachbarn von v eine Clique der Größe $k-1$ gibt. □

Zu einem polynomiell selbstreduzierbaren Problem A bezeichnen wir mit M_A die polynomiell zeitbeschränkte Turingmaschine, die A mit Aufrufen eines A-Unterprogramms für kürzere Eingaben entscheidet. Diese Turingmaschine kann nun auch eingesetzt werden, wenn bei den Unterprogrammaufrufen ein anderes Entscheidungsproblem B gelöst wird. Die dann von M_A akzeptierte Sprache bezeichnen wir mit $L(M_A, B)$. Schließlich soll für $C \subseteq \{0,1\}^*$ mit $C_{\leq n}$ die Menge aller $x \in C$ mit $|x| \leq n$ bezeichnet werden. Nun sind wir in der Lage, ein technisches Lemma zu beweisen, das Konsequenzen aus der polynomiellen Selbstreduzierbarkeit von A zieht.

Lemma 14.7.3. Für ein polynomiell selbstreduzierbares Entscheidungsproblem A und eine Sprache $B \subseteq \{0,1\}^*$ sei $L(M_A, B)_{\leq n} = B_{\leq n}$. Dann ist auch $A_{\leq n} = B_{\leq n}$.

14.7 Gibt es polynomielle Schaltkreise für alle Probleme in NP? 229

Beweis. Wir zeigen die Aussage mit Induktion über n. Für $n = 0$ ist die einzige erlaubte Eingabe das leere Wort. Da es keine kürzeren Wörter gibt, wird das Unterprogramm von M_A gar nicht aufgerufen und es gilt $A_{\leq 0} = L(M_A, A)_{\leq 0} = L(M_A, B)_{\leq 0} = B_{\leq 0}$.
Es seien nun $L(M_A, B)_{\leq n+1} = B_{\leq n+1}$ und $A_{\leq n} = B_{\leq n}$ vorausgesetzt. Zu zeigen ist $A_{\leq n+1} = B_{\leq n+1}$. Für ein Wort der Länge $n+1$ befragt die Turingmaschine das Unterprogramm nur für Wörter y mit $|y| \leq n$. Es ist also gleichgültig, ob das Unterprogramm die Sprache A, $A_{\leq n} = B_{\leq n}$ oder B akzeptiert. Damit folgt $A_{\leq n+1} = L(M_A, A)_{\leq n+1} = L(M_A, B)_{\leq n+1} = B_{\leq n+1}$, wobei die letzte Gleichung nach Voraussetzung gilt. Insgesamt ist das Lemma bewiesen. □

Für unsere weiteren Überlegungen wählen wir ein polynomiell selbstreduzierbares NP-vollständiges Entscheidungsproblem A. Derartige Probleme haben wir ja in Lemma 14.7.2 kennen gelernt. Wieder sei M_A die polynomiell zeitbeschränkte Turingmaschine, die A mit Hilfe kürzerer Anfragen an ein A-Unterprogramm entscheidet. Unser Ziel ist es, aus $A \in \text{P/poly}$, also der Existenz polynomieller Schaltkreise $S = (S_n)$ für $f^A = (f_n^A)$, $\Sigma_2 = \Sigma_3$ zu folgern. Dazu ist es notwendig, dass die Eingaben für A binär codiert sind. Schaltkreise bearbeiten nur Eingaben einer festen Länge. Für unsere Betrachtungen hätten wir gerne Schaltkreise, die alle Eingaben bis zu einer Länge m bearbeiten können. Dazu betrachten wir einen Schaltkreis mit Eingabelänge $m + \lceil \log m \rceil$, der die ersten $\lceil \log m \rceil$ Eingabebits als Zahl $i \in \{1, \ldots, m\}$ interpretiert und dann den ursprünglichen Schaltkreis S_i auf den nächsten i Eingabebits simuliert. Es ist leicht, aus $S = (S_n)$ derartige Schaltkreise S_m^* mit ebenfalls polynomieller Größe in polynomieller Zeit zu konstruieren. Wenn nun ein Unterprogramm aufgerufen werden soll, das für beliebige $i \leq m$ den Schaltkreis S_i auf einer Eingabe x der Länge i simuliert, dann können wir dieses Unterprogramm durch ein Unterprogramm, das S_m^* simuliert, ersetzen. Innerhalb des Unterprogramms wird zunächst eine passende Eingabe für S_m^* berechnet. Nach diesen Überlegungen folgt, dass $L(M_A, S_m^*)_{\leq m} = A_{\leq m}$ ist. Anders ausgedrückt: Für Eingaben x der Länge i ist $x \in L(M_A, S_m^*)$ genau dann, wenn $S_i(x) = 1$ ist. Mit diesen Vorüberlegungen werden wir nun zeigen, wie wir aus der Annahme, dass Schaltkreise für das NP-vollständige Problem A polynomielle Größe haben, ableiten können, dass Sprachen aus Σ_3 sogar zu Σ_2 gehören.

Theorem 14.7.4. *Aus NP $\subseteq$ P/poly folgt $\Sigma_2 = \Sigma_3$.*

Beweis. Wir betrachten das polynomiell selbstreduzierbare NP-vollständige Entscheidungsproblem A. Falls NP $\subseteq$ P/poly ist, gibt es für A eine Schaltkreisfamilie $S = (S_n)$ polynomieller Größe, die $f^A = (f_n^A)$ realisiert. Wir werden auch die in den Vorbetrachtungen konstruierten Schaltkreise S_m^* polynomieller Größe verwenden.

Es sei nun $L \in \Sigma_3$. Nach Theorem 10.4.3 gibt es für L eine $\exists\forall\exists$-Charakterisierung mit einem polynomiellen Prädikat. Diese können wir in eine $\exists\forall$-Charakterisierung mit einem NP-Prädikat verwandeln. Da A NP-vollständig ist, können wir das NP-Prädikat mit einer polynomiellen Transformation f auf A reduzieren. Also gilt für ein Polynom p

$$L = \{x \mid \exists y, |y| \le p(|x|) \; \forall z, |z| \le p(|x|): f(x,y,z) \in A\}.$$

Die Länge von $f(x,y,z)$ ist für ein Polynom q durch $q(|x|)$ beschränkt. Wir behaupten, dass sich L auch auf folgende Weise charakterisieren lässt, wobei p' ein geeignetes Polynom ist.

$$L = \{x \mid \exists (S,y), |S| \le p'(|x|), |y| \le p(|x|)$$
$$\forall (w,z), |w| \le q(|x|), |z| \le p(|x|):$$

S beschreibt einen Schaltkreis mit in $|x|$ polynomieller Größe für

Eingaben, deren Länge höchstens $q(|x|)$ beträgt,

$w \in L(M_A, S) \Leftrightarrow S_{|w|}(w) = 1$,

S berechnet auf $f(x,y,z)$ den Wert $1\}$.

Damit diese Charakterisierung $L \in \Sigma_2$ beweist, müssen die drei Eigenschaften in polynomieller Zeit überprüfbar sein. Für die erste Bedingung ist dies bei der üblichen Beschreibung von Schaltkreisen klar, für die zweite Bedingung folgt dies, da M_A polynomiell zeitbeschränkt ist, wir die Unterprogrammaufrufe durch die Simulation von S ersetzen können und die Auswertung von Schaltkreisen in polynomieller Zeit möglich ist. Da f eine in polynomieller Zeit berechenbare Transformation ist, kann auch die dritte Bedingung in polynomieller Zeit überprüft werden.

Schließlich zeigen wir, dass die Charakterisierung von L korrekt ist. Sei zunächst $x \in L$. Als Schaltkreis S wählen wir einen Schaltkreis polynomieller Größe, der für $(b,a) \in \{0,1\}^{\lceil \log q(|x|) \rceil} \times \{0,1\}^{q(|x|)}$ überprüft, ob das Präfix von a der Länge bin(b) zu A gehört. Dabei beschreibt bin(b) die durch b dargestellte Zahl aus $\{1, \dots, q(|x|)\}$. Wir betrachten S als Schaltkreis für Eingaben a mit $|a| \le q(|x|)$, die er auf Zugehörigkeit zu A überprüft. Die Korrektheit der zweiten Bedingung haben wir schon in den Vorüberlegungen gezeigt. Nach Lemma 14.7.3 akzeptiert S genau die Eingaben aus A und damit $f(x,y,z)$. Im Umkehrschluss nehmen wir an, dass x die angegebene Charakterisierung ermöglicht. Mit der zweiten Bedingung folgt aus Lemma 14.7.3, dass S die Eingabe $(b,a) \in \{0,1\}^{\lceil \log q(|x|) \rceil + q(|x|)}$ genau dann akzeptiert, wenn das durch b bestimmte Präfix von a zu A gehört. Aus der dritten Bedingung folgt $f(x,y,z) \in A$. Die Aussage $x \in L$ folgt nun aus der zuvor angegebenen Charakterisierung von L. Insgesamt ist das Theorem bewiesen. □

Die Ergebnisse aus Korollar 14.6.3 und Theorem 14.7.4 lassen sich so interpretieren, dass NP vermutlich bezüglich der Schaltkreisgröße schwierigere Probleme enthält als BPP. Insbesondere wird wohl NP nicht in BPP enthalten sein.

15. Kommunikationskomplexität

15.1 Das Kommunikationsspiel

Das Ziel der Komplexitätstheorie besteht darin, die Mindestressourcen zur Lösung von algorithmischen Problemen abzuschätzen. Die bisher bewiesenen unteren Schranken beruhen auf komplexitätstheoretischen Hypothesen oder beziehen sich auf spezielle Szenarien wie das Black-Box-Szenario. In diesem und dem folgenden Kapitel werden ohne komplexitätstheoretische Hypothese untere Schranken für eine Ressource unter der Bedingung, dass eine andere Ressource beschränkt ist, gezeigt, also so genannte Trade-off-Resultate. Dazu gehören in Kapitel 16 untere Schranken für die Größe tiefenbeschränkter Schaltkreise oder für die Größe längenbeschränkter Branchingprogramme. Die wohl frühesten Resultate dieser Art bezogen sich auf die Fläche A und die parallele Rechenzeit T von VLSI-Schaltkreisen (siehe auch Kapitel 15.5). Für bestimmte Funktionen $f = (f_n)$ hat Thompson (1979) gezeigt, dass das Produkt aus Fläche und quadrierter Rechenzeit asymptotisch mindestens wie n^2 wachsen muss, formal ausgedrückt: $AT^2 = \Omega(n^2)$. Also können Fläche und parallele Rechenzeit nicht gleichzeitig sehr klein werden. Yao (1979) hat den Kern der beim Beweis dieser Schranken benutzten Ideen herausgefiltert und von der konkreten Anwendung getrennt. Daraus entstand die Theorie der Kommunikationskomplexität, die auf folgendem *Kommunikationsspiel* (communication game) beruht.

Alice und Bob kooperieren, um eine Funktion $f: A \times B \to C$ bei verteilter Information über die Eingabe auszuwerten. Es soll $f(a,b)$ mit $a \in A$ und $b \in B$ berechnet werden, wobei Alice a, aber nicht b, und Bob b, aber nicht a kennt. Wie die Eingabe auf Alice und Bob verteilt wird, gehört zur Problemstellung. Das Ziel besteht darin, dass Alice und Bob wissen, dass sie beide $f(a,b)$ kennen. In der Theorie der Kommunikationskomplexität wird nur der Fall endlicher Mengen A, B und C behandelt. In den meisten unserer Beispiele untersuchen wir boolesche Funktionen mit einer Ausgabe, also den Fall $A = \{0,1\}^m, B = \{0,1\}^n$ und $C = \{0,1\}$.

Das Kommunikationsspiel stellt die zwischen Alice und Bob ausgetauschte Information in den Mittelpunkt. Das Ziel ist die Minimierung der maximalen Anzahl (bezogen auf die verschiedenen Eingaben (a,b)) von ausgetauschten Bits. Um dies zu präzisieren, müssen die Spielregeln erklärt werden. Bei Kenntnis der Funktion f, aber in Unkenntnis einer konkreten Eingabe (a,b)

einigen sich Alice und Bob auf ein *Kommunikationsprotokoll* (communication protocol) P, das aus einem *Protokollbaum* (protocol tree) T_P zur Auswertung von f besteht. Der Protokollbaum ist ein binärer Baum, bei dem jeder innere Knoten von einer 0-Kante und einer 1-Kante verlassen wird. Die Blätter sind mit Werten $c \in C$ markiert. Jeder innere Knoten v ist Alice oder Bob zugeordnet, also A-Knoten oder B-Knoten. Zu jedem A-Knoten v gehört eine Menge $A_v \subseteq A$ mit der Interpretation, dass nur Eingaben (a, b) mit $a \in A_v$ diesen Knoten erreichen können, und eine Entscheidungsfunktion $g_v : A_v \to \{0, 1\}$. Analoges gilt für B-Knoten. Dieser Protokollbaum wird nun für konkrete Eingaben $(a, b) \in A \times B$ folgendermaßen benutzt. Die Kommunikation beginnt an der Wurzel, die somit für alle Eingaben erreicht wird. Falls der A-Knoten v erreicht wird, berechnet Alice $g_v(a)$ und sendet $g_v(a)$ an Bob. Darauf wird der $g_v(a)$-Nachfolger von v erreicht. Analoges gilt für B-Knoten. Damit der Protokollbaum zur Auswertung von f geeignet ist, muss das für die Eingabe (a, b) schließlich erreichte Blatt $l(a, b)$ mit $f(a, b)$ markiert sein.

Wenn Alice und Bob das Protokoll P verwenden, tauschen sie für die Eingabe (a, b) genau soviele Bits aus, wie es Kanten auf dem Weg von der Wurzel von T_P bis zu $l(a, b)$ gibt. Die Tiefe $d_P(a, b)$ des Blattes $l(a, b)$ in T_P beschreibt den Kommunikationsaufwand bei Eingabe (a, b). Die *Länge des Protokolls* P wird als Maximum aller $d_P(a, b)$ definiert und mit $l(P)$ bezeichnet. Schließlich ist die Kommunikationskomplexität (communication complexity) $C(f)$ die minimale Länge eines Protokolls zur Auswertung von f.

Da wir uns nicht um die Ressourcen kümmern, die es erfordert, sich über das Protokoll zu einigen, ist die Kommunikationskomplexität ein nichtuniformes Komplexitätsmaß. Außerdem wird von manchen Aspekten wie der Beschreibung und der Auswertung der Entscheidungsfunktionen g_v an den inneren Knoten abstrahiert. Daher führt ein kurzes Protokoll nicht unbedingt zu einer effizienten Gesamtlösung des betrachteten Problems. Dagegen haben große untere Schranken für die Kommunikationskomplexität die Konsequenz, dass das Problem nicht effizient lösbar ist. Wir sind daher vor allem an unteren Schranken interessiert und benutzen obere Schranken, um zu überprüfen, wie gut die erzielten unteren Schranken sind.

Wir veranschaulichen die Definitionen an einem Beispiel. Die boolesche Funktion $f(a_0, \ldots, a_3, b_0, \ldots, b_3, s_0, s_1)$ soll den Funktionswert 1 genau dann annehmen, wenn $a_{|s|} = b_{|s|}$ für $|s| = s_0 + 2s_1$ ist. Wir beschreiben zunächst informell ein Protokoll zur Auswertung von f, wenn Alice $a_0, \ldots, a_3$ und s_0 und Bob $b_0, \ldots, b_3$ und s_1 kennt:

- Alice sendet s_0.
- Bob sendet s_1.
- Bob berechnet $|s|$ und sendet $b_{|s|}$.
- Alice berechnet $|s|$ und sendet 1 genau dann, wenn $a_{|s|} = b_{|s|}$ ist.

Der zugehörige Protokollbaum ist in Abbildung 15.1.1 veranschaulicht, wobei die Knoten als Markierung enthalten, wer ein Bit sendet und wie dieses Bit berechnet wird.

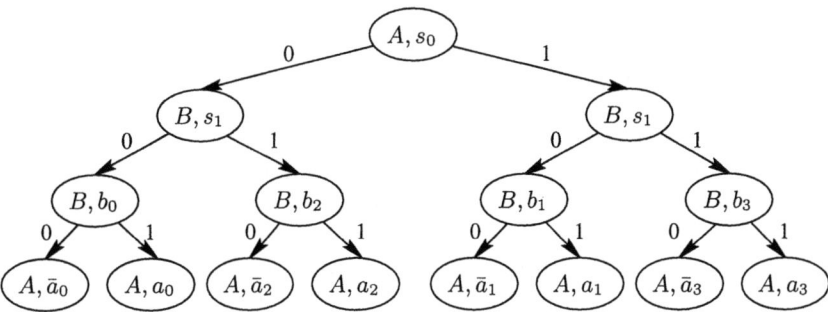

Abb. 15.1.1. Ein Protokollbaum, bei dem aus Gründen der Übersichtlichkeit die letzte Ebene fehlt. Die 1-Kanten führen zu 1-Blättern und die 0-Kanten zu 0-Blättern.

Das Protokoll hat eine Länge von 4. Die Anzahl der so genannten *Kommunikationsrunden* (communication rounds) beträgt 3, da auf jedem Weg des Protokollbaums die Rolle, wer sendet und wer empfängt, nur zweimal wechselt. Wenn Alice a_0, a_1, b_0, b_1 und s_0 und Bob a_2, a_3, b_2, b_3 und s_1 kennt, kann folgendes Protokoll der Länge 3 verwendet werden:

- Alice sendet s_0.
- Bob sendet s_1.
- Alice und Bob berechnen $|s|$. Falls $|s| \leq 1$ ist, kann Alice entscheiden, ob $a_{|s|} = b_{|s|}$ ist, und das Ergebnis an Bob senden. Ansonsten kann Bob entscheiden, ob $a_{|s|} = b_{|s|}$ ist, und das Ergebnis an Alice senden.

Bevor wir die möglichen Anwendungen der Theorie der Kommunikationskomplexität diskutieren, wollen wir an einem einfach aussehenden Beispiel zeigen, dass es keinesfalls einfach ist, gute Protokolle zu entwerfen. Wir untersuchen folgende Funktion $f_n : \{0,1\}^n \times \{0,1\}^n \to \{1, \ldots, n\}$. Alice interpretiert ihre Eingabe a als charakteristischen Vektor einer Menge $A \subseteq \{1, \ldots, n\}$. Die Menge A enthält also i genau dann, wenn $a_i = 1$ ist. Analog interpretiert Bob b als Menge B. Es soll $f_n(a,b)$ der Median der Multimenge $A \cup B$ sein. Wenn also A und B zusammen s Elemente enthalten, ist $f_n(a,b)$ in der sortierten Folge das Element an Position $\lceil s/2 \rceil$. Wir wollen zeigen, dass die Kommunikationskomplexität von f_n von der Größe $\Theta(\log n)$ ist. In diesem Fall ist die untere Schranke $\lceil \log n \rceil$ einfach zu zeigen. Da $A = \{i\}$ und $B = \emptyset$ sein kann, muss jeder Protokollbaum ein Blatt mit Markierung i enthalten. Die untere Schranke folgt, da binäre Bäume mit mindestens n Blättern eine Mindesttiefe von $\lceil \log n \rceil$ haben.

Zunächst stellen wir ein einfaches Protokoll der Länge $O(\log^2 n)$ vor. Dazu führen Alice und Bob eine binäre Suche auf $\{1,\ldots,n\}$ nach dem Median M durch. Die genannte Schranke folgt also, wenn Alice und Bob mit einem Protokoll der Länge $O(\log n)$ entscheiden können, ob $M \leq m$ für ein $m \in \{1,\ldots,n\}$ ist. Hierzu sendet Alice die Anzahl aller Elemente in A und die Anzahl der Elemente $i \in A$ mit $i \leq m$. Nun kann Bob die Anzahl aller Elemente in $A \cup B$, wobei wir stets Multimengen betrachten, und die Anzahl der Elemente $i \in A \cup B$ mit $i \leq m$ berechnen. Daher kennt er die Antwort auf die gestellte Frage und kann diese an Alice senden.

Das Protokoll mit Länge $O(\log n)$ ist komplexer. In einem Vorbereitungsschritt tauschen Alice und Bob die Werte $|A|$ und $|B|$ aus. Dazu genügen $2\lceil\log(n+1)\rceil$ Bits. Es sei nun k die kleinste Zweierpotenz, für die $k \geq |A|$ und $k \geq |B|$ ist. Offensichtlich ist $k < 2n$. Alice und Bob füllen ihre Menge nach einem vorgegebenen Schema so auf, dass am Ende $|A| = |B| = k$ ist und sich der Median von $A \cup B$ nicht geändert hat. Falls $|A|+|B|$ gerade ist, werden gleich viele Elemente 1 wie n als Füllelemente benutzt. Ansonsten wird das Element n einmal mehr als Füllelement gewählt.

Alice und Bob kennen den Wert von k. Außerdem verwalten sie eine Intervallmenge ganzer Zahlen als mögliche Kandidaten für den Wert des Medians. Da die Größe dieser Menge I eine Zweierpotenz sein soll, beginnen sie mit $I = \{1,\ldots,2^{\lceil\log n\rceil}\}$. Wir zeigen die Behauptung, indem wir ein Protokoll der Länge 2 beschreiben, das ausreicht, um k oder $|I|$ zu halbieren. Spätestens nach $\lceil\log n\rceil + \log k - 1 = O(\log n)$ dieser Schritte ist $|I| = 1$ oder $k = 1$. Falls $|I| = 1$ ist, kennen Alice und Bob das einzige Element in I und damit den Median. Falls $k = 1$ ist, tauschen Alice und Bob die einzigen Elemente aus A und B aus. Der Median ist gleich dem kleineren der beiden Elemente.

Es muss noch das angekündigte Protokoll der Länge 2 beschrieben werden. Alice berechnet den Median a' der aktuellen Menge A und Bob analog b'. Es sei i das minimale Element in I. Alice betrachtet die Binärdarstellung der Länge $\lceil\log|I|\rceil$ von $a'-i$ und sendet das signifikanteste Bit a^* an Bob. Analog berechnet und sendet Bob b^*. Falls $a^* = b^*$ ist, muss für den Median M die Binärdarstellung von $M-i$ der Länge $\lceil\log|I|\rceil$ mit a^* beginnen. Dies genügt, um $|I|$ zu halbieren. Falls $a^* = 0$ ist, wird I durch seine erste Hälfte ersetzt, ansonsten durch seine zweite Hälfte. Für den Fall $a^* \neq b^*$ betrachten wir aus Symmetriegründen nur die Situation $a^* = 0$ und $b^* = 1$. Dann entfernt Alice die kleinere Hälfte der Elemente aus A und Bob die größere Hälfte der Elemente aus B. Damit wird k halbiert, aber der Median nicht verändert. Das Medianproblem hat also eine Kommunikationskomplexität von $\Theta(\log n)$.

Dieses Beispiel hat auch gezeigt, dass Protokollbäume gut für strukturelle Überlegungen geeignet sind, während konkrete Protokolle besser algorithmisch beschrieben werden.

In welchen Bereichen kann das Kommunikationsspiel Anwendungen finden?

In Netzwerken oder Multiprozessorsystemen mit verteilter Information beschreibt die Kommunikationskomplexität direkt den Mindestaufwand zur Lösung einer Aufgabe. Dabei handelt es sich um ein Kommunikationsspiel mit vielen Beteiligten. Oft reichen jedoch schon die Ergebnisse für das Szenario, in dem wir aus den Beteiligten zwei Gruppen bilden, die durch Alice und Bob repräsentiert werden. Da diese Anwendungen auf der Hand liegen, werden wir nicht mehr näher auf sie eingehen.

In dem schon erwähnten Beispiel der VLSI-Schaltkreise sind Chips rechteckige Flächen mit vorgegebenen Positionen, wo die Eingabebits bereitgestellt werden. Für Chips mit Fläche A gibt es nun einen Schnitt, dessen Länge höchstens $A^{1/2} + 1$ beträgt, so dass jeweils ungefähr die Hälfte der Eingabebits auf jeder Seite des Schnitts liegen. Die beiden Chipteile müssen „kommunizieren", damit der Chip seine Aufgabe erfüllen kann. Diese Gedanken werden in Kapitel 15.5 ausgeführt.

Wenn wir bei Turingmaschinen die Anzahl der Bänder auf 1 beschränken und die Eingabe in der Mitte zerlegen, muss über diesen Schnittpunkt genug Information fließen, damit die Turingmaschine ihre Aufgabe erfüllen kann. Wir werden in Kapitel 15.6 mit Hilfe der Kommunikationskomplexität zeigen, dass es Probleme gibt, die auf 1-Band-Turingmaschinen Zeit $\Omega(n^2)$ erfordern, während 2-Band-Turingmaschinen mit linearer Zeit auskommen.

In Kapitel 16 werden wir zeigen, dass es bei stark tiefenbeschränkten Schaltkreisen und Bausteinen mit unbeschränktem Eingangsgrad für Funktionen mit bestimmten Eigenschaften viele Kanten geben muss, da jede Kante nur wenig zur notwendigen Kommunikation beitragen kann. Branchingprogramme mit noch näher zu beschreibenden Restriktionen können so in Schichten eingeteilt werden, dass kleine Branchingprogramme zu einem effizienten Kommunikationsprotokoll für die dargestellte Funktion und eine geeignete Verteilung der Eingabe führen. Falls also die Kommunikationskomplexität der Funktion groß ist, muss auch das Branchingprogramm groß sein.

Bevor wir zu den Anwendungen kommen, zeigen wir, wie wir untere Schranken für die Kommunikationskomplexität beweisen können. In Kapitel 15.2 untersuchen wir das bereits definierte deterministische Kommunikationsspiel. Später erweitern wir die Methoden auf randomisierte Kommunikationsprotokolle. In Kapitel 15.3 untersuchen wir den Fall eines einseitigen, aber unbeschränkten Fehlers, also nichtdeterministische Protokolle, und in Kapitel 15.4 ein- und zweiseitige Fehler, die nur mit kleiner Wahrscheinlichkeit eintreten dürfen.

Das Kommunikationsspiel zwischen Alice und Bob ist eine Abstraktion vieler sehr unterschiedlicher Probleme. Fragestellungen werden auf den Kern des Informationsaustausches zwischen zwei an der Problemlösung beteiligten Modulen reduziert. Untere Schranken für die Kommunikationskomplexität konkreter Funktionen haben also in zahlreichen Modellen Konsequenzen für die Komplexität des betrachteten Problems.

15.2 Untere Schranken für die Kommunikationskomplexität

Das Beispiel der Medianberechnung hat deutlich gemacht, dass wir nicht auf naive Weise argumentieren können, um die Kommunikationskomplexität einer Funktion zu bestimmen. Selbst in dem zuvor untersuchten Beispiel einer Funktion f mit zehn Eingabebits und zwei verschiedenen Aufteilungen der Eingabe glauben wir bisher nur, dass die angegebenen Protokolle der Länge 4 und 3 optimal sind. Der Schlüssel zum Beweis unterer Schranken liegt in der Untersuchung von Protokollbäumen und der Erkenntnis, dass die Mengen $I_v \subseteq A \times B$ aller Eingaben, die einen Knoten v erreichen, ganz spezielle Eigenschaften haben.

Offensichtlich bilden die Mengen I_v für die Blätter v des Protokollbaums eine Partition, also eine disjunkte Zerlegung von $A \times B$. Wir zeigen nun induktiv über die Tiefe des Knotens v, dass $I_v = A_v \times B_v$ für Mengen $A_v \subseteq A$ und $B_v \subseteq B$ ist. Für die Wurzel r ist offensichtlich $I_r = A \times B$. Sei nun ein Knoten v mit $I_v = A_v \times B_v$ und den beiden Nachfolgern v_0 und v_1 gegeben. Aus Symmetriegründen können wir annehmen, dass v ein A-Knoten ist. Nach Definition ist $I_{v_0} = g_v^{-1}(0) \times B_v$ und $I_{v_1} = g_v^{-1}(1) \times B_v$. Damit ist die Behauptung schon bewiesen. In einem Protokollbaum für f folgt für ein mit c markiertes Blatt, dass f auf der Menge $A_v \times B_v$ die konstante Funktion c sein muss. Mengen vom Typ $A' \times B'$ spielen also eine besondere Rolle und sollen daher einen besonderen Namen erhalten. Zu dessen Motivation definieren wir zunächst die *Kommunikationsmatrix* (communication matrix) der Funktion $f\colon A \times B \to C$. Sie hat $|A|$ Zeilen, die die partiellen Eingaben $a \in A$ repräsentieren, und $|B|$ Spalten, die die partiellen Eingaben $b \in B$ repräsentieren. An Position (a,b) steht der Eintrag $f(a,b)$. Die Kommunikationsmatrix ist also nur eine andere Form der Funktionstabelle, die die Aufteilung der Eingabe zwischen Alice und Bob widerspiegelt. In den Abbildungen 15.2.1 und 15.2.2 sind für $n = 3$ die Kommunikationsmatrizen der Funktionen GT = (GT_n) (Größer-Vergleich, greater than) und EQ = (EQ_n) (Gleichheitstest, equality test) angegeben. Wenn $|a|$ den Wert der Binärdarstellung a bezeichnet, ist $GT_n(a,b)$ genau dann 1, wenn $|a| > |b|$ ist, und $EQ_n(a,b)$ genau dann 1, wenn $|a| = |b|$ ist.

In Abbildung 15.2.1 ist die Menge $\{001, 010, 011\} \times \{011, 100, 101, 110, 111\}$ gekennzeichnet. Diese Menge bildet eine Submatrix oder auch ein *geometrisches Rechteck*. Dagegen ist die in Abbildung 15.2.2 markierte Menge $\{000, 001, 100, 101\} \times \{010, 011, 110, 111\}$ geometrisch eine Vereinigung von vier Rechtecken. Wir bezeichnen sie aber als *kombinatorisches Rechteck*, da die Zeilen- und Spaltennummerierung in der Kommunikationsmatrix willkürlich ist und die betrachtete Menge nach geeigneter Zeilen- und Spaltenpermutation auch ein geometrisches Rechteck ist. Abkürzend wird jede Menge $A' \times B'$ mit $A' \subseteq A$ und $B' \subseteq B$ als *Rechteck* (rectangle) der Kommunikationsmatrix bezeichnet. Das Rechteck heißt *einfarbig* oder *monochromatisch*, wenn alle $f(a,b)$, $(a,b) \in A' \times B'$, denselben Wert haben. Wie schon

	000	001	010	011	100	101	110	111
000	0	0	0	0	0	0	0	0
001	1	0	0	0	0	0	0	0
010	1	1	0	0	0	0	0	0
011	1	1	1	0	0	0	0	0
100	1	1	1	1	0	0	0	0
101	1	1	1	1	1	0	0	0
110	1	1	1	1	1	1	0	0
111	1	1	1	1	1	1	1	0

Abb. 15.2.1. Die Kommunikationsmatrix von GT_3.

	000	001	010	011	100	101	110	111
000	1	0	0	0	0	0	0	0
001	0	1	0	0	0	0	0	0
010	0	0	1	0	0	0	0	0
011	0	0	0	1	0	0	0	0
100	0	0	0	0	1	0	0	0
101	0	0	0	0	0	1	0	0
110	0	0	0	0	0	0	1	0
111	0	0	0	0	0	0	0	1

Abb. 15.2.2. Die Kommunikationsmatrix von EQ_3.

beim Graphenfärbungsproblem identifizieren wir Zahlen und Farben. Wenn uns der Funktionswert c interessiert, sprechen wir von c-Rechtecken.

Wir fassen nun unsere Betrachtungen zusammen. Ein Protokoll der Länge l führt zu einem Protokollbaum mit höchstens 2^l Blättern. Daher wird die Eingabemenge an den Blättern in höchstens 2^l einfarbige Rechtecke zerlegt. Dies können wir umformulieren zu folgendem Ergebnis, wobei wir ausnutzen, dass $C(f)$ ganzzahlig ist.

Theorem 15.2.1. *Es sei* $f: A \times B \to C$ *gegeben. Wenn jede Partition von* $A \times B$ *in einfarbige Rechtecke mindestens* r *Rechtecke benötigt, kann die*

Kommunikationskomplexität von f nicht kleiner als $\lceil \log r \rceil$ sein, d. h. $C(f) \geq \lceil \log r \rceil$.

Wir beschreiben, wie wir dieses Theorem anwenden können. Die Größe des Rechtecks $A' \times B'$ sei als $|A'| \cdot |B'|$ definiert. Wenn g_c die Größe des größten c-Rechtecks ist, benötigen wir mindestens $r_c := \lceil |f^{-1}(c)|/g_c \rceil$ c-Rechtecke. Wenn wir die Summe aller $r_c, c \in C$, mit r bezeichnen, liefert Theorem 15.2.1 die untere Schranke $\lceil \log r \rceil$ für $C(f)$. Diese Methode ist für EQ_n geeignet. Es ist $f^{-1}(1) = 2^n$, da für $a \in \{0,1\}^n$ genau die Paare (a,a) auf 1 abgebildet werden. Andererseits kann kein Rechteck $A' \times B'$ mit $|A'| \geq 2$ oder $|B'| \geq 2$ nur Paare (a,a) enthalten. Somit ist $r_1 = 2^n$. Offensichtlich ist $r_0 \geq 1$ und $r \geq 2^n + 1$. Also ist $C(\mathrm{EQ}_n) \geq \lceil \log(2^n + 1) \rceil = n+1$. Es folgt sogar $C(\mathrm{EQ}_n) = n+1$, da Alice ihre Eingabe der Länge n an Bob senden kann und dieser dann das Ergebnis berechnen und an Alice senden kann.

Theorem 15.2.2. $C(EQ_n) = n + 1$.

Für GT_n reicht dieses Argument nicht aus. So zeigt sich in Abbildung 15.2.1, dass es 0-Rechtecke und 1-Rechtecke gibt, die ein Viertel aller Eingaben überdecken. Als untere Schranke erhalten wir nur den Wert 3. Andererseits glauben wir nicht, dass GT_n einfacher als EQ_n ist. Indem wir bisher die Eingaben gezählt haben, haben wir implizit alle Eingaben als gleichbedeutend angesehen. Wenn die Funktion „einfache Teilbereiche" hat, bricht unser Abzählargument zusammen. Wir ändern nun unsere „Zählweise", indem wir eine Wahrscheinlichkeitsverteilung p auf $A \times B$ wählen. Wir messen die p-Größe von $A' \times B'$ durch $p(A' \times B')$.

Theorem 15.2.3. *Es sei p eine Wahrscheinlichkeitsverteilung auf $A \times B$. Wenn für jedes einfarbige Rechteck R die Bedingung $p(R) \leq \varepsilon$ erfüllt ist, gilt $C(f) \geq \lceil \log(1/\varepsilon) \rceil$.*

Beweis. Da $p(A \times B) = 1$ ist, werden mindestens $\lceil 1/\varepsilon \rceil$ einfarbige Rechtecke benötigt, um eine Partition von $A \times B$ in einfarbige Rechtecke zu ermöglichen. Das Ergebnis folgt nun aus Theorem 15.2.1. □

Wir wollen diese Methode auf die Funktion GT_n anwenden. Intuitiv ist $\mathrm{GT}_n(a,b)$ einfach zu berechnen, wenn $|a|$ und $|b|$ sehr verschieden sind. Wir betrachten daher die Gleichverteilung auf den $2 \cdot 2^n - 1$ Eingaben (a,b) mit $|a| = |b|$ oder $|a| = |b| + 1$. In der Kommunikationsmatrix sind dies die Einträge auf der Hauptdiagonalen und direkt unterhalb der Hauptdiagonalen. Wenn ein 0-Rechteck (a,a) und (b,b) mit $a \neq b$ enthält, enthält es auch (a,b) und (b,a) und es ist $\mathrm{GT}_n(a,b) = 1$ oder $\mathrm{GT}_n(b,a) = 1$. Also gilt $p(R) \leq 1/(2 \cdot 2^n - 1)$ für 0-Rechtecke R. Wenn ein 1-Rechteck (a,b) und (a',b') mit $|a| = |b| + 1$, $|a'| = |b'| + 1$ und $|a| < |a'|$ enthält, enthält es auch (a,b') mit $|a| < |b'| + 1$ und es ist $\mathrm{GT}_n(a,b') = 0$. Also gilt $p(R) \leq 1/(2 \cdot 2^n - 1)$ auch für 1-Rechtecke R. Mit Theorem 15.2.3 folgt

Theorem 15.2.4. $C(GT_n) = n + 1$.

Wenn wir unseren Beweis der unteren Schranke für GT_n näher betrachten, haben wir 0-Rechtecke und 1-Rechtecke einzeln betrachtet. Wir haben gezeigt, dass jedes 0-Rechteck nur ein Eingabepaar (a, b), das positive Wahrscheinlichkeit hat, enthalten kann. Analoges gilt für 1-Rechtecke. Bei einer derartigen Anwendung von Theorem 15.2.3 ist eine einfachere Argumentation möglich.

Definition 15.2.5. Für $f: A \times B \to C$ und ein $c \in C$ heißt $S \subseteq A \times B$ *c-Verwirrmenge* (*c*-fooling set), wenn $f(a,b) = c$ für alle $(a,b) \in S$ ist, aber stets für zwei verschiedene $(a,b), (a',b') \in S$ mindestens einer der Werte $f(a,b')$ und $f(a',b)$ von c verschieden ist.

Die Idee ist, dass die Eingaben aus S Alice und Bob bei kurzen Protokollen verwirren. Dies formalisieren wir in folgendem Theorem.

Theorem 15.2.6. *Wenn es für $f: A \times B \to C$ und $c \in C$ eine c-Verwirrmenge der Größe s_c gibt, ist*

$$C(f) \geq \lceil \log \sum_{c \in C} s_c \rceil.$$

Beweis. Es genügt zu zeigen, dass jede Partition von $A \times B$ in einfarbige Rechtecke mindestens s_c c-Rechtecke benötigt. Definition 15.2.5 sichert, dass ein c-Rechteck nicht zwei Elemente einer c-Verwirrmenge enthalten kann. Damit ist das Theorem bewiesen. □

Für die Funktion GT_n bilden die Paare (a, a) eine 0-Verwirrmenge der Größe 2^n und die Paare (a, b) mit $|a| = |b| + 1$ eine 1-Verwirrmenge der Größe $2^n - 1$. Also ist

$$C(\mathrm{GT}_n) \geq \lceil \log(2^n + 2^n - 1) \rceil = n + 1.$$

Wir wollen noch zwei weitere Funktionen behandeln, die im weiteren Verlauf eine Rolle spielen. Die Funktion $\mathrm{DIS} = (\mathrm{DIS}_n)$ (Disjunktheitstest, disjointness test) interpretiert die Eingaben $a, b \in \{0,1\}^n$ als charakteristische Vektoren der Mengen $A, B \subseteq \{1, \ldots, n\}$ und testet, ob $A \cap B = \emptyset$ ist. Also ist

$$\mathrm{DIS}_n(a,b) = \neg(a_1 b_1 + \cdots + a_n b_n),$$

wobei $\neg$ für NOT und $+$ für OR steht. Die Funktion $\mathrm{IP} = (\mathrm{IP}_n)$ (Skalarprodukt, inner product) ist durch

$$\mathrm{IP}_n(a,b) = a_1 b_1 \oplus \cdots \oplus a_n b_n$$

definiert, wobei $\oplus$ für EXOR steht. Es handelt sich also um das Skalarprodukt über $\mathbb{Z}_2$. Die Abkürzung IP haben wir in Kapitel 11 schon an eine Komplexitätsklasse vergeben. Da Verwechslungen ausgeschlossen sind, benutzen wir für das Skalarprodukt dennoch die gebräuchliche Abkürzung IP.

Theorem 15.2.7. *Es ist* $C(DIS_n) = n+1$ *und* $n \leq C(IP_n) \leq n+1$.

Beweis. Die oberen Schranken sind offensichtlich, da Alice ihre gesamte Eingabe an Bob senden kann, der dann die Ausgabe berechnen und an Alice senden kann.

Für DIS_n bilden die Paare $(a, \bar{a})$, wobei $\bar{a}$ das bitweise Komplement von a ist, eine 1-Verwirrmenge der Größe 2^n. Also werden mindestens 2^n 1-Blätter und mindestens ein 0-Blatt benötigt. Daraus folgt die untere Schranke.

Für IP_n greifen wir auf die Abzählmethode aus Theorem 15.2.1 zurück. Es ist $|IP_n^{-1}(0)| > 2^{2n}/2$, da für $a = 0^n$ die Funktion IP_n für alle (a,b) den Wert 0 annimmt und für $a \neq 0^n$ dies für genau die Hälfte aller b der Fall ist. Letztere Eigenschaft haben wir schon in mehreren Zusammenhängen ausgenutzt. Es seien a mit $a_i = 1$ und $b_1, \ldots, b_{i-1}, b_{i+1}, \ldots, b_n$ festgelegt. Dann führt genau einer der beiden Werte für b_i zum IP-Wert 0. Können wir zeigen, dass jedes 0-Rechteck R höchstens 2^n Eingaben (a,b) enthält, brauchen wir mehr als $2^n/2$ 0-Rechtecke, um alle 0-Eingaben zu überdecken.

Um die Größe von 0-Rechtecken R abzuschätzen, machen wir uns den algebraischen Charakter des Skalarproduktes zunutze. Für eine Menge $A \subseteq \{0,1\}^n$ sei $\langle A \rangle$ der von A innerhalb des $\mathbb{Z}_2$-Vektorraums $\mathbb{Z}_2^n$ aufgespannte Unterraum. Für jedes 0-Rechteck $R = A \times B$, ist auch $\langle A \rangle \times \langle B \rangle$ ein 0-Rechteck. Dies folgt aus der leicht zu verifizierenden Beziehung

$$IP_n(a \oplus a', b \oplus b') = IP_n(a,b) \oplus IP_n(a,b') \oplus IP_n(a',b) \oplus IP_n(a',b'),$$

wobei auf der linken Seite $\oplus$ das bitweise EXOR bezeichnet. Also hat das größte 0-Rechteck die Gestalt $A \times B$, wobei A und B orthogonale Unterräume von $\mathbb{Z}_2^n$ sind. Die Dimension von $\mathbb{Z}_2^n$ ist n und aus der Orthogonalität von A und B folgt $\dim(A) + \dim(B) \leq n$. Schließlich ist die Größe von R gleich $|A| \cdot |B|$ und

$$|A| \cdot |B| = 2^{\dim(A)} \cdot 2^{\dim(B)} \leq 2^n.$$

□

Die Darstellung der Funktion f durch ihre Kommunikationsmatrix M_f legt es nahe, Methoden der linearen Algebra auf diese Matrix anzuwenden. Dies führt zu der *Rangmethode* (rank lower bound method) zur Abschätzung der Kommunikationskomplexität von f.

Theorem 15.2.8. *Es sei* $\text{Rang}(f)$ *der Rang der Kommunikationsmatrix* M_f *über* $\mathbb{R}$, *wobei* f *den Bildbereich* $\{0,1\}$ *hat. Dann ist*

$$C(f) \geq \lceil \log \text{Rang}(f) \rceil.$$

Beweis. Wir zeigen, dass jedes Kommunikationsprotokoll für f einen Protokollbaum T mit mindestens $\text{Rang}(f)$ vielen 1-Blättern erfordert. Daraus folgt die Behauptung. Es sei $A_v \times B_v$ die Menge der Eingaben, die in T das

1-Blatt v erreichen. Zu v bilden wir die Matrix M_v, die an der Stelle (a,b) genau dann eine 1 enthält, wenn $(a,b) \in A_v \times B_v$ ist. Die Matrix M_v enthält für $a \in A_v$ Zeilen, die gleich dem charakteristischen Vektor von B_v sind, und für $a \notin A_v$ Nullzeilen. Also ist $\text{Rang}(M_v) = 1$, falls $A_v \times B_v \neq \emptyset$ ist, und $\text{Rang}(M_v) = 0$ sonst. Außerdem ist M_f die Summe aller M_v für die 1-Blätter v. Dies folgt, da jede Eingabe $(a,b) \in f^{-1}(1)$ zu einem 1-Eintrag in genau einer Matrix M_v führt. Die bekannte Subadditivität der Rangfunktion führt für die Menge $L(T)$ der 1-Blätter von T zu

$$\text{Rang}(M_f) \leq \sum_{v \in L(T)} \text{Rang}(M_v) \leq |L(T)|.$$

Also enthält jeder Protokollbaum für f mindestens $\text{Rang}(M_f)$ viele 1-Blätter. □

Die Kommunikationsmatrix für EQ_n ist die Identitätsmatrix und hat den vollen Rang 2^n. Daraus folgt die untere Schranke 2^n für die Anzahl der 1-Blätter. Wenn wir auch die Anzahl der 0-Blätter betrachten wollen, können wir die negierte Funktion $\overline{\text{EQ}_n}$ betrachten. Es sei E_n die $2^n \times 2^n$-Matrix aus lauter Einsen. Dann ist $\text{Rang}(E_n) = 1$. Da $M_f = E_n - M_{\overline{f}}$ ist, folgt aus der Subadditivität der Rangfunktion, dass $\text{Rang}(M_f) \leq \text{Rang}(M_{\overline{f}}) + 1$ ist. Es folgt die untere Schranke $2^n - 1$ für die Anzahl der 0-Blätter und $C(\text{EQ}_n) \geq n+1$. Die Kommunikationsmatrix von GT_n hat Rang $2^n - 1$ (siehe Abbildung 15.2.1) und die Kommunikationsmatrix von $\overline{\text{GT}_n}$ sogar Rang 2^n. Also folgt $C(\text{GT}_n) = n+1$ auch mit der Rangmethode. Für IP_n unterscheidet sich die Kommunikationsmatrix von der vielfach untersuchten Hadamard-Matrix H_n nur wenig. Für unsere Zwecke ist es ausreichend, die Hadamard-Matrix mit Hilfe der Kommunikationsmatrix für IP_n zu definieren. Es ist $H_n := E_n - 2 \cdot M_{\text{IP}_n}$. Da H_n den vollen Rang 2^n hat, können wir mit der Rangmethode die Lücke aus Theorem 15.2.7 schließen und $C(\text{IP}_n) = n + 1$ beweisen.

Dennoch kann es mühselig sein, für jede neue Funktion auf die hier vorgestellten Methoden zurückzugreifen. Daher sind wir an einem auf das Kommunikationsspiel zugeschnittenen Reduktionskonzept interessiert.

Definition 15.2.9. Es seien $f\colon A \times B \to C$ und $g\colon A' \times B' \to C$ gegeben. Eine *Rechteckreduktion* (rectangular reduction) von f auf g, Notation $f \leq_{\text{rect}} g$, besteht aus einem Paar (h_A, h_B) von Transformationen $h_A\colon A \to A'$ und $h_B\colon B \to B'$, so dass $f(a,b) = g(h_A(a), h_B(b))$ für alle $(a,b) \in A \times B$ ist.

Lemma 15.2.10. Aus $f \leq_{\text{rect}} g$ folgt $C(f) \leq C(g)$.

Beweis. Alice kann sich $a' := h_A(a)$ berechnen, ebenso Bob $b' := h_B(b)$. Ihr Kommunikationsprotokoll besteht darin, ein optimales Protokoll für g auf (a', b') anzuwenden. Nach Definition des Konzepts der Rechteckreduktionen ist dieses Protokoll korrekt. □

Da bei der Kommunikationskomplexität von den Kosten für die Berechnungen abstrahiert wird, müssen keine Anforderungen an die Berechnungskomplexität von h_A und h_B gestellt werden.

Bisher haben wir uns damit begnügt, die Kommunikationskomplexität bei gegebener Aufteilung der Eingabe zwischen Alice und Bob zu untersuchen. In manchen Anwendungen (siehe Kapitel 16) benötigen wir eine stärkere Aussage: Für jede Aufzählung der Variablen muss es einen Trennpunkt geben, so dass bei der Aufteilung der Variablen, bei der Alice die Variablen vor dem Trennpunkt und Bob die anderen Variablen erhält, die Kommunikationskomplexität der Funktion groß ist. Dies ist für die bisher behandelten Funktionen EQ_n, GT_n, DIS_n und IP_n nicht der Fall. Bei der Variablenreihenfolge $a_1, b_1, a_2, b_2, \ldots, a_n, b_n$ ist die Kommunikationskomplexität für jeden Trennpunkt durch 3 beschränkt. Mit der so genannten *Maskentechnik* erhalten wir aus allen vier betrachteten Funktionen eine im obigen Sinn schwierige Funktion. Wir definieren nur die Maskenvariante EQ_n^* von EQ_n, da GT_n^*, DIS_n^* und IP_n^* analog definiert werden. Die Funktion EQ_n^* ist auf $4n$ Variablen a_i, a_i', b_i, b_i', $1 \leq i \leq n$, definiert. Der Maskenvektor a' verkürzt den Vektor a auf a^*, indem alle a_i, für die $a_i' = 0$ ist, gestrichen werden. Ebenso entsteht b^* aus b mit Hilfe von b'. Wenn a^* und b^* eine unterschiedliche Länge haben, ist $EQ_n^*(a, a', b, b') := 0$. Wenn a^* und b^* die Länge m haben, ist $EQ_n^*(a, a', b, b') := EQ_m(a^*, b^*)$.

Wir betrachten nun eine beliebige Reihenfolge der $4n$ Variablen und setzen den Trennpunkt an die Stelle, an der wir zum ersten Mal $\lceil n/2 \rceil$ a-Variablen oder $\lceil n/2 \rceil$ b-Variablen gesehen haben. Wenn es sich um $\lceil n/2 \rceil$ a-Variablen handelt, gibt es hinter dem Trennpunkt mindestens $\lceil n/2 \rceil$ b-Variablen und umgekehrt. Das folgende Ergebnis zeigt, dass die Maskenvarianten aller betrachteten Funktionen schwierig sind.

Theorem 15.2.11. *Wenn Alice mindestens $\lceil n/2 \rceil$ a-Variablen und Bob mindestens $\lceil n/2 \rceil$ b-Variablen erhält, gilt*

$$C(EQ_n^*) \geq C(EQ_{\lceil n/2 \rceil}) = \lceil n/2 \rceil + 1.$$

Analoge Resultate gelten für GT_n^*, DIS_n^* und IP_n^*.

Beweis. Alice und Bob müssen alle Eingaben (a, a', b, b') behandeln, insbesondere auch den Fall, dass a' genau $\lceil n/2 \rceil$ an Alice gegebene a-Variablen und b' genau $\lceil n/2 \rceil$ an Bob gegebene b-Variablen auswählt. Dann verbleibt das Problem $EQ_{\lceil n/2 \rceil}$, bei dem Alice alle a-Variablen und Bob alle b-Variablen erhalten hat. □

Abschließend behandeln wir eine strukturell komplizierte Funktion, genannt *mittleres Bit der Multiplikation* (middle bit of multiplication, MUL = (MUL_n)). Das Produkt zweier n-Bit-Zahlen hat eine Bitlänge von $2n$. Das Bit mit der Wertigkeit 2^{n-1}, also das Bit an Position $n-1$, wird als mittleres Bit der Multiplikation bezeichnet. Es ist von besonderem Interesse, da

15.2 Untere Schranken für die Kommunikationskomplexität

es in vielen Berechnungsmodellen möglich ist, die Berechnung der anderen Bits der Multiplikation auf die Berechnung des mittleren Bits zu reduzieren. Aus Gründen der einfacheren Darstellung betrachten wir nur den Fall, dass n gerade ist.

Theorem 15.2.12. *Wenn Alice und Bob jeweils $n/2$ Bits des Faktors a erhalten und die Bits des anderen Faktors b beliebig zwischen ihnen aufgeteilt sind, gilt $C(MUL_n) \geq \lceil n/8 \rceil$.*

Beweis. Die Idee besteht darin, eine Subfunktion von MUL_n zu finden, deren Kommunikationskomplexität wir mit den früheren Ergebnissen durch $\lceil n/8 \rceil$ nach unten abschätzen können. Wir werden also viele Variablen so durch Konstanten ersetzen, dass die entstehende Subfunktion bei der gegebenen Aufteilung der Variablen auf Alice und Bob eine hohe Kommunikationskomplexität hat. Wir suchen nach einer Distanz $d \in \{1, \ldots, n-1\}$, so dass es eine möglichst hohe Anzahl m von Paaren (a_i, a_{i+d}) mit folgenden Eigenschaften gibt:

– Alice und Bob haben in ihrer Eingabe jeweils genau eines der Bits a_i und a_{i+d},
– $0 \leq i \leq n/2 - 2$ und $n/2 \leq i + d \leq n - 1$.

Zunächst motivieren wir das Ziel. Unsere allgemeinen Betrachtungen werden durch ein Beispiel veranschaulicht. Für $n = 16$ und $d = 7$ gebe es vier Paare mit der gewünschten Eigenschaft, nämlich $(a_1, a_8), (a_3, a_{10}), (a_5, a_{12})$ und (a_6, a_{13}), wobei Alice a_1, a_6, a_{10} und a_{12} und Bob a_3, a_5, a_8 und a_{13} kennt. Wir wollen die Berechnung des mittleren Bits der Multiplikation auf die Berechnung des Übertragsbits bei der Addition zurückführen, wobei Alice für jede Position das Bit genau eines Summanden kennt. Wenn der zweite Faktor b genau zwei Einsen, und zwar an den Positionen j und k, enthält, wird aus der Multiplikation von $|a|$ und $|b|$ die Addition von $|a| \cdot 2^j$ und $|a| \cdot 2^k$. Wir wollen j und k so wählen, dass das Bit a_i aus $|a| \cdot 2^j$ und das Bit a_{i+d} aus $|a| \cdot 2^k$ an dieselbe Position kommen. Also muss $j - k = d$ sein. Außerdem soll das Paar $(i, i+d)$ mit dem größten i-Wert an die Position $n-2$ kommen. Im Beispiel muss $j = 8$ und $k = 1$ sein (siehe Abbildung 15.2.3). Damit das

		B	A		A		B		A	B		B		A									
a_{15}	a_{14}	a_{13}	a_{12}	a_{11}	a_{10}	a_9	a_8	a_7	a_6	a_5	a_4	a_3	a_2	a_1	a_0	0	0	0	0	0	0	0	0
							B	A		A		B		A	B		B		A				
0	0	0	0	0	0	0	a_{15}	a_{14}	a_{13}	a_{12}	a_{11}	a_{10}	a_9	a_8	a_7	a_6	a_5	a_4	a_3	a_2	a_1	a_0	0
								?															

Abb. 15.2.3. Die Multiplikation von $|a|$ und der Zahl $|b|$ mit zwei Einsen an den Positionen 1 und 8. Die Bits, von denen wir wissen, dass sie zu Alice oder Bob gehören, sind gekennzeichnet.

mittlere Bit der Multiplikation, dessen Position in der Abbildung mit „?" gekennzeichnet ist, das Übertragsbit bei der Summe der aus den ausgewählten Paaren entstehenden Zahlen wird, im Beispiel die Zahlen (a_6, a_5, a_3, a_1) und $(a_{13}, a_{12}, a_{10}, a_8)$, gehen wir folgendermaßen vor. Die Paare, die innerhalb zweier ausgewählter Paare liegen, im Beispiel (a_4, a_{11}) und (a_2, a_9), werden auf (0,1) gesetzt, damit sie einen Übertrag von früheren Positionen an die nächste Position weitergeben. Alle anderen nicht gekennzeichneten Bits, im Beispiel a_0, a_7, a_{14} und a_{15}, werden auf 0 gesetzt, damit sie die Summe nicht beeinflussen. Das Ergebnis ist in Abbildung 15.2.4 veranschaulicht.

0	0	a_{13}	a_{12}	1	a_{10}	1	a_8	0	a_6	a_5	0	a_3	0	a_1	0	0	0	0	0	0	0	0
0	0	0	0	0	0	0	0	0	a_{13}	a_{12}	1	a_{10}	1	a_8	0	a_6	a_5	0	a_3	0	a_1	0	0
						?																

Abb. 15.2.4. Die Summanden nach Konstantsetzung einiger a-Bits.

Die ersten acht Positionen können keinen Übertrag erzeugen, da es an ihnen jeweils höchstens ein Bit gibt. Bis zum ersten Paar (a_i, a_{i+d}) folgen Paare (0,0), die keinen Übertrag erzeugen. Die Paare zwischen ausgewählten Paaren geben ankommende Überträge weiter, erzeugen aber keine neuen Überträge. Somit erreicht der Übertrag der Summe der aus den a_i-Bits und der aus den a_{i+d}-Bits gebildeten Zahlen die Position $n-1$. Da dort wiederum ein Paar (0,0) steht, erhalten wir als Teilproblem bei der Berechnung des mittleren Bits der Multiplikation die Berechnung des Übertragsbits zweier m-stelliger Binärzahlen, wobei Alice an jeder Stelle ein Bit kennt. Bei der Addition sind die beiden Bits an derselben Position gleichbedeutend. Wir erhalten also das Problem $\mathrm{CAR}_m(u,v)$ der Berechnung des Übertrags (carry bit) bei der Summe der m-stelligen Zahl u, die Alice kennt, und der m-stelligen Zahl v, die Bob kennt.

Das Theorem folgt daher aus den beiden folgenden Behauptungen:
- $C(\mathrm{CAR}_m) = m+1$.
- Es ist möglich, $m \geq \lceil n/8 \rceil - 1$ zu wählen.

Zum Beweis der ersten Behauptung betrachten wir die Funktion GT_m, die nach Theorem 15.2.4 eine Kommunikationskomplexität von $m+1$ hat. Da allgemein f und $\overline{f}$ dieselbe Kommunikationskomplexität haben, ist $C(\overline{\mathrm{GT}_m}) = m+1$. Die Behauptung folgt daher aus $\overline{\mathrm{GT}_m} \leq_{\mathrm{rect}} \mathrm{CAR}_m$ nach Lemma 15.2.10. Zum Entwurf der Rechteckreduktion stellen wir fest, dass $\overline{\mathrm{GT}_m}(a,b) = 1$ äquivalent zu $|a| \leq |b|$ und $\mathrm{CAR}_m(a,b) = 1$ äquivalent zu $|a| + |b| \geq 2^m$ oder $2^m - |a| \leq |b|$ ist. Damit bilden die folgenden Transformationen eine Rechteckreduktion von $\overline{\mathrm{GT}_m}$ auf CAR_m. Sei $h_A(a) := a'$ mit $|a'| = 2^m - |a|$ und $h_B(b) := b$.

Die zweite Behauptung folgt mit Hilfe des Schubfachprinzips. Es sei k die Anzahl der a_i, $0 \le i \le n/2 - 1$, die Alice kennt. Dann kennt sie $n/2 - k$ der a_j, $n/2 \le j \le n - 1$, und bei Bob ist die Situation genau umgekehrt. Von den $n^2/4$ Paaren (a_i, a_j), $0 \le i \le n/2 - 1$, $n/2 \le j \le n - 1$, gibt es demnach $k^2 + (n/2 - k)^2$ Paare, von denen Alice genau ein Bit kennt. Diese Anzahl ist für $k = n/4$ minimal und dann ist sie $n^2/8$. Nach dem Schubfachprinzip haben mindestens $(n^2/8)/(n-1) \ge n/8$ und damit mindestens $\lceil n/8 \rceil$ dieser Paare (a_i, a_j) dieselbe Indexdifferenz $d = j - i$. Da der Fall $i = n/2 - 1$ verboten ist, können mindestens $\lceil n/8 \rceil - 1$ Paare mit den gewünschten Eigenschaften gewählt werden. □

Die Kommunikationsmatrix spielt beim Beweis unterer Schranken für die Kommunikationskomplexität eine zentrale Rolle. Protokollbäume müssen mindestens so viele Blätter haben, wie es einfarbiger Rechtecke bedarf, um die Kommunikationsmatrix zu partitionieren. Neben der Untersuchung der maximalen Größe einfarbiger Rechtecke bezogen auf eine beliebige Wahrscheinlichkeitsverteilung auf der Eingabemenge können untere Schranken für die Kommunikationskomplexität mit Hilfe von Verwirrmengen und der Rangmethode bewiesen werden.

15.3 Nichtdeterministische Kommunikationsprotokolle

In Kapitel 3 haben wir nichtdeterministische Rechnungen als randomisierte Rechnungen mit einseitigem Fehler, der nur kleiner als 1 sein muss, eingeführt. Den gleichen Weg wollen wir bei der Definition nichtdeterministischer Kommunikationsprotokolle gehen.

Für eine randomisierte Kommunikation wird im Protokoll festgelegt, wie viele Zufallsbits Alice und wie viele Zufallsbits Bob zur Verfügung stehen. Der Zufallsvektor r_A der Länge l_A von Alice ist unabhängig vom Zufallsvektor r_B der Länge l_B von Bob. Alice kennt r_A, aber nicht r_B, und Bob kennt r_B, aber nicht r_A. Wenn das Protokoll am Knoten v vorsieht, dass Alice ein Bit sendet, kann sie die Entscheidung, welches Bit sie sendet, wie bisher von ihrer Eingabe a und dem erreichten Knoten v, aber auch von r_A abhängig machen. Analoges gilt für Bob. Damit wird für ein Eingabepaar (a, b) ein zufälliger Weg durch den *randomisierten Protokollbaum* gewählt. Die Fehlerwahrscheinlichkeit für einen Protokollbaum für f und die Eingabe (a, b) ist die Wahrscheinlichkeit, dass ein Blatt, dessen Markierung von $f(a, b)$ verschieden ist, erreicht wird.

Wenn $r_A \in \{0,1\}^{l_A}$ und $r_B \in \{0,1\}^{l_B}$ festgelegt sind, ergibt sich in Abhängigkeit von (r_A, r_B) ein deterministisches Protokoll. Insgesamt besteht ein randomisiertes Protokoll also aus der zufälligen Wahl eines von $2^{l_A + l_B}$ deterministischen Protokollbäumen. Daher ist die Vorstellung eines randomisierten balancierten binären Baums der Tiefe $l_A + l_B$ gefolgt von deterministischen Protokollbäumen hilfreich. Kommunikationskosten verursachen in diesem Baum die deterministischen Protokollbäume, aber nicht der darüber liegende randomisierte Baum.

Wenn wir einseitige Fehler untersuchen wollen, müssen wir uns auf Entscheidungsprobleme, also Funktionen $f\colon A \times B \to \{0,1\}$, beschränken. Nichtdeterminismus ist als einseitiger Fehler für Eingaben aus $f^{-1}(1)$ definiert, wobei die Fehlerwahrscheinlichkeit kleiner als 1 sein muss. Im Protokollbaum bedeutet dies, dass für $(a,b) \in f^{-1}(0)$ alle Wege positiver Wahrscheinlichkeit an einem 0-Blatt enden, während es für $(a,b) \in f^{-1}(1)$ mindestens einen Weg positiver Wahrscheinlichkeit geben muss, der an einem 1-Blatt endet. Wenn wir alle Wege positiver Wahrscheinlichkeit und die Markierungen der erreichten Blätter betrachten, erhalten wir den Funktionswert als Disjunktion dieser Markierungen. Daher sprechen wir auch von *OR-Nichtdeterminismus*. Co-Nichtdeterminismus für f kann als Nichtdeterminismus für $\overline{f}$ definiert werden, aber auch als *AND-Nichtdeterminismus*, da wir den Funktionswert als Konjunktion der Markierungen aller Blätter, die mit positiver Wahrscheinlichkeit erreicht werden, erhalten. Als neuen Typ von Nichtdeterminismus führen wir den *EXOR-Nichtdeterminismus* ein. Ein randomisiertes EXOR-Protokoll berechnet genau dann 1, wenn ungerade viele Blätter mit Markierung 1 mit positiver Wahrscheinlichkeit erreicht werden. Dieser Typ von Nichtdeterminismus hat bei BDDs als Datenstruktur für boolesche Funktionen sogar praktische Bedeutung (siehe z. B. Wegener (2000)). Hier werden wir ihn als einen Vertreter erweiterter nichtdeterministischer Konzepte untersuchen. Von weiterem Interesse sind Zählklassen (die Anzahl der Wege zu 1-Blättern hat $\mathrm{mod}\, q$ einen bestimmten Wert) und Majoritätsklassen (die Wahrscheinlichkeit, ein Blatt mit der richtigen Markierung zu erreichen, ist größer als $1/2$, dies entspricht zweiseitigem unbeschränktem Fehler).

Bevor wir nichtdeterministische Protokolle entwerfen oder untere Schranken für die nichtdeterministische Kommunikationskomplexität beweisen, wollen wir diese Komplexitätsmaße kombinatorisch klassifizieren. Wir erinnern daran, dass wir untere Schranken für die deterministische Kommunikationskomplexität mit Hilfe der minimalen Anzahl $N(f)$ einfarbiger Rechtecke, um die Kommunikationsmatrix zu partitionieren, bewiesen haben. Es gilt dann $\lceil \log N(f) \rceil \leq C(f)$. Bei deterministischen Protokollen ist es notwendig, mit Partitionen der Kommunikationsmatrix zu arbeiten, da jede Eingabe genau ein Blatt im Protokollbaum erreicht. Bei nichtdeterministischen Protokollen können für jede Eingabe viele Blätter erreicht werden. Die Eingaben, die ein Blatt v mit positiver Wahrscheinlichkeit erreichen, bilden jedoch weiterhin ein Rechteck. Dies folgt mit denselben Argumenten wie in Kapitel 15.2 für deterministische Protokolle. Nun definieren wir die kombinatorischen Maßzahlen, mit denen wir die nichtdeterministischen Kommunikationskomplexitätsmaße $C_{\mathrm{OR}}(f)$, $C_{\mathrm{AND}}(f)$ und $C_{\mathrm{EXOR}}(f)$ charakterisieren können.

Definition 15.3.1. Für $f\colon A \times B \to \{0,1\}$ sei $N_{\mathrm{OR}}(f)$ die minimale Anzahl von 1-Rechtecken, um die 1-Einträge der Kommunikationsmatrix von f zu überdecken. Das Maß $N_{\mathrm{AND}}(f)$ ist analog für 0-Rechtecke und die 0-Einträge der Kommunikationsmatrix definiert. Schließlich sei $N_{\text{EXOR}}(f)$ die minimale Anzahl von Rechtecken, so dass (a,b) genau dann ungerade oft überdeckt wird, wenn $f(a,b) = 1$ ist.

Das folgende Ergebnis zeigt, dass diese Überdeckungsmaße die nichtdeterministische Kommunikationskomplexität fast exakt charakterisieren.

Theorem 15.3.2. *Es gelten die folgenden Beziehungen:*

- $\lceil \log N_{\text{OR}}(f) \rceil \leq C_{\text{OR}}(f) \leq \lceil \log(N_{\text{OR}}(f) + 1) \rceil + 1$,
- $\lceil \log N_{\text{AND}}(f) \rceil \leq C_{\text{AND}}(f) \leq \lceil \log(N_{\text{AND}}(f) + 1) \rceil + 1$,
- $\lceil \log N_{\text{EXOR}}(f) \rceil \leq C_{\text{EXOR}}(f) \leq \lceil \log(N_{\text{EXOR}}(f) + 1) \rceil + 1$.

Beweis. Der Beweis verläuft für alle drei Behauptungen analog. Wir konzentrieren uns auf den OR-Fall, also den üblichen Nichtdeterminismus. Alice und Bob einigen sich über eine minimale Überdeckung der Einsen der Kommunikationsmatrix mit 1-Rechtecken und über eine Nummerierung dieser Rechtecke mit Zahlen aus $\{1, \ldots, N_{\text{OR}}(f)\}$. Alice untersucht, welche dieser Rechtecke die Zeile für ihre Eingabe a schneiden. Wenn es kein solches Rechteck gibt, sendet sie die Nachricht 0 als Binärzahl der Länge $\lceil \log(N_{\text{OR}}(f)+1) \rceil$. In diesem Fall wird ein 0-Blatt erreicht. Ansonsten wählt Alice nichtdeterministisch die Nummer i eines 1-Rechtecks, das die a-Zeile schneidet, und sendet i. Bob kann dann entscheiden, ob die Eingabe (a,b) im gewählten 1-Rechteck liegt. Diese Information sendet er an Alice. Es wird ein akzeptierendes Blatt genau dann erreicht, wenn (a,b) in dem nichtdeterministisch gewählten 1-Rechteck liegt.

Für den anderen Teil der Behauptung betrachten wir den Protokollbaum, in dem an jedem Knoten Alice oder Bob mit Hilfe der ihr oder ihm zur Verfügung stehenden Information entscheidet, welches Bit gesendet wird. Bei einem Protokoll der Länge $c = C_{\text{OR}}(f)$ hat dieser Protokollbaum höchstens 2^c Blätter und höchstens 2^c 1-Blätter. Die Eingaben, für die mit positiver Wahrscheinlichkeit das Blatt v erreicht wird, bilden wiederum ein Rechteck R_v. Alle Eingaben aus R_v für ein 1-Blatt v werden akzeptiert. Also bilden alle R_v für die 1-Blätter v eine Überdeckung der Einsen in der Kommunikationsmatrix durch höchstens 2^c 1-Rechtecke. Somit ist $\log N_{\text{OR}}(f) \leq C_{\text{OR}}(f)$ und die Behauptung folgt, da $C_{\text{OR}}(f)$ ganzzahlig ist. □

Dieses Ergebnis hat Kushilevitz und Nisan (1997) dazu veranlasst, $C_{\text{OR}}(f)$ als $\log N_{\text{OR}}(f)$ und damit als rein kombinatorisches Maß zu definieren. Erst nach dieser Definition stellen sie den Zusammenhang zu nichtdeterministischen Protokollen her. Theorem 15.3.2 zeigt, dass beide Herangehensweisen im Wesentlichen äquivalent sind.

Welche von unseren Methoden für den Beweis unterer Schranken für die deterministische Kommunikationskomplexität lassen sich auch im nichtdeterministischen Fall anwenden? Die Methoden im deterministischen Fall sind

- die Abschätzung der Größe von einfarbigen Rechtecken, eventuell bezüglich einer Wahrscheinlichkeitsverteilung auf den Eingaben,

- die Konstruktion großer Verwirrmengen als Spezialfall der obigen Methode und
- die Rangmethode.

Wenn 1-Rechtecke nur einen ε-Anteil aller Einsen abdecken können, dann braucht nicht nur eine Partition der 1-Einträge in 1-Rechtecke, sondern auch eine Überdeckung der 1-Einträge durch 1-Rechtecke mindestens $\lceil 1/\varepsilon \rceil$ viele Rechtecke. Somit führen die ersten beiden Methoden eingeschränkt auf die Einsen der Kommunikationsmatrix zu unteren Schranken für die Länge von OR-nichtdeterministischen Protokollen. Analoges gilt natürlich für die Nullen der Kommunikationsmatrix und den AND-Nichtdeterminismus.

Theorem 15.3.3. *Es sei p eine Wahrscheinlichkeitsverteilung auf $f^{-1}(1) \subseteq A \times B$. Wenn für jedes 1-Rechteck R die Bedingung $p(R) \leq \varepsilon$ erfüllt ist, gilt $C_{\mathrm{OR}}(f) \geq \lceil \log 1/\varepsilon \rceil$. Wenn f eine 1-Verwirrmenge der Größe s hat, gilt $C_{\mathrm{OR}}(f) \geq \lceil \log s \rceil$. Analoge Ergebnisse gelten für 0-Rechtecke, 0-Verwirrmengen und $C_{\mathrm{AND}}(f)$.*

Für $C_{\mathrm{EXOR}}(f)$ erhalten wir mit diesen Methoden keine unteren Schranken, da die zu den Blättern eines Protokollbaums gehörenden Rechtecke für EXOR-Protokolle nicht einfarbig sein müssen. Andererseits hilft die Rangmethode beim OR- und AND-Nichtdeterminismus nicht, wie das Beispiel der Funktion EQ_n zeigt. Im Beweis von Theorem 15.2.8 ergab sich die Kommunikationsmatrix M als Summe der Matrizen M_v, die die zu den 1-Blättern gehörenden 1-Rechtecke darstellen. Dies lag daran, dass jede 1-Eingabe genau ein 1-Blatt erreicht. Diese Bedingung ist für nichtdeterministische Protokolle nicht mehr erfüllt. Anders ist die Situation beim EXOR-Nichtdeterminismus, wenn wir die Matrizen über $\mathbb{Z}_2$ addieren. Genau die 1-Eingaben erreichen ungerade viele 1-Blätter und führen daher in der $\mathbb{Z}_2$-Summe aller M_v zum Eintrag 1. Also kann folgendes Resultat genauso wie Theorem 15.2.8 bewiesen werden.

Theorem 15.3.4. *Es sei $\mathrm{Rang}_2(f)$ der Rang der Kommunikationsmatrix M_f über $\mathbb{Z}_2$, wobei f den Bildbereich $\{0,1\}$ hat. Dann ist*

$$C_{\mathrm{EXOR}}(f) \geq \lceil \log \mathrm{Rang}_2(f) \rceil.$$

Das Beispiel der Matrix

$$M = \begin{bmatrix} 1 & 1 & 0 \\ 1 & 0 & 1 \\ 0 & 1 & 1 \end{bmatrix}$$

zeigt, dass $\mathrm{Rang}_2(M)$ kleiner als $\mathrm{Rang}(M)$ sein kann.

Theorem 15.3.5. *Für die nichtdeterministische Kommunikationskomplexität der Beispielfunktionen EQ_n, GT_n, DIS_n, IP_n und MUL_n gilt:*

- $C_{\text{OR}}(EQ_n) \geq n$, $C_{\text{AND}}(EQ_n) \leq \lceil \log n \rceil + 2$, $C_{\text{EXOR}}(EQ_n) \geq n$.
- $C_{\text{OR}}(GT_n) \geq n$, $C_{\text{AND}}(GT_n) \geq n$, $C_{\text{EXOR}}(GT_n) \geq n$.
- $C_{\text{OR}}(DIS_n) \geq n$, $C_{\text{AND}}(DIS_n) \leq \lceil \log n \rceil + 2$, $C_{\text{EXOR}}(DIS_n) \geq n - \lfloor \log(n+1) \rfloor$.
- $C_{\text{OR}}(IP_n) \geq n-1$, $C_{\text{AND}}(IP_n) \geq n$, $C_{\text{EXOR}}(IP_n) \leq \lceil \log n \rceil + 2$.
- *Falls Alice und Bob je $n/2$ Bits eines Faktors kennen, ist* $C_{\text{OR}}(MUL_n) \geq \lceil n/8 \rceil - 1$, $C_{\text{AND}}(MUL_n) \geq \lceil n/8 \rceil - 1$, $C_{\text{EXOR}}(MUL_n) \geq \lceil n/8 \rceil - 1$.

Beweis. Bei einem nichtdeterministischen Protokoll für $\overline{\text{EQ}}_n$ kann Alice nichtdeterministisch $i \in \{1, \ldots, n\}$ erzeugen und zusammen mit a_i an Bob senden. Bob testet, ob $a_i \neq b_i$ ist, und sendet das Ergebnis an Alice. Sie akzeptieren die Eingabe, wenn $a_i \neq b_i$ ist. Damit ist $C_{\text{AND}}(\text{EQ}_n) = C_{\text{OR}}(\overline{\text{EQ}}_n) \leq \lceil \log n \rceil + 2$. Dasselbe Protokoll mit dem Test $a_i = b_i = 1$ zeigt $C_{\text{AND}}(\text{DIS}_n) \leq \lceil \log n \rceil + 2$ und $C_{\text{EXOR}}(\text{IP}_n) \leq \lceil \log n \rceil + 2$. Im letzten Fall gibt es genauso viele akzeptierende Rechenwege, wie es Summanden $a_i b_i$ mit Wert 1 gibt.

Die unteren Schranken folgen aus Theorem 15.3.3 und Theorem 15.3.4 sowie den Ergebnissen aus Kapitel 15.2 für die Beispielfunktionen. Die Funktion EQ_n hat eine 1-Verwirrmenge der Größe 2^n und der $\mathbb{Z}_2$-Rang der Kommunikationsmatrix ist 2^n. Die Funktion GT_n hat eine 1-Verwirrmenge der Größe $2^n - 1$, eine 0-Verwirrmenge der Größe 2^n und es ist offensichtlich, dass der $\mathbb{Z}_2$-Rang der Kommunikationsmatrix $2^n - 1$ ist. Die Funktion DIS_n hat eine 1-Verwirrmenge der Größe 2^n.

Zur Abschätzung von $C_{\text{EXOR}}(\text{DIS}_n)$ beschreiben wir eine genügend große Untermatrix der Kommunikationsmatrix, die vollen Rang hat. Dazu betrachten wir nur die Eingaben (a, b), bei denen a genau $\lfloor n/2 \rfloor$ und b genau $\lceil n/2 \rceil$ Einsen enthält. Wir wählen nun eine günstige Nummerierung der Zeilen und Spalten. Wenn die Eingabe a zur i-ten Zeile gehört, dann soll das bitweise Komplement $b := \bar{a}$ zur i-ten Spalte gehören. Auf diese Weise erhalten wir die Identitätsmatrix, die nur auf der Hauptdiagonalen Einsen hat. Zwei Vektoren mit $\lfloor n/2 \rfloor$ bzw. $\lceil n/2 \rceil$ Einsen können ja nur dann keine gemeinsame Eins haben, wenn der eine Vektor das bitweise Komplement des anderen Vektors ist. Die Identitätsmatrix hat auch über $\mathbb{Z}_2$ vollen Rang, also Rang $\binom{n}{\lfloor n/2 \rfloor}$. Dieser Binomialkoeffizient ist der größte unter allen $\binom{n}{k}$ und damit ist $\binom{n}{\lfloor n/2 \rfloor} \geq 2^n/(n+1)$. Also folgt mit der Rangmethode $C_{\text{EXOR}}(\text{DIS}_n) \geq n - \lfloor \log(n+1) \rfloor$. Die untere Schranke lässt sich noch verbessern, wenn zur Abschätzung des Binomialkoeffizienten die Stirling-Formel verwendet wird.

Im Beweis von Theorem 15.2.7 wurde gezeigt, dass $|\text{IP}_n^{-1}(0)| > 2^{2n}/2$ ist und jedes 0-Rechteck höchstens 2^n Nullen überdeckt. Daraus folgt die untere Schranke für $C_{\text{AND}}(\text{IP}_n)$. Die Subfunktion von IP_n, für die $a_n = b_n = 1$ ist, ist $\overline{\text{IP}}_{n-1}$. Da $C_{\text{OR}}(\overline{\text{IP}}_{n-1}) = C_{\text{AND}}(\text{IP}_{n-1}) \geq n-1$ ist, folgt $C_{\text{OR}}(\text{IP}_n) \geq n-1$. Schließlich haben wir im Beweis von Theorem 15.2.12

gezeigt, dass $\text{CAR}_{\lceil n/8 \rceil - 1}$ eine Subfunktion von MUL_n bei der gegebenen Aufteilung der Variablen ist. Durch Rechteckreduktion haben wir dieses Problem auf $\overline{\text{GT}}_{\lceil n/8 \rceil - 1}$ zurückgeführt. Daher folgen die unteren Schranken für MUL_n aus den unteren Schranken für GT_n und der Eigenschaft $C_{\text{EXOR}}(\overline{f}) = C_{\text{EXOR}}(f)$. Diese letzte Eigenschaft ist einfach zu zeigen. Die Anzahl der Wege zu 1-Blättern wird um 1 erhöht, wenn an der Wurzel nichtdeterministisch entschieden wird, ob ein 1-Blatt erreicht wird oder das gegebene Protokoll verwendet wird. □

Die Kommunikationskomplexität von $f: \{0,1\}^n \times \{0,1\}^n \to \{0,1\}$ ist nach oben durch $n+1$ beschränkt. Bei den früher betrachteten Entscheidungs- und Optimierungsproblemen war oft eine Rechenzeit von ungefähr 2^n der schlimmstmögliche Fall. Exponentiell bessere Rechenzeiten, also polynomielle Rechenzeiten galten als effizient. Aus dieser Analogie können wir eine Funktion $f: \{0,1\}^n \times \{0,1\}^n \to \{0,1\}$ mit einer polylogarithmischen Kommunikationskomplexität als durch Kommunikationsprotokolle effizient lösbar bezeichnen. Es seien also P_{com}, NP_{com}, co-NP_{com} und $\text{NP}_{\text{com}}^{\text{EXOR}}$ die Komplexitätsklassen aller $f = (f_n)$, $f_n: \{0,1\}^n \times \{0,1\}^n \to \{0,1\}$, die eine deterministische, OR-nichtdeterministische, AND-nichtdeterministische bzw. EXOR-nichtdeterministische Kommunikationskomplexität haben, die durch ein Polynom in $\log n$ beschränkt ist.

Theorem 15.3.5 in Verbindung mit der Eigenschaft $C_{\text{OR}}(f) = C_{\text{AND}}(\overline{f})$ und den Ergebnissen aus Kapitel 15.2 besagt, dass die vier genannten Komplexitätsklassen paarweise verschieden sind. Von den drei nichtdeterministischen Komplexitätsklassen enthält keine eine andere. Aus dieser Sicht haben wir viele zentrale Fragen mit relativ einfachen Methoden beantwortet. Abschließend zeigen wir noch, dass $\text{P}_{\text{com}} = \text{NP}_{\text{com}} \cap \text{co-NP}_{\text{com}}$ ist, wobei wir das Ergebnis als obere Schranke für die deterministische Kommunikationskomplexität formulieren.

Theorem 15.3.6. *Es gilt* $C(f) = O(C_{\text{OR}}(f) \cdot C_{\text{AND}}(f))$.

Beweis. Alice und Bob einigen sich über eine Überdeckung der 1-Eingaben der Kommunikationsmatrix mit $N_{\text{OR}}(f)$ 1-Rechtecken und deren Nummerierung. Sie einigen sich auch über eine Überdeckung der 0-Eingaben durch $N_{\text{AND}}(f)$ 0-Rechtecke. Diese Überdeckungen bilden die Basis für ihr Protokoll. Dabei machen sie sich folgende einfache Eigenschaft von Rechtecken zunutze. Wenn die Rechtecke R und R' beide die Zeile a und die Spalte b schneiden, enthalten sie beide (a,b) und haben einen nichtleeren Durchschnitt. Also können ein 0-Rechteck R und ein 1-Rechteck R' höchstens Zeilen oder Spalten gemeinsam haben. Für ein 1-Rechteck R und eine Menge von 0-Rechtecken gilt also, dass mindestens die Hälfte der 0-Rechtecke keine Zeile mit R gemeinsam hat oder mindestens die Hälfte der 0-Rechtecke keine Spalte mit R gemeinsam hat.

Das Protokoll wird aus maximal $\lceil \log N_{\text{AND}}(f) \rceil$ Phasen bestehen, in denen jeweils nur $\lceil \log N_{\text{OR}}(f) \rceil + O(1)$ Bits kommuniziert werden. Die Schranke folgt dann mit Theorem 15.3.2.

Alice und Bob verwalten eine Kandidatenmenge K aller 0-Rechtecke aus der gewählten Überdeckung, die die konkrete Eingabe (a, b) enthalten können. Zu Beginn sind das alle $N_{\text{AND}}(f)$ Rechtecke aus der Überdeckung der Nullen der Kommunikationsmatrix. Wenn $K = \emptyset$ ist, endet die Kommunikation mit dem Ergebnis „$f(a, b) = 1$".

Falls $K \neq \emptyset$ ist, überprüft Alice, ob es unter den Rechtecken der 1-Überdeckung eines gibt, das die Zeile a schneidet und das mit höchstens der Hälfte der 0-Rechtecke aus K eine Zeile gemeinsam hat. Wenn ein solches Rechteck R existiert, sendet sie dessen Nummer an Bob. Anderenfalls teilt sie Bob mit, dass ein derartiges Rechteck nicht existiert. Im ersten Fall können Alice und Bob jeweils ausrechnen, welche 0-Rechtecke aus K noch Kandidaten sind. Es sind dies die 0-Rechtecke, die mit R eine Zeile gemeinsam haben. Damit hat sich die Größe von K mindestens halbiert. Im zweiten Fall geht Bob analog zu Alice vor. Er überprüft, ob es unter den Rechtecken der 1-Überdeckung eines gibt, das die Spalte b schneidet und das mit höchstens der Hälfte der 0-Rechtecke aus K eine Spalte gemeinsam hat. Er sendet die entsprechende Nachricht und, falls seine Suche erfolgreich war, hat sich die Größe von K mindestens halbiert.

Es bleibt zu beschreiben, was passiert, wenn Alice und Bob beide kein passendes Rechteck finden. Dann endet die Kommunikation mit dem Ergebnis „$f(a, b) = 0$". Wenn nämlich $f(a, b) = 1$ ist, hat das Rechteck R aus der 1-Überdeckung, das (a, b) enthält, entweder die Eigenschaft, dass es mit höchstens der Hälfte aller Rechtecke aus K eine Zeile gemeinsam hat oder mit höchstens der Hälfte aller Rechtecke aus K eine Spalte gemeinsam hat. Im Fall $f(a, b) = 1$ findet also Alice oder Bob ein passendes Rechteck. □

Nichtdeterministische Kommunikationsprotokolle erlauben für manche Funktionen eine exponentielle Verringerung der Protokolllänge. Die Klasse dieser Funktionen hängt vom gewählten Typ des Nichtdeterminismus ab. Untere Schranken für die nichtdeterministische Kommunikationskomplexität lassen sich in Abhängigkeit vom Typ des Nichtdeterminismus aus den Schrankenmethoden für den deterministischen Fall gewinnen.

15.4 Randomisierte Kommunikationsprotokolle

Wir wollen uns nun randomisierten Kommunikationsprotokollen mit „kleinen" Fehler- oder Versagenswahrscheinlichkeiten widmen. Wie in Kapitel 3.3 unterscheiden wir folgende Situationen:

– Das Protokoll ist fehlerfrei und wir sind an der maximalen (bezogen auf die Eingaben) erwarteten (bezogen auf die Zufallsbits) Protokolllänge interessiert. Hierzu gehört das Komplexitätsmaß $R_0(f)$.

- Das Protokoll ist fehlerfrei, kann aber versagen, was durch die Antwort „?" angezeigt wird. Zu der erlaubten Versagenswahrscheinlichkeit $\varepsilon < 1$ gehört das Komplexitätsmaß $R_{?,\varepsilon}(f)$.
- Für Funktionen $f\colon A \times B \to \{0,1\}$ bedeutet einseitiger durch $\varepsilon < 1$ beschränkter Fehler, dass Eingaben aus $f^{-1}(0)$ fehlerfrei bearbeitet werden, während bei Eingaben aus $f^{-1}(1)$ die Fehlerwahrscheinlichkeit durch ε beschränkt ist. Hierzu gehört das Komplexitätsmaß $R_{1,\varepsilon}(f)$.
- Das Komplexitätsmaß $R_{2,\varepsilon}(f)$ bezieht sich auf Protokolle mit einer durch $\varepsilon < 1/2$ beschränkten Fehlerwahrscheinlichkeit für jede Eingabe. Im Fall $f\colon A \times B \to \{0,1\}$ ist dies ein zweiseitiger Fehler.

Die Frage ist, wie robust diese Komplexitätsmaße gegenüber Änderungen des Parameters ε sind. Kommunikationsprotokolle sind Algorithmen und daher können die Methoden aus Kapitel 3.3 angewendet werden. Dort hatten wir die Überlegung auf polynomiell zeitbeschränkte Algorithmen zugeschnitten, so dass polynomiell viele unabhängige Wiederholungen des Algorithmus unproblematisch waren. Hier ist bei Funktionen $f\colon \{0,1\}^n \times \{0,1\}^n \to \{0,1\}$ schon $n+1$ eine obere Schranke für die deterministische Kommunikationskomplexität von f. In vielen Fällen konnten wir die Kommunikationskomplexität von Funktionen sogar asymptotisch exakt bestimmen. Wenn wir also nur konstante Faktoren als unproblematisch ansehen, dann sind auch nur konstant viele unabhängige Wiederholungen eines Protokolls unproblematisch. Aus den Ergebnissen und Beweisen von Kapitel 3.3 erhalten wir nun folgende Ergebnisse.

Theorem 15.4.1. *Für die randomisierte Kommunikationskomplexität und $\varepsilon < 1$ gelten die folgenden Beziehungen:*

- $R_0(f) \leq 2 \cdot R_{?,1/2}(f)$.
- $R_{?,1/2}(f) \leq 2 \cdot R_0(f)$.
- $R_{?,\varepsilon^k}(f) \leq k \cdot R_{?,\varepsilon}(f)$.
- $R_{1,\varepsilon^k}(f) \leq k \cdot R_{1,\varepsilon}(f)$.
- $R_{2,2^{-k}}(f) \leq \lceil (2 \cdot \ln 2) \cdot k \cdot \varepsilon^{-2} \rceil \cdot R_{2,1/2-\varepsilon}(f)$ *für* $0 < \varepsilon < 1/2$.

Auch der Beweis von ZPP = RP $\cap$ co-RP (Theorem 3.4.3) lässt sich auf die Kommunikationskomplexität anwenden.

Theorem 15.4.2. *Für $0 < \varepsilon < 1/2$ gilt*

$$R_{?,\varepsilon}(f) \leq R_{1,\varepsilon}(f) + R_{1,\varepsilon}(\overline{f}).$$

Um zu untersuchen, wie gut randomisierte Kommunikationsprotokolle sein können, betrachten wir als Musterbeispiel den Gleichheitstest EQ_n. Das Ergebnis $C_{\text{AND}}(\text{EQ}_n) \leq \lceil \log n \rceil + 2$ aus Theorem 15.3.5 können wir neu interpretieren. Wir haben dort i zufällig gewählt und die Eigenschaft „$a_i \neq b_i$" getestet. Falls $a \neq b$ ist, wird mit einer Wahrscheinlichkeit von mindestens $1/n$ ein Index i gewählt, für den $a_i \neq b_i$ ist. Also ist $R_{1,1-1/n}(\overline{\text{EQ}_n}) \leq \lceil \log n \rceil + 2$.

15.4 Randomisierte Kommunikationsprotokolle

Um auf konstante Fehlerwahrscheinlichkeiten für kurze Protokolle zu kommen, helfen uns unabhängige Wiederholungen nicht. Damit $(1-1/n)^k \leq 1/2$ ist, muss $k = \Omega(n)$ sein. Wir werden nun eine für den Entwurf von randomisierten Kommunikationsprotokollen grundlegende Technik vorstellen. Bei einer deterministischen Entscheidung, ob $a = b$ ist, ist es optimal, wenn Alice ihre Eingabe an Bob sendet. Wenn wir Fehler zulassen, ist es ausreichend, wenn Alice einen *Fingerabdruck* (fingerprinting technique) von a an Bob sendet. Fingerabdrücke verschiedener Individuen a und a' können nur mit kleiner Wahrscheinlichkeit gleich sein. In diesem Sinn ist die Ausdrucksweise irreführend. Wir betrachten ja die für unser Protokoll schwierigsten Eingaben. In Wahrheit werden wir jedem $a \in \{0,1\}^n$ viele Fingerabdrücke so zuordnen, dass verschiedene Eingaben a und a' nur wenige Fingerabdrücke gemeinsam haben. Bei zufälliger Auswahl des Fingerabdrucktyps kann Bob die Eigenschaft „$a \neq b$" mit kleiner Fehlerwahrscheinlichkeit überprüfen.

Theorem 15.4.3. $R_{1,1/n}(\overline{EQ_n}) = O(\log n)$.

Beweis. Alice und Bob interpretieren ihre Eingaben als Binärzahlen $|a|, |b| \in \{0, \ldots, 2^n - 1\}$. Beide berechnen sich die n^2 kleinsten Primzahlen. Aus der Zahlentheorie wissen sie, dass deren Größe $O(n^2 \log n)$ ist und sich jede dieser Primzahlen mit $O(\log n)$ Bits beschreiben lässt. Alice wählt zufällig eine dieser Primzahlen aus. Wenn sie p gewählt hat, sendet sie den Typ des Fingerabdrucks, nämlich p, und den zugehörigen Fingerabdruck, nämlich $|a| \bmod p$, an Bob. Bob überprüft, ob $|a| \equiv |b| \bmod p$ ist, und sendet das Ergebnis dieses Tests an Alice. Die Eingabe wird akzeptiert, wenn $|a| \equiv |b| \bmod p$ ist. Die Länge dieses Protokolls beträgt $\Theta(\log n)$ und Eingaben (a,b) mit $a = b$ werden mit Sicherheit akzeptiert. Wir wollen die Fehlerwahrscheinlichkeit für Eingaben (a,b) mit $a \neq b$ abschätzen. Wenn es unter den kleinsten n^2 Primzahlen k gibt, für die $|a| \equiv |b| \bmod p$ ist, beträgt die Fehlerwahrscheinlichkeit k/n^2. Wir zeigen nun, dass es keine n Primzahlen p mit $|a| \equiv |b| \bmod p$ geben kann. Dafür benötigen wir eine einfache Aussage aus der elementaren Zahlentheorie. Wenn $|a| \equiv |b| \bmod m_1$ und $|a| \equiv |b| \bmod m_2$ für zwei teilerfremde Zahlen m_1 und m_2 ist, dann ist auch $|a| \equiv |b| \bmod (m_1 m_2)$. Die Bedingungen sagen aus, dass $|a| - |b|$ ein ganzzahliges Vielfaches von m_1 und ein ganzzahliges Vielfaches von m_2 ist. Da m_1 und m_2 teilerfremd sind, ist $|a| - |b|$ dann auch ein ganzzahliges Vielfaches von $m_1 m_2$. Wenn nun die Gleichung $|a| \equiv |b| \bmod p$ für n verschiedene Primzahlen gilt, gilt sie auch für deren Produkt. Das Produkt von n Zahlen, die alle mindestens 2 sind, ist aber mindestens 2^n. Wenn $|a| \equiv |b| \bmod N$ für eine Zahl $N \geq 2^n$ gilt, ist $|a| = |b|$ und $a = b$. Also ist die Fehlerwahrscheinlichkeit durch $n/n^2 = 1/n$ beschränkt. □

Wir haben in der Definition randomisierter Kommunikationsprotokolle in Kapitel 15.3 betont, dass Alice r_A, aber nicht r_B und Bob r_B, aber nicht r_A kennt. Was ändert sich, wenn es nur einen Zufallsvektor der Länge $l_A + l_B$

gibt, den Alice und Bob beide kennen? Unser ursprüngliches Modell verwendete *private Zufallsbits* (private coins), während wir es jetzt mit *öffentlichen Zufallsbits* (public coins) zu tun haben. Wir kennzeichnen die zugehörigen Komplexitätsmaße mit einem oberen Index „pub", um dies zu verdeutlichen. Offensichtlich gilt Theorem 15.4.1 auch für Protokolle mit öffentlichen Zufallsbits. Darüber hinaus gilt folgende einfache Bemerkung.

Bemerkung 15.4.4. Ein Protokoll mit privaten Zufallsbits kann durch ein Protokoll mit öffentlichen Zufallsbits simuliert werden, also gilt z. B. $R_{2,\varepsilon}^{\text{pub}}(f) \leq R_{2,\varepsilon}(f)$.

Beweis. Es seien l_A und l_B die Längen der Zufallsvektoren von Alice und Bob im Protokoll mit privaten Zufallsbits. Das Protokoll mit öffentlichen Zufallsbits verwendet einen Zufallsvektor der Länge $l_A + l_B$. Bei der Simulation des gegebenen Protokolls interpretiert Alice das Präfix des Zufallsvektors der Länge l_A als ihren Zufallsvektor und Bob macht dasselbe mit dem Suffix der Länge l_B. □

Öffentliche Zufallsbits können kurze und elegante Protokolle ermöglichen, wie folgendes Ergebnis zeigt.

Theorem 15.4.5. $R_{1,1/2}^{\text{pub}}(\overline{EQ_n}) \leq 2$.

Beweis. Alice und Bob verwenden einen öffentlichen Zufallsvektor $r \in \{0,1\}^n$. Alice berechnet die $\mathbb{Z}_2$-Summe aller $a_i r_i$, $1 \leq i \leq n$, und sendet das Ergebnis $h_r(a)$ an Bob. Die Bezeichnung h_r soll an die Hashfunktion aus dem Beweis von Theorem 11.3.4 erinnern. Bob berechnet $h_r(b)$ und sendet das Ergebnis an Alice. Sie akzeptieren die Eingabe, wenn $h_r(a) \neq h_r(b)$ ist. Die Länge des Protokolls ist 2. Wenn $a = b$ ist, ist $h_r(a) = h_r(b)$ für alle r und das Protokoll arbeitet fehlerfrei. Wenn $a \neq b$ ist, gibt es eine Position i mit $a_i \neq b_i$. Aus Symmetriegründen sei $a_i = 0$ und $b_i = 1$. Es sei $h_r^*(a)$ die $\mathbb{Z}_2$-Summe aller $a_j r_j$, $j \neq i$, analog $h_r^*(b)$. Dann ist $h_r(a) = h_r^*(a)$ und $h_r(b) = h_r^*(b) \oplus r_i$. Also beträgt die Wahrscheinlichkeit, dass $h_r(a) = h_r(b)$ ist, genau $1/2$ und damit ist auch die Fehlerwahrscheinlichkeit $1/2$. □

Können sich $R_{1,\varepsilon}(f)$ und $R_{1,\varepsilon}^{\text{pub}}(f)$ oder $R_{2,\varepsilon}(f)$ und $R_{2,\varepsilon}^{\text{pub}}(f)$ stark unterscheiden? Es lässt sich zeigen, dass $R_{1,1/4}(\overline{EQ_n}) \geq R_{2,1/4}(\overline{EQ_n}) = \Omega(\log n)$ ist. Aus Theorem 15.4.5 folgt mit Theorem 15.4.1 dagegen $R_{1,1/4}^{\text{pub}}(\overline{EQ_n}) \leq 4$. Damit haben wir im Wesentlichen aber auch schon ein Beispiel kennen gelernt, bei dem der Unterschied der beiden Modelle am größten ist.

Theorem 15.4.6. *Es seien* $f \colon \{0,1\}^n \times \{0,1\}^n \to \{0,1\}$ *und* $\delta > 0$ *gegeben. Dann gelten:*

- $R_{2,\varepsilon+\delta}(f) \leq R_{2,\varepsilon}^{\text{pub}}(f) + O(\log n + \log \delta^{-1})$ *und*
- $R_{1,\varepsilon+\delta}(f) \leq R_{1,\varepsilon}^{\text{pub}}(f) + O(\log n + \log \delta^{-1})$.

15.4 Randomisierte Kommunikationsprotokolle

Beweis. In diesem Beweis nutzen wir aus, dass Kommunikationsprotokolle ein nichtuniformes Modell bilden. Die hier erzeugten Protokolle sind im Allgemeinen nicht effizient berechenbar. In diesem Aspekt und in der Methodik orientieren wir uns an dem Beweis, dass BPP $\subseteq$ P/poly ist (Theorem 14.5.1, Korollar 14.6.3). Dort gab es *einen* goldenen Rechenweg. Hier werden wir die Existenz von $t = O(n \cdot \delta^{-2})$ Rechenwegen nachweisen, so dass die zufällige Auswahl eines dieser Rechenwege die Fehlerwahrscheinlichkeit nur von ε auf $\varepsilon + \delta$ wachsen lässt. Damit folgen die Aussagen des Theorems leicht. Alice und Bob einigen sich über die guten Rechenwege, Alice erzeugt mit ihren privaten Zufallsbits ein zufälliges $i \in \{1, \ldots, t\}$ und sendet i mit $O(\log t) = O(\log n + \log \delta^{-1})$ Bits an Bob. Danach simulieren Alice und Bob den i-ten der gewählten Rechenwege.

Wir gehen von einem optimalen randomisierten Kommunikationsprotokoll mit einem öffentlichen Zufallsvektor r der Länge l aus. Die beiden Fälle, nämlich einseitiger und zweiseitiger Fehler, werden mit denselben Argumenten behandelt. Es sei $Z(a,b,r^*) = 1$, wenn das gegebene Protokoll auf der Eingabe (a,b) für $r = r^*$ eine falsche Ausgabe liefert, und $Z(a,b,r^*) = 0$ sonst. Wir können uns die Z-Werte als Matrix vorstellen, deren Zeilen die Eingaben (a,b) und deren Spalten die Vektoren r^* repräsentieren. Nach Voraussetzung ist der Anteil Einsen in jeder Zeile durch ε beschränkt (bei einseitigem Fehler enthalten die Zeilen für $(a,b) \in f^{-1}(0)$ keinen 1-Eintrag). Wir wollen zeigen, dass es eine Auswahl von t Spalten gibt, so dass die auf diese Spalten eingeschränkte Submatrix in jeder Zeile nur einen Anteil von $\varepsilon + \delta$ an Einsen hat (bei einseitigem Fehler enthalten die verkürzten Zeilen für $(a,b) \in f^{-1}(0)$ natürlich keinen 1-Eintrag). Mit diesen t Ausprägungen des Zufallsvektors, also diesen t Rechenwegen können wir dann die oben begonnene Argumentation durchführen. Um exakt zu sein, müssen wir erwähnen, dass Spalten auch mehrfach gewählt werden dürfen.

Die Existenz dieser t Spalten zeigen wir mit der *probabilistischen Methode* (probabilistic method) (siehe z.B. Alon und Spencer (1992)). Hierbei wird die Existenz eines Objekts bewiesen, indem für ein geeignetes Zufallsexperiment gezeigt wird, dass die Wahrscheinlichkeit, dass das in dem Experiment erzeugte Objekt die gewünschte Eigenschaft hat, positiv ist. Das Potenzial dieser einfachen Methode hat Erdős als Erster erkannt und ausgenutzt. Hier werden t Rechenwege $r_1, \ldots, r_t$ zufällig und unabhängig gewählt. Es sei R die Zufallsvariable, die die Werte $r_1, \ldots, r_t$ jeweils mit Wahrscheinlichkeit $1/t$ annimmt. Nach Definition gilt

$$E(Z(a,b,R)) = \sum_{1 \leq i \leq t} Z(a,b,r_i)/t.$$

Da aber auch $r_1, \ldots, r_t$ zufällig gewählt sind, können wir die chernoffsche Ungleichung anwenden, um die Aussage

$$\text{Prob}\Big(\sum_{1 \leq i \leq t} Z(a,b,r_i)/t \geq \varepsilon + \delta\Big) \leq 2e^{-\delta^2 t}$$

zu beweisen. In Theorem A.2.11 haben wir eine Form der chernoffschen Ungleichung bewiesen, bei der $\text{Prob}(X \leq (1-\delta) \cdot E(X))$ nach oben abgeschätzt wurde. Hier benötigen wir eine chernoffsche Ungleichung zur Abschätzung von $\text{Prob}(X \geq (1+\delta) \cdot E(X))$ (dazu siehe Motwani und Raghavan (1995)). Für $t = 2n\delta^{-2} + 1$ ist $2e^{-\delta^2 t} < 2^{-2n}$. Da es nur 2^{2n} Eingaben (a,b) gibt, ist die Wahrscheinlichkeit, dass

$$\sum_{1 \leq i \leq t} Z(a, b, r_i)/t \geq \varepsilon + \delta$$

für irgendeine Eingabe (a,b) ist, kleiner als 1. Somit ist die Wahrscheinlichkeit einer Auswahl von $r_1, \ldots, r_t$, bei der die Fehlerwahrscheinlichkeit für jede Eingabe durch $\varepsilon + \delta$ beschränkt ist, positiv und geeignete Vektoren $r_1, \ldots, r_t$ existieren. Insgesamt ist das Theorem bewiesen. □

Für konstantes $\varepsilon < 1/2$ im Fall zweiseitiger Fehler und $\varepsilon < 1$ im Fall einseitiger Fehler können wir eine Konstante $\delta > 0$ so wählen, dass $\varepsilon + \delta < 1/2$ bzw. $\varepsilon + \delta < 1$ ist. Aus Theorem 15.4.1 und Theorem 15.4.6 folgt dann

$$R_{2,\varepsilon}(f) = O(R_{2,\varepsilon}^{\text{pub}}(f) + \log n)$$

und

$$R_{1,\varepsilon}(f) = O(R_{1,\varepsilon}^{\text{pub}}(f) + \log n).$$

Diese Ergebnisse belegen eine gewisse Robustheit unseres Modells randomisierter Kommunikationsprotokolle mit privaten Zufallsbits. Wir haben auch schon eine Methode zum Entwurf kurzer randomisierter Kommunikationsprotokolle kennen gelernt. Untere Schranken bei einseitigem Fehler folgen aus unteren Schranken für nichtdeterministische Kommunikationsprotokolle. Was ist aber mit dem Fall von randomisierten Kommunikationsprotokollen mit zweiseitigem Fehler? Wie in Kapitel 9.2 werden wir auf die Theorie der Zweipersonen-Nullsummen-Spiele zurückgreifen, um $R_{2,\varepsilon}^{\text{pub}}(f)$ durch ein Maß für deterministische Protokolle zu charakterisieren, wobei allerdings die Eingabe zufällig gewählt wird.

Für $f\colon A \times B \to C$ betrachten wir Wahrscheinlichkeitsverteilungen p auf $A \times B$ und untersuchen deterministische Protokolle, deren Fehlerwahrscheinlichkeit bezüglich p durch ε beschränkt ist. Mit $D_{p,\varepsilon}(f)$ bezeichnen wir die Länge des kürzesten deterministischen Protokolls, das bei Wahl einer Eingabe gemäß p eine Schranke von ε für die Fehlerwahrscheinlichkeit ermöglicht. Das zugehörige Komplexitätsmaß $D_{p,\varepsilon}$ wird *verteilungsbezogene Kommunikationskomplexität* bezüglich (p,ε) (((p,ε)-distributional communication complexity) genannt. Anschaulicher ist es jedoch, von der Kommunikationskomplexität von ε-Approximationen für f bezüglich p zu sprechen.

Theorem 15.4.7. *Für $f\colon A \times B \to C$ und jedes $\delta > 0$ gilt*

- $R^{\text{pub}}_{2,\varepsilon}(f) \geq \max\{D_{p,\varepsilon}(f) \mid p\ \text{Verteilung auf } A \times B\}$ und
- $R^{\text{pub}}_{2,\varepsilon+\delta}(f) \leq \max\{D_{p,\varepsilon}(f) \mid p\ \text{Verteilung auf } A \times B\}$.

Beweis. Für den Beweis der „$\geq$-Beziehung" gehen wir von einem randomisierten Kommunikationsprotokoll der Länge $R^{\text{pub}}_{2,\varepsilon}(f)$ mit Fehlerschranke ε aus. Die Fehlerschranke gilt für jede Eingabe (a, b), also auch bei zufälliger Auswahl der Eingabe gemäß einer beliebigen Verteilung p auf $A \times B$. Wenn das randomisierte Protokoll einen Zufallsvektor r der Länge l benutzt, handelt es sich um eine zufällige Auswahl zwischen 2^l deterministischen Protokollen. Wenn alle diese Protokolle bezüglich p eine Fehlerwahrscheinlichkeit hätten, die größer als ε ist, hätte auch das randomisierte Protokoll eine Fehlerwahrscheinlichkeit größer als ε im Widerspruch zur Annahme. Daher gibt es ein deterministisches Protokoll mit Länge $R^{\text{pub}}_{2,\varepsilon}(f)$, das bei gemäß p gewählter Eingabe eine durch ε beschränkte Fehlerwahrscheinlichkeit hat.

Für den Beweis der „$\leq$-Beziehung" untersuchen wir folgendes Zweipersonen-Nullsummen-Spiel. Für $d := \max_p\{D_{p,\varepsilon}(f)\}$ kann Eva ein deterministisches Kommunikationsprotokoll P der Länge d wählen und Thomas darf eine Eingabe (a, b) wählen. Die Auszahlungsmatrix M enthält an der Position $((a,b), P)$ eine 1, wenn das Protokoll P auf (a, b) einen Fehler macht, und ansonsten eine 0. Wir erinnern daran, dass Eva diesen Betrag an Thomas bezahlen muss. Nach Definition von d hat Eva gegen jede randomisierte Strategie von Thomas, also gegen jede Wahrscheinlichkeitsverteilung p auf $A \times B$, eine deterministische Strategie, also ein deterministisches Kommunikationsprotokoll, das ihre erwartete Auszahlung durch ε beschränkt. Somit ist der Wert des Spiels durch ε beschränkt. Mit dem Minimax-Theorem (siehe Owen (1995)) folgt, dass es für Eva eine randomisierte Strategie, also eine Wahrscheinlichkeitsverteilung über die Protokolle mit durch d beschränkter Länge gibt, die für jede Eingabe (a, b) eine Fehlerwahrscheinlichkeit von höchstens ε garantiert. Damit Alice und Bob daraus ein gemeinsames randomisiertes Kommunikationsprotokoll machen können, müssen sie die zugehörigen Zufallsentscheidungen treffen können. Dies ist mit einem gemeinsamen, also öffentlichen Zufallsvektor möglich. Genau genommen brauchen Alice und Bob hier eine unendliche Folge zufälliger Bits, um z.B. Wahrscheinlichkeiten wie $1/3$ korrekt realisieren zu können. Mit endlichen Zufallsvektoren können sie die Fehlerwahrscheinlichkeit ε beliebig approximieren. □

Auf den additiven Term δ für die Fehlerwahrscheinlichkeit können wir verzichten, wenn wir erlauben, dass die einzelnen Zufallsbits den Wert 1 nicht notwendigerweise mit der Wahrscheinlichkeit $1/2$ annehmen, sondern das i-te Bit den Wert 1 mit Wahrscheinlichkeit p_i annimmt. Diese Diskussion wollen wir nicht vertiefen, da wir mehr an der „$\geq$-Beziehung" aus Theorem 15.4.7 interessiert sind. Um eine untere Schranke für $R^{\text{pub}}_{2,\varepsilon}(f)$ zu beweisen, können wir also eine Verteilung p auf $A \times B$ wählen und eine untere Schranke für $D_{p,\varepsilon}(f)$ beweisen. Dies ist eine Form des Minimax-Prinzips von Yao.

Wir stehen nun also vor der Schwierigkeit, untere Schranken für $D_{p,\varepsilon}(f)$ zu beweisen. Da wir wieder bei deterministischen Protokollen gelandet sind, können wir hoffen, auf die Größe von Rechtecken mit bestimmten Eigenschaften zurückgreifen zu können. Da wir für einige Eingaben Fehler machen dürfen, müssen die Rechtecke, die für ein Blatt v die dort ankommenden Eingaben beschreiben, nicht mehr einfarbig sein. Wenn die Fehlerwahrscheinlichkeit klein ist, müssen diese Rechtecke bezüglich p fast einfarbig oder klein sein. Für $f\colon A \times B \to \{0,1\}$, eine Wahrscheinlichkeitsverteilung p auf $A \times B$ und ein Rechteck $R \subseteq A \times B$ sei $R_0 := f^{-1}(0) \cap R$ und $R_1 := f^{-1}(1) \cap R$ und die Diskrepanz (discrepancy) von R bezüglich f und p sei definiert durch

$$\mathrm{Disc}_{p,f}(R) := |p(R_1) - p(R_0)|.$$

Damit ist offensichtlich $\mathrm{Disc}_{p,f}(R) \leq p(R)$ und kleine Rechtecke haben keine große Diskrepanz. Schließlich sei

$$\mathrm{Disc}_p(f) := \max\{\mathrm{Disc}_{p,f}(R) \mid R \subseteq A \times B \text{ Rechteck}\}$$

die Diskrepanz von f bezüglich p. Das folgende Resultat zeigt, dass eine kleine Diskrepanz eine große verteilungsbezogene Kommunikationskomplexität und damit eine große Kommunikationskomplexität bezüglich randomisierter Protokolle mit zweiseitigem Fehler impliziert.

Theorem 15.4.8. *Für Funktionen $f\colon A \times B \to \{0,1\}$, Wahrscheinlichkeitsverteilungen p auf $A \times B$ und $0 < \varepsilon \leq 1/2$ gilt*

$$D_{p,1/2-\varepsilon}(f) \geq \log(2\varepsilon) - \log(\mathrm{Disc}_p(f)).$$

Beweis. Dieses Ergebnis ergibt sich direkt aus den Definitionen und einer einfachen Rechnung. Wir betrachten ein deterministisches Protokoll der Länge $d := D_{p,1/2-\varepsilon}(f)$, das bezüglich p einen Fehler von höchstens $1/2-\varepsilon$ hat. Der zugehörige Protokollbaum hat höchstens 2^d Blätter $v \in L$, an denen genau die Eingaben aus einem Rechteck $R_v \subseteq A \times B$ ankommen. Die Rechtecke R_v, $v \in L$, bilden eine Partition von $A \times B$. Es sei E^+ die Menge aller Eingaben, auf denen das Protokoll korrekt arbeitet, und $E^- := (A \times B) - E^+$ die Menge der Eingaben, auf denen das Protokoll falsch arbeitet. Nach Voraussetzung ist $p(E^-) \leq 1/2 - \varepsilon$ und daher $p(E^+) \geq 1/2 + \varepsilon$. Es folgt

$$2\varepsilon \leq p(E^+) - p(E^-)$$
$$= \sum_{v \in L} \left(p(E^+ \cap R_v) - p(E^- \cap R_v)\right)$$
$$\leq \sum_{v \in L} |p(E^+ \cap R_v) - p(E^- \cap R_v)|$$
$$= \sum_{v \in L} \mathrm{Disc}_{p,f}(R_v)$$
$$\leq 2^d \, \mathrm{Disc}_p(f).$$

Hier gehen nur die Definitionen von $\mathrm{Disc}_{p,f}(R)$ und $\mathrm{Disc}_p(f)$ ein. Wir erhalten die Behauptung, indem wir die Ungleichung nach $d := D_{p,1/2-\varepsilon}(f)$ auflösen. □

Es ist oft nicht einfach, diese Methode anzuwenden. Exemplarisch untersuchen wir IP_n.

Theorem 15.4.9. *Es ist für* $0 < \varepsilon \leq 1/2$

$$R^{\text{pub}}_{2,1/2-\varepsilon}(IP_n) \geq n/2 + \log \varepsilon.$$

Beweis. Nach Theorem 15.4.7 und Theorem 15.4.8 genügt es, für eine Verteilung p auf $\{0,1\}^n \times \{0,1\}^n$ die Diskrepanz beliebiger Rechtecke $A \times B$ durch $2^{-n/2}$ nach oben abzuschätzen. Wir betrachten daher die Gleichverteilung u auf $\{0,1\}^n \times \{0,1\}^n$. Darüber hinaus ersetzen wir in der Kommunikationsmatrix M die Einträge 0 durch 1 und die Einträge 1 durch -1. Damit erhalten wir die so genannte Hadamard-Matrix H_n. Sie hat den Vorteil, dass wir die Diskrepanz von Rechtecken, nun bezogen auf die Farben 1 und -1, algebraisch ausdrücken können. Nach Definition ist

$$D_{u,\text{IP}_n}(A \times B) = \big|\#\{(a,b) \in A \times B \mid H_n(a,b) = 1\} -$$
$$\#\{(a,b) \in A \times B \mid H_n(a,b) = -1\}\big|/2^{2n}$$
$$= \big|\sum_{(a,b) \in A \times B} H_n(a,b)\big|/2^{2n}.$$

Es sei $e_A \in \{0,1\}^{2^n}$ der charakteristische Vektor von $A \subseteq \{0,1\}^n$ und e_B der charakteristische Vektor von $B \subseteq \{0,1\}^n$. Dann werden in $e_A^\top \cdot H_n \cdot e_B$ genau die $H_n(a,b)$ mit $(a,b) \in A \times B$ aufsummiert. Also ist

$$D_{u,\text{IP}_n}(A \times B) = |e_A^\top \cdot H_n \cdot e_B|/2^{2n}$$

und es reicht aus, $|e_A^\top \cdot H_n \cdot e_B|$ nach oben durch $2^{3n/2}$ abzuschätzen. Hierfür können wir die algebraischen Eigenschaften von H_n ausnutzen. Für die $2^n \times 2^n$-Identitätsmatrix I_n folgt nach einfacher Rechnung:

$$H_n \cdot H_n^\top = 2^n \cdot I_n.$$

Die Matrix $H_n \cdot H_n^\top$ hat an Position (a,b) den Eintrag

$$\sum_{c \in \{0,1\}^n} H_n(a,c) \cdot H_n(b,c).$$

Für $a = b$ ist $H_n(a,c) = H_n(b,c) \in \{-1,+1\}$, $H_n(a,c) \cdot H_n(b,c) = 1$ und die Summe ergibt 2^n. Wie im Beweis von Theorem 15.4.5 folgt aus $a \neq b$, dass $\text{IP}_n(a,c) = \text{IP}_n(b,c)$ für genau die Hälfte aller $c \in \{0,1\}^n$ gilt. Also hat die Hälfte aller $H_n(a,c) \cdot H_n(b,c)$ den Wert 1 und die andere Hälfte den Wert -1. Die Summe der Werte ist daher 0. Da I_n nur einen Eigenwert, nämlich 1, hat, hat $H_n \cdot H_n^\top = 2^n \cdot I_n$ nur den Eigenwert 2^n. Hieraus folgt, dass die Spektralnorm $\|H_n\|_2$ von H_n den Wert $2^{n/2}$ hat. Die Norm von Vektoren ist ihre euklidische Länge. Also ist $\|e_A\|_2 = |A|^{1/2} \leq 2^{n/2}$ und $\|e_B\|_2 \leq 2^{n/2}$. Die Normen messen, wie stark Vektoren durch Multiplikation mit dem untersuchten Vektor oder der untersuchten Matrix verlängert werden. Also ist

$$|e_A^\top \cdot H_n \cdot e_B| \leq \|e_A\|_2 \cdot \|H_n\|_2 \cdot \|e_B\|_2 \leq 2^{3n/2}$$

und $D_{u,\mathrm{IP}_n}(A \times B) \leq 2^{-n/2}$ für beliebige Rechtecke $A \times B$. □

Randomisierte Kommunikationsprotokolle können selbst bei recht kleinen Fehlerwahrscheinlichkeiten exponentiell kürzer als deterministische Kommunikationsprotokolle sein. Es macht keinen großen Unterschied, ob die Zufallsbits privat oder öffentlich sind. Wenn bezüglich einer Wahrscheinlichkeitsverteilung auf den Eingaben jedes Rechteck der Kommunikationsmatrix fast zur Hälfte Nullen und Einsen enthält, ist die randomisierte Kommunikationskomplexität der zugehörigen Funktion groß.

15.5 Kommunikationskomplexität und VLSI-Schaltkreise

Wir begnügen uns mit einer naiven Vorstellung von VLSI-Schaltkreisen. Da wir aber schon für dieses Modell untere Schranken erhalten, gelten diese für realistisch eingeschränkte Modelle erst recht. Wir stellen uns einen VLSI-Schaltkreis als rechteckiges Gitter der Länge l und Breite b vor. Er hat die Fläche $A := b \cdot l$ und besteht aus $b \cdot l$ Zellen. Jede Zelle kann höchstens ein Bit der Eingabe aufnehmen. Sie ist höchstens mit den Zellen verbunden, mit denen sie sich eine Zellwand teilt. Über diese Verbindungen kann pro Zeittakt ein Bit in einer Richtung gesendet werden. Für Funktionen mit einer Ausgabe y gibt es eine Zelle, die am Ende das Ergebnis beinhaltet. Ein VLSI-Schaltkreis für acht Eingaben und eine Ausgabe ist in Abbildung 15.5.1 zu sehen.

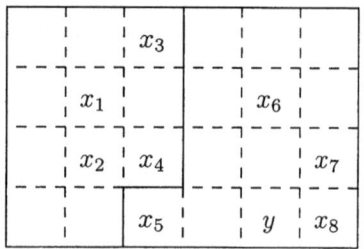

Abb. 15.5.1 Ein VLSI-Schaltkreis der Breite 6 und Länge 4.

Darin erkennen wir, dass es immer einen Schnitt durch den Schaltkreis gibt, so dass $\lfloor n/2 \rfloor$ Eingaben auf der einen und $\lceil n/2 \rceil$ Eingaben auf der anderen Seite des Schnitts anliegen und der Schnitt höchstens $l + 1$ Zellwände umfasst. Aus Symmetriegründen können wir dabei $l \leq b$ und damit $l \leq A^{1/2}$ voraussetzen. Über diesen Schnitt können pro Zeittakt nur $l + 1$ Bits kommuniziert werden. Wenn wir die Eingabebits der zu berechnenden Funktion so zwischen Alice und Bob aufteilen, dass Alice die Eingabebits auf der einen Seite des Schnitts und Bob die anderen Bits erhält, können wir die Kommunikationskomplexität von f bezüglich dieser Aufteilung und die Fläche A und die parallele Rechenzeit T des VLSI-Schaltkreises in Verbindung setzen. Es ist $C(f) \leq (A^{1/2} + 1) \cdot T + 1$. In jedem der T Zeittakte werden ja nur $A^{1/2} + 1$ Bits über den Schnitt gesendet. Dies kann ein deterministisches Kommunikationsprotokoll simulieren. Der Extrasummand „$+1$" ist nötig, da im VLSI-Schaltkreis nur eine Zelle, also nur Alice oder Bob, das Ergebnis kennen muss. In einem Kommunikationsprotokoll muss die Ausgabe noch kommuniziert werden. Da die Komplexität von VLSI-Schaltkreisen üblicherweise durch AT^2 gemessen wird, lässt sich unser Resultat durch $AT^2 = \Omega(C(f)^2)$ ausdrücken.

Wie wir sehen, dürfen wir hier die Aufteilung der Eingabe nicht willkürlich vornehmen. Für das mittlere Bit der Multiplikation MUL haben wir jedoch eine lineare untere Schranke für die Kommunikationskomplexität bewiesen, die für beliebige größenbalancierte Aufteilungen der Bits des ersten Faktors unter Alice und Bob gilt. Wenn wir beim Schnitt durch den VLSI-Schaltkreis auch nur die Bits des ersten Faktors berücksichtigen, können wir die obigen Betrachtungen anwenden und erhalten folgendes Resultat.

Theorem 15.5.1. *Für VLSI-Schaltkreise, die das mittlere Bit der Multiplikation für zwei Faktoren der Länge n berechnen, gilt $AT^2 = \Omega(n^2)$.*

15.6 Kommunikationskomplexität und die Rechenzeit von Turingmaschinen

Turingmaschinen mit k Bändern und Rechenzeit $t(n)$ können von Turingmaschinen mit einem Band und Rechenzeit $O(t(n)^2)$ simuliert werden. Ist dieser quadratische Mehraufwand nötig? Wir werden diese Frage zumindest für lineare Rechenzeiten beantworten, indem wir eine Sprache beschreiben, die von einer Turingmaschine mit zwei Bändern in linearer Zeit entschieden werden kann und für die Turingmaschinen mit einem Band quadratische Zeit benötigen. Für $f = (f_n)$ mit $f_n \colon \{0,1\}^n \times \{0,1\}^n \to \{0,1\}$ sei

$$L_f^* = \{acb \mid |a| = |c| = |b|, a, b \in \{0,1\}^*, c \in \{2\}^*, f_{|a|}(a,b) = 1\}.$$

Bemerkung 15.6.1. Die Sprache L_{EQ}^* kann von einer Turingmaschine mit zwei Bändern in Zeit $O(n)$ entschieden werden.

Beweis. Beim ersten Lesen wird überprüft, ob die Eingabe vom Typ acb mit $a, b \in \{0,1\}^*$ und $c \in \{2\}^*$ ist. Im positiven Fall wird b auf das zweite Band kopiert. Indem a und b gleichzeitig gelesen werden, kann überprüft werden, ob sie dieselbe Länge haben, und im positiven Fall kann $EQ_n(a,b)$ berechnet werden. Schließlich kann überprüft werden, ob b und c dieselbe Länge haben. □

Interessanter als diese einfache Bemerkung ist der Beweis unterer Schranken für die Rechenzeit von Turingmaschinen mit einem Band.

Theorem 15.6.2. *Wenn die Sprache L_f^* für $f = (f_n)$ von einer Turingmaschine M mit einem Band in Zeit $t(n)$ entschieden werden kann, gilt*

$$R_0^{\text{pub}}(f_n) = O(t(3n)/n + 1).$$

Beweis. Wir wollen ein randomisiertes, fehlerfreies Kommunikationsprotokoll für f_n entwerfen, das für jede Eingabe eine kleine durchschnittliche Länge hat. Alice kennt $a \in \{0,1\}^n$ und Bob $b \in \{0,1\}^n$. Insbesondere kennen beide n und die Arbeitsweise von M auf der Eingabe $w = a2^n b$, wobei 2^n eine Folge von n Zweien beschreibt. Mit Hilfe des öffentlich bekannten Zufallsvektors wählen Alice und Bob zufällig $i \in \{0, \ldots, n\}$. Damit wird das Band von M zwischen Alice und Bob aufgeteilt. Alice erhält den linken Teil bis zur Speicherzelle $n+i$ und Bob den Rest. Da der Kopf von M zu Beginn auf a_1 steht, kann Alice den ersten Teil der Rechnung von M simulieren. Wenn M die Trennstelle nach rechts überschreitet, sendet Alice an Bob, in welchem Zustand die Turingmaschine nach diesem Schritt ist. Dazu genügen $\lceil \log |Q| \rceil = O(1)$ Bits. Nun simuliert Bob die Turingmaschine, bis die Trennstelle nach links überschritten wird. Diese Prozedur wird fortgesetzt, bis M hält. Dann kennt entweder Alice oder Bob das Ergebnis und sendet es an die andere Person. Dieses Protokoll ist fehlerfrei, da die fehlerfreie Turingmaschine M korrekt simuliert wird.

Es sei nun $z_i = z_i(a,b)$ die Anzahl der Rechenschritte, bei denen M die Trennstelle zwischen Speicherzelle $n+i$ und Speicherzelle $n+i+1$ überschreitet. Da in jedem Rechenschritt maximal eine Trennstelle überschritten wird und $|w| = 3n$ ist, folgt

$$z_0 + \cdots + z_n \leq t(3n)$$

und

$$(z_0 + \cdots + z_n)/(n+1) \leq t(3n)/n.$$

Also senden Alice und Bob durchschnittlich höchstens $t(3n)/n$ Nachrichten der Länge $O(1)$ und am Ende noch eine Nachricht der Länge 1. Damit ist das Theorem bewiesen. □

Da nach Theorem 15.3.5 $C_{\text{OR}}(EQ_n) \geq n$ ist, ist auch $R_{1,2/3}(EQ_n) \geq n$ und nach Theorem 15.4.6 $R_{1,1/2}^{\text{pub}}(EQ_n) = \Omega(n)$. Mit der Variante von Theorem 15.4.1 für Protokolle mit öffentlichen Zufallsbits folgt $R_0^{\text{pub}}(EQ_n) = \Omega(n)$. Schließlich erhalten wir mit Theorem 15.6.2 das gewünschte Ergebnis.

Theorem 15.6.3. *Für Turingmaschinen mit einem Band, die L^*_{EQ} in Zeit $t(n)$ entscheiden, gilt $t(n) = \Omega(n^2)$.*

Die Ergebnisse der letzten beiden Unterkapitel zeigen, dass Ergebnisse zur Kommunikationskomplexität konkreter Probleme die Lösung von Problemen aus sehr verschiedenen Bereichen unterstützen.

16. Die Komplexität boolescher Funktionen

16.1 Grundlegende Überlegungen

Wir haben schon mehrfach betont, dass Entscheidungsprobleme oder Sprachen $L \subseteq \{0,1\}^*$ und Familien boolescher Funktionen $f = (f_n)$ mit einer Ausgabe in enger Beziehung stehen. Zu L gehört die Funktionenfamilie $f^L = (f_n^L)$, wobei $f_n^L \colon \{0,1\}^n \to \{0,1\}$ für die Eingabe a den Wert 1 genau dann annimmt, wenn $a \in L$ ist. Zu $f = (f_n)$ mit $f_n \colon \{0,1\}^n \to \{0,1\}$ gehört das Entscheidungsproblem L_f, das sich als Vereinigung aller $f_n^{-1}(1)$ beschreiben lässt. Bei der Betrachtung von Familien boolescher Funktionen haben wir jedoch die einzelne Funktion f_n im Blickpunkt. Uns interessieren also nichtuniforme Komplexitätsmaße wie die Größe und Tiefe von Schaltkreisen oder die Größe und Länge von Branchingprogrammen. In Kapitel 14 haben wir die Unterschiede zwischen uniformen und nichtuniformen Komplexitätsmaßen diskutiert und in Kapitel 15 das nichtuniforme Maß der Kommunikationskomplexität untersucht. Hier wollen wir versuchen, untere Schranken für die Komplexität boolescher Funktionen bezüglich der oben genannten Komplexitätsmaße zu beweisen.

Prinzipiell ist diese Aufgabe einfach zu bewältigen. Es gibt 2^{2^n} boolesche Funktionen $f \colon \{0,1\}^n \to \{0,1\}$ und nur $2^{O(s \log(s+n))}$ syntaktisch verschiedene Schaltkreise mit s Bausteinen. Diese Schranke folgt, da jeder Baustein nur endlich viele Operationen realisieren kann und für jeden der beiden Vorgänger die Auswahl zwischen weniger als $s + n + 2$ Möglichkeiten besteht. Für ein geeignet gewähltes $c > 0$ lassen sich also mit $c \cdot 2^n/n$ Bausteinen nicht alle booleschen Funktionen realisieren. Wenn wir für f_n die bezüglich der lexikographischen Ordnung auf den Funktionstabellen erste Funktion wählen, die nicht mit $c \cdot 2^n/n$ Bausteinen realisierbar ist, haben wir eine Familie $f = (f_n)$ von booleschen Funktionen hoher Schaltkreiskomplexität erhalten. Dies ist aber nicht das, was wir wollen. Wir haben ja auch in den Kapiteln über das uniforme Komplexitätsmaß Rechenzeit nur rekursive Probleme diskutiert. Im Mittelpunkt unserer Untersuchungen standen sogar Probleme, die NP-einfach sind, insbesondere Entscheidungsprobleme aus NP. Ebenso konzentrieren wir uns hier auf Familien $f = (f_n)$ boolescher Funktionen, für die das zugehörige Entscheidungsproblem L_f in NP enthalten ist. Für eingeschränkte Modelle, wie zum Beispiel tiefenbeschränkte Schaltkreise, können wir exponentielle untere Schranken für Funktionen $f = (f_n)$ zeigen, für die L_f in polynomieller und sogar linearer Zeit entscheidbar ist. Um die oben beschriebenen Abzähltricks und auch Diagonalisierungsargumente auszuschließen, hat sich der Ausdruck eingebürgert, dass boolesche Funktionen $f_n \colon \{0,1\}^n \to \{0,1\}$ *explizit definiert* (explicitly defined) sein sollen. In weiter gehenden Untersuchungen gibt es verschiedene Grade von „explizit definiert", wir kommen aber mit der Forderung, dass $L_f \in \text{NP}$ sein soll, aus. Die grundsätzliche Frage ist also, wie groß untere Schranken sein können, die wir für die Komplexität von explizit definierten booleschen Funktionen bezüglich nichtuniformer Komplexitätsmaße beweisen können. Für die Kommunikationskomplexität haben wir lineare und damit größtmögliche untere Schranken gezeigt. Für viele Schaltkreis- und Branchingprogrammmodelle sind wir von den größtmöglichen unteren Schranken weit entfernt. Wir verfolgen daher drei miteinander verknüpfte Ziele, nämlich

- die Rekordjagd nach der größten aktuellen Schranke für explizit definierte boolesche Funktionen und die verschiedenen nichtuniformen Komplexitätsmaße,
- die Entwicklung von Methoden für den Beweis unterer Schranken für die verschiedenen nichtuniformen Komplexitätsmaße und
- die Abschätzung der Komplexität wichtiger boolescher Funktionen.

Das Kapitel ist nach den nichtuniformen Komplexitätsmaßen strukturiert. In Kapitel 16.2 wird die Größe und in Kapitel 16.3 die Tiefe von Schaltkreisen untersucht. Der Spezialfall monotoner Schaltkreise wird erwähnt. Die Ergebnisse für allgemeine Schaltkreise sind ernüchternd. Viel besser ist die Situation, wenn wir den Eingangsgrad von Bausteinen nicht mehr beschränken, dafür aber die Tiefe drastisch beschränken. Dieses Modell wird in Kapitel 16.4 für verallgemeinerte AND- und OR-Bausteine behandelt. Methoden, wie auch verallgemeinerte EXOR-Bausteine berücksichtigt werden können, werden diskutiert. In Kapitel 16.5 wird ein analoges Modell für so genannte Thresholdschaltkreise untersucht. Dieses ist aus zwei Gründen von Bedeutung. Einerseits erhalten wir ein Modell für diskrete neuronale Netze ohne Rückkopplung und andererseits lassen sich die Grenzen unserer Techniken für den Beweis unterer Schranken in diesem Modell besonders gut veranschaulichen. In Kapitel 16.6 betrachten wir allgemeine und eingeschränkte Branchingprogramme. Insgesamt werden in den Kapiteln von 16.2 bis 16.6 Methoden für untere Schranken entwickelt und auf wenige Beispielfunktionen angewendet. Daher beschreiben wir abschließend in Kapitel 16.7 Reduktionskonzepte, mit denen sich die Ergebnisse auf viele Funktionen übertragen lassen.

16.2 Die Größe von Schaltkreisen

Schaltkreise sind als kanonisches Hardwaremodell von offensichtlicher Bedeutung. Wir erinnern daran, dass Bausteine zwei Eingänge haben und jede der

16 booleschen Funktionen auf diese Eingänge anwenden können. Die Schaltkreisgröße von f_n ist die kleinste Anzahl von Bausteinen, mit denen f_n berechnet werden kann. Seit langer Zeit steht der Rekord für explizit definierte boolesche Funktionen bei einer unteren Schranke von $3n - O(\log n)$. Hierbei ist zu beachten, dass die untere Schranke $n - 1$ für alle Funktionen, die von allen n Variablen *essenziell* abhängen, trivial ist. Dabei hängt f_n von x_i essenziell ab, wenn die *Subfunktionen* (Kofaktoren) $f_{n|x_i=0}$, definiert durch $f_{n|x_i=0}(a) := f_n(a_1,\ldots,a_{i-1},0,a_{i+1},\ldots,a_n)$, und $f_{n|x_i=1}$ verschieden sind. In diesem Fall muss mindestens ein Baustein des Schaltkreises auf x_i zugreifen. Wenn f_n von n Variablen essenziell abhängt, enthält ein Schaltkreis für f_n einen gerichteten azyklischen Graphen mit n Eingängen und einer Senke, nämlich den Baustein, an dem f_n berechnet wird. Da dieser Graph zusammenhängend ist, muss er $n-1$ innere Knoten, also Bausteine, enthalten. Andererseits sind die wenigen Beweise von Schranken der Größe $(2+\varepsilon)n, \varepsilon > 0$, kompliziert. Wir zeigen daher eine $(2n-3)$-Schranke, die aber schon die Methode der *Bausteineliminierung* (gate elimination) verwendet, die auch die Basis für alle größeren Schranken ist.

Die Schranke betrifft eine *Schwellwertfunktion*, für die aber auch im Deutschen der Begriff *Thresholdfunktion* gebräuchlich ist. Die Thresholdfunktion $T^n_{\geq k}$ ist auf n Eingaben definiert und liefert den Wert 1 genau dann, wenn unter den Eingaben mindestens k Einsen sind. Die negative Thresholdfunktion $T^n_{\leq k}$ ist die Negation von $T^n_{\geq k+1}$.

Theorem 16.2.1. *Die Schaltkreisgröße von $T^n_{\geq 2}$ beträgt mindestens $2n - 3$.*

Beweis. Wir zeigen die Behauptung mit Induktion über n. Für $n = 2$ ist $T^n_{\geq 2}(x_1, x_2) = x_1 \wedge x_2$ und die Behauptung ist trivial. Für den Induktionsschritt besteht die Idee darin, eine Variable x_i zu finden, deren Ersetzung durch die Konstante 0 zu einem Schaltkreis führt, bei dem wir mindestens zwei Bausteine eingespart oder eliminiert haben. Da $T^n_{\geq 2|x_i=0}$ die Funktion $T^{n-1}_{\geq 2}$ auf den verbliebenen Variablen ist, muss der Restschaltkreis nach Induktionsvoraussetzung mindestens $2(n-1) - 3$ Bausteine haben. Da der ursprüngliche Schaltkreis mindestens zwei Bausteine mehr hatte, ist die Behauptung gezeigt.

Wir betrachten einen optimalen Schaltkreis für $T^n_{\geq 2}$ und untersuchen seinen ersten Baustein G_1. Dieser hat zwei verschiedene Variablen als Eingänge, da der Schaltkreis sonst im Widerspruch zu seiner Optimalität verkleinert werden könnte. Aus den gleichen Gründen realisiert G_1 eine der zehn Funktionen, die von beiden Eingängen essenziell abhängen. Für die Eingänge x_i und x_j sind dies, wie eine Fallunterscheidung zeigt, die Funktionen

$$(x_i^a \wedge x_j^b)^c \quad \text{und} \quad (x_i \oplus x_j)^c$$

für $a, b, c \in \{0, 1\}$. Dabei ist $x_i^1 = x_i$ und $x_i^0 = \overline{x}_i$. Unser Ziel ist es, zu zeigen, dass eine der Variablen x_i und x_j Eingang von mindestens zwei Bausteinen ist. Sei dies x_i. Für $x_i = 0$ können die Bausteine, die auf x_i zugreifen, eingespart werden, da sie mit vorausgehenden oder nachfolgenden Bausteinen zu einem Baustein verschmolzen werden können. Nehmen wir also an, dass G_1 für x_i und für x_j der einzige Baustein ist, der auf sie zugreift. Falls G_1 vom ersten der beschriebenen Typen ist, wird der Schaltkreis für $x_j := \bar{b}$ von x_i unabhängig, obwohl für $n \geq 3$ die Funktion $T^n_{\geq 2|x_j=\bar{b}}$ essenziell von den restlichen Variablen abhängt. Falls G_1 vom zweiten der beschriebenen Typen ist, erhalten wir für $x_i = x_j = 0$ und $x_i = x_j = 1$ denselben Restschaltkreis im Widerspruch dazu, dass die beiden entstehenden Subfunktionen verschieden sind. Damit ist das Theorem bewiesen. □

Man muss befürchten, dass diese Methode nicht ausreicht, um superlineare untere Schranken zu beweisen. Ein Ausweg besteht darin, Funktionen $f_n \colon \{0,1\}^n \to \{0,1\}^n$, also Funktionen mit n Ausgaben, zu betrachten. Bisher kann für keine explizit definierte Funktion bewiesen werden, dass sie selbst in Schaltkreisen der Tiefe $O(\log n)$ superlinear viele Bausteine benötigt.

Bei der Untersuchung der Schaltkreisgröße explizit definierter boolescher Funktionen wird besonders deutlich, wie unzureichend unser Reservoir ist, um untere Schranken für die Komplexität bezüglich praktisch wichtiger Rechenmodelle zu beweisen.

Monotone Schaltkreise sind ein Schaltkreismodell, bei dem es nur AND- und OR-Bausteine gibt. Dann sind nicht mehr alle booleschen Funktionen realisierbar. Es ist offensichtlich, dass $\bar{x}_1$ nicht realisiert werden kann. Um die Klasse der von monotonen Schaltkreisen berechenbaren Funktionen zu beschreiben, definieren wir auf $\{0,1\}^n$ die natürliche partielle Ordnung „$\leq$", wobei $(a_1, \ldots, a_n) \leq (b_1, \ldots, b_n)$ ist, falls $a_i \leq b_i$ für alle i ist. Eine boolesche Funktion f heißt *monoton*, wenn $f(a) \leq f(b)$ aus $a \leq b$ folgt. Es ist nicht schwer, sich davon zu überzeugen, dass genau die monotonen Funktionen durch monotone Schaltkreise realisierbar sind. Mit einer Verfeinerung der Methode der Bausteineliminierung konnten superlineare Schranken für die monotone Schaltkreiskomplexität monotoner Funktionen mit n Ausgaben bewiesen werden. Dabei erwies sich n^2 als natürliche Grenze, da superquadratische Schranken implizieren, dass eine der Ausgaben eine superlineare Komplexität hat. Methodisch war es ein wichtiger Schritt, als es gelang, den Fortschritt der Rechnung an den einzelnen Bausteinen zu messen (Wegener (1982)). Der Durchbruch gelang dadurch, diesen Fortschritt nicht mehr exakt, sondern nur approximativ zu messen. Razborov hat 1986 (die Zeitschriftenveröffentlichung ist aus dem Jahr 1990) auf diese Weise exponentielle untere Schranken für die monotone Schaltkreiskomplexität des Problems CLIQUE bewiesen. Seine Beweismethode wurde von Alon und Boppana (1987) ausgebaut.

16.3 Die Tiefe von Schaltkreisen

Schon in Kapitel 14.3 haben wir Formeln als Schaltkreise definiert, die graphentheoretisch Bäume sind. Dabei dürfen die einzelnen Variablen an vielen Blättern des Formelbaums vorkommen. Die *Formelgröße* $L(f)$ einer booleschen Funktion f ist gleich der minimalen Anzahl von Bausteinen in einer Formel, die f berechnet. Also haben Formelbäume für f mindestens $L(f)+1$ Blätter und damit eine Schaltkreistiefe von mindestens $\lceil \log(L(f)+1) \rceil$. Da wir Schaltkreise zu Formeln entfalten können, ohne die Tiefe zu vergrößern, haben wir für die Tiefe $D(f)$ von f die folgende Bemerkung bewiesen.

Bemerkung 16.3.1. Für boolesche Funktionen f gilt

$$D(f) \geq \lceil \log(L(f)+1) \rceil.$$

Es gilt sogar die Umkehrung $D(f) = O(\log L(f))$ (siehe z. B. Wegener (1987)). Somit ist die Aufgabe, superlogarithmische Schranken für die Tiefe von Funktionen zu beweisen, äquivalent zu der Aufgabe, superpolynomielle Schranken für die Formelgröße zu beweisen. Von Schranken dieser Größe sind wir weit entfernt. Die größte untere Schranke für die Formelgröße geht auf Nechiporuk (1966) zurück und ist von der Größenordnung $n^2/\log n$. Für die Tiefe erhalten wir eine untere Schranke von $2\log n - \log\log n - O(1)$. Wieder ist zu beachten, dass die Schranke $\lceil \log n \rceil$ für Funktionen, die von n Variablen essenziell abhängen, trivial ist.

Die untere Schranke beruht auf der Erkenntnis, dass kleine Formeln nicht in der Lage sind, Funktionen mit extrem vielen verschiedenen Subfunktionen zu berechnen. Diese Methode lässt sich nicht auf Schaltkreise übertragen. Es ist für eine explizit definierte Funktion mit asymptotisch maximaler Anzahl verschiedener Subfunktionen bekannt, dass sie lineare Schaltkreisgröße hat. Wir betrachten hier disjunkte Teilmengen $S_1, \ldots, S_k$ der Variablenmenge $X = \{x_1, \ldots, x_n\}$ und bezeichnen mit s_i die Anzahl verschiedener Funktionen auf S_i, die wir erhalten, wenn wir alle Ersetzungen der Variablen aus $X - S_i$ durch Konstante betrachten.

Theorem 16.3.2. *Für disjunkte Mengen $S_1, \ldots, S_k$ von Variablen, von denen f essenziell abhängt, gilt*

$$L(f) \geq \Big(\sum_{1 \leq i \leq k} (2 + \log s_i) \Big)/4 - 1.$$

Beweis. Wir zeigen die untere Schranke, indem wir die Anzahl t_i der Blätter, die zu Variablen aus S_i gehören, durch $(2 + \log s_i)/4$ nach unten abschätzen.

Es sei W_i die Menge der inneren Knoten im Formelbaum, für die es im linken und im rechten Teilbaum S_i-Blätter gibt (siehe Abbildung 16.3.1). Für $w_i := |W_i|$ ist $w_i = t_i - 1$, da wir nach Entfernung aller $(X - S_i)$-Blätter und aller Knoten mit einem Eingang einen binären Baum mit t_i Blättern und

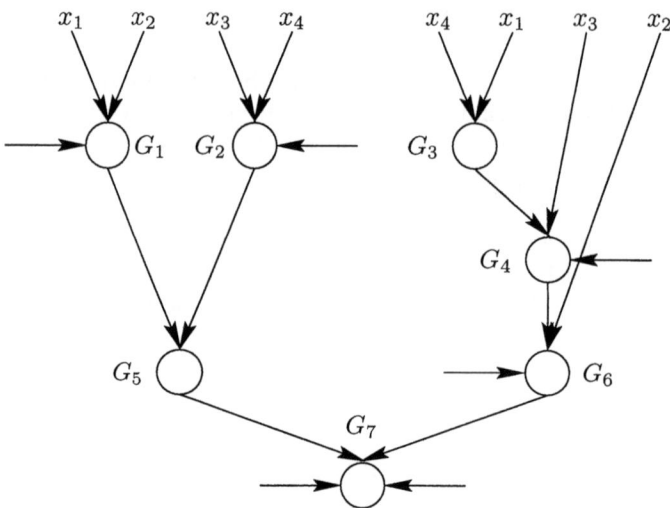

Abb. 16.3.1. Eine Formel, in der für $S_1 = \{x_1, x_2\}$ und $S_2 = \{x_3, x_4\}$ die Knoten aus W_1 mit einem Pfeil von links und die Knoten aus W_2 mit einem Pfeil von rechts gekennzeichnet sind.

w_i inneren Knoten erhalten. Wir betrachten nun Pfade im Formelbaum, die an S_i-Blättern oder W_i-Knoten starten, an W_i-Knoten oder der Wurzel des Formelbaums enden und im Inneren keinen W_i-Knoten enthalten. Für die Anzahl p_i dieser Pfade gilt $p_i \leq 2w_i + 1$, da an jedem W_i-Knoten nur zwei dieser Pfade ankommen und an der Wurzel, wenn sie kein W_i-Knoten ist, ein weiterer Pfad ankommt. In Abbildung 16.3.1 ist (G_1, G_5, G_7) so ein Pfad für $i = 1$. Es sei g die Funktion, die nach Konstantsetzung aller Variablen außerhalb von S_i am Anfang eines dieser Pfade berechnet wird. Bis zum Eingang des letzten Knotens auf dem Pfad haben wir eine Subformel, die nur g und Konstante als Eingaben hat und daher $g, \bar{g}, 0$ oder 1 berechnet. Jeder der p_i Pfade kann also die Ausgabe nur auf vier Weisen beeinflussen. Daher gilt

$$s_i \leq 4^{p_i} \leq 4^{2w_i+1} = 4^{2t_i-1} = 2^{4t_i-2},$$

$$\log s_i \leq 4t_i - 2 \quad \text{und} \quad t_i \geq (2 + \log s_i)/4.$$

□

Wie groß kann diese Schranke asymptotisch höchstens werden? Für s_i gibt es zwei obere Schranken, nämlich

- $s_i \leq 2^{2^{|S_i|}}$, da die Subfunktionen auf $|S_i|$ Variablen definiert sind, und
- $s_i \leq 2^{n-|S_i|}$, da wir die Subfunktionen erhalten, indem wir $n - |S_i|$ Variablen durch Konstante ersetzen.

Nun kann mit Hilfe elementarer Methoden der Analysis gezeigt werden, dass die Nechiporuk-Schranke für jede Funktion $O(n^2/\log n)$ ist. Diese Schranke wird für eine einfache Funktion bereits erreicht. Wir betrachten ein Modell für die indirekte Adressierung (indirect storage access, ISA = (ISA$_n$)), wobei ISA$_n$ für $n = 2^m$ und $k := m - \lfloor \log m \rfloor$ auf $n + k$ Variablen $x_0, \ldots, x_{n-1}, y_0, \ldots, y_{k-1}$ definiert ist. Der Vektor y wird als Binärzahl mit Wert $|y|$ interpretiert und soll den $|y|$-ten Block von x der Länge m ansprechen. Falls $|y| \geq \lfloor n/m \rfloor$ ist, sei ISA$_n(x,y) := 0$. Ansonsten wird $x(y) := (x_{|y|\cdot m}, \ldots, x_{|y|\cdot m + m - 1})$ als Adresse interpretiert und es sei ISA$_n(x,y) := x_{|x(y)|}$.

Theorem 16.3.3. *Für die indirekte Adressierung gilt*

$$L(ISA_n) = \Omega(n^2/\log n) \text{ und } D(ISA_n) \geq 2\log n - \log\log n - O(1).$$

Beweis. Nach Bemerkung 16.3.1 genügt es, die Aussage für die Formelgröße zu zeigen. Wir wenden Theorem 16.3.2 auf die Mengen S_i, $0 \leq i \leq \lfloor n/m \rfloor - 1$, an. Dabei enthält S_i die Variablen $x_{i\cdot m}, \ldots, x_{i\cdot m + m - 1}$. Um die Anzahl der Subfunktionen auf S_i abzuschätzen, setzen wir die y-Variablen so konstant, dass $|y| = i$ ist. Damit stellen die S_i-Variablen die direkte Adresse dar, um ein Bit des x-Vektors zu adressieren. Somit bilden die Belegungen der x-Variablen außerhalb S_i einen Teil der Funktionstabelle und es ist $s_i \geq 2^{n-m}$ und $\log s_i \geq n - m = \Omega(n)$. Die Behauptung folgt nun, da wir $\lfloor n/m \rfloor = \Omega(n/\log n)$ S_i-Mengen betrachten. □

Es gibt zwar noch keine größere untere Schranke für die Tiefe explizit definierter boolescher Funktionen, aber es gibt eine Beweismethode mit zumindest großem Potenzial. Diese Methode charakterisiert die Tiefe boolescher Funktionen f durch die Kommunikationskomplexität einer zugehörigen Relation R_f.

Definition 16.3.4. Zur booleschen Funktion $f: \{0,1\}^n \to \{0,1\}$ gehört die Relation $R_f \subseteq f^{-1}(1) \times f^{-1}(0) \times \{1, \ldots, n\}$, die alle (a, b, i) mit $a_i \neq b_i$ enthält. Das Kommunikationsspiel für R_f besteht darin, dass Alice $a \in f^{-1}(1)$ und Bob $b \in f^{-1}(0)$ kennt und sie sich über ein $i \in \{1, \ldots, n\}$ mit $a_i \neq b_i$ einigen sollen.

Das Kommunikationsspiel hat stets eine Lösung, da sich $a \in f^{-1}(1)$ und $b \in f^{-1}(0)$ unterscheiden müssen. Wir erinnern daran, dass $C(R_f)$ die Kommunikationskomplexität von R_f bezeichnet. Wir betrachten nun Schaltkreise mit den üblichen Eingaben $x_1, \ldots, x_n, 0$ und 1 und den zusätzlichen Eingaben $\bar{x}_1, \ldots, \bar{x}_n$, wobei nur AND- und OR-Bausteine erlaubt sind. Die Tiefe von f in diesem Modell wird mit $D^*(f)$ bezeichnet. Dann ist $D(f) - 1 \leq D^*(f) \leq 2D(f)$. Die erste Ungleichung gilt, da die Tiefe durch die negierten Eingaben maximal um 1 fallen kann. Für die zweite Ungleichung erklären wir zunächst Negationen für kostenfrei. So können wir einen Schaltkreis derselben Tiefe konstruieren, der nur NOT-, AND- und

EXOR-Bausteine enthält. Da $x \oplus y = \overline{x}y + x\overline{y}$ ist, können wir die EXOR-Bausteine durch Schaltkreise der Tiefe 2 ersetzen und erhalten einen Schaltkreis höchstens doppelter Tiefe mit NOT-, AND- und OR-Bausteinen. Durch eine Bottom-up-Anwendung der De-Morgan-Regeln werden die Negationen zu den Eingaben „gezwungen", ohne die Tiefe zu erhöhen. Es ist also sinnvoll, D^* zu untersuchen, um Ergebnisse über D zu erhalten.

Theorem 16.3.5. *Für alle nicht konstanten booleschen Funktionen f gilt $D^*(f) = C(R_f)$.*

Beweis. Diese erstaunliche Beziehung zwischen Tiefe und Kommunikationskomplexität wird durch den Beweis erhellt. Wir beginnen mit der „$\geq$"-Beziehung. Alice und Bob einigen sich auf eine tiefenoptimale Formel. Mit ihrer Kommunikation wollen sie einen Weg vom Baustein, der f berechnet, zu einer Eingabe x_i oder $\overline{x}_i$ mit $a_i \neq b_i$ wählen und sich damit über ein i mit $(a,b,i) \in R_f$ einigen. Die Schranke folgt, wenn für jeden Baustein auf diesem Weg genau ein Bit kommuniziert wird. Alice und Bob wollen den Weg so wählen, dass sie nur Bausteine G erreichen, an denen Funktionen g mit $g(a) = 1$ und $g(b) = 0$ realisiert werden. Dies ist zu Beginn am Baustein, der f berechnet, nach Voraussetzung gewährleistet. Wir unterscheiden, ob G ein AND- oder ein OR-Baustein ist, in beiden Fällen werden die Funktionen an den Eingängen mit g_1 und g_2 bezeichnet. Für einen AND-Baustein ist $g = g_1 g_2$. Also ist $g_1(a) = 1$ und $g_2(a) = 1$. Andererseits ist mindestens einer der Werte $g_1(b)$ und $g_2(b)$ gleich 0. Bob kann ausrechnen, welcher der beiden Fälle eingetreten ist, und dies Alice mit einem Bit mitteilen. Auf diese Weise einigen sie sich über einen direkten Vorgänger G^*, für den für die dort realisierte Funktion g^* wieder $g^*(a) = 1$ und $g^*(b) = 0$ ist. Der Fall eines OR-Bausteins ist dual. Es ist $g = g_1 + g_2$, $g_1(b) = 0, g_2(b) = 0$ und mindestens einer der Werte $g_1(a)$ und $g_2(a)$ ist gleich 1. Hier kann Alice den passenden Vorgängerbaustein auswählen und Bob mitteilen. Wenn sie auf diese Weise eine Eingabe erreichen, kann dies keine Konstante sein. Ist die Eingabe x_i, so ist $a_i = 1$ und $b_i = 0$, für $\overline{x}_i$ ist dagegen $a_i = 0$ und $b_i = 1$. In jedem Fall haben Alice und Bob ihre Aufgabe erfüllt.

Der Beweis der „$\leq$"-Beziehung ist komplizierter, obwohl er in gewisser Weise eine Umkehrung des obigen Beweises ist. Wir starten mit einem optimalen Protokollbaum für R_f und bauen diesen in eine Formel für f um. Innere Knoten, an denen Alice ein Bit sendet, werden OR-Bausteine, und Knoten, an denen Bob ein Bit sendet, werden AND-Bausteine. Blätter des Protokollbaums mit der Antwort $i \in \{1, \ldots, n\}$ werden durch x_i oder $\overline{x}_i$ ersetzt. Zumindest ist die Tiefe der entstehenden Formel gleich der Tiefe des Protokollbaums. Wir müssen noch entscheiden, welche Blätter wir negieren, und dann beweisen, dass die Formel wirklich f berechnet.

Wir betrachten ein Blatt des Protokollbaums mit Markierung i. Aus Kapitel 15.2 wissen wir, dass die Menge der Eingaben (a,b), die dieses Blatt erreichen, ein Rechteck $A \times B$ ist. Für alle $(a,b) \in A \times B$ ist $a_i \neq b_i$. Auf

Grund der Rechteckstruktur ist entweder $a_i = 1$ und $b_i = 0$ für alle $a \in A$ und $b \in B$ oder $a_i = 0$ und $b_i = 1$ für alle $a \in A$ und $b \in B$. Hier zeigt sich wieder, wie nützlich die Erkenntnis ist, dass die Eingaben, die einen Knoten im Protokollbaum erreichen, stets ein Rechteck bilden. Im ersten Fall wird das Blatt mit x_i und im zweiten Fall mit $\overline{x}_i$ bezeichnet. Damit ist die Formel vollständig spezifiziert.

Um zu beweisen, dass die Formel f berechnet, beweisen wir eine stärkere Aussage. Für jeden Knoten v der Formel sei $A_v \times B_v$ das Rechteck der Eingaben (a,b), die v erreichen. Dann gilt für die an v berechnete Funktion g_v, dass $g_v(a) = 1$ für $a \in A_v$ und $g_v(b) = 0$ für $b \in B_v$ ist. Das Rechteck an der Wurzel r ist $f^{-1}(1) \times f^{-1}(0)$ und aus der Aussage folgt $g_r(a) = 1$ für $a \in f^{-1}(1)$ und $g_r(b) = 0$ für $b \in f^{-1}(0)$, also $g_r = f$. Die Behauptung zeigen wir nun mit einer Strukturinduktion von den Blättern der Formel zur Wurzel. An den Blättern ist die Aussage wahr, da wir das Literal an jedem Blatt passend gewählt haben. Nun betrachten wir einen OR-Knoten v und das Rechteck $A_v \times B_v$. Für die Vorgänger v_1 und v_2 gilt $g_v = g_{v_1} + g_{v_2}$. Da Alice im Protokollbaum an v ein Bit gesendet hat, bilden A_{v_1} und A_{v_2} eine Partition von A_v und es ist $B_v = B_{v_1} = B_{v_2}$. Für $(a,b) \in A_{v_1} \times B_{v_1}$ ist nach Induktionsvoraussetzung $g_{v_1}(a) = 1$ und $g_{v_1}(b) = 0$. Dies impliziert bereits $g_v(a) = 1$. Für $(a,b) \in A_{v_2} \times B_{v_2}$ ist nach Induktionsvoraussetzung $g_{v_2}(a) = 1$ und $g_{v_2}(b) = 0$. Wieder folgt $g_v(a) = 1$. Für $(a,b) \in A_v \times B_v$ ist $a \in A_{v_1}$ oder $a \in A_{v_2}$ und damit $g_v(a) = 1$. Außerdem ist $b \in B_v = B_{v_1}$ und $b \in B_v = B_{v_2}$, also ist $g_v(b) = g_{v_1}(b) + g_{v_2}(b) = 0 + 0 = 0$. Für AND-Knoten verläuft die Argumentation analog. Insgesamt ist das Theorem bewiesen. □

Die Kommunikationskomplexität einer zu f gehörenden Relation R_f ist gleich der Tiefe von f in Schaltkreisen mit AND-, OR- und NOT-Bausteinen, bei denen Negationen bei der Berechnung der Tiefe nicht berücksichtigt werden. Wieder zeigt sich der breite Anwendungsbereich der Theorie der Kommunikationskomplexität.

Die vorangehende Aussage ist gültig, auch wenn die Charakterisierung aus Theorem 16.3.5 bisher nicht zu verbesserten Ergebnissen über die Tiefe von Funktionen geführt hat. Relationen können mehrere richtige Antworten haben, was die Aufgabe von Alice und Bob erleichtert und damit den Beweis unterer Schranken erschwert.

Abschließend betrachten wir den Fall monotoner Schaltkreise und das Komplexitätsmaß D_m für die Tiefe monotoner Schaltkreise. Der Beweis der „$\geq$"-Beziehung von Theorem 16.3.5 kann natürlich auch auf den eingeschränkten Fall monotoner Schaltkreise angewendet werden. Alice und Bob erreichen stets eine nicht negierte Eingabe x_i und es gilt $a_i = 1$ und $b_i = 0$. Sie realisieren also sogar die Relation $M_f \subseteq f^{-1}(1) \times f^{-1}(0) \times \{1, \ldots, n\}$, die alle (a,b,i) mit $a_i = 1$ und $b_i = 0$ enthält. Wenn wir nun mit einem optimalen Protokollbaum für M_f starten und den Beweis der „$\leq$"-Beziehung verfolgen, dann erhalten wir eine monotone Formel. An den Blättern gilt ja für alle $(a,b) \in A \times B$, dass $a_i = 1$ und $b_i = 0$ ist. Am Beweis, dass die Formel f berechnet, muss nichts geändert werden. Damit haben wir folgendes Ergebnis bewiesen.

Theorem 16.3.6. *Für alle nicht konstanten monotonen booleschen Funktionen f gilt $D_m(f) = C(M_f)$.*

Tatsächlich wurden mit diesem Theorem große untere Schranken für die monotone Tiefe boolescher Funktionen gezeigt (siehe z.B. Kushilevitz und Nisan (1997)).

16.4 Die Größe von tiefenbeschränkten Schaltkreisen

Wie in Kapitel 16.2 diskutiert, können wir momentan nicht einmal bei einer Tiefenbeschränkung von $O(\log n)$ superlineare untere Schranken für die Schaltkreisgröße explizit definierter Funktionen beweisen. Tiefenbeschränkungen von $o(\log n)$ sind nicht sinnvoll, da dann Funktionen, die von n Variablen essenziell abhängen, nicht berechenbar sind. Stattdessen ist es sinnvoller, die Beschränkung aufzugeben, dass Bausteine nur zwei Eingaben haben. Im einfachsten Modell sind AND- und OR-Bausteine für beliebig viele Eingaben und NOT-Bausteine mit jeweils einem Eingang erlaubt. Da AND und OR assoziativ und kommutativ sind, ist die Semantik dieser Bausteine offensichtlich. Es stellt sich die Frage, ob wir weiterhin die Anzahl der Bausteine oder besser die Anzahl der Kanten als Komplexitätsmaß wählen. Da Doppelkanten zwischen zwei Knoten des Schaltkreises durch Einzelkanten ersetzt werden können, benötigen Schaltkreise mit s Bausteinen höchstens $s \cdot (s + n)$ Kanten. Da wir an exponentiellen unteren Schranken interessiert sind, können wir weiterhin die Anzahl der Bausteine als Schaltkreisgröße ansehen. Wenn ein OR-Baustein G einen OR-Baustein G' als Eingang hat, können wir G' durch dessen Eingänge ersetzen, analog für AND-Bausteine. Außerdem verdoppelt sich die Größe höchstens, wenn wir die Negationen mit den De-Morgan-Regeln zu den Eingängen bringen. Schließlich erreichen wir mit Bausteinen mit einer Eingabe, dass Kanten nur von Ebene k' zu Ebene $k' + 1$ verlaufen. Dies erhöht die Anzahl der Bausteine bei Tiefe k höchstens um den Faktor $k-1$. Insgesamt erhalten wir mit diesen Maßnahmen folgende Struktur von Schaltkreisen der Tiefe k:

– Eingaben sind $x_1, \ldots, x_n, \overline{x}_1, \ldots, \overline{x}_n, 0, 1$ und bilden die Ebene 0,
– die Menge der Bausteine lässt sich in k Ebenen so einteilen, dass Kanten nur von Ebene k' zu Ebene $k' + 1$ verlaufen,
– alle Bausteine einer Ebene sind vom gleichen Typ und
– die Bausteine auf Ebenen mit ungerader Nummer sind vom anderen Typ als die Bausteine auf Ebenen mit gerader Nummer.

16.4 Die Größe von tiefenbeschränkten Schaltkreisen

OR-Bausteine lassen sich als Existenzquantoren auffassen (es gibt eine Eingabe, die den Wert 1 hat) und AND-Bausteine als Allquantoren. Schaltkreise der Tiefe k mit einem OR-Baustein auf Ebene k heißen daher in Analogie zur Komplexitätsklasse Σ_k auch Σ_k-*Schaltkreise* und bei einem AND-Baustein auf Ebene k auch Π_k-*Schaltkreise*. Σ_2-Schaltkreise sind Disjunktionen von Monomen, manchmal auch als disjunktive Normalformen (DNFs) bezeichnet. Dies ist irreführend, da eine Normalform eindeutig sein und daher nur die Disjunktion aller Minterme DNF heißen sollte. Besser ist der Ausdruck *disjunktive Form* (DF), den wir hier auch verwenden wollen. Analog realisiert ein Π_2-Schaltkreis eine Konjunktion von Klauseln, also eine *konjunktive Form* (CF).

Wir haben gesehen, dass wir uns auf Schaltkreise beschränken können, bei denen der Bausteintyp von Ebene zu Ebene wechselt, also alterniert. Daher wird die Klasse der Familien $f = (f_n)$ boolescher Funktionen, die bei konstanter Tiefe polynomielle Größe haben, mit AC^0 (alternating class) bezeichnet.

Die *Paritätsfunktion* (parity, PAR = (PAR_n)) ist das EXOR von n Variablen. Sie ist neben ihrer Negation die einzige Funktion, bei denen jede DF die Maximalzahl von 2^{n-1} Monomen der Länge n und jede CF die Maximalzahl von 2^{n-1} Klauseln der Länge n enthält. Da außerdem nach Konstantsetzung einiger Variablen wieder eine Paritätsfunktion oder deren Negation auf den restlichen Variablen entsteht, eignet sie sich gut für den Beweis unterer Schranken. Um die Güte der später gezeigten unteren Schranken beurteilen zu können, beweisen wir zunächst eine obere Schranke.

Theorem 16.4.1. *Die Paritätsfunktion PAR_n kann in alternierenden Schaltkreisen der Tiefe $\lceil (\log n)/\log\log n \rceil + 1$ mit $O(n^2/\log n)$ Bausteinen berechnet werden.*

Beweis. Wir starten mit einem EXOR-Schaltkreis, bei dem die Bausteine einen Eingangsgrad von $\lceil \log n \rceil$ haben. Um PAR_n zu realisieren, genügt ein balancierter Formelbaum mit $O(n/\log n)$ Bausteinen und Tiefe $\lceil \log n \rceil / \log\log n$. Wir ersetzen nun die EXOR-Bausteine sowohl durch disjunktive als auch durch konjunktive Formen. Diese haben jeweils eine Größe von $2^{\lceil \log n \rceil - 1} + 1 \leq n+1$. Die Größe wächst auf $O(n^2/\log n)$ und die Tiefe auf $2 \cdot \lceil (\log n)/\log\log n \rceil$ Ebenen, die wir uns als $\lceil (\log n)/\log\log n \rceil$ Schichten der Tiefe 2 vorstellen. Die Negationen werden wieder zu den Eingaben verschoben. Die Bausteine G auf der ersten Ebene einer Schicht haben als Eingänge Bausteine der zweiten Ebene der vorherigen Schicht. Diese Funktionen liegen durch unsere Verwendung einer DF und einer CF sowohl an einem AND- als auch an einem OR-Baustein vor. Wir wählen den Baustein vom gleichen Typ wie G und können somit die zweite Ebene einer Schicht mit der ersten Ebene der folgenden Schicht zu einer Ebene verschmelzen. Auf diese Weise sinkt die Tiefe auf $\lceil (\log n)/\log\log n \rceil + 1$, ohne dass sich die Anzahl der Bausteine vergrößert. □

Die folgende untere Schranke für PAR_n geht auf Håstad (1989) zurück. Insbesondere mit dem im Beweis verwendeten *Austauschlemma* (switching lemma) hat Håstad den Kern derartiger Schranken freigelegt. Die Aussage, dass $\text{PAR} \notin \text{AC}^0$ ist, war schon in einigen früheren Arbeiten mit immer größer werdenden unteren Schranken bewiesen worden.

Theorem 16.4.2. *Alternierende Schaltkreise der Tiefe k für PAR_n, $n \geq 2$, benötigen mindestens $2^{\lfloor n^{1/k}/10 \rfloor}$ Bausteine. Es ist $PAR \notin AC^0$. Um polynomielle Größe zu ermöglichen, ist für eine Konstante c mindestens eine Tiefe von $(\log n)/(c + \log \log n)$ nötig.*

Beweis. Entscheidend ist der Beweis der unteren Schranke. Aus dieser Schranke folgt direkt $\text{PAR} \notin \text{AC}^0$ und die Aussage über die für polynomielle Größe benötigte Tiefe folgt mit einer einfachen Rechnung.

Wir werden die Behauptung durch Induktion über die Tiefe k zeigen. Der Trick im Induktionsbeweis besteht darin, sich die auf der zweiten Ebene berechneten Funktionen genauer anzuschauen. Sie werden alle durch eine DF oder alle durch eine CF dargestellt. Aus Symmetriegründen können wir uns auf den Fall von DFs beschränken. Wenn wir jede DF durch eine äquivalente CF ersetzen, sind die Bausteine auf Ebene 2 und Ebene 3 AND-Bausteine und die Ebenen können verschmolzen werden. Auf den entstehenden Schaltkreis der Tiefe $k-1$ können wir die Induktionsvoraussetzung anwenden. So einfach kann das Argument aber nicht sein. Für die DF $x_1 x_2 + x_3 x_4 + \cdots + x_{n-1} x_n$ enthält jede CF mindestens $2^{n/2}$ Klauseln, die alle eine Mindestlänge von $n/2$ haben. Håstad hat die probabilistische Methode (siehe z. B. Alon und Spencer (1992)) auf eine zufällige Konstantsetzung zufällig ausgewählter Variablen angewendet. Die Anzahl der konstant gesetzten Variablen soll so gewählt werden, dass genügend viele Variablen übrig bleiben und mit positiver Wahrscheinlichkeit alle DFs durch genügend kleine CFs ersetzt werden können. Eine Analyse dieses Vorgehens zeigt, dass sich das gewünschte Ergebnis nicht ergibt. Daher wird ein neuer Parameter s, nämlich die größte Anzahl von Eingaben eines Bausteins auf der ersten Ebene, eingeführt. Wenn s klein ist, wie bei einer DF für $x_1 x_2 + x_3 x_4 + \cdots + x_{n-1} x_n$, besteht die Hoffnung, dass lange Klauseln mit genügend großer Wahrscheinlichkeit durch 1 ersetzt werden. Diese Ideen werden im Austauschlemma (switching lemma) formalisiert.

Austauschlemma. *Es sei f eine DF auf n Variablen, deren Monome eine Länge von höchstens s haben. Für $m > 0$ wird eine zufällige Subfunktion g von f mit folgendem Experiment erzeugt. Zunächst werden $n - m$ Variablen nach Gleichverteilung ausgewählt und dann unabhängig voneinander mit Wahrscheinlichkeit $1/2$ auf 0 oder 1 gesetzt. Die Wahrscheinlichkeit, dass es für g keine CF mit Klauseln, deren Länge höchstens t ist, gibt, ist kleiner als $(5ms/n)^t$.*

16.4 Die Größe von tiefenbeschränkten Schaltkreisen

Der technisch anspruchsvolle Beweis des Austauschlemmas soll hier nicht beschrieben werden (siehe Razborov (1995)). Wir wollen mit Hilfe des Austauschlemmas folgende Behauptung beweisen:

- Es sei $S := 2^{\lfloor n^{1/k}/10 \rfloor}$, $\lfloor n^{1/k}/10 \rfloor \geq 1$ und $n(i) := \lfloor n/(10 \log S)^{k-i+1} \rfloor$. Dann gibt es für kein $i \in \{2, \ldots, k+1\}$ einen alternierenden Schaltkreis für $\text{PAR}_{n(i)}$, der Tiefe i, auf den Ebenen $2, \ldots, i$ höchstens S Bausteine und auf Ebene 1 nur Bausteine mit höchstens $\log S$ Eingängen hat.

Zunächst folgern wir das Theorem aus dieser Behauptung. Wenn es einen alternierenden Schaltkreis für PAR_n gibt, der mit Tiefe k und S Bausteinen auskommt, dann können wir ihn durch einen Schaltkreis der Tiefe $k+1$ ersetzen, indem wir auf Ebene 1 nur $x_1, \bar{x}_1, \ldots, x_n, \bar{x}_n$ mit Bausteinen mit jeweils einem Eingang berechnen. Dieser Schaltkreis berechnet dann im Widerspruch zur Behauptung für $i = k+1$ die Funktion PAR_n in Tiefe $k+1$, wobei der Eingangsgrad auf Ebene 1 durch 1 beschränkt ist und die Ebenen $2, \ldots, k+1$ höchstens S Bausteine enthalten.

Abschließend beweisen wir die Behauptung durch Induktion über i. Für $i = 2$ beträgt die Anzahl der Variablen $n(2)$ und es gilt

$$n(2) = \lfloor n/(10 \log S)^{k-1} \rfloor$$
$$= \lfloor (10n \log S)/(10 \log S)^k \rfloor$$
$$\geq 10 \log S > \log S.$$

Um $\text{PAR}_{n(2)}$ in Tiefe 2 zu realisieren, benötigen wir auf Ebene 1 Bausteine mit $n(2) > \log S$ Eingängen, da alle Primimplikanten und Primklauseln diese Länge haben. Also gilt die Behauptung.

Für den Induktionsschritt wenden wir das Austauschlemma, eventuell die duale Form für CFs, auf $m(i) := \lfloor n(i)/(10 \log S) \rfloor$, $s := \log S$ und $t := \log S$ an. Die Wahrscheinlichkeit, dass sich eine DF oder CF nicht auf gewünschte Weise in eine CF oder DF umformen lässt, ist kleiner als

$$(5m(i)s/n(i))^t \leq (1/2)^{\log S} = 1/S.$$

Also ist die Wahrscheinlichkeit, dass mindestens eine der höchstens S DFs oder CFs nicht gut umformbar ist, kleiner als 1. Dies impliziert, dass es eine Konstantsetzung von $n(i) - m(i)$ der $n(i)$ Variablen gibt, bei denen sich alle DFs oder CFs auf der zweiten Ebene so umformen lassen, dass sich durch Verschmelzung der zweiten und dritten Ebene ohne Erhöhung der Anzahl der Bausteine eine Ebene einsparen lässt. Wir erhalten also einen alternierenden Schaltkreis der Tiefe $i - 1$, der auf $m(i) = n(i-1)$ Variablen die Paritätsfunktion oder deren Negation berechnet. Bei der Gleichung $m(i) = n(i-1)$ haben wir ausgenutzt, dass für ganze Zahlen a, b und j die Beziehung $\lfloor a/b^j \rfloor = \lfloor \lfloor a/b^{j-1} \rfloor /b \rfloor$ gilt. Die Anzahl der Bausteine auf den Ebenen $2, \ldots, i-1$ ist weiterhin durch S beschränkt und die Bausteine auf Ebene 1 haben höchstens $\log S$ Eingänge. Mit diesem Widerspruch zur Induktionsvoraussetzung haben wir das Theorem bewiesen. □

Wenn wir nun auch EXOR-Bausteine mit beliebig vielen Eingängen erlauben, können wir in polynomieller Größe mehr Funktionen realisieren, da PAR nur noch einen Baustein benötigt. Wir können dann OR-Bausteine durch AND- und NOT-Bausteine und, da $\bar{x} = x \oplus 1$ ist, NOT-Bausteine durch EXOR-Bausteine ersetzen. Doppelkanten machen auch als Eingänge für EXOR-Bausteine keinen Sinn. Offensichtlich können r Kanten, die dieselbe Funktion realisieren, durch $r \bmod 2$ Kanten ersetzt werden. Auf diese Weise erhalten wir alternierende Schaltkreise mit AND- und EXOR-Ebenen. Wenn wir EXOR als $\mathbb{Z}_2$-Summe auffassen, können wir die Überlegungen für konstantes m auf $\mathbb{Z}_m$-Summen erweitern. Ein MOD_m-Baustein liefert die Ausgabe 1 genau dann, wenn die Anzahl der Einsen an den Eingängen ein ganzzahliges Vielfaches von m ist. Für EXOR-Bausteine müssen wir nur einen Eingang 1 hinzufügen, um MOD_2-Bausteine zu erhalten. Bei MOD_m-Bausteinen können r Kanten, die dieselbe Funktion realisieren, durch $r \bmod m$ Kanten ersetzt werden. Daher ist es auch hier sinnvoll, die Größe des Schaltkreises als Anzahl der Bausteine zu definieren. An MOD_m-Bausteinen wird „modular gezählt". Daher wird die Klasse der Familien $f = (f_n)$ boolescher Funktionen, die in alternierenden Schaltkreisen konstanter Tiefe und polynomieller Größe mit AND- und MOD_m-Bausteinen berechenbar sind, mit $\text{ACC}^0[m]$ (alternating counting class) bezeichnet.

Wir betrachten zunächst den Fall $m = 2$ und damit Rechnungen im Körper $\mathbb{Z}_2$. Dies legt die Anwendung algebraischer Methoden nahe. Boolesche Funktionen können als $\mathbb{Z}_2$-Polynome interpretiert werden und haben somit einen Grad, nämlich den Grad des zugehörigen Polynoms. Es ist einfach, Polynome hohen Grades zu berechnen, so zum Beispiel mit einem AND-Baustein das Polynom $x_1 x_2 \cdots x_n$ mit dem maximalen Grad n. Dieses Polynom ist aber einem Polynom mit kleinem Grad, nämlich der Konstanten 0 mit Grad 0, in dem Sinn ähnlich, dass sich diese beiden Funktionen nur an einer Stelle unterscheiden.. Anstelle der Ähnlichkeit können wir auch die Distanz zweier Funktionen f und g definieren. Als Distanzmaß bietet sich in diesem Zusammenhang die Anzahl der Eingaben a mit $f(a) \neq g(a)$ an. Diese Idee hat Razborov (1987) benutzt, um für explizit definierte Funktionen zu zeigen, dass sie nicht zu $\text{ACC}^0[2]$ gehören. Er hat nachgewiesen, dass $\text{ACC}^0[2]$-Funktionen einen kleinen Abstand zu einem Polynom recht kleinen Grades haben. Um zu zeigen, dass $f = (f_n)$ nicht zu $\text{ACC}^0[2]$ gehört, reicht es dann zu zeigen, dass f_n zu allen Polynomen kleinen Grades einen großen Abstand hat. Diese Überlegungen müssen natürlich quantifiziert und bezüglich der Tiefe k der Schaltkreise parametrisiert werden. Razborov hat die *Majoritätsfunktion* (majority function, $\text{MAJ} = (\text{MAJ}_n)$) untersucht, wobei MAJ_n genau dann die Ausgabe 1 liefert, wenn die Eingabe mindestens so viele Einsen wie Nullen enthält. Er hat folgendes Resultat bewiesen.

Theorem 16.4.3. *Die Majoritätsfunktion hat in alternierenden Schaltkreisen mit AND- und MOD_2-Bausteinen bei Tiefe $O((\log n)/\log \log n)$ polyno-*

mielle Größe und bei Tiefe $o((\log n)/\log \log n)$ superpolynomielle Größe. Insbesondere ist $MAJ \notin ACC^0[2]$.

Smolensky (1987) hat die $ACC^0[m]$-Klassen allgemeiner untersucht und folgendes Resultat erzielt.

Theorem 16.4.4. *Es seien p und q verschiedene Primzahlen und $k \geq 1$ eine Konstante. Dann ist $MOD_p \notin ACC^0[q^k]$.*

Nur Primzahlen und Primzahlpotenzen erlauben bei MOD_m-Bausteinen einen algebraischen Zugang. Für aus mindestens zwei verschiedenen Primzahlen zusammengesetzte Zahlen wie $m = 6$ ist es bisher nicht möglich, für explizit definierte Funktionen nachzuweisen, dass sie nicht in $ACC^0[m]$ enthalten sind.

16.5 Die Größe von tiefenbeschränkten Thresholdschaltkreisen

Da $PAR \notin AC^0$ ist, haben wir in Kapitel 16.4 EXOR-Bausteine und allgemeiner MOD_m-Bausteine zugelassen. Analog können wir nach dem Ergebnis $MAJ \notin ACC^0[2]$ auf die Idee kommen, MAJ-Bausteine zuzulassen. Um Negationen, Disjunktionen und Konjunktionen in einem Bausteintyp zu erfassen und den Zugriff auf konstante Eingaben überflüssig zu machen, erlauben wir alle Thresholdfunktionen $T^n_{\geq k}$ und alle negativen Thresholdfunktionen $T^n_{\leq k}$ als Bausteine. Wir erinnern daran, dass an diesen Bausteinen überprüft wird, ob unter den n Eingängen mindestens bzw. höchstens k Einsen sind. Die entstehenden Schaltkreise heißen *Thresholdschaltkreise* (threshold circuits) und bilden ein adäquates Modell für diskrete neuronale Netze ohne Rückkopplung.

In Thresholdschaltkreisen können Mehrfachkanten sinnvoll sein. Das Übertragsbit CAR_n bei der Addition zweier Zahlen der Bitlänge n lässt sich beispielsweise mit exponentiell vielen Kanten durch einen Thresholdbaustein realisieren. Dies ist offensichtlich, da $CAR_n(a,b)$ genau dann den Wert 1 hat, wenn die Ungleichung

$$\sum_{0 \leq i \leq n-1} a_i 2^i + \sum_{0 \leq i \leq n-1} b_i 2^i \geq 2^n$$

erfüllt ist. Also wählen wir den Thresholdwert 2^n und jeweils 2^i Kanten von a_i und b_i zu dem Baustein. Auf diese Weise erhalten wir zwei Komplexitätsmaße für die Größe von Thresholdschaltkreisen, nämlich

– die Anzahl der Kanten und
– die Anzahl der Bausteine.

Im zweiten Modell kann man sich vorstellen, dass Kanten ganzzahlige Gewichte tragen und überprüft wird, ob die gewichtete Summe der Eingaben den Thresholdwert erreicht. Da wir bisher nur für die Größe von Thresholdschaltkreisen sehr kleiner konstanter Tiefe exponentielle untere Schranken beweisen können, bezeichnen wir mit $TC^{0,d}$ die Klasse der Familien $f = (f_n)$ boolescher Funktionen, die in Thresholdschaltkreisen mit polynomiell vielen ungewichteten Kanten in Tiefe d realisierbar sind. Erstaunlicherweise lässt sich mit gewichteten Kanten bei polynomieller Größe maximal eine Ebene einsparen (Goldmann und Karpinski (1993)).

Ziel dieses Abschnitts ist es, das Ergebnis $IP \notin TC^{0,2}$ herzuleiten (Hajnal, Maass, Pudlák, Szegedy und Turán (1987)). Hier verläuft momentan die Grenze für den Beweis exponentieller unterer Schranken. Für keine explizit definierte Familie boolescher Funktionen ist bisher bewiesen worden, dass sie nicht in $TC^{0,3}$ enthalten ist. Um etwas mit dem Modell vertraut zu werden, stellen wir zunächst zwei positive Ergebnisse vor.

Theorem 16.5.1. *PAR $\in TC^{0,2}$ und IP $\in TC^{0,3}$.*

Beweis. Der Schaltkreis für PAR_n kommt mit $2 \cdot \lceil n/2 \rceil + 1$ Bausteinen aus. Für die Eingabe $x = (x_1, \ldots, x_n)$ werden auf der ersten Ebene $T_{\geq k}(x)$ und $T_{\leq k}(x)$ für alle ungeraden $k \leq n$ realisiert. Wenn x eine gerade Anzahl von Einsen enthält, liefert jedes Paar $(T_{\geq k}(x), T_{\leq k}(x))$ genau eine 1 und wir berechnen an $\lceil n/2 \rceil$ Bausteinen den Wert 1. Wenn x eine ungerade Anzahl von m Einsen enthält, liefert jedes Paar $(T_{\geq k}(x), T_{\leq k}(x))$ mit $k \neq m$ genau eine 1 und das Paar $(T_{\geq m}(x), T_{\leq m}(x))$ zwei Einsen. Wir berechnen also an $\lceil n/2 \rceil + 1$ Bausteinen den Wert 1. Daher erhalten wir PAR_n an einem Thresholdbaustein der zweiten Ebene, der jeden Baustein der ersten Ebene als Eingabe und den Thresholdwert $\lceil n/2 \rceil + 1$ hat.

Da $IP_n(x)$ die Paritätsfunktion angewendet auf $(x_1y_1, \ldots, x_ny_n)$ ist, erhalten wir aus dem obigen Resultat $IP \in TC^{0,3}$. Es werden $x_1y_1, \ldots, x_ny_n$ auf Ebene 1 durch $T^2_{\geq 2}(x_i, y_i)$, $1 \leq i \leq n$, realisiert und in den folgenden beiden Ebenen wird auf die Ergebnisse die Paritätsfunktion angewendet. □

Das Ergebnis $IP \notin TC^{0,2}$ zeigen wir, indem wir für Funktionen $f = (f_n)$ mit kleinen Thresholdschaltkreisen der Tiefe 2 zeigen, dass sie bei beliebiger Aufteilung der Eingabebits zwischen Alice und Bob kürzere randomisierte Kommunikationsprotokolle mit öffentlichen Zufallsbits und zweiseitigem Fehler haben, als dies für IP nach Theorem 15.4.9 möglich ist. Um diesen Zusammenhang zur Kommunikationskomplexität herauszuarbeiten, betrachten wir leicht veränderte Thresholdschaltkreise. Anstelle von negierten Thresholdbausteinen erlauben wir das Gewicht -1 an den Kanten. Da wir auch die Konstante 1 zur Verfügung haben und $T^n_{\leq k} = 1 - T^n_{\geq k+1}$ ist, können wir so die negierten Thresholdbausteine ersetzen, ohne die Anzahl der Kanten mehr als zu verdoppeln. Für den Ausgabebaustein wollen wir nun aus dem Thresholdwert k den Thresholdwert 0 machen und gleichzeitig sicherstellen, dass die gewichtete Summe der Eingänge nie den Wert 0 annimmt. Dazu verdoppeln wir zunächst alle eingehenden Kanten und den Thresholdwert von k auf $2k$. Da nun die gewichtete Summe auf jeden Fall gerade ist, ist der Thresholdwert $2k$ äquivalent zum Thresholdwert $2k - 1$. Wenn wir dem Ausgabebaustein $2k - 1$ Kanten von der Konstanten 1 mit Gewicht -1 hinzufügen und den Thresholdwert durch 0 ersetzen, ändern wir die Ausgabe nicht. Außerdem ist nun die gewichtete Summe der Eingaben ungerade und daher niemals 0. Schließlich erhöhen wir die Anzahl der Eingaben des Ausgabebausteins auf die nächste Zweierpotenz, indem wir Kanten, die die Konstante 0 realisieren, hinzufügen. Insgesamt ist die Größe des Schaltkreises nur um einen konstanten Faktor gewachsen. Wir nennen die so entstehenden Thresholdschaltkreise im nächsten Lemma modifizierte Thresholdschaltkreise.

Lemma 16.5.2. Wenn $f\colon \{0,1\}^n \to \{0,1\}$ in einem modifizierten Thresholdschaltkreis der Tiefe 2 so realisierbar ist, dass jeder Baustein maximal $M = 2^m$ Eingaben hat, dann gilt

$$R^{\text{pub}}_{2, 1/2 - 1/(2M)}(f) \leq m + 2$$

für jede Aufteilung der Eingabebits zwischen Alice und Bob.

Beweis. Alice und Bob machen den gegebenen modifizierten Thresholdschaltkreis zur Grundlage ihres Kommunikationsprotokolls. Mit den öffentlichen Zufallsbits wählen sie zufällig einen der Eingänge des Ausgabebausteins. Wenn wir die Eingänge mit $f_1, \ldots, f_M$ bezeichnen, ist $f(a) = 1$ genau dann, wenn $w_1 f_1(a) + \cdots + w_M f_M(a) \geq 0$ für die Kantengewichte $w_i \in \{-1, 1\}$ ist. Alice und Bob wollen für die zufällig gewählte Funktion f_i den Wert $f_i(a)$ berechnen, um eine „Tendenz" für die gewichtete Summe festzustellen. Die Funktion f_i ist eine Thresholdfunktion auf höchstens M Eingängen und die Eingänge sind Variablen. Die gewichtete Summe der Eingänge kann höchstens $M+1$ fortlaufende Werte $-j, \ldots, 0, \ldots, M-j$ für ein geeignetes j annehmen. Alice berechnet den Teil dieser Summe, den sie auswerten kann, da sie die zugehörigen Eingabebits kennt. Diesen Wert sendet sie mit $m + 1$ Bits an Bob. Nun kann Bob den Thresholdbaustein auswerten und das Ergebnis an Alice senden. Danach treffen sie folgende Entscheidung:

- Falls $f_i(a) = 0$ ist, benutzen sie ein weiteres öffentliches Zufallsbit, um das Ergebnis der Kommunikation zufällig zu wählen. Das Ergebnis 0 gibt keine Tendenz an.
- Falls $f_i(a) = 1$ ist, ist ihre Entscheidung 1, wenn $w_i = 1$ ist, und 0, wenn $w_i = -1$ ist. Hier wird die durch $w_i f_i(a)$ angezeigte Tendenz für die Entscheidung verwendet.

Das Protokoll hat offensichtlich eine Länge von $m + 2$. Wir schätzen nun die Fehlerwahrscheinlichkeit für die Eingabe a ab. Es sei k die Anzahl der Funktionen f_i mit $f_i(a) = 1$ und $w_i = 1$, l die Anzahl der Funktionen f_i mit $f_i(a) = 1$ und $w_i = -1$ und $M - k - l$ die Anzahl der Funktionen f_i mit $f_i(a) = 0$. Wenn $f(a) = 1$ ist, dann ist die gewichtete Summe aller

$w_i f_i(a)$ positiv und daher $k \geq l + 1$. Die Wahrscheinlichkeit einer falschen Entscheidung beträgt

$$\frac{1}{M}\left(l + \frac{1}{2}(M - k - l)\right) = \frac{1}{2} + \frac{1}{2M}(l - k) \leq \frac{1}{2} - \frac{1}{2M}.$$

Für $f(a) = 0$ ist $l \geq k + 1$ und das Ergebnis folgt analog. □

Theorem 16.5.3. *Thresholdschaltkreise der Tiefe 2 für IP_n benötigen für jedes konstante $\alpha < 1/4$ und genügend großes n mindestens $2^{\alpha n}$ Kanten. Insbesondere ist $IP \notin TC^{0,2}$.*

Beweis. Wenn in Thresholdschaltkreisen der Tiefe 2 für das innere Produkt $2^{\alpha n}$ Kanten ausreichen, dann genügen in modifizierten Thresholdschaltkreisen $2^{\alpha n+c}$ Kanten für eine Konstante c und nach Lemma 16.5.2 ist

$$R^{\text{pub}}_{2,1/2-1/2^{\alpha n+c+1}}(IP_n) \leq \alpha n + c + 2,$$

wobei Alice alle a-Bits und Bob alle b-Bits kennt. Für diese Aufteilung der Eingabe gilt nach Theorem 15.4.9

$$R^{\text{pub}}_{2,1/2-1/2^{\alpha n+c+1}}(IP_n) \geq n/2 - \alpha n - c - 1.$$

Für $\alpha < 1/4$ und genügend großes n widersprechen sich diese Schranken und das Theorem ist bewiesen. □

Die aktuellen Herausforderungen im Bereich der Schaltkreiskomplexität bestehen in den folgenden Problemen:

– *Zeige für explizit definierte boolesche Funktionen, dass sie nicht durch Schaltkreise mit linearer Größe und logarithmischer Tiefe berechenbar sind.*
– *Zeige für explizit definierte boolesche Funktionen, dass ihre Formelgröße asymptotisch schneller als $n^2/\log n$ wächst.*
– *Zeige für explizit definierte boolesche Funktionen, dass sie nicht zu $ACC^0[6]$ gehören.*
– *Zeige für explizit definierte boolesche Funktionen, dass sie nicht zu $TC^{0,3}$ gehören.*

16.6 Die Größe von Branchingprogrammen

Branchingprogramme wurden in Kapitel 14.4 definiert und motiviert. Die größten bekannten unteren Schranken für die Branchingprogrammgröße explizit definierter boolescher Funktionen basieren auf denselben Ideen wie die größten Schranken für die Formelgröße (siehe Kapitel 16.3). Für $f: \{0,1\}^n \to \{0,1\}$, definiert auf $X = \{x_1, \ldots, x_n\}$, seien $S_1, \ldots, S_k$ disjunkte Teilmengen von X und es sei s_i die Anzahl verschiedener Subfunktionen von f auf S_i, die wir erhalten, wenn wir alle Ersetzungen der Variablen aus $X - S_i$ durch Konstante betrachten.

16.6 Die Größe von Branchingprogrammen

Theorem 16.6.1. *Für disjunkte Mengen $S_1, \ldots, S_k$ von Variablen, von denen f essenziell abhängt, gilt*

$$BP(f) = \Omega\Big(\sum_{1 \leq i \leq k, s_i \geq 3} (\log s_i)/\log \log s_i \Big).$$

Beweis. Es sei G ein Branchingprogramm minimaler Größe für f und es sei t_i die Anzahl der inneren Knoten in G, die mit Variablen aus S_i markiert sind. Es ist ausreichend, für $s_i \geq 3$

$$t_i = \Omega((\log s_i)/\log \log s_i)$$

zu beweisen. Da f von allen Variablen aus S_i essenziell abhängt, ist $t_i \geq |S_i|$. Andererseits lässt sich jede der s_i Subfunktionen auf S_i von f in einem Branchingprogramm der Größe $t_i + 2$ realisieren. Wenn wir nämlich alle Variablen aus $X - S_i$ durch Konstanten ersetzen, können die Kanten auf die mit diesen Variablen markierten Knoten durch Kanten auf die passenden Nachfolger ersetzt werden.

Wir sind daher daran interessiert, die Anzahl verschiedener Funktionen abzuschätzen, die ein Branchingprogramm mit t_i inneren Knoten auf $|S_i|$ Variablen realisieren kann. Für die inneren Knoten gibt es $|S_i|^{t_i}$ verschiedene Kombinationen von Variablenzuweisungen. Für den j-ten Knoten gibt es für jede ausgehende Kante $t_i + 2 - j$ mögliche Nachfolgeknoten. Also ist die zu untersuchende Anzahl höchstens $|S_i|^{t_i}((t_i+1)!)^2$. Diese Zahl darf nicht kleiner als s_i sein. Mit der Ungleichung $|S_i| \leq t_i$ erhalten wir

$$s_i \leq t_i^{t_i}((t_i+1)!)^2 = t_i^{O(t_i)}.$$

Hieraus folgt $t_i = \Omega((\log s_i)/\log \log s_i)$ für $s_i \geq 3$. □

Theorem 16.6.2. $BP(ISA_n) = \Omega(n^2/\log^2 n)$.

Beweis. Hier können wir auf die Analyse von ISA_n im Beweis von Theorem 16.3.3 zurückgreifen. Wir erhalten $\Omega(n/\log n)$ S_i-Mengen, für die $\log s_i = \Omega(n)$ und damit $(\log s_i)/\log \log s_i = \Omega(n/\log n)$ gilt. Somit folgt die Schranke aus Theorem 16.6.1. □

Während es für allgemeine Branchingprogramme an Methoden für den Beweis großer unterer Schranken für die Branchingprogrammgröße explizit definierter Funktionen mangelt, ist die Situation bei längenbeschränkten Branchingprogrammen besser. Wir untersuchen, wie wir aus einem kleinen Branchingprogramm G für f ein Kommunikationsprotokoll für f und eine Aufteilung (a,b) der Variablen zwischen Alice und Bob erhalten. Alice und Bob einigen sich über eine Nummerierung der Knoten von G. Sie teilen sich die Knoten auf. Knoten mit Variablen, deren Wert Alice kennt, heißen A-Knoten und die anderen inneren Knoten B-Knoten. Aus Symmetriegründen können wir annehmen, dass die Auswertung von f an einem

A-Knoten beginnt. Alice verfolgt den Berechnungsweg für die aktuelle Eingabe, bis sie auf einen B-Knoten oder eine Senke stößt. Die Nummer dieses Knotens sendet sie an Bob. Falls eine Senke erreicht wurde, kennen beide $f(a, b)$ und haben ihre Aufgabe erfüllt. Ansonsten verfolgt Bob den Berechnungsweg, bis ein A-Knoten oder eine Senke erreicht wird. Er sendet die Nummer dieses Knotens an Alice. Auf diese Weise fahren Alice und Bob fort, bis die Nummer der erreichten Senke übermittelt wurde. Bezüglich der gegebenen Aufteilung der Variablen zwischen Alice und Bob definieren wir die *Schichtentiefe* (layer depth) $\text{ld}(G)$ als maximale Anzahl von Nachrichten in dem beschriebenen Protokoll. Analog können wir Berechnungswege in A- und B-Abschnitte einteilen und $\text{ld}(G)$ als die maximale Anzahl von Abschnitten auf einem Berechnungsweg definieren. Die obigen Überlegungen führen dann für die Kommunikationskomplexität $C(f)$ zu folgendem Ergebnis, wobei $|G|$ die Anzahl der Knoten von G beschreibt.

Lemma 16.6.3. $C(f) \leq \text{ld}(G) \cdot \lceil \log |G| \rceil$.

Aus dieser Aussage erhalten wir die Beziehung

$$|G| \geq 2^{C(f)/\text{ld}(G)-1}.$$

Wir kennen aus Kapitel 15 Funktionen f_n auf n Variablen mit $C(f_n) = \Theta(n)$. Im Fall allgemeiner Branchingprogramme können wir aber nicht ausschließen, dass $\text{ld}(G) = \Omega(n)$ ist. Die untere Schranke wird dann nutzlos. Deshalb betrachten wir folgende eingeschränkte Variante von Branchingprogrammen.

Definition 16.6.4. Es sei $X = \{x_1, \ldots, x_n\}$ die betrachtete Variablenmenge. Für $s \in X^m$ besteht ein *s-stereotypes Branchingprogramm* (s-oblivious branching program) aus $m + 1$ Ebenen, wobei alle Knoten aus der i-ten Ebene, $1 \leq i \leq m$, mit s_i markiert sind, die Ebene $m + 1$ die Senken enthält und Kanten von Ebene i nur zu Ebenen $j > i$ verlaufen dürfen. Für ein k-IBDD (indexed BDD) besteht s aus der Konkatenation von k Permutationen von X. Für ein k-OBDD (ordered BDD) besteht s aus der k-maligen Wiederholung einer Permutation von X.

Bei stereotypen Branchingprogrammen haben wir die Hoffnung, die Variablen so zwischen Alice und Bob aufteilen zu können, dass die Schichtentiefe klein bleibt. Die hier eingeführten eingeschränkten Branchingprogramme, insbesondere 1-OBDDs oder kurz OBDDs, haben eine praktische Bedeutung als Datenstruktur für boolesche Funktionen. OBDDs mit fester Permutation der Variablen oder kurz Variablenordnung sind die gebräuchlichste Datenstruktur für boolesche Funktionen und unterstützen viele Operationen auf booleschen Funktionen (siehe z.B. Wegener (2000)). Diese Datenstruktur gerät an ihre Grenzen, wenn die betrachteten Funktionen keine kleine Darstellung haben. Dies motiviert die Untersuchung unterer Schranken für die Größe dieser Branchingprogramme und ausgewählter Funktionen. Wir beschränken uns hier auf die Maskenvariante EQ_n^* des Gleichheitstests und die Berechnung des mittleren Bits der Multiplikation MUL_n. Wir erinnern daran, dass die Kommunikationskomplexität von EQ_n^* mindestens m beträgt, wenn Alice m der a-Variablen und Bob m der b-Variablen oder umgekehrt erhält. Die Kommunikationskomplexität von MUL_n beträgt mindestens $\lceil m/8 \rceil$, wenn Alice und Bob je m Variablen eines Faktors kennen.

Bei der Untersuchung von k-OBDDs geben wir gemäß der Variablenordnung einen Anfangsteil der Variablen an Alice und den Rest an Bob. Damit ist die Schichtentiefe durch $2k$ beschränkt. Für EQ_n^* endet der Anfangsteil, wenn zum ersten Mal $\lceil n/2 \rceil$ a-Variablen oder $\lceil n/2 \rceil$ b-Variablen im Anfangsteil liegen. Für MUL_n trennen wir die Variablen so auf, dass Alice $\lceil n/2 \rceil$ und Bob $\lfloor n/2 \rfloor$ Variablen des ersten Faktors erhält. Somit erhalten wir folgende untere Schranke.

Theorem 16.6.5. *Die Größe von k-OBDDs, die EQ_n^* oder MUL_n darstellen, beträgt $2^{\Omega(n/k)}$.*

Für k-IBDDs und s-stereotype Branchingprogramme können wir eine kleine Schichtentiefe nur für kleinere Variablenmengen $A, B \subseteq X$ garantieren. Wir erhalten dann gute untere Schranken für die Darstellungsgröße von f, wenn es eine Konstantsetzung der Variablen außerhalb von $A \cup B$ gibt, so dass die Kommunikationskomplexität der entstehenden Subfunktion für die Variablenaufteilung (A, B) groß ist. Die betrachteten Funktionen EQ_n^* und MUL_n haben diese Eigenschaft.

Für k-IBDDs starten wir mit zwei disjunkten Variablenmengen A und B, einer Aufteilung der Variablen zwischen Alice und Bob. Wir betrachten dann die erste Variablenordnung als Liste und ziehen einen Trennstrich, wenn zum ersten Mal $\lceil |A|/2 \rceil$ A-Variablen oder $\lceil |B|/2 \rceil$ B-Variablen am Anfang der Variablenliste stehen. Im ersten Fall überleben die $\lceil |A|/2 \rceil$ A-Variablen vor dem Trennstrich und die mindestens $\lceil |B|/2 \rceil$ B-Variablen hinter dem Trennstrich. Im zweiten Fall überleben die $\lceil |B|/2 \rceil$ B-Variablen vor dem Trennstrich und die mindestens $\lceil |A|/2 \rceil$ A-Variablen hinter dem Trennstrich. Bezüglich der anderen Variablenordnungen fahren wir analog fort, wobei stets nur die bis dahin überlebenden Variablen betrachtet werden. Die Prozedur überleben mindestens $\lceil |A|/2^k \rceil$ A-Variablen und $\lceil |B|/2^k \rceil$ B-Variablen. Bezüglich dieser Variablen ist die Schichtentiefe höchstens $2k$. Es kann jetzt sogar passieren, dass die Schichtentiefe kleiner ist, da A- oder B-Schichten benachbart sein können. Für EQ_n^* wählen wir zu Beginn A als Menge aller a-Variablen und B als Menge aller b-Variablen. Für MUL_n können wir die Variablen des ersten Faktors gleichmäßig auf A und B aufteilen.

Theorem 16.6.6. *Die Größe von k-IBDDs, die EQ_n^* oder MUL_n darstellen, beträgt $2^{\Omega(n/(k \cdot 2^k))}$.*

Nur für $k = o((\log n)/\log \log n)$ erhalten wir aus Theorem 16.6.6 superpolynomielle untere Schranken. Im allgemeinen Fall s-stereotyper Branchingprogramme sei $m = 4kn$ für EQ_n^* und $m = 2kn$ für MUL_n. Dann kommt jede

Variable durchschnittlich k-mal in s vor. Es ist aber zu beachten, dass die Variablen verschieden oft vorkommen können und nicht mehr in bestimmten Blöcken genau einmal vorkommen. Es bedarf hier subtilerer kombinatorischer Methoden, um zu zeigen, dass es nicht zu kleine Variablenmengen A und B gibt, für die die Schichtentiefe klein ist. Für die Funktionen EQ_n^* und MUL_n ergibt sich dann für die Größe s-stereotyper Branchingprogramme mit $m = 4kn$ bzw. $m = 2kn$ eine untere Schranke von $2^{\Omega(n/(k^3 \cdot 2^{4k}))}$.

Die hier besprochenen Schrankenmethoden lassen sich auch auf nichtdeterministische Branchingprogramme anwenden. Diese können an inneren Knoten beliebig viele ausgehende 0-Kanten und 1-Kanten haben. Für jede Eingabe a gibt es dann $w(a)$ Berechnungswege, die zu Senken führen. Die Ausgabe ist beim OR-Nichtdeterminismus 1 genau dann, wenn mindestens einer dieser Wege an der 1-Senke endet, beim AND-Nichtdeterminismus müssen alle Wege an 1-Senken enden und beim EXOR-Nichtdeterminismus ungerade viele Wege. Lemma 16.6.3 lässt sich auf alle drei Arten von Nichtdeterminismus übertragen. Im Kommunikationsprotokoll wählt Alice oder Bob innerhalb ihrer oder seiner Schicht nichtdeterministisch einen zulässigen Berechnungsweg. Damit lassen sich alle unteren Schranken für MUL_n auf alle Arten von Nichtdeterminismus übertragen, bei EQ_n^* geht dies für den OR- und EXOR-Nichtdeterminismus. Die zugehörigen unteren Schranken für die nichtdeterministische Kommunikationskomplexität haben wir in Theorem 15.3.5 bewiesen.

Untere Schranken für allgemeine, nicht notwendigerweise stereotype, aber längenbeschränkte Branchingprogramme lassen sich nur mit Methoden außerhalb der Theorie der Kommunikationskomplexität beweisen. Die dabei verwendeten Methoden (siehe z.B. Beame, Saks, Sun und Vee (2000)) sind komplizierter und können als Verallgemeinerung der Theorie der Kommunikationskomplexität aufgefasst werden. Insbesondere stehen verallgemeinerte Rechtecke im Mittelpunkt der Untersuchungen.

16.7 Reduktionskonzepte

Wir haben bisher den Schwerpunkt auf die Entwicklung von Methoden zum Beweis unterer Schranken gelegt und diese Methoden nur exemplarisch auf wenige Funktionen angewendet. Mit Hilfe geeigneter Reduktionskonzepte lassen sich die erzielten Resultate auf viele weitere Funktionen übertragen. Wir wollen diese Konzepte vorstellen und an wenigen Beispielen einüben. Dabei betrachten wir Familien $f = (f_n)$ von Funktionen, wobei $f_n \colon \{0,1\}^{p(n)} \to \{0,1\}^{q(n)}$ für zwei polynomiell beschränkte Funktionen p und q ist. Da wir wieder polynomielle Größe für effizient halten, darf f_n auch $p(n)$ Eingänge haben. In den meisten Fällen wird $p(n)$ linear wachsen. Indem wir mehr als eine Ausgabe betrachten, können wir Funktionen wie die Multiplikation als Ganzes untersuchen. Allen Reduktionskonzepten ist gemeinsam, dass $f = (f_n)$ auf $g = (g_n)$ reduzierbar ist, wenn f_n effizient darstellbar ist, wenn auch g_m-Bausteine zur Verfügung stehen. Dabei müssen die Kosten der g_m-Bausteine für den jeweiligen Zweck fair bewertet werden.

Um die Notation verständlich zu machen ist folgende Definition nützlich. Die Komplexitätsklasse NC^1 (Nick's Class, was sich auf Nick Pippenger bezieht) enthält alle Familien $f = (f_n)$ boolescher Funktionen, die in Schaltkreisen aus Bausteinen mit Eingangsgrad 2 in logarithmischer Tiefe und damit auch polynomieller Größe berechenbar sind.

Definition 16.7.1. Es ist $f = (f_n)$ eine *Projektion* von $g = (g_n)$, Notation $f \leq_{\text{proj}} g$, wenn für eine polynomiell beschränkte Funktion r die Bits von $f_n(x_1, \ldots, x_{p(n)})$ an vorgegebenen Stellen von $g_{r(n)}(y_1, \ldots, y_{p'(r(n))})$ realisiert werden, wobei $y_i \in \{0, 1, x_1, \overline{x}_1, \ldots, x_{p(n)}, \overline{x}_{p(n)}\}, 1 \leq i \leq p'(r(n))$, ist. Falls es für jedes $j \in \{1, \ldots, p(n)\}$ maximal ein i mit $y_i \in \{x_j, \overline{x}_j\}$ gibt, ist die Projektion *einmal lesend* (read-once projection), Notation $f \leq_{\text{rop}} g$.

Definition 16.7.2. Es ist $f = (f_n)$ AC^0-reduzierbar (constant depth reducible) auf $g = (g_n)$, Notation $f \leq_{\text{cd}} g$, wenn es für f_n polynomiell große Schaltkreise konstanter Tiefe gibt, die AND- und OR-Bausteine mit unbeschränktem Eingangsgrad, NOT-Bausteine und g_m-Bausteine enthalten dürfen. Dabei trägt ein g_m-Baustein den Wert m zur Schaltkreisgröße bei.

Definition 16.7.3. Es ist $f = (f_n)$ NC^1-reduzierbar auf $g = (g_n)$, Notation $f \leq_1 g$, wenn es für f_n polynomiell große Schaltkreise logarithmischer Tiefe gibt, die Bausteine mit zwei Eingängen und g_m-Bausteine enthalten dürfen. Dabei wird die Tiefe eines g_m-Bausteins mit $\lceil \log m \rceil$ und seine Größe mit m bewertet.

Reduktionskonzepte sollen transitiv sein. Dies lässt sich für alle vier neu definierten Reduktionskonzepte recht leicht nachweisen. Außerdem sind die Konzepte bezüglich ihrer Anforderungen geordnet:

$$f \leq_{\text{rop}} g \Rightarrow f \leq_{\text{proj}} g \Rightarrow f \leq_{\text{cd}} g \Rightarrow f \leq_1 g.$$

Auch hierfür verzichten wir auf den einfachen Beweis.

Wie können wir Reduktionskonzepte einsetzen? Projektionen machen uns das Leben leicht. In Schaltkreisen oder Formeln für $g_{r(n)}$ können die Variablen entsprechend der Projektionsvorschrift ersetzt werden, um einen Schaltkreis oder eine Formel für f_n zu erhalten. Also ist $C(f_n) \leq C(g_{r(n)})$, $L(f_n) \leq L(g_{r(n)})$ und $D(f_n) \leq D(g_{r(n)})$. Bei einer *monotonen Projektion* dürfen die negierten Variablen $\overline{x}_1, \ldots, \overline{x}_{p(n)}$ nicht verwendet werden. Dann gelten die genannten Beziehungen auch für monotone Schaltkreise und Formeln. In einem Branchingprogramm für $g_{r(n)}$ können wir die Variablen in den inneren Knoten ebenfalls gemäß der Projektionsvorschrift ersetzen. Aus einem $\overline{x}_j$-Knoten wird ein x_j-Knoten, wenn wir die Markierungen an den ausgehenden Kanten austauschen. Ein innerer Knoten mit Markierung 0 kann ersetzt werden. Alle ankommenden Kanten werden auf den 0-Nachfolger umgeleitet. Gleiches gilt für die Markierung 1. Aus stereotypen Branchingprogrammen werden wieder stereotype Branchingprogramme, wobei die Anzahl der Ebenen höchstens sinkt. Allerdings werden aus k-OBDDs und k-IBDDs nur dann wieder k-OBDDs und k-IBDDs, wenn die Projektionen nur einmal lesend sind. Hier kommt das Reduktionskonzept „$\leq_{\text{rop}}$" zum Tragen.

Um die Anwendung der anderen beiden Reduktionskonzepte zu beschreiben, führen wir die Komplexitätsklassen AC^k und NC^k ein. Die Klasse AC^k enthält alle Familien $f = (f_n)$ boolescher Funktionen, die in polynomiell großen alternierenden Schaltkreisen der Tiefe $O(\log^k n)$ dargestellt werden können. Mit der Interpretation $\log^0 n = 1$ erhalten wir damit eine kanonische Verallgemeinerung von AC^0. Die Klasse NC^k enthält alle Familien $f = (f_n)$ boolescher Funktionen, die in polynomiell großen Schaltkreisen der Tiefe $O(\log^k n)$ mit Bausteinen mit zwei Eingängen dargestellt werden können. Die folgenden Eigenschaften lassen sich leicht beweisen:

- $g \in \text{AC}^k$ und $f \leq_{\text{cd}} g \Rightarrow f \in \text{AC}^k$,

- $g \in \text{NC}^k$ und $f \leq_1 g \Rightarrow f \in \text{NC}^k$.

Insgesamt haben die Reduktionskonzepte die gewünschten und erwarteten Eigenschaften. Wir kommen nun zu konkreten Reduktionen.

In Theorem 13.6.3 wurde das Problem CVP als P-vollständig bezüglich logarithmischer Reduktionen nachgewiesen. Beim Problem CVP besteht die Eingabe aus einem Schaltkreis S und einer Eingabe a passender Länge. Die Aufgabe besteht darin, S auf a auszuwerten. Da CVP $\in$ P ist, gilt auch CVP $\in$ P/poly. Falls $f = (f_n) \in$ P/poly und damit durch polynomielle Schaltkreise $S = (S_n)$ darstellbar ist, folgt $f \leq_{\text{rop}}$ CVP. Für f_n wählen wir die Beschreibung von S_n, die aus Konstanten besteht, und betrachten die Auswertung des Schaltkreises S_n auf der Eingabe a für f_n. Dies ergibt $f_n(a)$, da S_n die Funktion f_n darstellt. Damit haben wir folgendes Resultat bewiesen.

Theorem 16.7.4. *CVP ist bezüglich „$\leq_{\text{rop}}$" P/poly-vollständig.*

Abschließend betrachten wir einige oft benutzte Funktionen, nämlich die Paritätsfunktion PAR, das innere Produkt IP, die Majoritätsfunktion MAJ, die Multiplikation MUL, hier aber mit der Ausgabe des gesamten Produkts, die Summe von n n-Bit-Zahlen MADD (multiple Addition), das Quadrieren einer Zahl SQU (squaring), die Berechnung der n signifikantesten Bits der multiplikativen Inversen einer n-Bit-Zahl INV (Inversenbildung) und die Berechnung der n signifikantesten Bits des Quotienten zweier n-Bit-Zahlen DIV (Division).

Theorem 16.7.5. *Es gelten die folgenden Aussagen:*

- $PAR \leq_{\text{rop}} IP \leq_{\text{rop}} MUL \leq_{\text{rop}} SQU \leq_{\text{rop}} INV \leq_{\text{rop}} DIV$,

- $MAJ \leq_{\text{rop}} MUL$,

- $MADD \leq_{\text{rop}} MUL$,

- $SQU \leq_{\text{proj}} MUL$ und

- $MUL \leq_{\text{cd}} MADD$.

Beweis. Es gilt PAR $\leq_{\text{rop}}$ IP, da $\text{PAR}_n(x) = \text{IP}_n(x, 1^n)$ ist, wobei 1^n für einen Vektor aus n Einsen steht.

Die Beweise von IP $\leq_{\text{rop}}$ MUL, MAJ $\leq_{\text{rop}}$ MUL und MADD $\leq_{\text{rop}}$ MUL beruhen auf der gleichen Grundidee. Bei der Multiplikation von x und y erhält die Summe aller $x_i y_{k-i}$ die Wertigkeit 2^k. Diese Summe erscheint nicht in reiner Form im Produkt, da es Überträge von früheren Positionen geben kann und auch an den Positionen $k+1, k+2, \ldots$ Summen entstehen. Wenn wir jedoch in x und y die wichtigen Positionen durch genügend viele Nullen trennen, werden diese Überlappungseffekte vermieden. Wir wissen, dass die Summe aller $x_i y_i, 1 \leq i \leq n$, eine Bitlänge von $k = \lceil \log(n+1) \rceil$ hat. Daher enthält $\text{MUL}_{n+(n-1)(k-1)}(x', y')$ mit $x' = (x_{n-1}, 0^{k-1}, x_{n-2}, 0^{k-1}, \ldots, x_1, 0^{k-1}, x_0)$ und $y' = (y_0, 0^{k-1}, y_1, \ldots, 0^{k-1}, y_{n-1})$ den Wert von $\text{IP}_n(x, y)$. Dies veranschaulicht Abbildung 16.7.1.

x_2	0	x_1	0	x_0	*	y_0	0	y_1	0	y_2
		$x_2 y_0$	0	$x_1 y_0$	0	$x_0 y_0$				
				$x_2 y_1$	0	$x_1 y_1$	0	$x_0 y_1$		
						$x_2 y_2$	0	$x_1 y_2$	0	$x_0 y_2$
					IP_3					

Abb. 16.7.1. Eine Veranschaulichung der Projektion von IP auf MUL.

Zum Nachweis von MAJ $\leq_{\text{rop}}$ MUL erhöhen wir die Anzahl der Eingaben von MAJ_n durch Einsen und Nullen auf die nächstgrößere Zahl m, die sich als $2^k - 1$ schreiben lässt. Dabei werden so viele Einsen und Nullen gewählt, dass sich der Majoritätswert nicht ändert, also gleich viele Einsen wie Nullen oder eine Eins mehr als Nullen. Wenn wir nun die neue Eingabe x mit y multiplizieren, die Zahlen wie im Beweis von IP $\leq_{\text{rop}}$ MUL durch Nullen trennen und alle y_j auf 1 setzen, erhalten wir im Produkt die Binärdarstellung der Summe aller x_i. Da wir $m = 2^k - 1$ Bits haben, gibt das signifikanteste Bit der Summe den Majoritätswert an. Beim Nachweis von MADD $\leq_{\text{rop}}$ MUL geht es darum, die Binärdarstellung der Summe aller x_i zu erhalten, wobei nun die x_i selbst n-Bit-Zahlen sind. Ihre Summe hat maximal eine Bitlänge von $n + \lceil \log n \rceil$, so dass eine Trennung durch $\lceil \log n \rceil$ Nullen genügt.

Zum Nachweis von MUL $\leq_{\text{rop}}$ SQU betrachten wir für die Faktoren x und y der Bitlänge n die Zahl $z = (x, 0^{n+1}, y)$ und behaupten, dass $\text{MUL}_n(x, y)$ in $\text{SQU}_{3n+1}(z)$ enthalten ist. Es ist nämlich

$$|z|^2 = (|x| \cdot 2^{2n+1} + |y|)^2 = |x|^2 \cdot 2^{4n+2} + |x| \cdot |y| \cdot 2^{2n+2} + |y|^2.$$

Da $|y|^2$ und $|x| \cdot |y|$ eine Bitlänge von $2n$ haben, kommt es zu keinen Überlappungen und $\text{SQU}_{3n+1}(z)$ enthält $|x| \cdot |y|$.

Der schwierigste Teil dieses Beweises ist der Nachweis von SQU $\leq_{\text{rop}}$ INV. Die grundlegende Idee ist die Beziehung

$$1 + q + q^2 + q^3 + \cdots = 1/(1-q)$$

für $0 \leq q < 1$. In die Berechnung der multiplikativen Inversen von $1-q$ geht das Quadrat von q als Summand ein. Wir müssen also $1-q$ als Projektion von q schreiben und wieder darauf achten, dass es bei der Summe aller q^i zu keinen unerwünschten Überlappungen kommt. Schon das erste Ziel ist nicht erreichbar. Wir wollen die Zahl $x = (x_{n-1}, \ldots, x_0)$ quadrieren. Dazu bilden wir die $(10n)$-Bit-Zahl y mit $|y| := |x| \cdot 2^{-t} + 2^{-T}$, $t := 4n$ und $T := 10n$. Der Extrasummand 2^{-T} sichert, dass wir $1-|y|$ als Projektion von $|x|$ schreiben können. Außerdem ist 2^{-T} klein genug, um keine unerwünschten Überlappungen zu erzeugen. Wenn auch nicht mit passenden Parametern, aber doch von der Struktur her korrekt, zeigt Abbildung 16.7.2, wie sich $1 - |y|$ ergibt.

1 .	0	0	0	0	0	0	0	0	0
− .	0	0	0	x_2	x_1	x_0	0	0	1
0 .	1	1	1	$\overline{x}_2$	$\overline{x}_1$	$\overline{x}_0$	1	1	1

Abb. 16.7.2. Die Berechnung von $1 - |y|$.

Es bleibt zu zeigen, dass wir $|x|^2$ in den $10n$ signifikantesten Bits von $Q := 1/(1 - |y|)$ finden. Es ist

$$Q = 1 + |y| + |y|^2 + |y|^3 + \cdots$$
$$= 1 + (|x| \cdot 2^{-t} + 2^{-T}) + (|x| \cdot 2^{-t} + 2^{-T})^2 + (|x| \cdot 2^{-t} + 2^{-T})^3 + \cdots$$
$$= 1 + |x| \cdot 2^{-t} + |x|^2 \cdot 2^{-2t} + \text{Rest}.$$

Der Rest lässt sich für $n \geq 2$ abschätzen durch

$$2^{-10n} + 2^{-12n} + 2^{-20n} + 2 \cdot 2^{-9n} < 2^{-8n}.$$

Also stellen die $8n+1$ signifikantesten Bits von $1/(1-|y|)$ die Zahl $1 + |x| \cdot 2^{-4n} + |x|^2 \cdot 2^{-8n}$ dar. Da $|x|^2 \leq 2^{2n}$ ist, kommt es auch hier zu keinen Überlappungen und wir finden $|x|^2$ in INV_{10n} angewendet auf $1 - |y|$.

Offensichtlich ist $\text{INV}_n(x) = \text{DIV}_n(1^n, x)$ und damit INV $\leq_{\text{rop}}$ DIV. Genauso offensichtlich ist $\text{SQU}_n(x) = \text{MUL}_n(x,x)$ und SQU $\leq_{\text{proj}}$ MUL. Bei dieser Projektion wird jedes x_i-Bit zweimal gelesen.

Die Schulmethode der schriftlichen Multiplikation sieht die Berechnung aller $x_i y_j, 0 \leq i,j \leq n-1$, vor. Dazu reichen n^2 Bausteine und Tiefe 1.

Die „Multiplikationsmatrix", wie sie in Abbildung 16.7.1 gezeigt ist, kann als Addition von n Zahlen der Bitlänge $2n-1$ aufgefasst werden. Wenn wir noch $n-1$ Summanden mit dem Wert 0 hinzufügen, genügt ein MADD_{2n-1}-Baustein, um schließlich $\text{MUL}_n(x,y)$ zu berechnen. □

Auch bei der Abschätzung der Komplexität boolescher Funktionen müssen zunächst Methoden zum Beweis unterer Schranken für die Komplexität in dem betrachteten Modell gefunden werden. Dann müssen diese auf möglichst einfach ausschauende Funktionen angewendet werden. Eine Übertragung auf viele andere Funktionen ist mit Hilfe geeigneter Reduktionskonzepte möglich.

Schlussbemerkungen

Für diskrete Optimierungsprobleme ist der Entwurf eines Algorithmus in den meisten Fällen eine triviale Aufgabe. Der Suchraum, also die Menge möglicher Lösungen, ist endlich, es ist möglich, die Elemente des Suchraums aufzuzählen und zu bewerten, und es kann schließlich eine optimale Lösung ausgewählt werden. Normalerweise wächst jedoch die Größe des Suchraums exponentiell mit der Länge der Problembeschreibung und die Durchmusterung des Suchraums ist für alle interessanten Problemgrößen praktisch nicht durchführbar. Daher beschränkt sich das Interesse auf Algorithmen, die mit verfügbaren Ressourcen an Zeit und Speicherplatz auskommen. Anwenderinnen und Anwender von Algorithmen sind gegebenenfalls auch zufrieden, wenn sie Algorithmen zur Verfügung haben, die randomisiert arbeiten und mit kleiner Wahrscheinlichkeit versagen oder Fehler machen oder die Lösungen berechnen, die nur fast optimal sind. Oft benötigen sie auch nur Algorithmen für Spezialfälle eines Problems.

Die Komplexitätstheorie ist die Disziplin, die auslotet, wo die Grenze zwischen effizient lösbaren und nicht effizient lösbaren Problemen verläuft. Dabei muss sie auf alle Entwicklungen beim Algorithmenentwurf reagieren, also Probleme mit kleinen Zahlen ebenso behandeln wie Approximationsprobleme, Black-Box-Probleme, bei denen keine vollständige Information über die Eingabe vorliegt, und Probleme mit festgelegter Eingabelänge, wie sie beispielsweise beim Hardwareentwurf auftreten.

Es ist der Komplexitätstheorie nicht gelungen, wichtige Probleme als nicht effizient lösbar nachzuweisen. Aus dieser rigorosen Sicht hat die Komplexitätstheorie versagt. Der Komplexitätstheorie ist es aber weitgehend gelungen, Aussagen über die relative Komplexität von wichtigen Problemen zu machen. Dies sind Aussagen vom Typ: „Wenn A effizient lösbar ist, dann auch B" oder „Wenn B nicht effizient lösbar ist, dann auch A nicht". Hierbei werden nicht nur Probleme paarweise verglichen, sondern Probleme mit Klassen von Problemen und auch Problemklassen miteinander. Die NP-Vollständigkeitstheorie ist ein Meilenstein der wissenschaftlichen Entwicklung und neue Theorien wie die PCP-Theorie haben auf dem Fundament der NP-Vollständigkeitstheorie ein beeindruckendes Gebäude errichtet. Wenn man bereit ist, gut fundierte Hypothesen zu akzeptieren, erhält man so einen weitreichenden Einblick, wo die Grenzen für den Entwurf effizienter Algorithmen verlaufen.

Die Komplexitätstheorie hat nicht nur auf algorithmische Fragestellungen reagiert, sondern auch eine eigenständige Entwicklung genommen. Die hierbei erzielten strukturellen Ergebnisse lassen sich dennoch häufig verwenden, um mehr Einsicht in die Komplexität konkreter Probleme zu gewinnen.

Wenn wir nur an rigoros, also nicht auf Hypothesen beruhenden unteren Schranken für den Ressourcenbedarf zur Lösung von Problemen interessiert sind, sind die Ergebnisse ernüchternd. Besser ist die Lage im Black-Box-Szenario und in Situationen, in denen eine Ressource wie die parallele Rechenzeit, die Tiefe oder der Speicherplatz beschränkt ist. Trade-off-Resultate zeigen das Potenzial der gegenwärtig zur Verfügung stehenden Methoden für untere Schranken für den Ressourcenbedarf.

Insgesamt kann der Komplexitätstheorie bescheinigt werden, dass sie auf alle neuen Optionen beim Algorithmenentwurf eine zumindest partielle Antwort gefunden hat. Die Komplexitätstheorie hat eine Zukunft, weil zentrale Probleme noch nicht gelöst sind und weil durch Entwicklungen im Algorithmenentwurf immer wieder neue und praktisch relevante Fragen entstehen.

A. Anhang

A.1 Größenordnungen und die O-Notation

Wie in Kapitel 2 diskutiert, wird die Rechenzeit von Algorithmen in Abhängigkeit von Parametern wie der Eingabelänge gemessen. Das am häufigsten benutzte Rechenzeitmaß ist die maximale Rechenzeit bezüglich des einheitlichen Kostenmaßes. Rechenzeiten sind dann Funktionen $t\colon \mathbb{N} \to \mathbb{N}$, die zudem monoton wachsend sind. Allerdings lassen sich Rechenzeiten nur selten exakt bestimmen und werden daher nach unten und oben abgeschätzt. Bei Abschätzungen wie $\binom{n}{2} \leq n^2/2$ entstehen Funktionen, deren Werte nicht mehr ganzzahlig sind. Daher behandeln wir hier Funktionen $f\colon \mathbb{N} \to \mathbb{R}^+$.

Wir wollen Rechenzeiten vergleichen, wobei „es auf konstante Faktoren nicht ankommen soll". Seit ihrer ersten Verwendung durch Bachmann im Jahr 1892 hat sich die O-Notation (gesprochen: groß Oh) durchgesetzt, um die Wachstumsgeschwindigkeit oder Größenordnung von Funktionen $f\colon \mathbb{N} \to \mathbb{R}^+$ und damit von Rechenzeiten zu messen. Ziel ist es, die Beziehungen „$\leq$", „$\geq$", „$=$", „$<$" und „$>$" auch auf Funktionen anzuwenden, wobei die strikte Definition $f \leq g$, falls $f(n) \leq g(n)$ für *alle* $n \in \mathbb{N}$ ist, durch eine abgeschwächte Bedingung ersetzt wird:

- $f = O(g)$ hat die Interpretation, dass f asymptotisch nicht schneller als g wächst, und ist definiert durch die Bedingung, dass $f(n)/g(n)$ durch eine Konstante c nach oben beschränkt ist.

Die Schreibweise $f = O(g)$ hat den Nachteil zu suggerieren, dass auch $O(g) = f$ ist, eine nicht definierte Notation. Es ist daher nützlich, bei O stets an „$\leq$" zu denken, und dann ist klar, dass derartige Beziehungen von links nach rechts zu lesen und nicht umkehrbar sind. Eine andere Vorstellung ist es, sich $O(g)$ als Menge aller Funktionen f mit $f = O(g)$ vorzustellen. Dann wäre die Schreibweise $f \in O(g)$ suggestiver. Wir verstehen unter der Schreibweise $O(f) = O(g)$, dass für jede Funktion $h = O(f)$ auch $h = O(g)$ gilt. Damit lässt sich die Gleichung

$$n^2 + \lceil n^{1/2} \rceil \leq n^2 + n = O(n^2) = O(n^3)$$

folgendermaßen interpretieren. Es ist $n^2 + n = O(n^2)$, da $(n^2 + n)/n^2 \leq 2$ ist. Außerdem hat jede Funktion h mit $h(n)/n^2 \leq c$ auch die Eigenschaft

$h(n)/n^3 \leq c$. Wir dürfen bei einer solchen Gleichungskette den mittleren Teil weglassen und $n^2 + n = O(n^3)$ folgern. Jetzt wird auch klar, warum sich bei der O-Notation die Schreibweise mit Gleichheitszeichen als vorteilhaft erwiesen hat. Ansonsten hätte obige Beziehung

$$n^2 + \lceil n^{1/2} \rceil \leq n^2 + n \in O(n^2) \subseteq O(n^3)$$

geschrieben werden müssen und diese Mischung aus „$\leq$" und „$\subseteq$" in einer Formelzeile ist verwirrend. Folgende Rechenregeln für die O-Notation sind nützlich:

- $c \cdot f = O(f)$ für $c \geq 0$,
- $c \cdot O(f) = O(f)$ für $c \geq 0$,
- $O(f_1) + \cdots + O(f_k) = O(f_1 + \cdots + f_k) = O(\max\{f_1, \ldots, f_k\})$ für konstantes k und
- $O(f) \cdot O(g) = O(f \cdot g)$.

Die ersten beiden Beziehungen sind offensichtlich, die dritte folgt aus

$$c_1 \cdot f_1(n) + \cdots + c_k \cdot f_k(n) \leq (c_1 + \cdots + c_k) \cdot (f_1(n) + \cdots + f_k(n))$$
$$\leq k \cdot (c_1 + \cdots + c_k) \cdot \max\{f_1(n), \ldots, f_k(n)\}$$

und die vierte aus $(c_1 \cdot f(n)) \cdot (c_2 \cdot g(n)) = (c_1 \cdot c_2) \cdot f(n) \cdot g(n)$.

Nachdem wir „asymptotisch $\leq$" durch O ausgedrückt haben, ergeben sich die Definitionen für „asymptotisch $\geq$" und „asymptotisch $=$" auf nahe liegende Weise:

- $f = \Omega(g)$ (gesprochen: groß Omega) hat die Interpretation, dass f asymptotisch nicht langsamer als g wächst oder asymptotisch mindestens so schnell wie g wächst, und ist definiert durch $g = O(f)$,
- $f = \Theta(g)$ (gesprochen: groß Theta) hat die Interpretation, dass f und g asymptotisch gleich schnell wachsen, und ist definiert durch $f = O(g)$ und $f = \Omega(g)$.

Schließlich kommen wir zu den Definitionen von „asymptotisch $<$" und „asymptotisch $>$":

- $f = o(g)$ (gesprochen: klein Oh) hat die Interpretation, dass f asymptotisch langsamer als g wächst, und ist definiert durch die Bedingung, dass $f(n)/g(n)$ eine Nullfolge ist und
- $f = \omega(g)$ (gesprochen: klein Omega) hat die Interpretation, dass f asymptotisch schneller als g wächst, und ist definiert durch $g = o(f)$.

Bei der strikten Definition von $f \leq g$ als $f(n) \leq g(n)$ für alle n waren viele Funktionen wie beispielsweise n^2 und $n + 10$ nicht vergleichbar, die asymptotisch vergleichbar sind. Es ist $n + 10 = O(n^2)$ und sogar $n + 10 = o(n^2)$. Dennoch sind nicht alle monotonen Funktionen asymptotisch vergleichbar. Sei

$$f(n) := \begin{cases} n! & n \text{ gerade} \\ (n-1)! & n \text{ ungerade} \end{cases}$$

und

$$g(n) := \begin{cases} (n-1)! & n \text{ gerade} \\ n! & n \text{ ungerade}. \end{cases}$$

Dann sind f und g monoton wachsend, aber weder $f(n)/g(n) = n$ für gerades n noch $g(n)/f(n) = n$ für ungerades n sind nach oben durch eine Konstante beschränkt. Also gilt weder $f = O(g)$ noch $g = O(f)$. Allerdings sind für die meisten Algorithmen A_1 und A_2 die zugehörigen Rechenzeiten asymptotisch vergleichbar.

Schließlich wollen wir die Wachstumsordnungen, die als typische Rechenzeiten vorkommen, ordnen. Als Basis dienen uns die Wachstumsordnungen $\log \log n$, $\log n$, n, 2^n und 2^{2^n}. Sie unterscheiden sich exponentiell, da $2^{\log \log n} = \log n$ und $2^{\log n} = n$ ist. Wir verwenden $\log^\varepsilon n$ als Abkürzung für $(\log n)^\varepsilon$. Dann gilt für alle Konstanten $k > 0$ und $\varepsilon > 0$:

- $(\log \log n)^k = o(\log^\varepsilon n)$,
- $\log^k n = o(n^\varepsilon)$,
- $n^k = o\left(2^{n^\varepsilon}\right)$,
- $2^{n^k} = o\left(2^{2^{n^\varepsilon}}\right)$.

Wir zeigen exemplarisch die zweite Beziehung. Es ist also zu zeigen, dass $(\log^k n)/n^\varepsilon$ eine Nullfolge ist. Es ist eine einfache Tatsache aus der Analysis, dass die Folge a_n genau dann eine Nullfolge ist, wenn a_n^α für $\alpha > 0$ eine Nullfolge ist. Wir setzen hier $\alpha := 1/k$ und $\delta := \varepsilon/k$. Dann müssen wir überprüfen, ob $(\log n)/n^\delta$ eine Nullfolge ist. Die Funktionen $\log n$ und n^δ lassen sich kanonisch auf $\mathbb{R}^+$ durch $\log x$ und x^δ fortsetzen. Nach dem Satz von Bernoulli und de l'Hospital ist der Grenzwert von $(\log x)/x^\delta$ für $x \to \infty$ gleich dem Grenzwert von $\left(\frac{d}{dx} \log x\right) / \left(\frac{d}{dx} x^\delta\right)$, also dem Grenzwert des Quotienten der Ableitungen. Wir erhalten den Quotienten $x^{-\delta}/(\delta \ln 2)$, der für $x \to \infty$ offensichtlich gegen 0 konvergiert. Alle anderen Beziehungen folgen auf ähnliche Weise. Hieraus folgen viele weitere Beziehungen, z.B. $n \log n = o(n^2)$, da $\log n = o(n)$ ist. Beispielhaft erhalten wir folgende Reihenfolge von asymptotisch immer schneller wachsenden Größenordnungen, wobei $0 < \varepsilon < 1$ ist:

$\log \log n$,

$\log n$, $\log^2 n$, $\log^3 n$, ...

n^ε, n, $n \log n$, $n \log n \log \log n$, $n \log^2 n$, $n^{1+\varepsilon}$, n^2, n^3, ...

2^{n^ε}, $2^{\varepsilon n}$, 2^n,

2^{2^n}.

Bei einer Summe von konstant vielen Größenordnungen, von denen ein Summand asymptotisch schneller wächst als alle anderen, ist die Größenordnung gleich der Größenordnung dieses am schnellsten wachsenden Summanden, so hat zum Beispiel

$$n^2 \log^2 n + 10 n^3/\log n + 5n$$

die Größenordnung $n^3/\log n$. Bei Summanden vom Typ $c \cdot n^\alpha$, also allen Polynomen, ist die Größenordnung gleich der Größenordnung des Terms mit dem größten Exponenten.

Weiter vergröbernd erhalten wir folgende Begriffe. Eine Funktion $f \colon \mathbb{N} \to \mathbb{R}^+$ heißt

- *logarithmisch* wachsend, wenn $f = O(\log n)$ ist,
- *polylogarithmisch* wachsend, wenn $f = O(\log^k n)$ für ein $k \in \mathbb{N}$ ist, also wenn f asymptotisch nicht schneller als ein Polynom in $\log n$ wächst,
- *linear*, *quadratisch* oder *kubisch* wachsend, wenn $f = O(n)$, $f = O(n^2)$ bzw. $f = O(n^3)$ ist,
- *quasilinear* wachsend, wenn $f = O(n \log^k n)$ für ein $k \in \mathbb{N}$ ist,
- *polynomiell* wachsend, wenn $f = O(n^k)$ für ein $k \in \mathbb{N}$ ist,
- *exponentiell* wachsend, wenn $f = \Omega(2^{n^\varepsilon})$ für ein $\varepsilon > 0$ ist, und
- *echt exponentiell* wachsend, wenn $f = \Omega(2^{\varepsilon n})$ für ein $\varepsilon > 0$ ist.

Es ist also darauf zu achten, dass in diesem Sprachgebrauch exponentiell und echt exponentiell untere Schranken bezeichnen und die anderen Begriffe obere Schranken. Damit ist auch n^2 kubisch wachsend, genauer müssten wir sagen „asymptotisch nicht schneller als kubisch wachsend". Um eine untere Schranke auszudrücken, können wir sagen, dass ein Algorithmus mindestens kubische Rechenzeit braucht. Funktionen wie $n^{\log n}$, die weder polynomiell noch exponentiell wachsen, werden als *quasipolynomiell* wachsend bezeichnet.

Wenn Rechenzeiten von zwei oder mehr Parametern abhängen, können wir die O-Notation ebenfalls verwenden. So ist $f(n,m) = O(nm^2 + n^2 \log m)$, wenn es eine Konstante c gibt, für die $f(n,m)/(nm^2 + n^2 \log m) \leq c$ ist. Derartige Rechenzeiten heißen polynomiell wachsend, wenn sie $O(n^k m^l)$ für bestimmte $k, l \in \mathbb{N}$ sind. So ist $nm^2 + n^2 \log m = O(n^2 m^2)$ und damit polynomiell wachsend.

Bei Wahrscheinlichkeiten $p(n)$ kommt es oft darauf an, wie schnell diese gegen 0 oder 1 konvergieren. Im zweiten Fall können wir betrachten, wie schnell $q(n) := 1 - p(n)$ gegen 0 konvergiert. Nach Definition konvergiert $p(n)$ genau dann gegen 0, wenn $p(n) = o(1)$ ist. Dies gilt für $1/(\log n)$ und sogar für $1/(\log \log n)$, also für Funktionen, die „sehr langsam" klein werden. Wir nennen $p(n)$

- *polynomiell klein*, wenn $p(n) = O(n^{-\varepsilon})$ für ein $\varepsilon > 0$ ist,
- *exponentiell klein*, wenn $p(n) = O(2^{-n^{\varepsilon}})$ für ein $\varepsilon > 0$ ist, und
- *echt exponentiell klein*, wenn $p(n) = O\left(2^{-\varepsilon n}\right)$ für ein $\varepsilon > 0$ ist.

Letzteres kann auch durch $2^{-\Omega(n)}$ ausgedrückt werden, wobei $\Omega(n)$ eine untere, aber $2^{-\Omega(n)}$ eine obere Schranke ausdrückt.

A.2 Ergebnisse aus der Wahrscheinlichkeitstheorie

Da wir Randomisierung als Schlüsselkonzept betrachten, benötigen wir einige Ergebnisse aus der Wahrscheinlichkeitstheorie. Natürlich gibt es viele Lehrbücher, die diese Ergebnisse enthalten. Da wir hier aber nur die Spezialfälle betrachten, die wir tatsächlich benötigen, können wir einen einfacheren und intuitiveren Einstieg in die Wahrscheinlichkeitstheorie wählen.

Für ein zufälliges Experiment soll E den *Ereignisraum*, also die Menge aller *Elementarereignisse* oder Experimentausgänge bezeichnen. Wir können uns auf die Fälle beschränken, dass E endlich, also $E = \{e_1, \ldots, e_m\}$, oder abzählbar unendlich, also $E = \{e_1, e_2, \ldots\}$, ist. Im ersten Fall ist die zugehörige Indexmenge $I = \{1, \ldots, m\}$, im zweiten Fall ist $I = \mathbb{N}$. Eine *Wahrscheinlichkeitsverteilung* (probability distribution) p weist jedem Elementarereignis $e_i, i \in I$, seine Wahrscheinlichkeit $p_i \geq 0$ zu. Die Summe aller $p_i, i \in I$, muss den Wert 1 ergeben.

Ein *Ereignis* (event) A ist eine Teilmenge des Ereignisraums E, also eine Menge von Elementarereignissen $e_i, i \in I_A \subseteq I$. Die Wahrscheinlichkeit $p(A)$ des Ereignisses A ist einfach die Summe der Wahrscheinlichkeiten der zugehörigen Elementarereignisse, also die Summe aller $p_i, i \in I_A$. Insbesondere ist $p(\emptyset) = 0$ für das leere Ereignis $\emptyset$ und $p(E) = 1$. Aus dieser Definition folgen direkt wichtige Aussagen für die Wahrscheinlichkeit der Vereinigung einiger Ereignisse.

Bemerkung A.2.1. Sind die Ereignisse $A_j, j \in J$, paarweise disjunkt, ist also $A_j \cap A_{j'} = \emptyset$ für $j \neq j'$, dann ist

$$p\Big(\bigcup_{j \in J} A_j\Big) = \sum_{j \in J} p(A_j).$$

Allgemein gilt

$$p\Big(\bigcup_{j \in J} A_j\Big) \leq \sum_{j \in J} p(A_j).$$

Folgende Veranschaulichung kann hilfreich sein. Wir stellen uns ein Quadrat der Seitenlänge 1 vor. Jedes Elementarereignis e_i wird durch eine Teilfläche F_i der Größe p_i dargestellt, wobei die Flächen F_i disjunkt sind. Flächen und Wahrscheinlichkeiten sind beides Maße. Ereignisse sind nun Teilflächen, deren Maß sich als Summe der Maße der Elementarereignisse ergibt. Beim Flächenmaß ist klar, dass sich bei disjunkten Mengen die Flächen addieren und allgemein die Summe der Einzelflächen eine obere Schranke darstellt. Manche Flächenteile können bei der Summe mehrfach berücksichtigt werden. Unser abstraktes Experiment ist nun äquivalent zu der zufälligen Wahl eines Punktes im Quadrat. Gehört dieser zu F_i, ist das Ereignis e_i eingetreten.

Was ändert sich, wenn wir erfahren, dass das Ereignis B eingetreten ist? Alle Elementarereignisse $e_i \notin B$ werden unmöglich und erhalten die Wahrscheinlichkeit 0, während die Elementarereignisse $e_i \in B$ weiterhin möglich sind. Wir erhalten also eine neue Wahrscheinlichkeitsverteilung q. Es ist $q_i = 0$, falls $e_i \notin B$ ist. Daher muss die Summe aller $q_i, e_i \in B$, den Wert 1 ergeben. Durch die Information, dass B eingetreten ist, sollte das Verhältnis der Wahrscheinlichkeiten von $e_i, e_j \in B$ gleich geblieben sein, also $q_i/q_j = p_i/p_j$ sein. Damit muss für eine Konstante λ

$$q_i = \lambda p_i$$

sein und zusätzlich

$$\sum_{i \in I_B} q_i = 1.$$

Daraus folgt

$$\lambda = \left(\sum_{i \in I_B} q_i\right) \bigg/ \left(\sum_{i \in I_B} p_i\right) = 1/p(B).$$

Somit definieren wir die *bedingte Wahrscheinlichkeit* (conditional probability) q durch

$$q_i = \begin{cases} p_i/p(B) & \text{falls } e_i \in B \\ 0 & \text{sonst.} \end{cases}$$

Für ein Ereignis A erhalten wir

$$q(A) = \sum_{i \in I_A} q_i = \sum_{i \in I_A \cap I_B} p_i/p(B) = p(A \cap B)/p(B).$$

Für die bedingte Wahrscheinlichkeit, die ja von der Bedingung B abhängt, hat sich die Schreibweise $p(A \mid B)$ (gesprochen: Wahrscheinlichkeit von A gegeben B) durchgesetzt. Es ist also

$p(A \mid B) := p(A \cap B)/p(B).$

Diese Definition ist nur sinnvoll, wenn $p(B) > 0$ ist. Die Bedingung B kann ja auch nur eintreten, wenn $p(B) > 0$ ist. Oft wird die äquivalente Gleichung

$$p(A \cap B) = p(A \mid B) \cdot p(B)$$

verwendet. Sie wird auch benutzt, wenn $p(B) = 0$ ist. Obwohl $p(A \mid B)$ dann formal nicht definiert ist, wird $p(A \mid B) \cdot p(B)$ als 0 interpretiert.

Falls $p(A \mid B) = p(A)$ ist, hängt die Wahrscheinlichkeit des Ereignisses A nicht davon ab, ob B eingetreten ist. In diesem Fall werden die Ereignisse A und B als *unabhängig* (independent) bezeichnet. Diese Bedingung ist äquivalent zu $p(A \cap B) = p(A) \cdot p(B)$ und damit zu $p(B \mid A) = p(B)$, falls $p(A) > 0$ und $p(B) > 0$ ist. Die Beziehung $p(A \cap B) = p(A) \cdot p(B)$ drückt aus, dass der Begriff der Unabhängigkeit tatsächlich symmetrisch bezüglich der Ereignisse A und B ist. Die Ereignisse A_j, $j \in J$, heißen *vollständig unabhängig* (completely independent), wenn für alle $J' \subseteq J$

$$p\Big(\bigcap_{j \in J'} A_j\Big) = \prod_{j \in J'} p(A_j)$$

gilt. Bisher haben wir die bedingten Wahrscheinlichkeiten aus der Wahrscheinlichkeitsverteilung p abgeleitet. Oft gehen wir den umgekehrten Weg. Wenn für jedes Bundesland die Häufigkeitsverteilung einer Kenngröße wie Einkommen vorliegt und wir die Einwohnerzahlen der Bundesländer kennen, können wir daraus die Häufigkeitsverteilung der Kenngröße für das Bundesgebiet ausrechnen, indem wir die regionalen Häufigkeiten gewichtet mit den Bundeslandgrößen aufaddieren. Dieser Sachverhalt lässt sich auf Wahrscheinlichkeiten übertragen und führt zum so genannten *Satz von der totalen Wahrscheinlichkeit* (law of total probability).

Theorem A.2.2. *Es sei B_j, $j \in J$, eine Partition des Ereignisraums E. Dann gilt*

$$p(A) = \sum_{j \in J} p(A \mid B_j) \cdot p(B_j).$$

Beweis. Der Beweis erfolgt durch einfaches Nachrechnen. Es ist

$$p(A \mid B_j) \cdot p(B_j) = p(A \cap B_j)$$

und damit mit Bemerkung A.2.1 auch

$$\sum_{j \in J} p(A \mid B_j) \cdot p(B_j) = \sum_{j \in J} p(A \cap B_j) = p\Big(\bigcup_{j \in J}(A \cap B_j)\Big)$$
$$= p\Big(A \cap \bigcup_{j \in J} B_j\Big) = p(A).$$

□

Wir kommen nun zu dem zentralen Begriff der *Zufallsvariablen* (random variable). Formal handelt es sich dabei nur um eine Abbildung $X\colon E \to \mathbb{R}$. So kann eine Zufallsvariable auf dem Ereignisraum aller Menschen jedem Mensch seine Körpergröße zuordnen und eine andere das Körpergewicht. Zufallsvariablen sind aber mehr als Funktionen, da jede Wahrscheinlichkeitsverteilung p auf E eine Wahrscheinlichkeitsverteilung auf dem Bildbereich von X induziert, nämlich durch

$$\operatorname{Prob}(X = t) := p(\{e_i \mid X(e_i) = t\}).$$

Die Wahrscheinlichkeit, dass X den Wert t annimmt, ist also einfach die Wahrscheinlichkeit der Menge aller Elementarereignisse, die von X auf t abgebildet werden. Während wir auf dem Ereignisraum normalerweise nicht „rechnen" können, ist dies mit Zufallsvariablen möglich. Bevor wir Kenngrößen von Zufallsvariablen einführen, wollen wir den Begriff der *Unabhängigkeit von Zufallsvariablen* (independent random variables) aus dem Begriff der Unabhängigkeit von Ereignissen ableiten. Zwei Zufallsvariablen X und Y auf dem *Wahrscheinlichkeitsraum* (probability space) (E, p), also einem Ereignisraum E mit zugehöriger Wahrscheinlichkeitsverteilung p, heißen unabhängig, wenn die Ereignisse $\{X \in A\} := \{e_i \mid X(e_i) \in A\}$ und $\{Y \in B\}$ für alle $A, B \subseteq \mathbb{R}$ unabhängig sind. Eine Menge X_i, $i \in I$, von Zufallsvariablen auf (E, p) heißt *vollständig unabhängig* (completely independent), wenn die Ereignisse $\{X_i \in A_i\}$, $i \in I$, für alle Ereignisse $A_i \subseteq \mathbb{R}$, vollständig unabhängig sind. Sie heißt *paarweise unabhängig* (pairwise independent), wenn für $i \neq j$ die Ereignisse $\{X_i \in A_i\}$ und $\{X_j \in A_j\}$ für alle Ereignisse A_i, $A_j \subseteq \mathbb{R}$ unabhängig sind.

Die wichtigste Kenngröße einer Zufallsvariablen ist ihr *Erwartungswert* (gewichteter Mittelwert, mean value, expected value) $\operatorname{E}(X)$ definiert durch

$$\operatorname{E}(X) := \sum_{t \in \operatorname{Bild}(X)} t \cdot \operatorname{Prob}(X = t),$$

wobei $\operatorname{Bild}(X)$ den Bildbereich von X beschreibt. Diese Definition bereitet für endliche Bildbereiche und damit insbesondere endliche Ereignisräume keine Probleme. Für abzählbar unendliche Bildbereiche ist die obige unendliche Reihe nur definiert, wenn die Reihe absolut konvergiert. Auf dieses Problem werden wir aber nicht stoßen, da wir es bei der Behandlung von Rechenzeiten nur mit positiven Zahlen zu tun haben und auch ∞ als Erwartungswert zulassen. Die in Kapitel 2 definierte durchschnittliche Rechenzeit eines Algorithmus ist der Erwartungswert, wobei die Eingabe x mit $|x| = n$ zufällig gewählt wird. Bei der erwarteten Rechenzeit eines randomisierten Algorithmus (siehe Kapitel 3) wird die Eingabe x fest gewählt und der Erwartungswert bezüglich der Zufallsbits, die der Algorithmus verwendet, gebildet. Da wir bedingte Wahrscheinlichkeiten definiert haben, erhalten wir auch *bedingte Erwartungswerte* $\operatorname{E}(X \mid A)$ bezüglich der bedingten Wahrscheinlichkeiten $\operatorname{Prob}(X = t \mid A)$.

Mit Erwartungswerten lässt sich gut rechnen.

Bemerkung A.2.3. Falls X eine 0-1-Zufallsvariable ist, der Bildbereich von X also die Menge $\{0,1\}$ ist, gilt

$$E(X) = \text{Prob}(X = 1).$$

Beweis. Die Behauptung folgt direkt aus der Definition:

$$E(X) = 0 \cdot \text{Prob}(X = 0) + 1 \cdot \text{Prob}(X = 1) = \text{Prob}(X = 1).$$

□

Diese sehr einfache Bemerkung ist äußerst hilfreich, da wir zwischen Wahrscheinlichkeiten und Erwartungswerten wechseln können. Darüber hinaus ist der Erwartungswert linear. Dies kann leicht veranschaulicht werden. Wenn wir die Kontostände der Kunden einer Bank als Zufallsvariable bei zufälliger Wahl des Kunden oder der Kundin betrachten und sich der Stand jedes Kontos durch die Umstellung von der D-Mark auf den Euro um den Faktor 1,95583 verringert, dann gilt dies auch für den mittleren Kontostand. (Hier sehen wir auch die Unterschiede zwischen Theorie und Anwendungen, da es in der Praxis durch Rundungen auf volle Cent zu geringen Abweichungen gekommen ist.) Wenn zwei Banken fusionieren und die zwei Konten (eventuell mit Stand 0) jedes Kunden und jeder Kundin zusammengelegt werden, ist der mittlere Kontostand nach der Fusion gleich der Summe der mittleren Kontostände bei den beiden Banken. Dies zeigen wir nun allgemein für Zufallsvariablen, die auf demselben Wahrscheinlichkeitsraum definiert sind.

Theorem A.2.4. *Seien X und Y Zufallsvariablen auf demselben Wahrscheinlichkeitsraum. Dann gilt*

- $E(a \cdot X) = a \cdot E(X)$ *für $a \in \mathbb{R}$ und*
- $E(X + Y) = E(X) + E(Y)$.

Beweis. Wir benutzen hier eine Beschreibung des Erwartungswertes, die auf die Elementarereignisse zurückgeht. Es sei (E, p) der zugrunde liegende Wahrscheinlichkeitsraum. Dann ist

$$E(X) = \sum_{i \in I} X(e_i) \cdot p_i.$$

Diese Gleichung folgt aus der Definition von $E(X)$, da $\text{Prob}(X = t)$ die Summe aller p_i mit $X(e_i) = t$ ist. Es folgt

$$E(a \cdot X) = \sum_{i \in I} (a \cdot X)(e_i) \cdot p_i = a \sum_{i \in I} X(e_i) \cdot p_i = a \cdot E(X)$$

und

$$E(X+Y) = \sum_{i \in I}(X+Y)(e_i) \cdot p_i = \sum_{i \in I} X(e_i) \cdot p_i + \sum_{i \in I} Y(e_i) \cdot p_i = E(X) + E(Y).$$

□

Dagegen gilt im Allgemeinen nicht $E(X \cdot Y) = E(X) \cdot E(Y)$. Dies lässt sich an einem einfachen Beispiel zeigen. Es sei $E = \{e_1, e_2\}$, $p_1 = p_2 = 1/2$, $X(e_1) = 0$, $X(e_2) = 2$ und $Y = X$. Dann ist $X \cdot Y(e_1) = 0$ und $X \cdot Y(e_2) = 4$. Es folgt $E(X \cdot Y) = 2$, aber $E(X) \cdot E(Y) = 1 \cdot 1 = 1$. Der Grund ist, dass in unserem Beispiel X und Y nicht unabhängig sind.

Theorem A.2.5. *Falls X und Y unabhängig sind, ist*

$$E(X \cdot Y) = E(X) \cdot E(Y).$$

Beweis. Wie im Beweis von Theorem A.2.4 folgt

$$E(X \cdot Y) = \sum_{i \in I} X(e_i) \cdot Y(e_i) \cdot p_i.$$

Wir zerlegen I disjunkt in die Mengen $I(t, u) := \{i \mid X(e_i) = t, Y(e_i) = u\}$. Damit folgt

$$E(X \cdot Y) = \sum_{t,u} \sum_{i \in I(u,t)} t \cdot u \cdot p_i = \sum_{t,u} t \cdot u \sum_{i \in I(t,u)} p_i$$

$$= \sum_{t,u} t \cdot u \cdot \mathrm{Prob}(X = t, Y = u).$$

An dieser Stelle können wir die Unabhängigkeit von X und Y ausnutzen und erhalten

$$E(X \cdot Y) = \sum_{t,u} t \cdot u \cdot \mathrm{Prob}(X = t) \cdot \mathrm{Prob}(Y = u)$$

$$= \left(\sum_t t \cdot \mathrm{Prob}(X = t) \right) \cdot \left(\sum_u u \cdot \mathrm{Prob}(Y = u) \right) = E(X) \cdot E(Y).$$

$\square$

Die Aussage von Theorem A.2.5 lässt sich erläutern. Wenn wir annehmen, dass Körpergröße und Kontostand unabhängig sind, ist der mittlere Kontostand für jede Körpergröße derselbe und damit das mittlere Produkt aus Kontostand und Körpergröße das Produkt aus mittlerem Kontostand und mittlerer Körpergröße. Dieses Beispiel zeigt auch, dass Daten aus dem Alltag typischerweise nur zu „fast unabhängigen" Zufallsvariablen führen. Allerdings können wir Experimente wie Münzwürfe so gestalten, dass die Ergebnisse „echt unabhängig" sind.

Der Erwartungswert reduziert die Zufallsvariable auf ihren gewichteten Mittelwert und damit wird nur ein Teil der in der Zufallsvariablen und ihrer Wahrscheinlichkeitsverteilung enthaltenen Information ausgedrückt. Das mittlere Jahreseinkommen kann in zwei Ländern dasselbe sein, wobei die Einkommensunterschiede im einen Land gering und im anderen Land groß sind. Uns interessiert also die Zufallsvariable $Y := |X - E(X)|$, die den Abstand der Zufallsvariablen von ihrem Erwartungswert misst. Als *k-tes zentrales Moment* von X wird $\mathrm{E}(|X-\mathrm{E}(X)|^k)$ bezeichnet. Je größer k wird, desto stärker werden größere Abweichungen vom Erwartungswert gewichtet. Nach der obigen Diskussion glauben wir, dass das erste zentrale Moment das wichtigste ist. Mit ihm lässt sich aber schwer rechnen, da die Funktion $|X|$ nicht differenzierbar ist. Als Maß der Abweichung vom Erwartungswert hat sich daher das zweite zentrale Moment, die *Varianz* (variance) $V(X) := \mathrm{E}((X-\mathrm{E}(X))^2)$, durchgesetzt. Da $X^2 = |X|^2$ ist, kann hier auf die Betragsstriche verzichtet werden. Direkt aus der Definition ergeben sich die folgenden Eigenschaften.

Theorem A.2.6. *Es gilt*

$$V(X) = \mathrm{E}(X^2) - \mathrm{E}(X)^2, \text{ falls } |\mathrm{E}(X)| < \infty, \text{ und}$$

$$V(aX) = a^2 \cdot V(X) \text{ für } a \in \mathbb{R}.$$

Beweis. Die Bedingung $|\mathrm{E}(X)| < \infty$ sichert, dass auf der rechten Seite der ersten Behauptung nicht der undefinierte Begriff $\infty - \infty$ steht. Dann folgt aus der Linearität des Erwartungswertes, da $\mathrm{E}(X)$ ein konstanter Faktor ist,

$$V(X) = \mathrm{E}((X - \mathrm{E}(X))^2) = \mathrm{E}(X^2 - 2 \cdot X \cdot \mathrm{E}(X) + \mathrm{E}(X)^2)$$
$$= \mathrm{E}(X^2) - 2 \cdot \mathrm{E}(X) \cdot \mathrm{E}(X) + \mathrm{E}(\mathrm{E}(X)^2).$$

Schließlich ist für eine Konstante $a \in \mathbb{R}$ auch $\mathrm{E}(a) = a$, da wir es mit einer „Zufallsvariablen" zu tun haben, die mit Sicherheit den Wert a annimmt. Also ist $\mathrm{E}(\mathrm{E}(X)^2) = \mathrm{E}(X)^2$ und wir erhalten die erste Behauptung.

Für die zweite Behauptung wenden wir die erste Aussage an und benutzen die Gleichungen $\mathrm{E}((aX)^2) = a^2 \cdot \mathrm{E}(X^2)$ und $\mathrm{E}(aX)^2 = a^2 \cdot \mathrm{E}(X)^2$. □

Da $V(2 \cdot X) = 4 \cdot V(X)$ und nicht $2 \cdot V(X)$ ist, gilt im Allgemeinen nicht $V(X+Y) = V(X) + V(Y)$. Diese Gleichung gilt jedoch für unabhängige Zufallsvariablen.

Theorem A.2.7. *Für paarweise unabhängige Zufallsvariablen $X_1, \ldots, X_n$ gilt*

$$V(X_1 + \cdots + X_n) = V(X_1) + \cdots + V(X_n).$$

Beweis. Die Aussage ergibt sich durch einfaches Nachrechnen. Es ist

$$V\Big(\sum_{1 \le i \le n} X_i\Big) = \mathrm{E}\Big(\Big(\sum_{1 \le i \le n} X_i - \mathrm{E}\Big(\sum_{1 \le i \le n} X_i\Big)\Big)^2\Big)$$
$$= \mathrm{E}\Big(\Big(\sum_{1 \le i \le n} X_i - \sum_{1 \le i \le n} \mathrm{E}(X_i)\Big)^2\Big)$$

$$= \mathrm{E}\Big(\sum_{1\leq i,j\leq n} X_i \cdot X_j - 2\sum_{1\leq i,j\leq n} X_i \cdot \mathrm{E}(X_j)$$
$$+ \sum_{1\leq i,j\leq n} \mathrm{E}(X_i) \cdot \mathrm{E}(X_j)\Big)$$
$$= \sum_{1\leq i,j\leq n} \big(\mathrm{E}(X_i \cdot X_j) - 2\cdot \mathrm{E}(X_i)\cdot \mathrm{E}(X_j) + \mathrm{E}(X_i)\cdot \mathrm{E}(X_j)\big).$$

Nach Theorem A.2.5 folgt aus der Unabhängigkeit von X_i und X_j, dass $\mathrm{E}(X_i \cdot X_j) = \mathrm{E}(X_i) \cdot \mathrm{E}(X_j)$ ist und damit sind alle Summanden für $i \neq j$ gleich 0. Für $i = j$ erhalten wir $\mathrm{E}(X_i^2) - \mathrm{E}(X_i)^2$ und damit $V(X_i)$. Insgesamt haben wir das Theorem bewiesen. □

Der Satz von der totalen Wahrscheinlichkeit lässt sich auf eine Aussage über bedingte Erwartungswerte erweitern. Dabei ist $\mathrm{E}(X \mid A)$ der Erwartungswert von X zur Wahrscheinlichkeitsverteilung $p(\cdot \mid A)$.

Theorem A.2.8. *Es sei B_j, $j \in J$, eine Partition des Ereignisraums E und X eine Zufallsvariable. Dann gilt*

$$\mathrm{E}(X) = \sum_{j \in J} \mathrm{E}(X \mid B_j) \cdot p(B_j).$$

Beweis. Es ist

$$\mathrm{E}(X) = \sum_{i \in I} X(e_i) \cdot p(e_i)$$

und

$$\mathrm{E}(X \mid B_j) \cdot p(B_j) = \sum_{i \in I} X(e_i) \cdot p(e_i \mid B_j) \cdot p(B_j)$$
$$= \sum_{i \in I} X(e_i) \cdot p(\{e_i\} \cap B_j).$$

Da die Mengen B_j eine Partition des Ereignisraums bilden, ist e_i in genau einer B-Menge enthalten und die Summe aller $p(\{e_i\} \cap B_j)$, $j \in J$, ergibt $p(e_i)$. Wenn wir also die Summe aller $\mathrm{E}(X \mid B_j) \cdot p(B_j)$, $j \in J$, bilden, erhalten wir jeden Summanden $X(e_i) \cdot p(e_i)$ genau einmal und damit $\mathrm{E}(X)$. □

Diese Aussage überrascht nicht. Wenn wir die durchschnittliche Körpergröße in Deutschland bestimmen wollen, können wir dies für die Bundesländer getrennt durchführen und dann die Mittelwerte der Bundesländer gewichtet mit dem jeweiligen Bevölkerungsanteil aufsummieren.

Schließlich benötigen wir Aussagen, mit denen wir nachweisen können, dass die Wahrscheinlichkeit „großer" Abweichungen vom Erwartungswert „klein" ist. Eine sehr einfache, aber höchst wirkungsvolle Aussage, die das ermöglicht, ist die *markoffsche Ungleichung*. Wenn wir wissen, dass das jährliche Durchschnittseinkommen in der Bevölkerung 40.000 Euro beträgt, dann können wir daraus folgern, dass nur höchstens 4 % der Personen der Bevölkerung mindestens eine Million Euro pro Jahr einnehmen. Hierbei setzen wir allerdings voraus, dass es keine negativen Einkommen gibt. Wenn mehr als 4 % der Personen mindestens eine Million Euro einnehmen, ergibt dies bereits einen Beitrag von mehr als $0{,}04 \cdot 10^6 = 40.000$ zum gewichteten Mittelwert. Da negative Beiträge ausgeschlossen sind, müsste das Durchschnittseinkommen schon aufgrund der Einkommensmillionäre oberhalb von 40.000 Euro liegen. Die markoffsche Ungleichung verallgemeinert dieses Beispiel.

Theorem A.2.9. (*Markoffsche Ungleichung*)
Sei $X \geq 0$. Dann gilt für alle $t > 0$

$$\mathrm{Prob}(X \geq t) \leq \mathrm{E}(X)/t.$$

Beweis. Wir definieren eine Zufallsvariable Y auf demselben Wahrscheinlichkeitsraum, auf dem X definiert ist, durch

$$Y(e_i) := \begin{cases} t \text{ falls } X(e_i) \geq t \\ 0 \text{ sonst.} \end{cases}$$

Nach Definition ist $Y(e_i) \leq X(e_i)$ für alle i und damit $Y \leq X$. Dies impliziert nach Definition des Erwartungswertes $\mathrm{E}(Y) \leq \mathrm{E}(X)$. Ebenso folgt nach Definition des Erwartungswertes und Y

$$\mathrm{E}(Y) = 0 \cdot \mathrm{Prob}(X < t) + t \cdot \mathrm{Prob}(X \geq t)$$
$$= t \cdot \mathrm{Prob}(X \geq t).$$

Zusammengefasst gilt

$$\mathrm{E}(X) \geq \mathrm{E}(Y) = t \cdot \mathrm{Prob}(X \geq t)$$

und damit die Behauptung. □

Dass wir mit der markoffschen Ungleichung den Anteil der Einkommensmillionäre auf 4 % beschränken können, ist nicht gerade imponierend. Wir vermuten, dass der wahre Anteil wesentlich kleiner ist. Bessere Werte erhalten wir, wenn wir die markoffsche Ungleichung auf speziell gewählte Zufallsvariablen anwenden. So folgt für die Zufallsvariable $|X - \mathrm{E}(X)|^k$ direkt

$$\mathrm{Prob}\left(|X - \mathrm{E}(X)|^k \geq t^k\right) \leq \mathrm{E}\left(|X - \mathrm{E}(X)|^k\right)/t^k$$

oder, da $|X - \mathrm{E}(X)|^k \geq t^k$ und $|X - \mathrm{E}(X)| \geq t$ äquivalent sind,

$$\mathrm{Prob}\left(|X - \mathrm{E}(X)| \geq t\right) \leq \mathrm{E}\left(|X - \mathrm{E}(X)|^k\right)/t^k.$$

Mit wachsendem k werden in $\mathrm{E}\left(|X - \mathrm{E}(X)|^k\right)$ Werte der Zufallsvariablen $|X - \mathrm{E}(X)|$, die kleiner als 1 sind, weniger gewichtet, während Werte größer als 1 stärker gewichtet werden. Zu beachten ist aber auch, dass der Nenner t^k sich mit k verändert. Es kann also sehr gut sein, dass wir mit wachsendem k bessere Resultate erhalten. Unser Ergebnis ist für $k = 2$ als *tschebyscheffsche Ungleichung* bekannt.

Korollar A.2.10. (*Tschebyscheffsche Ungleichung*)
Für alle $t > 0$ ist

$$\mathrm{Prob}\left(|X - \mathrm{E}(X)| \geq t\right) \leq V(X)/t^2.$$

Wir betrachten nun n unabhängige Münzwürfe und wollen die zufällige Anzahl der Würfe mit Ergebnis „Zahl" untersuchen. Dazu seien $X_1, \ldots, X_n$ unabhängige Zufallsvariablen mit $\mathrm{Prob}(X_i = 0) = \mathrm{Prob}(X_i = 1) = 1/2$. Dann misst X_i die Anzahl der Erfolge (Würfe mit Ergebnis Zahl) im i-ten Wurf und $X := X_1 + \cdots + X_n$ die Gesamtanzahl der Erfolge. Es ist $X_i^2 = X_i$. Nach Bemerkung A.2.3 ist $\mathrm{E}(X_i^2) = \mathrm{E}(X_i) = 1/2$ und nach Bemerkung A.2.6 ist $V(X_i) = 1/2 - (1/2)^2 = 1/4$. Nach Theorem A.2.4 und Theorem A.2.7 ist $\mathrm{E}(X) = n/2$ und $V(X) = n/4$. Unser Ziel ist es, für konstantes $\varepsilon > 0$ zu zeigen, dass $\mathrm{Prob}(X \geq (1+\varepsilon) \cdot \mathrm{E}(X))$ mit wachsendem n sehr klein wird. Die markoffsche Ungleichung liefert mit

$$\mathrm{Prob}\left(X \geq (1+\varepsilon) \cdot \mathrm{E}(X)\right) \leq 1/(1+\varepsilon)$$

nur eine von n unabhängige Schranke. Mit der tschebyscheffschen Ungleichung erhalten wir

$$\mathrm{Prob}\left(X \geq (1+\varepsilon) \cdot \mathrm{E}(X)\right) = \mathrm{Prob}\left(X - \mathrm{E}(X) \geq \varepsilon \cdot \mathrm{E}(X)\right)$$
$$\leq \mathrm{Prob}\left(|X - \mathrm{E}(X)| \geq \varepsilon \cdot \mathrm{E}(X)\right) \leq V(X)/\left(\varepsilon^2 \cdot \mathrm{E}(X)^2\right) = \varepsilon^{-2} \cdot n^{-1}.$$

Die betrachtete Wahrscheinlichkeit ist also polynomiell klein. Die im Folgenden hergeleitete *chernoffsche Ungleichung* wird zeigen, dass die betrachtete Wahrscheinlichkeit sogar echt exponentiell klein ist. Auch die chernoffsche Ungleichung beruht auf der markoffschen Ungleichung. Während bei der tschebyscheffschen Ungleichung die Zufallsvariablen quadriert wurden oder bei der allgemeineren Betrachtung die k-te Potenz Y^k der Zufallsvariablen Y untersucht wurde, wird hier e^{-Y} betrachtet. Die stärkere Krümmung der e-Funktion im Vergleich zu den Polynomen $x \to x^k$ wird eine wesentlich bessere Abschätzung ermöglichen, allerdings nur für spezielle Zufallsvariablen.

Theorem A.2.11. (*Chernoffsche Ungleichung*)
Es sei $0 < p < 1$ und $X = X_1 + \cdots + X_n$ für unabhängige Zufallsvariablen $X_1, \ldots, X_n$ mit $\mathrm{Prob}(X_i = 1) = p$ und $\mathrm{Prob}(X_i = 0) = 1 - p$. Dann ist $\mathrm{E}(X) = np$ und für alle $\delta \in (0,1)$ gilt

$$\mathrm{Prob}\left(X \leq (1-\delta) \cdot \mathrm{E}(X)\right) \leq e^{-\mathrm{E}(X)\delta^2/2}.$$

Beweis. Die Aussage über $E(X)$ folgt aus der Linearität des Erwartungswertes und $E(X_i) = p$ (Bemerkung A.2.3).

Es sei $t > 0$. Wir werden später eine geeignete Wahl für t treffen. Da die Funktion $x \to e^{-tx}$ streng monoton fallend ist, ist das Ereignis $X \leq (1-\delta) \cdot E(X)$ gleich dem Ereignis $e^{-tX} \geq e^{-t(1-\delta)E(X)}$. Also folgt mit der markoffschen Ungleichung

$$\text{Prob}(X \leq (1-\delta) \cdot E(X)) = \text{Prob}\left(e^{-tX} \geq e^{-t(1-\delta)E(X)}\right)$$
$$\leq E\left(e^{-tX}\right) / e^{-t(1-\delta)E(X)}.$$

Zunächst berechnen wir $E(e^{-tX})$. Da $X_1, \ldots, X_n$ unabhängig sind, gilt dies auch für $e^{-tX_1}, \ldots, e^{-tX_n}$. Somit ist

$$E\left(e^{-tX}\right) = E\left(e^{-t(X_1 + \cdots + X_n)}\right)$$
$$= E\left(\prod_{1 \leq i \leq n} e^{-tX_i}\right)$$
$$= \prod_{1 \leq i \leq n} \left(E(e^{-tX_i})\right).$$

Da X_i nur die Werte 0 und 1 annimmt, folgt

$$E\left(e^{-tX_i}\right) = 1 \cdot (1-p) + e^{-t} \cdot p$$
$$= 1 + p\left(e^{-t} - 1\right).$$

Also ist

$$E\left(e^{-tX}\right) = \left(1 + p(e^{-t} - 1)\right)^n.$$

Bekanntlich ist $1 + x < e^x$ für alle $x < 0$. Da $t > 0$ ist, ist $p(e^{-t} - 1) < 0$ und

$$E\left(e^{-tX}\right) < e^{p(e^{-t}-1)n} = e^{(e^{-t}-1) \cdot E(X)}.$$

Im letzten Schritt haben wir ausgenutzt, dass $E(X) = np$ ist. Jetzt setzen wir $t := -\ln(1-\delta)$. Dann ist $t > 0$ und $e^{-t} - 1 = -\delta$. Also ist

$$E\left(e^{-tX}\right) < e^{-\delta \cdot E(X)}.$$

Schließlich setzen wir dieses Ergebnis in unsere erste Abschätzung ein und erhalten

$$\text{Prob}(X \leq (1-\delta)E(X)) < e^{-\delta \cdot E(X)} / e^{(\ln(1-\delta))(1-\delta)E(X)}$$
$$= e^{(-(1-\delta)\ln(1-\delta) - \delta)E(X)}.$$

Aus der Taylorreihe für $x \ln x$ folgt

$$(1-\delta)\ln(1-\delta) > -\delta + \delta^2/2.$$

Dies eingesetzt führt zur chernoffschen Ungleichung. □

Wir kehren zu unserem Beispiel zurück, in dem $p = 1/2$ ist. Dann hat $X \geq (1+\varepsilon) \cdot E(X)$ dieselbe Wahrscheinlichkeit wie $X \leq (1-\varepsilon) \cdot E(X)$, da X symmetrisch um $E(X)$ verteilt ist. Beim Münzwurf werden einfach die Rollen der beiden Seiten der Münze vertauscht. Also ist

$$\text{Prob}\,(X \geq (1+\varepsilon) \cdot E(X)) \leq e^{-\varepsilon^2 n/4}$$

tatsächlich echt exponentiell klein.

Häufig stellt sich bei der Untersuchung von randomisierten Algorithmen folgendes Problem. Eine Phase führt mit Wahrscheinlichkeit p zum Erfolg, also zum Stoppen des Algorithmus, ansonsten wird eine neue Phase begonnen, die vollständig unabhängig von den früheren Phasen ist. Es sei X die Zufallsvariable, die den Wert t annimmt, wenn in der t-ten Phase der erste Erfolg eintritt. Aufgrund der vollständigen Unabhängigkeit der Phasen ist für $q := 1 - p$

$$\text{Prob}(X = t) = q^{t-1} p.$$

Das Ergebnis $X = t$ ist nämlich gleichbedeutend mit Misserfolgen in den Phasen $1, \ldots, t-1$ und Erfolg in Phase t. Diese Wahrscheinlichkeitsverteilung wird *geometrische Verteilung* genannt. Wir sind an ihrem Erwartungswert interessiert.

Theorem A.2.12. *Sei X geometrisch verteilt zum Parameter p. Dann ist $E(X) = 1/p$.*

Beweis. Nach Definition ist

$$\begin{aligned}
E(X) &= \sum_{1 \leq k < \infty} k \cdot q^{k-1} \cdot p \\
&= p \cdot (\ q^0 \\
&\quad\quad + q^1 + q^1 \\
&\quad\quad + q^2 + q^2 + q^2 \\
&\quad\quad + q^3 + q^3 + q^3 + q^3 \\
&\quad\quad + \cdots \qquad\qquad)
\end{aligned}$$

Die erste Spalte hat den Wert $1/(1-q) = 1/p$. Analog folgt für die i-te Spalte (klammere q^{i-1} aus), dass ihr Wert q^{i-1}/p ist. Also ist

$$E(X) = p \cdot \frac{1}{p} \sum_{1 \leq i < \infty} q^{i-1} = \frac{1}{p}.$$

□

Literaturverzeichnis

1. Agrawal, M., Kayal, N. und Saxena, N. (2002). PRIMES is in P. Tech. Report Dept. of Computer Science and Engineering. Indian Inst. of Technology Kanpur.
2. Ahuja, R.K., Magnanti, T.L. und Orlin, J.B. (1993). *Network Flows. Theory, Algorithms and Applications.* Prentice–Hall.
3. Alon, N. und Boppana, R.B. (1987). The monotone circuit complexity of boolean functions. Combinatorica 7, 1–22.
4. Alon, N. und Spencer, J. (1992). *The Probabilistic Method.* Wiley.
5. Arora, S. (1997). Nearly linear time approximation schemes for Euclidean TSP and other geometric problems. Proc. of 38th IEEE Symp. on Foundations of Computer Science, 554–563.
6. Arora, S., Lund, C., Motwani, R., Sudan, M. und Szegedy, M. (1998). Proof verification and the hardness of approximation problems. Journal of the ACM 45, 501–555.
7. Arora, S. und Safra, S. (1998). Probabilistic checking of proofs: A new charaterization of NP. Journal of the ACM 45, 70–122.
8. Aspvall, B. und Stone, R.E. (1980). Khachiyan's linear programming algorithm. Journal of Algorithms 1, 1–13.
9. Ausiello, G., Crescenzi, P., Gambosi, G., Kann, V., Marchetti-Spaccamela, A. und Protasi, M. (1999). *Complexity and Approximation.* Springer.
10. Balcázar, J.L., Diaz, J. und Gabarró, J. (1988). *Structural Complexity.* Springer.
11. Beame, P., Saks, M., Sun, X. und Vee, E. (2000). Super-linear time-space tradeoff lower bounds for randomized computation. Proc. of 41st IEEE Symp. on Foundations of Computer Science, 169–179.
12. Bellare, M., Goldreich, O. und Sudan, M. (1998). Free bits, PCP and non-approximability – towards tight results. SIAM Journal on Computing 27, 804–915.
13. Bernholt, T., Gülich, A., Hofmeister, T., Schmitt, N. und Wegener, I. (2002). Komplexitätstheorie, effiziente Algorithmen und die Bundesliga. Informatik–Spektrum 25, 488–502.
14. Boppana, R. und Halldórsson, M.M. (1992). Approximating maximum independent sets by excluding subgraphs. BIT 32, 180–196.
15. Clote, P. und Kranakis, E. (2002). *Boolean Functions and Computation Models.* Springer.
16. Cook, S.A. (1971). The complexity of theorem proving procedures. Proc. 3rd ACM Symp. on Theory of Computing, 151–158.
17. Feige, U., Goldwasser, S., Lovász, L., Safra, S. und Szegedy, M. (1991). Approximating clique is almost NP-complete. Proc. of 32nd IEEE Symp. on Foundations of Computer Science, 2–12.
18. Garey, M.R. und Johnson, D.B. (1979). *Computers and Intractability. A Guide to the Theory of NP-Completeness.* W.H. Freeman.

19. Goldmann, M. und Karpinski, M. (1993). Simulating threshold circuits by majority circuits. Proc. of the 25th ACM Symp. on Theory of Computing, 551–560.
20. Goldreich, O. (1998). *Modern Cryptography, Probabilistic Proofs and Pseudorandomness.* Algorithms and Combinatorics, Vol.17. Springer.
21. Goldwasser, S., Micali, S. und Rackoff, C. (1989). The knowledge complexity of interactive proof-systems. SIAM Journal on Computing 18, 186–208.
22. Håstad, J. (1989). Almost optimal lower bounds for small depth circuits. In: Micali, S. (Hrsg.) *Randomness and Computation.* Advances in Computing Research 5, 143–170. JAI Press.
23. Håstad, J. (1999). Clique is hard to approximate within $n^{1-\varepsilon}$. Acta Mathematica 182, 105–142.
24. Håstad, J. (2001). Some optimal inapproximability results. Journal of the ACM 48, 798–859.
25. Hajnal, A., Maass, W., Pudlák, P., Szegedy, M. und Turán, G. (1987). Threshold circuits of bounded depth. Proc. of 28th IEEE Symp. on Foundations of Computer Science, 99–110.
26. Hemaspaandra, L. und Ogihara, M. (2002). *The Complexity Theory Companion.* Springer.
27. Homer, S. (2001). *Computability and Complexity Theory.* Springer.
28. Hopcroft, J.E., Motwani, R. und Ullman, J.D. (2001). *Introduction to Automata Theory, Languages and Computation.* Addison-Wesley Longman.
29. Hopcroft, J.E. und Ullman, J.D. (1979). *Introduction to Automata Theory, Languages and Computation.* Addison-Wesley.
30. Hromkovič, J. (1997). *Communication Complexity and Parallel Computing.* Springer.
31. Johnson, D.S. (1974). Approximation algorithms for combinatorial problems. Journal of Computer and System Sciences 9, 256–278.
32. Kann, V. und Crescenzi, P. (2000). A list of NP-complete optimization problems. www.nada.kth.se/~viggo/index-en.html
33. Karmarkar, N. und Karp, R.M. (1982). An efficient approximation scheme for the one-dimensional bin packing problem. Proc. of 23rd IEEE Symp. on Foundations of Computer Science, 312–320.
34. Karp, R.M. (1972). Reducibility among combinatorial problems. In: Miller, R.E. und Thatcher, J.W. (Hrsg.). *Complexity of Computer Computations,* 85–103. Plenum Press.
35. Korte, B. und Schrader, R. (1981). On the existence of fast approximation schemes. In: *Nonlinear Programming.* Academic Press.
36. Kushilevitz, E. und Nisan, N. (1997). *Communication Complexity.* Cambridge University Press.
37. Ladner, R.E. (1975). On the structure of polynomial time reducibility. Journal of the ACM 22, 155–171.
38. Lawler, E.L., Lenstra, J.K., Rinnooy Kan, A.H.G. und Shmoys, D.B. (1985). *The Traveling Salesman Problem. A Guided Tour of Combinatorial Optimization.* Wiley.
39. Lawler, E.L., Lenstra, J.K., Rinnooy Kan, A.H.G. und Shmoys, D.B. (1993). Sequencing and Scheduling: Algorithms and Complexity. In: Graves, S.C., Rinnooy Kan, A.H.G. und Zipkin, P.H. (Hrsg.). *Handbook in Operations Research and Management Science* , Vol. 4, *Logistics of Production and Inventory,* 445–522. North–Holland.
40. Levin, L.A. (1973). Universal sorting problems. Problems of Information Transmission 9, 265–266.
41. Martello, S. und Toth, P. (1990). *Knapsack Problems.* Wiley.

42. Mayr, E., Prömel, H.J. und Steger, A. (1998) (Hrsg.). *Lectures on Proof Verification and Approximation Algorithms*. LNCS 1367. Springer.
43. Miller, G.L. (1976) Riemann's hypothesis and tests for primality. Journal of Computer and System Sciences 13, 300–317.
44. Miltersen, P.B. (2001). Derandomizing complexity classes. In Pardalos, P.M., Rajasekaran, S., Reif, J. und Rolim, J. (Hrsg.). *Handbook of Randomization*. Kluwer.
45. Motwani, R. und Raghavan, P. (1995). *Randomized Algorithms*. Cambridge University Press.
46. Nechiporuk, É.I. (1966) A Boolean function. Soviet Mathematics Doklady 7, 999–1000.
47. Nielsen, M.A. und Chuang, I.L. (2000). *Quantum Computation and Quantum Information*. Cambridge University Press.
48. Owen, G. (1995). *Game Theory*. Academic Press.
49. Papadimitriou, C.M. (1994). *Computational Complexity*. Addison–Wesley.
50. Pinedo, M. (1995). *Scheduling: Theory, Algorithms and Systems*. Prentice–Hall.
51. Razborov, A.A. (1987). Lower bounds on the size of bounded depth networks over a complete basis with logical addition. Math. Notes of the Academy of Sciences of the USSR 41, 333–338.
52. Razborov, A.A. (1990). Lower bounds for monotone complexity of boolean functions. American Mathematical Society Translations 147, 75–84.
53. Razborov, A.A. (1995). Bounded arithmetics and lower bounds in boolean complexity. In: Clote, P. und Remmel, J. (Hrsg.). *Feasible Mathematics II*. Birkhäuser.
54. Reischuk, K.R. (1999). *Komplexitätstheorie*. Teubner.
55. Schönhage, A., Grotefeld, A.F.W. und Vetter, E. (1999). *Fast Algorithms: A Multitape Turing Machine Implementation*. Spektrum Akademischer Verlag.
56. Shamir, A. (1992). IP=PSPACE. Journal of the ACM 39, 869–877.
57. Shasha, D. und Lazere, C. (1998). *Out of Their Minds. The Lives and Discoveries of 15 Great Computer Scientists*. Copernicus (Springer).
58. Singh, S. (1998). *Fermats letzter Satz*. Hanser.
59. Sipser, M. (1997). *Introduction to the Theory of Computation*. PWS Publishing Company.
60. Smolensky, R. (1987). Algebraic methods in the theory of lower bounds for boolean circuit complexity. Proc. of 19th ACM Symp. on Theory of Computing, 77–82.
61. Solovay, R. und Strassen, V. (1977). A fast Monte-Carlo test for primality. SIAM Journal on Computing 6, 84–85.
62. Stinson, D.R. (1995). *Cryptography. Theory and Practice*. CRC Press.
63. Stockmeyer, L.J. (1977). The polynomial time hierarchy. Theoretical Computer Science 3, 1–22.
64. Strassen, V. (1986). The work of Leslie G. Valiant. Proc. of the Int. Congress of Mathematics, Berkeley, Ca.
65. Thompson, C.D. (1979). Area-time complexity for VLSI. Proc. of 11th ACM Symp. on Theory of Computing, 81–88.
66. Valiant, L.G. (1979). The complexity of computing the permanent. Theoretical Computer Science 8, 189–201.
67. van Leeuwen, J. (1990) (Hrsg.). *Handbook of Theoretical Computer Science*. Elsevier, MIT Press.
68. Wagner, K. (1994). *Einführung in die Theoretische Informatik. Grundlagen und Modelle*. Springer.
69. Wagner, K. und Wechsung, G. (1986). *Computational Complexity*. VEB Deutscher Verlag der Wissenschaften.

70. Wechsung, G. (2000). *Vorlesungen zur Komplexitätstheorie.* Springer.
71. Wegener, I. (1982). Boolean functions whose monotone complexity is of size $n^2/\log n$. Theoretical Computer Science 21, 213–224.
72. Wegener, I. (1987). *The Complexity of Boolean Functions.* Wiley. Frei verfügbar über http://ls2-www.cs.uni-dortmund.de/~wegener.
73. Wegener, I. (1996). *Effiziente Algorithmen für grundlegende Funktionen.* Teubner.
74. Wegener, I. (1999). *Theoretische Informatik – eine algorithmenorientierte Einführung.* Teubner.
75. Wegener, I. (2000). *Branching Programs and Binary Decision Diagrams – Theory and Applications.* SIAM Monographs on Discrete Mathematics and Applications.
76. Wegener, I. (2002). Teaching nondeterminism as a special case of randomization. Informatica Didactica 4 (elektron. Zeitschrift).
77. Yao, A.C. (1977). Probabilistic computations: Towards a unified measure of complexity. Proc. of 18th Symp. on Foundations of Computer Science, 222–227.
78. Yao, A.C. (1979). Some complexity questions related to distributed computing. Proc. of 11th ACM Symp. on Theory of Computing, 209–213.
79. Yao, A.C. (2001). Vortrag zur Verleihung des Turing Awards. 8. 7. 2001, Chersonissos, Kreta.

Sachverzeichnis

(a,b)-Lückenproblem, 113
$C_{\text{AND}}(f)$, 246
$C_{\text{EXOR}}(f)$, 246
$C_{\text{OR}}(f)$, 246
$D_{p,\varepsilon}$, 256
O-Notation, 295
$T^n_{\geq k}$, 267
$T^n_{\leq k}$, 267
Π_k-Schaltkreis, 275
Σ_k-Schaltkreis, 275
δ-close, 177
δ-nah, 177
$\leq_{\log}$, 207
$\leq_1$, 287
$\leq_T$, 49
$\leq_p$, 65
$\leq_{\text{cd}}$, 287
$\leq_{\text{PTAS}}$, 116
$\leq_{\text{rect}}$, 241
$\leq_{\text{proj}}$, 287
$\leq_{\text{rop}}$, 287
$\mathcal{C}$-äquivalent, 71
$\mathcal{C}$-complete, 71
$\mathcal{C}$-einfach, 71
$\mathcal{C}$-equivalent, 71
$\mathcal{C}$ hard, 71
$\mathcal{C}$-hart, 71
$\mathcal{C}$-leicht, 71
$\mathcal{C}$-schwierig, 71
$\mathcal{C}$-simple, 71
$\mathcal{C}$-vollständig, 71
ε-optimal, 106
k-DM, 18, 74, 96
k-GC, 89, 96
k-IBDD, 284
k-OBDD, 284
k-SAT, 19, 96
k-dimensional matching, 18
s-t-DHP, 84
s-t-connectivity in directed graphs, 208
s-oblivious branching program, 284

s-stereotypes Branchingprogramm, 284
#P-vollständig, 210
#PM, 209
#SAT, 209
2-DM, 58, 96, 209
2-GC, 96
2-SAT, 96
3-DM, 89, 96, 101
3-GC, 96
3-PARTITION, 101
3-SAT, 55, 61, 85, 90, 91, 172, 182
4-PARTITION, 101

AC^0, 275
AC^0-reduzierbar, 287
AC^k, 288
$ACC^0[m]$, 278
algorithm, 20
algorithmic complexity, 26
algorithmisch ähnlich, 47
algorithmische Komplexität, 26
algorithmisches Problem, 13
Algorithmus, 20
alternating class, 275
alternating counting class, 278
AM, 159
AND-Nichtdeterminismus, 246
Anfangszustand, 24
Anticlique, 18
Anzahlproblem, 209
approximation problem, 107
approximation ratio, 106
Approximationsgüte, 106
Approximationsproblem, 107
APX, 108
APX-vollständig, 120
Arbeitsalphabet, 24
Arbeitsband, 196
Arbeitsvorschrift, 24
Arithmetisierung, 173
arithmetization, 173
Arthur-Merlin-Spiele, 159

asymptotic worst-case approximation ratio, 107
asymptotische maximale Approximationsgüte, 107
asymptotisches FPTAS, 111
Aufteilungsproblem, 17
Austauschlemma, 276
Auswertungsproblem, 14
Auswertungsproblem für Schaltkreise, 207
Automorphismengruppe, 157
average-case runtime, 26

Baustein, 213
Bausteineliminierung, 267
BDD, 222
bedingter Erwartungswert, 302
bedingte Wahrscheinlichkeit, 300
Beweiser, 154
Beweisverifizierer, 175
binary decision diagram, 222
bin packing, 17
bit commitment, 166
Bitfestlegung, 166
black box, 124
Black-Box-Komplexität, 125
Black-Box-Optimierung, 125
Black-Box-Problem, 124
blank, 24
BMST, 84
bounded-degree minimum-cost spanning tree, 84
bounded-error probabilistic polynomial time, 38
BP, 17, 52, 57, 74, 87, 102
BPP, 38
branching program, 222

CAR, 244, 279
CC, 18, 74
CF, 19, 275
championship problem, 18
chernoffsche Ungleichung, 308
Chomsky-Hierarchie, 197
Church's hypothesis, 22
churchsche These, 22
circuit, 213
circuit depth, 214
circuit size, 213
circuit value problem, 207
CLIQUE, 18, 57, 61, 74, 87, 228, 268
clique cover, 18
Cliquenproblem, 18

Cliquenüberdeckungsproblem, 18
co-$\mathcal{C}$, 40
co-L, 33
communication complexity, 232
communication game, 231
communication matrix, 236
communication protocol, 232
communication rounds, 233
completely independent, 301, 302
component design, 61
composition lemma, 181
computational zero-knowledge proof, 166
conditional probability, 300
constant depth reducible, 287
context-sensitive languages, 197
CP, 18, 58, 59, 74, 91, 97, 100
CSL, 197
CVP, 207, 288

Dame, 201
decision problem, 15
depth-first search, 208
Derandomisierung, 72, 110, 225
derandomization, 225
determiniert, 20
deterministic, 20
deterministisch, 20
DF, 19, 275
DFS, 208
DHC, 16, 53, 61
DHP, 83
directed hamiltonian circuit, 16
directed hamiltonian path, 83
DIS, 239
discrepancy, 258
disjointness test, 239
Disjunktheitstest, 239
disjunktive Form, 275
Diskrepanz, 258
distributional communication complexity, 256
DIV, 288
Division, 288
DSTCON, 208
DTAPE($s(n)$), 196
durchschnittliche Rechenzeit, 26

EC, 17, 74, 96
echt exponentiell, 298
echt exponentiell klein, 299
echt polynomielles Approximationsschema, 108
edge cover, 17

einfarbig, 236
Eingabeband, 196
einheitlich beschreibbar, 215
einheitliches Kostenmaß, 22
einmal lesende Projektion, 287
einseitiger Fehler, 33
Einwegfunktion, 165
Elementarereignis, 299
Entscheidungsdiagramm, 222
Entscheidungsproblem, 15
EQ, 236
EQ*, 242, 285
equality test, 236
Ereignis, 299
Ereignisraum, 299
erfüllbar, 19
Erfüllbarkeitsproblem, 19
Erfüllbarkeitsproblem der k-ten Stufe, 146
erfüllende Belegung mit maximalem Gewicht, 120
error-correcting codes, 173
error probability, 33
erwartete Optimierungszeit, 125
Erwartungswert, 302
erweiterte churchsche These, 22
erzwingende Komponente, 86
essenzielle Abhängigkeit, 267
evaluation problem, 14
event, 299
Existenz eines Weges, 208
EXOR-Nichtdeterminismus, 246
expected value, 302
explicitly defined, 266
explizit definiert, 266
exponentiell, 298
exponentiell klein, 299

FACT, 20, 137, 166
factoring, 20
failure probability, 33
Faktorisierung, 20
fehlerkorrigierende Codes, 173
Fehlerwahrscheinlichkeit, 33
Fingerabdruck, 253
fingerprinting technique, 253
Flussproblem, 18
fooling set, 239
Formel, 220
Formelgröße, 269
formula, 220
FPTAS, 108
fully polynomial-time approximation scheme, 108

Funktionsauswerter, 175

gap technique, 113
gate, 213
gate elimination, 267
Gatter, 213
GC, 88, 96, 151
geometrisches Rechteck, 236
geometrische Verteilung, 310
gerichteter hamiltonscher Kreis, 16
GI, 87, 136, 156, 164
Gleichheitstest, 236
Go, 201
gradbeschränkte minimale Spannbäume, 84
graph colorability, 88
Graphenisomorphieproblem, 87
graph isomorphism, 87
Größe eines Branchingprogramms, 222
Größenordnung, 295
GT, 236
guess and verify, 75

hamiltonscher Pfad, 83
HC, 16, 53, 165, 166
Heiratsproblem, 18
HP, 84

independent, 301
independent random variables, 302
independent set, 18
indexed BDD, 284
indirect storage access, 271
indirekte Adressierung, 271
inductive counting, 205
induktives Zählen, 205
initial state, 24
inner product, 239
input tape, 196
interactive proof system, 155
interaktives Beweissystem, 155
INV, 288
Inversenbildung, 288
IP(k), 155
IP, Funktion, 239, 280, 288
IP, Komplexitätsklasse, 155
Irrtumswahrscheinlichkeit, 33
IS, 18, 57, 74, 87, 118
ISA, 271, 283
isomorph, 87

Kantenüberdeckungsproblem, 17
knapsack problem, 17

Knotenfärbung, 88
Knotenfärbungsproblem, 88
Knotenüberdeckungsproblem, 17
Kofaktor, 267
kombinatorisches Rechteck, 236
Kommunikationskomplexität, 232
Kommunikationsmatrix, 236
Kommunikationsprotokoll, 232
Kommunikationsrunden, 233
Kommunikationsspiel, 231
Komplement, 33
komplexitätstheoretisch ähnlich, 47
Kompositionslemma, 181
Konfiguration, 77
konjunktive Form, 275
Konsistenztest, 175
kontextsensitive Grammatik, 197
KP, 17, 74, 86, 100
KP*, 17, 84
kubisch, 298

Länge des Protokolls, 232
Länge eines Branchingprogramms, 222
language, 15
Las-Vegas-Algorithmus, 32
Lastverteilungsproblem, 17
law of total probability, 301
layer depth, 284
LBA-Problem, 204
Leerzeichen, 24
LEX-GC, 151
linear, 298
lineare Optimierung, 136
Linearitätstest, 175
linear programming, 136
local replacement, 55
LOG-SPACE, 206
log-space complete, 207
log-space reducible, 206
logarithmic cost model, 22
logarithmisch, 298
logarithmisches Kostenmaß, 22
logarithmisch reduzierbar, 206
logikorientierte Charakterisierung, 76
lokale Ersetzung, 55
LONG(L), 201
LP, 136
Lückentechnik, 113, 182

MADD, 288
MAJ, 278, 288
Majoritätsentscheidung, 37
Majoritätsfunktion, 278

majority function, 278
many-one reducible, 65
markoffsche Ungleichung, 307
Maskentechnik, 242
MAX-k-SAT, 20, 96, 186
MAX-2-SAT, 96, 186
MAX-3-DM, 186
MAX-3-SAT, 109, 117, 182, 186, 187
MAX-CLIQUE, 109, 117, 186
MAX-IS, 111, 117
MAX-KP, 112
MAX-NPO, 119
MAX-SAT, 20, 52, 186
MAX-W-SAT, 120
maximale Approximationsgüte, 106
maximale durchschnittliche
   Rechenzeit, 31
maximale Rechenzeit, 25
Maximierungsproblem, 105
maximization problem, 105
maximum weighted satisfiability, 120
MC, 140
mean value, 302
Meisterschaftsproblem, 18
Menge der Haltezustände, 24
Mengenüberdeckungsproblem, 91
middle bit of multiplication, 242
MIN-BP, 110, 115, 186
MIN-GC, 115, 118, 151, 186
MIN-NPO, 119
MIN-SC, 109, 186
MIN-TSP, 186
MIN-TSP$^{\text{sym},\Delta}$, 186
MIN-TSP$^{d\text{-Euklid}}$, 111
MIN-TSP$^{\Delta}$, 111
MIN-VC, 109, 111, 118, 186
minimal circuits, 140
minimale Schaltkreise, 140
Minimax-Prinzip, 126, 257
Minimax-Theorem, 127, 257
Minimierungsproblem, 105
minimization problem, 105
mittleres Bit der Multiplikation, 242
MOD$_m$, 278
monochromatisch, 236
monotone boolesche Funktion, 268
monotone Projektion, 287
monotoner Schaltkreis, 268
Monte-Carlo-Algorithmus, 33
MUL, 242, 261, 285, 288

Nadel im Heuhaufen, 129
NC^1, 287

NC^1-reduzierbar, 287
NC^k, 288
needle in the haystack, 129
network flow, 18
NF, 18, 53, 58, 74
nichtdeterministischer Algorithmus, 44
nichtdeterministischer Schaltkreis, 226
nichtdeterministische Turingmaschine, 44
nichtuniforme Turingmaschine, 218
Nick's Class, 287
nondeterministic algorithm, 44
nondeterministic polynomial time, 44
NP, 44
NP-äquivalent, 73
NP-complete in the strong sense, 100
NP-vollständig, 73, 79
NP/poly, 226
NPC, 136
NPI, 136
NPO, 119
NPO-vollständig, 120
NPSPACE, 196
NTAPE($s(n)$), 196
number-SAT, 209
number problem, 99

OBDD, 284
oblivious, 78
öffentliche Zufallsbits, 254
one-sided error, 33
one-way function, 165
Optimierungsproblem, 14
optimization problem, 14
OR-Nichtdeterminismus, 246
oracle, 49
Orakel, 49, 138
ordered BDD, 284

P, 30
P/poly, 226
paarweise unabhängig, 302
padding technique, 201
pairwise independent, 302
PAR, 275, 280, 288
parallel computation hypothesis, 206, 216
Paritätsfunktion, 275
parity, 275
PARTITION, 17, 57, 86, 87, 95
Partitionsproblem, 17
PCP, 169
$PCP(r(n), q(n))$, 170

PCP-Theorem, 172
perfect zero-knowledge proof, 164
perfektes Matching, 209
perfekte Zero-Knowledge Eigenschaft, 164
permanent, 210
Permanente, 210
Pfadfunktion, 131
PH, 141
platzkonstruierbar, 202
polylogarithmisch, 298
polynomial-time approximation scheme, 108
polynomial-time reducible, 65
polynomially self-reducible, 228
polynomiell, 298
polynomielle Hierarchie, 135, 141
polynomielles Approximationsschema, 108
polynomiell klein, 299
polynomiell reduzierbar, 65
polynomiell selbstreduzierbar, 228
PP, 38
primality testing, 20
PRIMES, 20, 75, 99, 136, 166
Primzahltest, 20
private coins, 254
private Zufallsbits, 254
probabilistically checkable proofs, 169
probabilistic method, 255
probabilistische Methode, 255, 276
probability amplification, 36
probability distribution, 299
probability space, 302
Problem des Handlungsreisenden, 15
Probleme auf großen Zahlen, 99
Problem mit kleinen Lösungswerten, 114
Projektion, 287
protocol tree, 232
Protokollbaum, 232
prover, 154
pseudo-polynomial, 101
pseudoboolesche Funktion, 96
pseudobooleches Polynom, 96
pseudopolynomiell, 101
PSPACE, 155, 196
PSPACE-complete, 199
PSPACE-vollständig, 199
PTAS, 108
PTAS-Reduktion, 116
PTAS-vollständig, 120
public coins, 254

quadratisch, 298
Quadrieren, 288
quantified boolean formula, 199
quantifizierte boolesche Formel, 199
quasilinear, 298
quasipolynomiell, 298

random access machine, 21
randomisierter Algorithmus, 31
randomisierter Beweisverifizierer, 170
randomisierter Protokollbaum, 245
randomisierte Suchheuristik, 123, 124
randomisierte Turingmaschine, 31
randomisiert verifizierbare Beweise, 169
randomized algorithm, 31
random polynomial time with one-sided error, 37
random variable, 302
Rangmethode, 240
rank lower bound method, 240
rate und verifiziere, 75
read-once projection, 287
Rechteck, 236
Rechteckreduktion, 241
rectangle, 236
rectangular reduction, 241
Registermaschine, 21
restriction, 57
Restriktion, 57
RP, 37
RP*, 37
Rucksackproblem, 17
Rundreiseproblem, 15

SAT, 19, 55, 61, 74, 78, 79, 228
SAT_{CIR}^k, 146, 199
SAT_{CIR}, 19, 140, 146
SAT_{CF}, 19
SAT_{DF}, 19
satisfiability problem, 19
satisfiable, 19
Satz von der totalen Wahrscheinlichkeit, 301
SC, 91
Schach, 201
Schaltkreis, 213
Schaltkreisgröße, 213, 267, 274
Schaltkreistiefe, 214, 269
scheduling problem, 17
Schichtentiefe, 284
schwarzer Kasten, 124
Schwellwertfunktion, 267
search problem, 14

Selbstverbesserung, 185
self-improvability, 185
sequencing with intervals, 87
set cover, 91
SI, 88
Skalarprodukt, 239
solution, 105
space constructible, 202
Sprache, 15
SQU, 288
squaring, 288
SSS, 85, 95, 101
stark NP-schwierig, 115
stark NP-vollständig, 100
state space, 24
stereotyp, 78
stopping state, 24
Stundenplanproblem, 17
Subfunktion, 267
subgraph isomorphism, 88
subset sum problem, 85
Suchbaum, 129
Suchproblem, 14
SWI, 87, 102
switching lemma, 276

$TC^{0,d}$, 280
Teilgraphenisomorphieproblem, 88
Teilsummenproblem, 85
Theorem von Cook, 79
Theorem von Immerman und Szelepcsényi, 204
Theorem von Savitch, 202
threshold circuit, 279
Thresholdfunktion, 267
Thresholdschaltkreis, 279
Tiefensuche, 208
Transformation mit verbundenen Komponenten, 61
traveling salesman problem, 15
traveling salesperson problem, 15
tschebyscheffsche Ungleichung, 308
TSP, 15, 52, 74, 95, 100, 113
TSP^N, 16, 53
$TSP^{d\text{-Euklid}}$, 16
$TSP^{2,\Delta,sym}$, 53
TSP^{sym}, 16, 53
TSP^{Δ}, 16, 53
turingäquivalent, 49
Turing machine, 23
Turingmaschine, 23
turingreduziert, 49
two-person zero-sum game, 127

two-sided error, 33

Überwachungsproblem, 17
unabhängige Menge, 18
Unabhängigkeit von Ereignissen, 301
Unabhängigkeit von Zufallsvariablen, 302
unbounded-error probabilistic polynomial time, 38
uniform, 215
uniform cost model, 22
unimodale Funktion, 124

value, 105
Variablenordnung, 284
variance, 305
Varianz, 305
VC, 17, 57, 74, 96
verifier, 154
Verifiziererin, 154
Verlängerungstechnik, 201
Versagenswahrscheinlichkeit, 33
verteilungsbezogene Kommunikationskomplexität, 256
vertex cover, 17
Verwirrmenge, 239
Verzweigungsprogramm, 222
vollständig unabhängig, 301, 302

Wachstumsgeschwindigkeit, 295
Wahrscheinlichkeitsraum, 302
Wahrscheinlichkeitsverteilung, 299
WCSL, 201
Wert, 105
Wert des Spiels, 128
Wertproblem, 14
working tape, 196
worst-case approximation ratio, 106
worst-case expected runtime, 31
worst-case runtime, 25
Wortproblem, 15
Wortproblem für kontextsensitive Grammatiken, 201

zentrales Moment, 305
zero-error probabilistic polynomial time, 36
zero-knowledge proof, 164
ZPP, 36
ZPP*, 36
Zufallsvariable, 302
zulässige Lösung, 105
Zustandsmenge, 24
Zweipersonen-Nullsummen-Spiel, 127, 257
zweiseitiger Fehler, 33

Druck und Bindung: Strauss GmbH, Mörlenbach

MIX
Papier aus verantwortungsvollen Quellen
Paper from responsible sources
FSC® C105338

If you have any concerns about our products,
you can contact us on
ProductSafety@springernature.com

In case Publisher is established outside the EU,
the EU authorized representative is:
**Springer Nature Customer Service Center GmbH
Europaplatz 3, 69115 Heidelberg, Germany**

Printed by Libri Plureos GmbH
in Hamburg, Germany